De bouwstenen van het leven

De bouwstenen van het leven

Een introductie tot de moleculaire celbiologie

J.A.M.M. Prinsen

F.R. van der Leij

Wageningen Academic
P u b l i s h e r s

EAN: 9789086863556
e-EAN: 9789086869084
ISBN: 978-90-8686-355-6
e-ISBN: 978-90-8686-908-4
DOI: 10.3920/ 978-90-8686-908-4

Eerste druk, 2014
Tweede, gewijzigde druk, 2015
Derde, gewijzigde druk, 2021

© Wageningen Academic Publishers
Nederland, 2021

Inhoudsopgave

Hoofdstuk 2   99

Hoofdstuk 3   145

Hoofdstuk 5   285

Hoofdstuk 6   359

Bronnen en index   507

Voorwoord

Mijn interesse voor de moleculaire celbiologie is terug te voeren op mijn opleiding Tandheelkunde. Na mijn pensionering kreeg ik ruimschoots de tijd deze sluimerende belangstelling opnieuw leven in te blazen. Iets wat bedoeld was als 'een studie', heb ik verricht aan de hand van de bestaande literatuur. Om de opgedane kennis eigen te maken en ter beschikking te houden werkte ik met uittreksels. Op het moment dat ik mijn goede vriend en bioloog Frans Cupedo vertelde over dit initiatief, bood hij mij aan de door mij opgestelde teksten te reviewen.

Een volgende bijzonderheid was mijn ontmoeting met Feike van der Leij. Slechts één persoonlijke ontmoeting en een broodje kaas in Ede bleken voldoende om de doelstelling van mijn inspanningen op te waarderen naar het niveau van het schrijven van een Nederlandstalig boek met als titel *De bouwstenen van het leven*. Feike heeft als medeschrijver en inspirator van het eerste uur een essentiële bijdrage geleverd aan de totstandkoming van wat er nu ligt. De verkorte, schematische schrijfwijze die tot dan toe de teksten kenmerkten werden vervangen door goedlopende zinnen als onderdeel van een didactisch verantwoorde opzet met een voor de lezer verteerbare flow.

Het scherp formuleren en afbakenen van begrippen binnen de context van een didactisch verantwoord geheel én de bewaking van de kwaliteit daarvan is in eerste instantie voornamelijk op 'het bordje' van Frans Cupedo terecht gekomen. Hij heeft zich met ziel en zaligheid verbonden aan het project en heeft op basis van zijn kennis en ervaring in combinatie met een bijna onuitputtelijk geduld sturing gegeven tijdens de beginfase van het proces. Hem komen veel eer en credits toe. Zelf vindt Frans dat hij 'maar wat heeft bijgeschaafd' en dat zijn bijdrage geen verdere vermelding rechtvaardigt.

De uiteindelijke samenwerking met Feike is ronduit fantastisch geweest. Vanuit zijn ambitie om ooit een Nederlandstalig boek over dit onderwerp te schrijven heeft hij, met respect voor wat er al lag, het bestaande project onder zijn hoede genomen. Hij heeft het project naar een hoger niveau getild en heeft daarmee de norm en standaard gesteld. Hij heeft zijn invloed en zijn netwerk aangewend om het manuscript in wording al in een vroeg stadium te toetsen. Het is er alleen maar beter op geworden. Heel bijzonder hoe wij elkaar gevonden hebben en waartoe het heeft geleid. Ik ben Feike om dit alles werkelijk heel veel dank verschuldigd.

Ik heb altijd voor ogen gehouden dat ik dit fascinerende verhaal van het leven aan mijn kinderen zou moeten vertellen. Juist daarom zijn ze vanaf het begin betrokken geweest. Vincent heeft me erg geholpen bij de vervaardiging van de illustraties en Kathelijne heb ik vele teksten voorgelegd ter toetsing.

Een speciaal woord van dank voor mijn partner die heel wat persoonlijke aandacht heeft moeten ontberen, doordat ik regelmatig betrekkelijk autistisch in mijn tunneltje geparkeerd stond. Elma, heel erg bedankt dat je het altijd op hebt willen brengen om mij mijn gang te laten gaan. Het moest even. En jij weet waarom…

Nuenen,
November 2013

Jan Prinsen

Het komt niet vaak voor dat men in contact wordt gebracht met iemand die al een tijdje droomt over iets waar men zelf ook van droomt. De droom: het schrijven van een boek over de essentie van het leven, de moleculaire celbiologie, voor een publiek dat in de Nederlandse taal eigenlijk zeer slecht bediend wordt. Dat publiek is met name een groeiende groep HBO-ers die een biologie-gerelateerde technologische opleiding volgen, maar ook andere geïnteresseerden die de snelle ontwikkelingen voorbij zien komen, en die dat willen kunnen plaatsen.

Degene met wie ik in contact werd gebracht is uiteraard Jan Prinsen. Een oprecht geïnteresseerde 'leek' die al geboeid was geraakt door de materie voordat hij daar meer tijd voor kreeg na zijn pensionering als tandarts. En dat maakt de aanpak van dit boek uniek. Het is nu eens éérst opgeschreven door iemand die niet tot diep in de materie is geschoold, en dus geen expert *pur sang* genoemd kan worden, maar wél weet hoe je het op moet schrijven om het voor nieuwkomers begrijpelijk te houden. Daarbij heeft Jan een klassieke aanpak gekozen die aanvankelijk niet de mijne was (ik ben meer van: gooi ze maar in het diepe, dan gaan ze half verzuipen en komen zo nu en dan even boven om heel diep adem te halen) maar die wel een geweldig heldere structuur heeft waar je als lezer je voordeel mee kunt doen. En waar, denk ik, behoefte aan is.

Gaandeweg werden mijn bemoeienissen intensiever, ging het natuurlijk behoorlijk wat tijd kosten, en groeide het boek tot wat het nu is. Na een proefuitgave met evaluatie door studenten en docenten van de Life Sciences & Technology opleidingen in Leeuwarden (waar ik naast lector ook docent moleculaire biologie ben) konden de puntjes op de i worden gezet. Dank aan allen die dit mogelijk hebben gemaakt.

Het is me een eer om Jan als medeauteur te mogen vergezellen.

Leeuwarden,
November 2013

Feike van der Leij

Voorwoord bij de derde druk

Zes jaar nadat de eerste druk van dit boek het licht zag raakte ook de tweede druk bijna uitverkocht. Tijd om ons te buigen over de vraag: wat doen we met de derde druk? Aanvankelijk dachten we vrij eenvoudig enkele kleine storende foutjes te kunnen bijwerken en een in 2017 online verschenen hoofdstuk te kunnen toevoegen aan het boek. Gaandeweg bleek dat we daar toch te licht over hadden gedacht en dat we systematisch enkele manieren van uitleg, met name in de opbouw van figuren, wilden verbeteren. Daarbij is veel aandacht besteed aan het zo duidelijk mogelijk illustreren van metabole reacties, waarbij reacties beter 'kloppend' zijn gemaakt en de schrijfwijze van vaak terugkerende reactiecomponenten consistent is gemaakt. Het boek is uitgebreid met een hoofdstuk over transgene planten en dieren, met een hoofdstuk over *CRISPR-Cas*-technologie, en met uitbreidingen van hoofdstukken over DNA-*sequencing* en over eiwittechnologie. We zijn daarbij geholpen door Nelleke Kreike. Zij is lector Groene Biotechnologie aan Hogeschool Inholland en mag gezien worden als expert op het gebied van DNA-*sequencing*, transgene planten en *CRISPR-Cas*-technologie. Gerda Horst, docent bij Life Sciences & Technology bij hogeschool Van Hall Larenstein en NHL Stenden in Leeuwarden, heeft ons van waardevolle input voorzien waar het gaat om eiwitbepalingen via verschillende vormen van ELISA. Studenten van diverse mbo-, hbo- en wo-instellingen hebben tijdens hun studie een aantal fouten en onduidelijkheden opgemerkt die we hebben verholpen. We danken de docenten die ons hiervan in kennis stelden.

De uitbreidingen, aangepaste passages en verbeterde illustraties hebben het boek beter en completer gemaakt. Deze derde druk kan weer een aantal jaren mee!

Nuenen en Amsterdam,
oktober 2020

Jan Prinsen en Feike van der Leij

Ten geleide

De bouwstenen van het leven gaat over de biologie van de cel. De biologie van de cel beschreven op het niveau van de moleculen, tot op het niveau van de atomen en zelfs tot op het niveau van de subatomaire deeltjes (protonen en elektronen).

Het boek is geschreven met als doel:
1. Het vakgebied dat ook wel bekend staat als *Life Sciences* toegankelijker te maken voor een breder publiek. De moleculaire celbiologie is een bruisende en actuele wetenschap met een vergaande maatschappelijke impact. Wat daar gebeurt gaat ons allemaal aan.
2. Het boek wil een opmaat zijn naar de grote Engelstalige standaardwerken, en kan daarnaast ook als 'second opinion' worden gebruikt. Dit kan echt helpen om de soms abstracte wereld van moleculen en cellen beter te begrijpen.
3. Het boek wil (mede door een uitgebreide index) fungeren als 'het groene boekje' voor iemand die even niet meer paraat heeft hoe je een woord ook weer schrijft/spelt, of wat ermee bedoeld wordt. Dat groene boekje past velen: biologen, docenten, studenten, medici, paramedici, etc.

Het is een samenvatting van een literatuurstudie die als inleiding goed kan werken. Een puntsgewijze vrij geschematiseerde behandeling van zaken, geschreven en getekend op het niveau van de geïnteresseerde leek/student. Het verhaal gaat niet ten onder aan vakjargon, maar het gebruik daarvan is soms niet te vermijden. De vaktaal wordt om die reden juist helder toegepast, tot op details die de lezer zelf in de hand heeft omdat er gewerkt wordt met 'tekstboxen' en 'voetnoten'.

De voetnoten spreken voor zich. De tekstboxen zijn geplaatst in een kader met een gele achtergrond. Zij zijn facultatief bedoeld. Zij verschaffen iets meer informatie voor de lezer die dat wenst. Het centrale verhaal (witte achtergrond) kan dus ook begrepen worden zonder gebruik te maken van deze tekstboxen.

In het boek worden de Nederlandstalige begrippen vaak gevolgd door de Engelstalige variant (cursief en tussen haakjes). De introductie van deze Engelstalige begrippen op dit niveau is van waarde wanneer ook Engelstalige standaardwerken gelezen gaan worden.

Hoofdstuk 1

1.1 Atomen en moleculen

Atomen en moleculen hebben hun plaats binnen cellen en levende organismen:
1. Organismen worden gevormd door cellen.
2. Cellen worden gevormd door moleculen.
3. Moleculen worden gevormd door atomen.
4. Atomen worden gevormd door subatomaire deeltjes.

Tijd, ruimte, energie en materie zijn vermoedelijk ongeveer 13,7 miljard jaar geleden ontstaan bij een gebeurtenis die de Oerknal wordt genoemd. In het prille begin was het heelal oneindig dicht, onvoorstelbaar heet en bevatte het uitsluitend energie. Maar al binnen een fractie van een seconde kwamen uit de energie enorme aantallen elementaire deeltjes voort. De deeltjes (materie) veranderden door interacties met hun eigen antideeltje ook voortdurend weer terug in energie. In het begin is er een dynamisch evenwicht tussen energie en materie.

Een volgende stap in de ontwikkeling van het jonge heelal was dat verschillende elementaire deeltjes zich samenvoegden tot zwaardere deeltjes. Er ontstonden **protonen**, **neutronen** en **elektronen**. Vervolgens vormden de neutronen samen met de protonen de eerste atoomkernen (waterstof, helium en lithium). Toen de temperatuur in het heelal voldoende was gedaald, begonnen de atoomkernen elektronen in te vangen. En tenslotte was na een half miljoen jaar het heelal zo ver afgekoeld dat uit de atoomkernen en elektronen de eerste **atomen** ontstonden. Alle andere atomen zijn vervolgens ontstaan als gevolg van stervorming en de kernfusies die dat tot gevolg had.

1.1.1 Atomen

Elk **atoom** bestaat uit **protonen** en **neutronen**[1] in de kern met **elektronen** die daar omheen draaien (Figuur 1.1). Protonen, neutronen en elektronen zijn **subatomaire** deeltjes. Elk proton heeft een **positieve lading**. Elk elektron heeft een **negatieve lading**. Neutronen hebben geen lading. In een atoom zijn normaal gesproken evenveel protonen als elektronen aanwezig, zodat de elektrostatische lading gelijk is aan nul. Met andere woorden: als het aantal protonen in een atoom bekend is, staat het aantal elektronen vast (Tekstbox 1.1).

---

[1] Het waterstofatoom vormt op deze regel als enige een uitzondering. Het waterstofatoom heeft in de kern alleen één proton en géén neutron. Om dat ene proton draait één elektron.

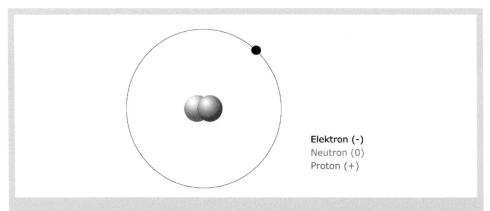

Elektron (-)
Neutron (0)
Proton (+)

Figuur 1.1. Het atoommodel. Een atoom met een proton en een neutron in de kern en een elektron die daar omheen draait. De baan van het elektron kan worden beschouwd als een schil, wolk of orbitaal.

Tekstbox 1.1. Isotopen.

Het aantal neutronen kan per atoom variëren. Elementen met verschillende verhoudingen protonen en neutronen, maar met eenzelfde hoeveelheid protonen, noemen we isotopen van elkaar. Hieronder staan behalve het waterstofatoom (één proton met daar omheen één elektron) twee isotopen van waterstof: deuterium en tritium.

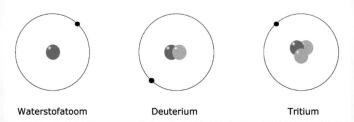

Waterstofatoom   Deuterium   Tritium

Isotopen. Een waterstofatoom (links) en de twee isotopen van waterstof (midden en rechts).

De kern van deuterium ('zwaar waterstof') bestaat uit één proton en één neutron. Een dergelijke combinatie wordt aangeduid als een deuteron. De kern van tritium bestaat uit één proton met twee neutronen. Een zogenaamd triton. Het gegeven dat elke kern maar één proton heeft, bepaalt dat er in dit voorbeeld sprake is van verschillende isotopen van waterstof.

Er bestaan twee soorten isotopen die vele toepassingen kennen:
1. De radioactieve isotopen vervallen (door kernsplitsing) met een zekere halfwaardetijd en kunnen voordelige toepassingen hebben in de medische diagnostiek, maar ook nadelige effecten zoals bij kernrampen.
2. De stabiele isotopen zijn ongevaarlijk (vervallen niet) en zijn zeer bruikbaar voor onderzoek naar belangrijke levensprocessen zoals de stofwisseling bij mensen.
In het gegeven voorbeeld geldt deuterium als stabiel isotoop en is tritium radioactief.

De elektronen draaien continu om de kern van een atoom in **orbitalen**. Een orbitaal kan gedefinieerd worden als de ruimte rondom de kern waar een elektron met een bepaalde energie het meest waarschijnlijk aanwezig is. Orbitalen zijn er in verschillende typen afhankelijk van de verschillende energieniveaus (Tekstbox 1.2). Het energieniveau van een orbitaal wordt aangeduid met het zogenoemde **hoofdkwantumgetal** n, waarbij n=1, 2, 3, enz. De verschillende orbitaaltypen hebben ieder hun specifieke vormen. Zo ontstaan groepen van orbitalen die, wat hun energieniveaus betreft, te vergelijken zijn met de elektronenschillen in de klassieke theorie omtrent atoombouw. Omwille van de uitleg wordt op dit basisniveau en op deze plaats dit klassieke beeld (Figuur 1.2) van de atoombouw (met elektronenschillen) gehanteerd. Het aantal protonen in de kern (Tekstbox 1.3) van een atoom bepaalt wat voor **element** (atoomsoort) het is.

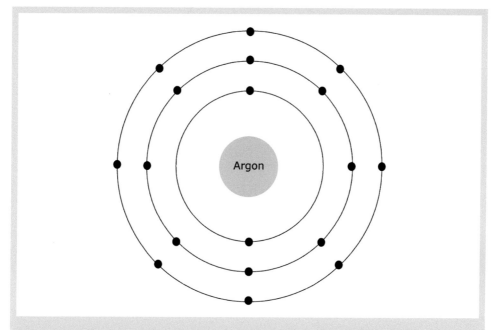

Figuur 1.2. Een argonatoom. Klassiek model van argon (edelgas) met acht elektronen in de buitenste schil.

Tekstbox 1.2. Orbitalen meer in detail.

Een orbitaal is de ruimte (de schil) rond de kern van een atoom waar een elektron het meest waarschijnlijk aanwezig is. Het aantal en de vorm van de orbitalen worden bepaald door het aantal elektronen (of zoals je wilt het aantal protonen in de kern) en het geldende energieniveau. Dat energieniveau duiden we aan met het hoofdkwantumgetal n. Het hoofdkwantumgetal n kan de waarde: 1, 2, 3, 4, 5, 6, of 7 hebben. Deze indeling in energieniveaus komt in het klassieke atoommodel overeen met de indeling in de K-, de L-, de M-, de N-, de O-, de P- en de Q-schil.

Het klassieke atoommodel. Model met de verschillende energieniveaus verdeeld over de K- tot en met Q-schil.

Op elk energieniveau (binnen de genoemde schillen) vinden we een aantal typen orbitalen aangeduid als subschillen. Deze verschillende typen orbitalen of subschillen worden aangeduid met de letters: s, p, d, f, g, h en i. Elk orbitaal bevat maximaal twee elektronen die ieder voor zich een tegengestelde draairichting hebben. Deze draairichting noemen we de elektronenspin. De twee elektronen in een orbitaal hebben dus een tegengestelde elektronenspin. De verschillende energieniveaus (aangeduid met het hoofdkwantumgetal n) kennen een maximale elektronenbezetting overeenkomstig de formule $2\times n^2$. Het een en ander leidt tot het volgende overzicht.

Schil	n	Orbitalen	$2n^2$
K	1	1s	2
L	2	2s 2p	8
M	3	3s 3p 3d	18
N	4	4s 4p 4d 4f	32
O	5	5s 5p 5d 5f 5g	50
P	6	6s 6p 6d 6f 6g 6h	72
Q	7	7s 7p 7d 7f 7g 7h 7i	98

>>>

De bouwstenen van het leven

Het s-type is bolsymmetrisch van vorm. De bolstraal is groter naar gelang het energieniveau (n) stijgt. Het p-type bestaat uit drie paren peervormige lobben die onderling loodrecht op elkaar staan. Eentje in de x-richting, een in de y-richting en de derde in de z-richting zoals we dat kennen bij een orthogonaal assen-stelsel. We spreken van een p_x-, een p_y- en een p_z-orbitaal. Ook hier geldt dat de vorm van de peervormige lobben groter wordt naar gelang het energieniveau (n) stijgt. Het d-type kent vijf orbitalen die hier verder niet besproken worden.

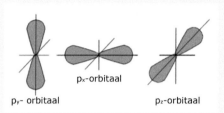

p_y- orbitaal p_x-orbitaal p_z-orbitaal

De richting van orbitalen. Drie orbitalen die onderling loodrecht op elkaar staan.

Telkens als het hoofdkwantumgetal hoger wordt neemt het energieniveau toe en neemt het aantal subschillen toe. De letters s, p, d, f, etc. geven het orbitaal type aan. Het cijfer ervoor geeft aan tot welk energieniveau die bepaalde typen orbitalen behoren.

De opvulling van de verschillende orbitalen verloopt als volgt:
- Het eerste elektron vindt zijn plaats in 1s.
- Het tweede elektron verblijft (met tegengestelde elektronenspin) ook in 1s.
- Het derde elektron vormt als eerste de 2s-orbitaal evenals het vierde elektron. Deze laatste weer met een tegengestelde elektronenspin ten opzichte van die van elektron drie.
- Het vijfde elektron vormt als eerste een van de drie 2p-orbitalen. Elektron zes en zeven vormen ieder voor zich het nog niet gevormde 2p-orbitaal. Pas nadat op die manier alle drie de 2p-orbitalen zijn gevormd vindt de opvulling plaats met een tweede elektron in die orbitalen. Dat laatste gebeurt dus door elektron acht, negen en tien.
- De L-schil (energieniveau n=2) is nu volledig bezet. De eerste tien atomen zijn vormgegeven.

Tekstbox 1.3. Periodiek systeem.

De atomen worden gerangschikt op basis van het aantal protonen in de kern (het atoomgewicht). Zij worden daarbij voorzien van een atoomnummer. Op basis van het atoomnummer en de elektronenconfiguratie worden alle atomen gegroepeerd in een periodiek systeem der elementen.

Het systeem kent horizontale rijen en verticale kolommen. De horizontale rijen zijn van elkaar gescheiden overeenkomstig de energieniveaus (hoofdkwantumgetal n). Elke horizontale rij staat daarbij dan voor een van de in Tekstbox 1.2 genoemde schillen. Van boven naar beneden in de volgorde van K, L, M, N, etc.

De verticale kolommen ontstaan op basis van de toevoeging van telkens een elektron in de verschillende (s, p, d, f, etc.) orbitalen zoals hierboven in Tekstbox 1.2 is aangegeven in de laatste alinea betreffende de opvulling van de verschillende orbitalen.

1.1.1.1 Edelgasconfiguratie

Het gedrag van de atomen wordt bepaald door de **valentie-elektronen**. Dat zijn de elektronen in de buitenste schil. Alle atomen 'streven' in de opbouw naar de energetisch meest gunstige en dus meest stabiele configuratie. Zij streven dus naar een **edelgasconfiguratie,** wat neerkomt op twee (voor waterstof en helium) of acht elektronen in die buitenste schil.

Ook in een verbinding met andere atomen (moleculen) zal elk atoom deze configuratie nastreven. In hun streven om de edelgasconfiguratie te bereiken gaan atomen valentie-elektronen geven, nemen of delen. Een atoom dat graag elektronen weggeeft noemt men een **elektronendonor** of **reductor**. Een atoom dat bij voorkeur elektronen opneemt noemt men een **elektronenacceptor** of **oxidator**.

1.1.1.2 Elektronegativiteit

In de strijd om een of meerdere elektronen zijn niet alle atomen even sterk. De neiging van een atoom om elektronen aan te trekken (om het aantal elektronen in de buitenste schil aan te vullen) noemt men de **elektronegativiteit** van dat atoom. Het ene atoom heeft dus een grotere elektronegativiteit dan het andere[2]. Het atoom met de grotere elektronegativiteit is in de strijd om elektronen sterker dan een atoom met een lagere elektronegativiteit. Van alle elementen (atoomsoorten) heeft het **zuurstofatoom** nagenoeg de grootste elektronegativiteit.

1.1.1.3 Uitwisseling van elektronen

Zoals eerder gesteld: in hun streven om de edelgasconfiguratie te bereiken gaan atomen valentie-elektronen geven, nemen of delen. De uitwisseling van elektronen (het geven en nemen) is weergegeven in onderstaande halfreacties:
1. Het proces waarbij een atoom elektronen weggeeft[3] noemt men **oxidatie:**

$$2H_2 \text{ (reductor)} \rightarrow 4H^+ \text{ (oxidator)} + 4e^-$$

2. Het proces waarbij een atoom elektronen opneemt[4] noemt men **reductie:**

$$4e^- + O_2 \text{ (oxidator)} \rightarrow 2O^{2-} \text{ (reductor)}$$

---

[2] Gaande van links naar rechts in het periodiek systeem neemt de elektronegativiteit van atomen toe en daarmee ook hun vermogen om elektronen op te nemen en negatief geladen deeltjes (anionen) te vormen.
[3] Het weggeven van elektronen door een reductor (elektronendonor) geschiedt alleen om ze te geven aan een oxidator (elektronenacceptor). De oxidatiereactie mag dus niet gezien worden als een opzichzelfstaande reactie waarbij elektronen als het ware in oplossing komen en/of in het niets verdwijnen.
[4] De opname van elektronen door een oxidator (elektronenacceptor) kan niet los gezien worden van een gelijktijdig vrijgeven van die elektronen door een reductor (elektronendonor). De elektronen kunnen niet zomaar uit het niets ontstaan.

De bouwstenen van het leven

3. Beide processen spelen zich per definitie gelijktijdig[5] af, namelijk als een atoom één of meerdere elektronen direct[6] uitwisselt met een ander atoom. Het ene atoom wordt geoxideerd, het andere gereduceerd. Deze gecombineerde actie noemt men een **redoxreactie**:

$$2H_2 + O_2 \rightarrow 2H_2O$$

Uiteindelijk wordt de reductor (in het voorbeeld H_2) geoxideerd en wordt de oxidator (in het voorbeeld O_2) gereduceerd. Anders gezegd:

– de elektronendonor (reductor) wordt bij aanwezigheid van een oxidator of elektronenacceptor van zijn uitwisselbare elektronen ontdaan (geoxideerd); en
– de elektronenacceptor (oxidator) neemt bij aanwezigheid van een reductor of elektronendonor de uitwisselbare elektronen op en wordt daarbij gereduceerd.

De uitwisseling vindt alleen plaats als de oxidator die in het proces reageert sterker is dan de oxidator die tijdens de oxidatie ontstaat. In het voorbeeld is O_2 een sterkere oxidator[7] dan de H^+ die in de eerste halfreactie ontstaat.

1.1.1.4 Het delen van elektronen

In het streven naar een edelgasconfiguratie kunnen twee gelijke atomen ook één of meerdere elektronen delen. Er vindt dan geen elektronenuitwisseling plaats, maar in plaats daarvan worden de gecombineerde atoomkernen omgeven door de gemeenschappelijke (**bindings**) **elektronen**. Een voorbeeld hiervan vind je in Figuur 1.3 waarin de protonen rood, de neutronen grijs en de elektronen zwart zijn gekleurd.

In Figuur 1.3 zie je rechts dat twee waterstofatomen zich hebben samengevoegd tot één waterstofmolecuul. Door hun beide elektronen te delen worden de samengevoegde protonen omgeven door twee elektronen. Precies de elektronenconfiguratie zoals die voorkomt in het element helium: het dichtstbijzijnde edelgas.

---

[5] Er kunnen geen elektronen in het niets verdwijnen als ze worden afgestaan door een reductor (en evenmin uit het niets ontstaan als ze door een oxidator worden opgenomen). De door de reductor afgestane elektronen worden altijd gelijktijdig opgenomen door een oxidator.
[6] De uitwisseling kan ook via een stroomdraad in combinatie met een zoutbrug. Je hebt dan een elektrochemische cel ofwel een batterij. De oxidator en de reductor bevinden zich in gescheiden compartimenten en de elektronen gaan via een stroomdraad. De energie die bij deze reactie vrijkomt kan op die manier worden aangewend om bijvoorbeeld een zaklantaren te laten branden, of je autolampen (de accu is ook een batterij).
[7] Waarden voor de sterkte van oxidatoren zijn te vinden in tabellen met oxidatiepotentialen.

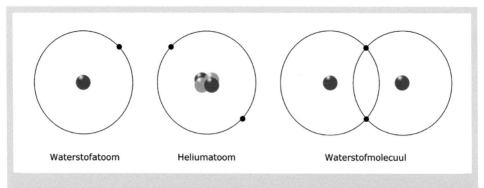

Figuur 1.3. Gemeenschappelijke elektronen. In het waterstofmolecuul (rechts) zijn twee waterstofatomen (links) verenigd, zodanig dat een edelgasconfiguratie (zie het heliumatoom) wordt benaderd.

1.1.1.5 Ionen

In hun streven om de edelgasconfiguratie te bereiken ontstaat er binnen het atoom (door oxidatie of reductie) een verschil tussen het aantal protonen en het aantal elektronen. Door dat verschil krijgt het atoom een **elektrische lading**. Die elektrische lading is positief als er uiteindelijk minder elektronen overblijven dan protonen in de atoomkern. En negatief als er meer elektronen zijn dan protonen in de kern. Een atoom met een elektrische lading (positief of negatief) noemt men een **ion**: een elektrisch geladen atoom.

1.1.2 Moleculen

De volgende stap is de vorming van chemische bindingen tussen de verschillende atomen. Chemisch gebonden atomen vormen samen een **molecuul**. De molecuulvorming wordt opnieuw gedreven door het streven van elk atoom naar de edelgasconfiguratie.

1.1.2.1 Chemische binding

We onderscheiden de volgende chemische bindingen tussen atomen:
1. De **covalente binding.** Dit is een **sterke** binding, gebaseerd op het delen van één of meerdere elektronen[8]. Deze bindingselektronen worden ook wel de **covalente elektronen** genoemd. Wanneer twee atomen binnen een molecuul één of meerdere covalente elektronen delen, zal die binding vaak een asymmetrische ladingsverdeling tot gevolg hebben. Dit wordt veroorzaakt door het verschil in elektronegativiteit van die twee covalent gebonden atomen.

---

[8] Het gemeenschappelijk elektronenpaar kan gevormd worden doordat twee atoomorbitalen elkaar overlappen. De sterkte van de binding wordt bepaald door de mate van overlapping. Als de overlap volledig is is er sprake van een Sigma-binding.

De kans dat de covalente elektronen zich op het sterk elektronegatieve atoom bevinden is groter dan de kans dat zij zich op het minder elektronegatieve atoom bevinden. Het gevolg is dat de ene kant van het molecuul een andere lading krijgt dan de andere kant ervan. We spreken dan van een **polair molecuul** als gevolg van een **polaire covalente binding**[9].

Wanneer bijvoorbeeld (zoals in Figuur 1.4) een sterk elektronegatief element (in dit voorbeeld zuurstof) een covalente binding aangaat met een minder sterk elektronegatief element (in dit voorbeeld waterstof) ontstaat er omwille van het verschil in elektronegativiteit der atomen een polair molecuul. In dit voorbeeld: een watermolecuul of H_2O.

Zuurstofatoom
Waterstofatoom
Gedeelde elektronen
Elektronenwolk

Figuur 1.4. Een polair molecuul. Een watermolecuul met de ladingverdeling (met + en − aangegeven) over het zuurstofatoom (blauw) en de waterstofatomen (groen) als gevolg van de voorkeurspositie van de gedeelde elektronen (zwarte stippen).

2. De **ionbinding**. Ook deze binding geldt als **sterk** (maar is minder sterk dan de covalente binding). Deze bindingsvorm is gebaseerd op de elektrostatische aantrekkingskracht tussen twee tegengesteld geladen ionen. Atomen met een groot verschil in elektronegativiteit vormen met voorkeur een ionbinding met elkaar. Hierbij worden elektronen dus niet gedeeld, maar volledig aan elkaar uitgewisseld.

    In Figuur 1.5 volgt daarvan een voorbeeld. Het natriumatoom (links) heeft één elektron in de buitenste schil. Het chlooratoom daarentegen (rechts) heeft zeven elektronen in de buitenste schil.

---

[9] Covalente bindingen die de samenstellende atomen binnen een molecuul binden, bestaan uit een aantal elektronen die de twee atomen samen delen. Ze zijn binnen biologische systemen stabiel omdat de betrekkelijk hoge energie die nodig is om de binding te verbreken vele malen hoger is dan de thermische kinetische energie, die er is bij kamer- of lichaamstemperatuur.

De bouwstenen van het leven

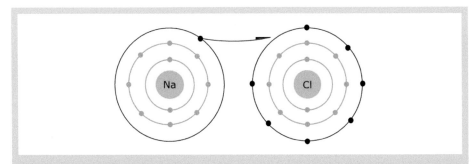

Figuur 1.5. Van atomen naar ionen. Het natrium- en het chlooratoom voor de uitwisseling van een elektron.

In het streven naar een edelgasconfiguratie:
- wil het natriumatoom die buitenste schil het liefst leeg maken. Het leeg maken van de buitenste elektronenbaan levert een positief geladen natriumion op.
- Het chlooratoom wil juist een extra elektron opnemen in de buitenste schil. Door de opname van een extra elektron in de buitenste schil ontstaat er nu een negatief geladen chloorion.

Het gevolg is een binding tussen de beide ionen op basis van de ladingsverschillen van de beide ionen, waarbij beide ionen ieder voor zich acht elektronen hebben in hun buitenste schil. Dit is schematisch weergegeven in Figuur 1.6.

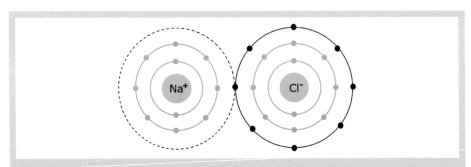

Figuur 1.6. Ionbinding. De binding die ontstaat tussen het natrium- en het chlooratoom na uitwisseling van het elektron is een binding tussen twee ionen.

1.1.2.2 Intermoleculaire krachten

De gevormde moleculen oefenen weer krachten op elkaar uit. Deze intermoleculaire krachten die tussen neutrale moleculen optreden zijn zeer **zwak** (tot hooguit 5-10% van de eerder genoemde covalente binding). Zij zijn zo zwak dat de bindingen, die zij tot stand brengen, bij kamer- en/of lichaamstemperatuur, constant gevormd en/of afgebroken kunnen worden.

We onderscheiden:

1. **Waterstofbruggen.** Een waterstofbrug is een bindingstype dat ontstaat op het moment dat een positief gepolariseerde binding (als 'positieve pool' van een covalente binding) zich aangetrokken voelt tot (een vrij elektronenpaar van) een sterk elektronegatief atoom (bijvoorbeeld zuurstof). Het waterstof legt als het ware een brug tussen twee elektronegatieve atomen, waarbij het aan de ene kant sterk verbonden is door een polaire covalente binding (binnen het eigen molecuul) en zich aan de andere kant voelt aangetrokken door de elektrostatische krachten met het vrije elektronenpaar.

   De interactie kan plaatsvinden met een atoom in een ander molecuul (**intermoleculair**) (Figuur 1.7, Tekstbox 1.4), maar ook met een atoom binnen een zelfde molecuul (**intramoleculair**). Deze (intermoleculaire) interacties treffen we bijvoorbeeld aan tussen de eerder genoemde watermoleculen (dipolen).

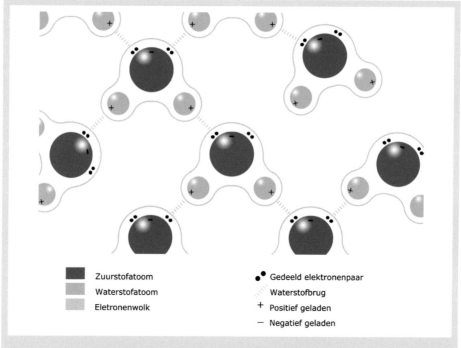

Figuur 1.7. Intermoleculaire interactie. De dipolaire watermoleculen (als in Figuur 1.4) vormen onderling waterstofbruggen (in okergeel aangegeven).

Tekstbox 1.4. Oplosbaarheid in water.

De oplosbaarheid van ongeladen stoffen in water hangt voor een groot deel af van hun mogelijkheid om water-stofbruggen te vormen met water. Over het algemeen kunnen moleculen met een polaire covalente binding, die gemakkelijk waterstofbruggen vormen met water, gemakkelijk oplossen in water, evenals geladen moleculen en ionen die een interactie aangaan op basis van het dipole karakter van water. Vele biologische moleculen bevatten naast hydroxylgroepen (-OH) en aminogroepen ($-NH_2$), ook peptidegroepen en estergroepen. Ook zij kunnen waterstofbruggen vormen met water.

2. **Vanderwaalskrachten.** Deze binding ontstaat als twee atomen elkaar zó dicht naderen, dat zij naar elkaar toe een zwak soort aantrekkingskracht creëren (Figuur 1.8). Deze non-specifieke kracht is een gevolg van de van moment tot moment wisselende toevalsschom-melingen in de verdeling van de elektronen van elk atoom afzonderlijk (Tekstbox 1.5).

Figuur 1.8. Vanderwaalskrachten. De onderlinge aantrekkingskrachten (gele pijlen) tussen atomen die elkaar heel dicht benaderen.

Tekstbox 1.5. Vanderwaalskracht.

Indien twee non-covalent gebonden atomen zich dicht genoeg bij elkaar bevinden, verstoren de elektronen van het ene atoom de elektronen van de ander. Die verstoring veroorzaakt een vergankelijke dipool in het andere atoom en de twee dipolen zullen elkaar (zwak) aantrekken. Deze krachten treden in zowel polaire- als non-polaire moleculen op. Ze zijn in het bijzonder verantwoordelijk voor de cohesie tussen non-polaire moleculen.

De vanderwaalskrachten werken alleen op een zeer korte afstand tussen atomen/moleculen. Buiten die afstand nemen de krachten snel af. Binnen die afstand gaan de atomen (de twee elektronen wolken) elkaar weer afstoten. Zodra er een evenwicht is tussen de vanderwaals-aantrekkingskracht en de onderlinge afsto-tingskracht der elektronenwolken van de atomen is er sprake van vanderwaalscontact.

De bouwstenen van het leven

3. **Hydrofoob gedrag.** Polaire moleculen lossen prima op in water, omdat watermoleculen zelf polair zijn. De polaire moleculen worden in het water gehydrateerd[10]. Dergelijke polaire moleculen of polaire delen van moleculen noemen we **hydrofiel** (wateraantrekkend).

Bij non-polaire (of apolaire) moleculen vindt die hydratatie niet plaats. Daardoor neemt de wanorde tussen de watermoleculen toe. Als gevolg daarvan worden de apolaire moleculen door de watermoleculen weggedrukt en in het water bijeen gedreven. Van apolaire moleculen zeggen we daarom dat ze **hydrofoob** (waterafstotend) zijn. De bijeengedreven apolaire moleculen gaan zich noodgedwongen verenigen. Deze neiging tot vereniging van apolaire moleculen wordt beschreven met het begrip **hydrofoob gedrag**.

In Figuur 1.9 zie je meerdere moleculen met een polaire (donkerblauwe) kop die allemaal voorzien zijn van twee apolaire (gele) staarten. De polaire delen (wateraantrekkend) richten zich naar het water (lichtblauw). De apolaire staarten (waterafstotend) keren zich juist van het water af.

Figuur 1.9. Hydrofobie. In een waterige omgeving (lichtblauw) zullen de waterafstotende delen van een molecuul (gele staarten) zich verenigen in een poging watermoleculen buiten te sluiten.

1.1.2.3 Condensatie en hydrolyse

In een waterig milieu ontwikkelt er zich tussen moleculen een systeem van koppelen en ontkoppelen. Het een en ander onder afgifte van of juist met opname van water. Een dergelijke koppeling leidt dan vervolgens tot de vorming van grotere moleculen. We spreken van een **condensatiereactie**[11] of een **condensatieproces** indien door het onttrekken van een watermolecuul

---

[10] De watermoleculen (dipolen) omhullen geladen deeltjes, waardoor deze zich van elkaar kunnen scheiden: de stof lost dan op in water.

[11] Als alternatief voor de term 'condensatiereactie' kom je in de literatuur ook de term dehydratatie (*dehydration*) tegen. Dehydratatie duidt op het onttrekken van water.

een koppeling tot stand komt. Een dergelijke koppeling met een watermolecuul als bijproduct is aangegeven in Figuur 1.10a. Het omgekeerde proces – ontkoppeling onder opname van een molecuul H_2O – staat bekend als **hydrolyse**[12]. De hydrolyse is in Figuur 1.10b aangegeven.

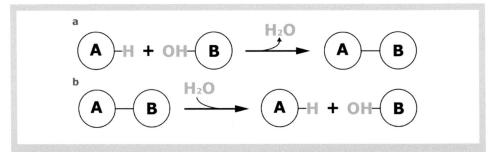

Figuur 1.10. (a) Condensatiereactie. Twee moleculen verenigen zich onder afsplitsing van water. (b) Hydrolysereactie. Onder opname van water splitsen moleculen zich in twee producten.

1.1.3 Macromoleculen

Op basis van het principe van het condensatieproces ontstaat nu de mogelijkheid allerlei moleculen, als bouwstenen, aan elkaar te koppelen. Deze bouwelementen kunnen daarbij al of niet gelijksoortig van aard zijn. Gelijksoortige moleculen of subeenheden noemen we **monomeren**. Meerdere monomeren achter elkaar gekoppeld, vormen samen een **polymeer**.

Zo (Figuur 1.11) ontstaan door het aan elkaar koppelen van monomeren de volgende polymeren:
a. **polysachariden** of meervoudige suikers (koolhydraten);
b. **eiwitten;** en
c. **nucleïnezuren** (DNA en RNA).

Genoemde polymeren spelen een essentiële rol in het leven van een cel. Zij worden daarom ook wel **biopolymeren** genoemd.

---

[12] De letterlijke vertaling van het woord hydrolyse is: 'stukmaken met water'.

De bouwstenen van het leven

Figuur 1.11. Monomeren en de polymeren die zij vormen. De bouwstenen (monosacharide suikers, blauw; aminozuren, groen; nucleotiden, grijs) kunnen tot ketens (respectievelijk polysacharide, eiwit en nucleïnezuur) aaneengeregen worden.

Tot de macromoleculen worden ook de **lipiden** (en de verschillende modificaties daarvan) gerekend. Lipiden ontstaan echter niet door het aan elkaar koppelen van monomeren. We zullen verderop in dit boek kennis maken met deze belangrijke groep.

1.1.3.1 Multimoleculaire complexen

De macromoleculen kunnen zich verder aan elkaar binden op basis van **moleculaire complementariteit**. Dit kan leiden tot een stabiele verbinding tussen twee macromoleculen als wordt voldaan aan de volgende twee voorwaarden:
1. een correcte pasvorm in fysieke zin, met daarbinnen;
2. een optimale mogelijkheid tot vele noncovalente bindingen.

Alleen als voldaan is aan beide voorwaarden spreken we van moleculaire complementariteit. Aldus ontstaat een multimoleculair complex, zoals schematisch in Figuur 1.12 is weergegeven:

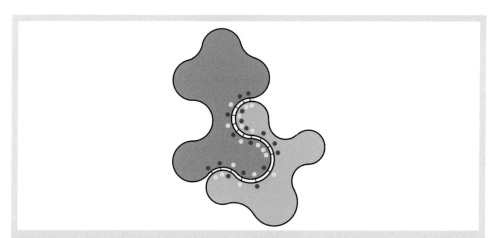

Figuur 1.12. Complexvorming door moleculaire complementariteit. Als gevolg van de juiste pasvorm en het aangaan van vele noncovalente bindingen (streepjes) tussen atomen (rood en geel) kan een stevig complex van moleculen (groen) ontstaan.

Sommige macromoleculen en multimoleculaire complexen ontwikkelen zich aldus tot biologische structuren. Bijvoorbeeld als (onderdeel van) een membraan of als ribosoom[13]. Het zijn structuren die niet meer chemisch reageren in de klassieke zin van het woord, waarbij meerdere reactanten gezamenlijk één of meerdere producten vormen. Zij hebben een biologische functie ontwikkeld.

1.1.4 De cel

De mogelijkheid om te **repliceren** (het kopiëren van informatiebevattende structuren en het doorgeven daarvan aan een volgende generatie) is een universele eigenschap van het leven. Een essentiële stap in het ontstaan van leven is daarom ongetwijfeld de vorming van replicerende moleculen. Het succes van deze replicerende moleculen hangt af van een aantal factoren, zoals de chemische stabiliteit van het molecuul, de aanwezigheid van voldoende bouwstenen voor de vorming ervan tijdens de replicatie en de aanwezigheid van voldoende energie voor die vorming.

Natuurlijke selectie is het proces dat een component die het best overleeft in heersende omstandigheden bevoordeelt. Eigenlijk wordt het ontstaan van een volgende generatie van die component bevoordeeld. De natuurlijke selectie zal systemen die zelf kunnen zorgen voor voldoende bouwstenen en energie bevoordelen boven systemen waarbij dat geen zekerheid is.

De cel voldoet aan de eisen van zo'n systeem: een afgesloten ruimte waarbinnen het beheer van bouwstenen en energie mogelijk wordt.

De inhoud van de cel kan omschreven worden als een waterige oplossing met daarin de aanwezigheid van meerdere moleculen, ionen en kleine orgaantjes (organellen genoemd). Deze inhoud wordt begrensd door de celmembraan. Er is dus sprake van een afgesloten ruimte. Er is sprake van een **intern celmilieu**.

Uiteindelijk zijn het de koolhydraten, vetzuren en eiwitten die de energie leveren die nodig is voor alle processen binnen de cel. De eiwitten geven (samen met andere moleculen) vorm en structuur aan de cel en sturen nagenoeg alle processen binnen de cel. Het DNA en RNA zijn verantwoordelijk voor de aanmaak voor de juiste eiwitten, in de juiste hoeveelheid en op de juiste plaats. Het DNA bevat in gecodeerde vorm het draaiboek en de instructies voor alle processen die zich afspelen in de cel, inclusief metabolisme, groei en reproductie. Ziehier de basis voor 'het leven'.

---

[13] Eiwit synthetiserend organel in de cel.

1.1.5 De oorsprong van het leven

Een combinatie van theoretische overwegingen en experimentele gegevens hebben tot diverse scenario's over het ontstaan van het leven uit niet biologische (of prebiotische) materialen op aarde geleid.

Het meest verspreid is het scenario gebaseerd op 'de oersoep': anorganische stoffen uit de vroege atmosfeer[14], hebben onder invloed van zonlicht (lichtenergie) en blikseminslagen (thermische en elektrische energie) eenvoudige organische bouwstenen gevormd. Dit proces is in een laboratoriumexperiment nagebootst met als resultaat dat inderdaad dergelijke moleculen worden gevormd[15]. De gedachte is dat na verloop van tijd voldoende bouwstenen aanwezig waren om grotere structuren te vormen. Mogelijk in plassen waarin door verdamping van water de concentratie aan bouwstenen zeer hoog kon oplopen.

Er is inmiddels een alternatief scenario dat is gebaseerd op de gedachte dat het leven ontstaan is in de directe omgeving van zogenaamde *black smokers*: anorganische, vulkanische schoorstenen op de oceaanbodem. Sommige zo groot als een wolkenkrabber. Zij pompen kolkende zwarte rook de oceanen in. Deze rook bestaat uit metaalsulfiden die opwellen uit de magmaoven eronder. De schoorstenen zelf zijn gevormd uit zwavelmineralen. Er worden grote hoeveelheden H_2S (waterstofsulfide) geproduceerd. Samen met een aantal kleine moleculen wordt vervolgens azijnzuur gevormd. Azijnzuur is een organische stof en een belangrijke stap in de vorming van grotere organische verbindingen. Onder de omstandigheden[16] zoals die bestaan bij deze bronnen kunnen spontaan eiwitten worden gevormd en kunnen primitieve polymeren het vermogen hebben gekregen om te repliceren[17].

Een spectaculair andere gedachte over het ontstaan van het leven op de planeet aarde krijgt steun door het onderzoek naar kometen. Komeetlander Philae heeft (na een historische landing op 12 november 2014) organische moleculen gevonden op de komeet 67P/Churyumov-Gerasimenko. De vondst ondersteunt de theorie dat kometen, komeetstaarten en/of meteoren bezorgers zijn van bouwstenen voor het leven op aarde, miljarden jaren geleden.

---

[14] Zoals H_2 (waterstof), H_2O (water), NH_3 (ammoniak) en CH_4 (methaan).
[15] In aanwezigheid van HCN (waterstofcyanide) worden er zelfs essentiële bouwstenen voor de vorming van DNA gevormd. En de aanwezigheid van H_2CO (formaldehyde) leverde tijdens het experiment suikers op.
[16] IJzersulfide levert in combinatie met het H_2S energie in de vorm van elektronen die nodig zijn in veel biosynthesereacties zoals bij een primitieve vorm van CO_2-fixatie.
[17] Het ligt voor de hand om te veronderstellen dat het RNA het eerste zelfreplicerende molecuul zal zijn geweest. Ook nu is het nog steeds het enige molecuul dat van zichzelf een identieke kopie kan maken. RNA is nog steeds in alle levende organismen aanwezig.

1.2 Koolhydraten

Van de vele molecuulsoorten die er door de tijd heen zijn ontstaan, zijn er een aantal die bepalend zijn voor het cellulaire leven. In deze en de volgende paragrafen zullen deze specifieke groepen worden besproken. Als eerste bespreken we de **koolhydraten** (suikers en polymeren van suikers).

Koolhydraten vervullen belangrijke taken in het leven van de cel. Op de eerste plaats voor de **energieopslag**, dus als **brandstof.** Zij spelen verder een grote rol bij de **celcommunicatie.** Ook spelen de koolhydraten, **gekoppeld aan eiwitten en vetten**, een belangrijke rol in **herkenningsprocessen.** Koolhydraten bevorderen bovendien de stevigheid van plantaardige cellen (pectine en cellulose in celwanden) en van sommige dieren (chitine), zoals de geleedpotigen (onder andere insecten, spinnen en kreeft-achtigen).

De basisstructuur van een suiker bestaat uit een lineaire keten **koolstofatomen**:
- Eén van die koolstofatomen is dubbel gebonden aan een **zuurstofatoom** en vormt daarmee een **carbonylgroep** (C=O).
- Alle andere koolstofatomen in de keten zijn gebonden aan een **waterstofatoom** en een **hydroxyl** (-OH) groep.

De algemene moleculformule voor de suikers is $(CH_2O)_n$ waarbij n minimaal 3 is. De plaats van de carbonylgroep binnen de keten is erg belangrijk:
a. Indien het koolstofatoom van de carbonylgroep gebonden is aan een ander koolstofatoom **én** aan één waterstofatoom, ontstaat er een andere functionele groep (Figuur 1.13). We spreken dan van een **aldehydegroep**. Elke organische chemische verbinding met een aldehydegroep noemt men een **aldehyde**. Meer specifiek in het kader van de koolhydraten spreken we dan van een **aldose**. De nummering van de koolstofatomen in de keten begint altijd bij het koolstofatoom van de aldehydegroep: C1.

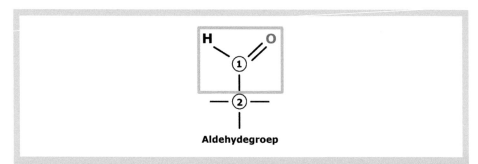

Figuur 1.13. Aldehydegroep. Een molecuul met onder andere twee koolstofatomen (genummerd **1** en **2**) met een aldehydegroep (binnen het grijze kader).

b. Indien het koolstofatoom van de carbonylgroep gebonden is tussen twee andere koolstof-atomen (Figuur 1.14) spreken we van een **ketongroep**. Een suiker met binnen in de keten een ketongroep noemen we een **keton** (*ketose*)[18]. Voor ketonen begint de nummering van de koolstofatomen in de keten bij het eindstandig koolstofatoom dat het dichtst gelegen is bij de ketongroep.

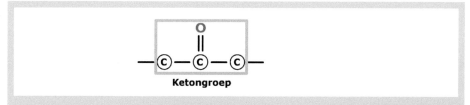

Ketongroep

Figuur 1.14. Ketongroep. Waar een aldehydegroep aan het uiteinde van een molecuul zit (Figuur 1.13), zit een ketongroep (binnen het grijze kader) ín de keten. De nummering van koolstofatomen (C) hangt dan af van andere factoren.

Samenvattend

▸ Een suiker bevat altijd een carbonylgroep. De koolhydraten maken dan ook deel uit van de grote groep verbindingen die aangeduid worden met de algemene term **carbonylverbindingen**. Als het koolstofatoom van de carbonylgroep de C1 positie inneemt is het molecuul een aldehyde (of in het geval van een suiker een aldose), als het koolstofatoom van de carbonylgroep niet de positie van C1 inneemt spreken we van een keton.

---

[18] Later zal blijken dat de naamgeving in de groep suikers eindigt met de uitgang -ose. Om verwarring te voor-komen wordt benadrukt dat het Engelse woord *ketose* staat voor het Nederlandse woord keton.

1.2.1 Asymmetrisch koolstofatoom

Voor suikers geldt, dat elk ander koolstofatoom in de keten (dan het koolstofatoom met de C=O binding) is gebonden aan een waterstofatoom én een hydroxylgroep. Er is sprake van een asymmetrische bezetting. Als gevolg daarvan kunnen de zijgroepen in twee configuraties (een H-C-OH variant én een HO-C-H variant) rond het koolstofatoom zijn gesitueerd (Figuur 1.15). Er is dan sprake van **isomerie**[19]. De twee configuraties (een H-C-OH variant én een HO-C-H variant) zijn op het niveau van het betreffende koolstofatoom elkaars spiegelbeeld. Verbindingen die wel hetzelfde koolstofskelet hebben maar waarbij de rangschikking van de atomen in de ruimte verschillend is worden **stereo-isomeren** genoemd. Genoemde stereo-isomerie is dus een bepaald type isomerie. Er bestaat ook structuurisomerie[20] maar dat is in dit verband niet relevant.

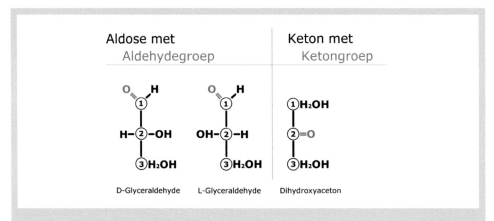

Figuur 1.15. De drie varianten van de kleinste monosacharide. Glyceraldehyde kan twee stereo-isomere vormen aannemen (D en L) omdat aan C2 vier verschillende zijgroepen zitten. Dihydroxyaceton heeft geen asymmetrisch koolstofatoom en dus geen stereo-isomeren. De carbonylgroepen zijn in rood weergegeven.

In de bio-organische chemie komt het ook vaak voor dat aan een koolstofatoom vier verschillende substituenten zijn gebonden. We spreken in dat geval van een **chiraal koolstofatoom**. Een molecuul met één of meer chirale koolstofatomen wordt een **chiraal molecuul** genoemd. Van een chiraal molecuul bestaat ook een spiegelbeeld maar dat spiegelbeeld is niet meer hetzelfde als het oorspronkelijke molecuul (het idee van een linker- en een rechterhand). De betreffende stereo-isomeren van zo een chiraal molecuul worden als **enantiomeren** (of spiegelbeeldisomeren) aangeduid.

---

[19] Er is sprake van isomerie indien twee verbindingen ruimtelijk gezien niet aan elkaar gelijk zijn terwijl ze wel dezelfde brutoformule hebben. De betreffende verbindingen worden isomeren genoemd.
[20] Hierbij is sprake van twee isomeren (verbindingen die ruimtelijk gezien niet aan elkaar gelijk zijn terwijl ze wel dezelfde brutoformule hebben) waarbij de atomen op verschillende wijze aan elkaar zijn gebonden.

1.2.1.1 D- en L-isomeren

Zoals gezegd kunnen er per asymmetrisch koolstofatoom in de keten een H-C-OH variant én een HO-C-H variant aanwezig zijn. De verschillende isomeren worden geduid met het voorvoegsel D- of L-. Bepalend voor dat voorvoegsel is het asymmetrisch koolstofatoom dat het verst verwijderd is van de aldehyde- of de ketongroep[21] en de positie van de hydroxyl-groep (-OH) ten opzichte van dat asymmetrisch koolstofatoom in de projectieformule. Staat de hydroxylgroep op die positie in de projectieformule rechts (dextro) dan hoort daarbij het voorvoegsel D-. Staat de hydroxylgroep op die positie in de projectieformule links (levo) dan hoort daarbij het voorvoegsel L-.

1.2.2 Indeling

Afhankelijk van het aantal koolstofatomen in de keten worden de koolhydraten ingedeeld in:
- Enkelvoudige suikers:
  - **Monosachariden** vormen de kleinste eenheden die nog de karakteristieke eigenschappen van een suiker hebben. Zij bezitten naast een aantal hydroxylgroepen (-OH) een alde-hyde- óf een ketongroep. De monosachariden zijn monomeren (zie Paragraaf 1.1.3) en fungeren als bouwelementen voor de meervoudige suikers.
- Meervoudige suikers:
  - **Oligosachariden** zijn opgebouwd uit een beperkt (2 tot 7) aantal monosacharide-eenheden. Veel voorkomend zijn de di- en trisachariden.
  - **Polysachariden** zijn opgebouwd uit veel monosacharide-eenheden.

1.2.2.1 Monosachariden

Naamgeving monosachariden

De systematische naamgeving van de monosachariden is gebaseerd op het aantal koolstofatomen in de keten, aangevuld met de uitgang **-ose** én het voorvoegsel **aldo-** of **keto-** om het type te duiden. Enkele voorbeelden zijn: aldotriose, ketopentose, aldohexose, etc. Vele suikers hadden echter al een naam voordat deze systematische naamgeving werd ingevoerd en zijn onder die oorspronkelijke naam vaak nog steeds bekend: glucose (aldohexose) en fructose (ketohexose). Zowel de systematische naam als de oorspronkelijke naam wordt (indien relevant) nog voorzien van het voorvoegsel D- of L-.

De bouwstenen: monosachariden

De algemene formule van de monosachariden is: $(CH_2O)_n$. Een voorbeeld van een mono-sacharide (waarbij n=3) is in Figuur 1.15 gegeven. Als gevolg van het verschil tussen de aldose

---

[21] Anders gezegd: het hoogst genummerde asymmetrische koolstofatoom.

en het keton, én de beschreven spiegeling ten opzichte van de koolstofatomen in de keten levert de chemische formule $(CH_2O)_n$ ruimtelijk meerdere varianten op[22]. In het gegeven voorbeeld waarbij n=3 is dat aantal varianten drie. Bij een hogere n-waarde neemt het aantal varianten snel toe.

Ter illustratie: een tetrose is een monosacharide met een keten van 4 koolstofatomen met een aldehydegroep op C1 óf een ketongroep op C2. De **aldotetrose** heeft twee asymmetrische koolstofatomen en dus vier stereo-isomeren[23]. De **ketotetrose** heeft slechts één asymmetrisch koolstofatoom en vormt dus alleen een D- en een L-variant. Het aantal variaties (denkbare mogelijkheden) in het geval van een tetrose is dus al zes (Figuur 1.16).

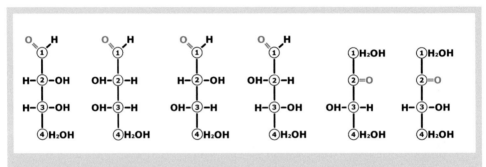

Figuur 1.16. Stereo-isomerie: bij een tetrose $(C_4H_8O_4)$ zijn zes isomeren mogelijk.

Voor de moleculaire celbiologie zijn de meest relevante monosachariden:
- de **hexosen** (een suikers met zes koolstofatomen); en
- de **pentosen** (suikers met vijf koolstofatomen).

Hexosen

Tot de groep van de hexosen behoort onder andere **glucose**. Glucose (aldohexose) is een centrale verbinding in de chemie van de suikers. Het is het meest voorkomende suiker in de natuur en het speelt een hoofdrol in het metabolisme van alle levende organismen. In Figuur 1.17 vind je de molecuulformule van glucose.

---

[22] NB: het glyceraldehyde heeft een asymmetrisch koolstofatoom (en dus een D- en een L-variant), terwijl het dihydroxyaceton niet beschikt over een asymmetrisch koolstofatoom.
[23] Een D- en een L-variant met ieder nog een HO-C-H of H-C-OH variant op C2.

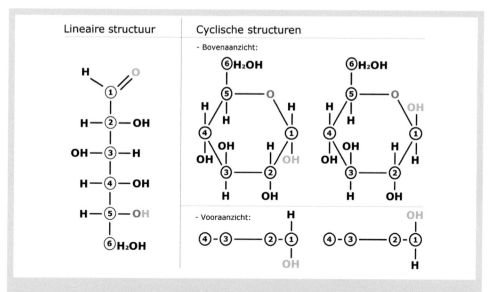

Figuur 1.17. Enkele structuurvariaties van glucose. De gekleurde atomen corresponderen met elkaar. Bij de vorming van een cyclische structuur gaat het waterstofatoom van de hydroxylgroep (rode O en groene H) aan C5 over naar het zuurstofatoom (groene O) aan C1.

Direct vallen een aantal zaken op:

1. Naast een lineaire structuur komen ook cyclische structuren voor. De ringvormige of cyclische structuur ontstaat als het molecuul is omgeven door water. In een cel dus ... Daarom is in de moleculaire celbiologie, voor wat betreft de monosachariden, eigenlijk altijd sprake van de cyclische vorm.

2. Omdat één cyclisch molecuul glucose vijf asymmetrische koolstofatomen heeft kunnen er veel isomeren bestaan:

   a. **een α- en een β-variant** (Tekstbox 1.6). Deze variatie wordt bepaald door de positie van de hydroxylgroep op C1 (Figuur 1.18). Deze stereo-isomeren (als gevolg van de spiegeling van de hydroxylgroep in de suikerring) noemen we anomeren;

   b. **mannose** onderscheidt zich van glucose doordat de plaatsing van het waterstofatoom en de hydroxylgroep op C2 omgekeerd is;

   c. **galactose** onderscheidt zich van glucose doordat de plaatsing van het waterstofatoom en de hydroxylgroep op het C4 omgekeerd is;

   d. **D-glucose** en **L-glucose** onderscheiden zich van elkaar doordat de plaatsing van het waterstofatoom en de hydroxylgroep op C5 (*het verst verwijderd van de aldehyde*groep) omgekeerd is. **D-glucose** (dextrose) is de **energiebron** voor de meeste cellen in hogere organismen.

Tekstbox 1.6. De α- en β-notatie.

Om het geheel nog ingewikkelder te maken onderscheiden we van het D-glucopyranose ook nog eens twee varianten (-anomeren): α en β. Opgelost in water gaan deze α- en β-vorm gemakkelijk in elkaar over en in evenwicht is de verhouding tussen de α- en de β-vorm ongeveer 1:2. Omdat enzymen een onderscheid kunnen maken tussen deze twee vormen van D-glucose hebben zij verschillende biologische functies.

Ter verduidelijking: waar isomeren 'gespiegeld' zijn in een of meerdere koolstofatomen, daar moet bij anomeren gedacht worden aan 'spiegeling' in het vlak van de ringstructuur. Bij anomeren gaat het altijd om ringvormige structuren en daarbij maakt het wel degelijk uit of een bepaalde groep boven of onder dat vlak ligt.

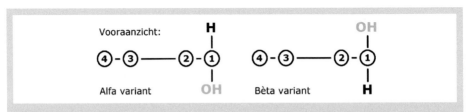

Figuur 1.18. De α- en β-variant van cyclisch glucose. De oriëntatie van de in Figuur 1.17 aangegeven hydroxylgroep (groen) bepaalt van welk isomeer (α of β) sprake is.

De cyclische structuur van glucose ontstaat doordat het zuurstofatoom uit de aldehydegroep op het 1^e koolstofatoom zich bindt aan een hydroxylgroep van C4 óf C5. Dit leidt tot de vorming van:
- **D-glucofuranose.** Een glucosemolecuul, waarbij het 1e en het 4e koolstofatoom door middel van een zuurstofatoom met elkaar verbonden zijn. **Een furanose is een cyclisch suiker met 5 atomen in de ring, waarvan één zuurstofatoom.**
- **D-glucopyranose.** Een glucosemolecuul, waarbij het 1e en het 5e koolstofatoom door middel van een zuurstofatoom met elkaar verbonden zijn. **Een pyranose is een cyclisch suiker met 6 atomen in de ring, waarvan één zuurstofatoom.**

Figuur 1.19 toont de verschillen tussen de furanose- en de pyranose-structuur.

De bouwstenen van het leven

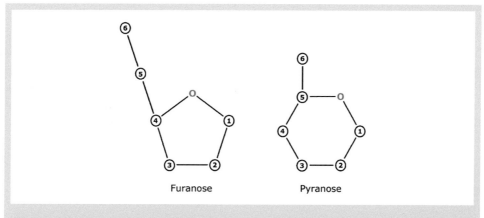

Furanose   Pyranose

Figuur 1.19. De variatie in ringstructuur. Afhankelijk of het zuurstofatoom (rood) koppelt aan C4 of C5 spreekt men van een furanose dan wel pyranose.

Een bekende ketohexose is **fructose**. In de lineaire structuur heeft fructose (ketohexose) een carbonylgroep op de plaats van C2. In Figuur 1.20 is uitgegaan van D-fructose[24]. In de circulaire variant bepaalt de positie van de hydroxylgroep op C2, ten opzichte van het vlak van de ringstructuur, of we van doen hebben met een α- of β-variant.

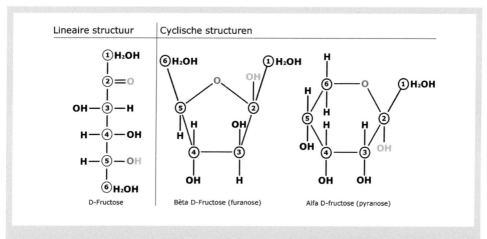

Lineaire structuur | Cyclische structuren

D-Fructose   Bèta D-Fructose (furanose)   Alfa D-fructose (pyranose)

Figuur 1.20. Enkele structuurvariaties van fructose. Vergelijkbaar met glucose (Figuur 1.17) vormt het zuurstofatoom van de hydroxyl aan C5 (rood) de verbinding in cyclisch D-fructose. De O-binding aan C5 levert een furanose, die aan C6 een pyranose (vijf- resp. zesring, vergelijk Figuur 1.19). De oriëntatie van de hydroxylgroep aan C2 (groen) bepaalt of het de β- of α-variant is.

---

[24] Bij L-fructose is de plaats van het waterstofatoom en de hydroxylgroep op C5 omgekeerd.

Pentosen

Naar later zal blijken is **ribose** een heel belangrijke pentose. Meestal voorkomend in een furanosevorm. Figuur 1.21 toont de molecuulformule van het ribose. Met name de hydroxyl-groep die gebonden is aan het tweede koolstofatoom zal belangrijk blijken. Als deze specifieke hydroxylgroep vervangen wordt door een waterstofatoom dan verandert de ribose in een **desoxyribose**. Desoxyribose is een molecuul dat letterlijk én figuurlijk een centrale rol speelt in het DNA.

Gemodificeerde monosachariden

Blijkens de formule $(CH_2O)_n$ beschikken de monosachariden per molecuul over (n-1) hydroxyl-groepen. Dat zijn allemaal reactieve groepen. Dat wil zeggen: zij gaan makkelijk een reactie aan met reactieve groepen van andere moleculen. Zo kunnen de monosachariden zich aaneenkop-pelen tot polysachariden. Zij kunnen zich echter ook binden aan andersoortige moleculen. We spreken dan van gemodificeerde monosachariden. Bekende voorbeelden zijn: **glucose-6-fosfaat** (de pyranosevorm van glucose, waarbij aan het 6^e koolstofatoom een fosfaatgroep is gekop-peld, zoals is aangegeven in Figuur 1.22) en **UDP-galactose** (de pyranosevorm van glucose, waarbij de OH-groep van het 1^e koolstofatoom zich heeft gekoppeld aan uridine difosfaat, zoals is aangegeven in Figuur 1.23).

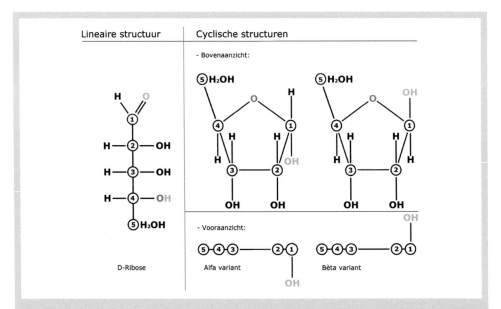

Figuur 1.21. Enkele structuurvariaties van ribose. Vergelijkbaar met de vorming van ring-structuren door hexosen vormen pentosen cyclische varianten met de O (rood) tussen C4 en C1. De oriëntatie van de nieuwe hydroxyl aan C1 (groene OH) bepaalt van welke variant sprake is (α of β).

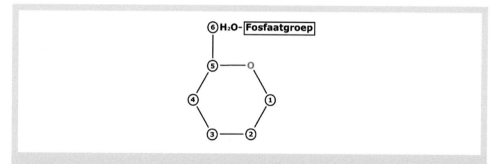

Figuur 1.22. Glucose-6-fosfaat. De pyranosevorm van glucose met een fosfaatgroep gekoppeld aan C6. De pyranosevormende O is in rood weergegeven.

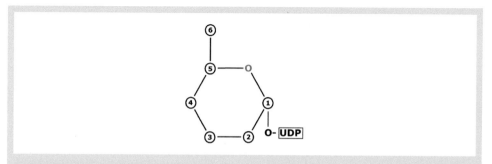

Figuur 1.23. UDP-galactose. Galactose met uridinefosfaat aan C1 levert een 'geactiveerd' galactose op: UDP-galactose. De pyranosevormende O is in rood weergegeven.

Een heel belangrijke groep van gemodificeerde monosachariden wordt gevormd door de **nucleosiden** (een pentose in furanosevorm gekoppeld aan een stikstofbase, zoals is aangegeven in Figuur 1.24).

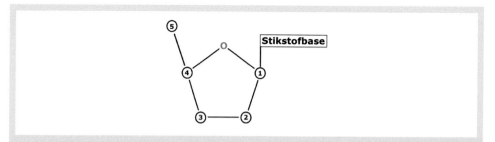

Figuur 1.24. Nucleoside. Als onderdeel van nucleotiden zijn nucleosiden belangrijke suiker-verbindingen. Het zijn pentosen die als vijfring zijn gekoppeld aan een stikstofbase aan C1. De furanosevormende O is in rood weergegeven.

1.2.2.2 Meervoudige suikers

Glycosidebinding

Oligosachariden en polysachariden ontstaan door de aaneenschakeling van een aantal monosachariden. De koppeling van de monosachariden (Figuur 1.25) komt tot stand op basis van een condensatiereactie (koppeling met als bijproduct een molecuul H_2O). Na koppeling ontstaan er **glycosidebindingen** (-O-), waarbij ketens gevormd worden, die blijven beschikken over een reactieve hydroxylgroep aan het begin en op het einde ervan. De koppelingsreactie kan dus herhaald blijven worden.

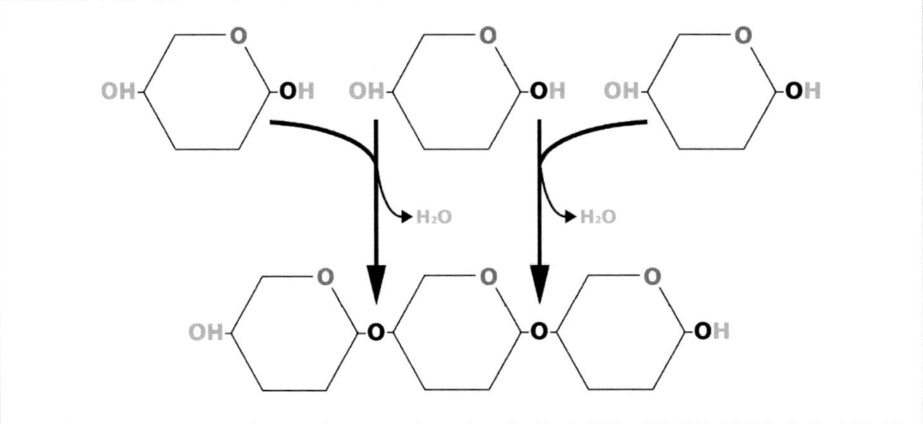

Figuur 1.25. Koolhydraten zijn vaak polymeren. Monosachariden vormen op basis van condensatiereacties een polysacharide. Hierbij wordt water gevormd (groen). De zwartgedrukte O's vormen daarbij de glycosidebindingen. De pyranosevormende O's zijn in rood weergegeven.

De glycosidebinding wordt gevormd door de hydroxylgroep (met de richting van de klok meegelezen) naast het zuurstofatoom in de ring in het ene suiker met een hydroxylgroep van een tweede suiker. In een aldose is de hydroxylgroep naast het zuurstofatoom gekoppeld aan C1 en in een ketose (zoals fructose) is die hydroxylgroep naast het zuurstofatoom gekoppeld aan C2.

Naamgeving glycosidebinding

In Figuur 1.25 is een lineaire keten getekend. Maar op de meeste hoekpunten van de schematisch weergegeven bouwelementen bevindt zich nog een hydroxylgroep (Figuur 1.17), die in staat is om een glycosidebinding aan te gaan. Omdat er zoveel mogelijkheden zijn tot de vorming van glycosidebindingen is het een goed gebruik de nummers van de koolstofatomen die middels de glycosidebinding met elkaar verbonden zijn te benoemen. Dat gebeurt door een komma te plaatsen tussen de nummers van de verbonden koolstofatomen. In Figuur 1.26 wordt (van links naar rechts gelezen) C1 van de ene subeenheid verbonden met C4 van de volgende subeenheid. Dit wordt dan genoteerd als een 1,4-binding.

Van de cyclische monosachariden is zowel een α-vorm als een β-vorm bekend. Elke binding krijgt het voorvoegsel α- of β- afhankelijk van de variant (de α-vorm of β-vorm) zoals die van toepassing is op het eerst genoemde (koolstof)nummer van de binding. Er is dus een onderscheid tussen een α-1,4-binding en een β-1,4-binding. Dat onderscheid wordt bepaald door het feit of de hydroxylgroep op C1 van de eerste subeenheid respectievelijk onder of boven het vlak van de ringstructuur ligt.

Oligosachariden

Uitgaande van α-D-glucose als bouwelement ziet de algemene structuurformule van de bijbehorende oligosacharide er uit als in Figuur 1.26 is weergegeven.

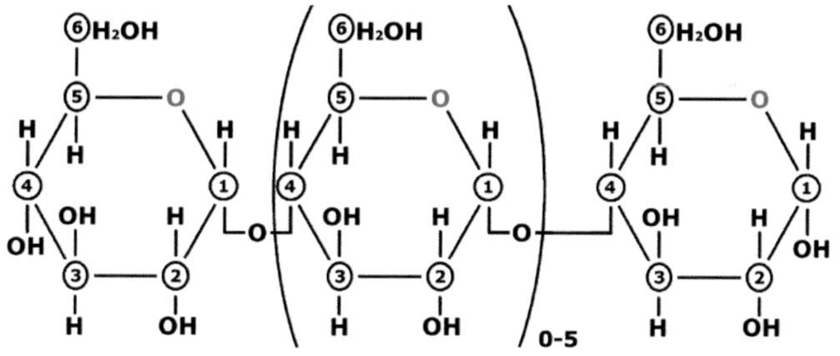

Figuur 1.26. De algemene formule voor een oligosacharide. Een serie van enkele eenheden (monosachariden) levert een oligosacharide op, in dit voorbeeld middels 1,4 glycosidebindingen tussen α-varianten. Pyranosevormende O's in rood.

In Figuur 1.26 zijn de eenheden via α-1,4-bindingen met elkaar gekoppeld. Het belangrijkst zijn:
- **Maltose.** De disacharide maltose (Figuur 1.27) ontstaat door de koppeling van twee α-D-glucose-eenheden. Het betreft hier een binding tussen C1 van het ene molecuul met de C4 van het andere molecuul. De glycosidebinding wordt aangeduid als α-1,4. Maltose geldt als bouwsteen van zetmeel en glycogeen.

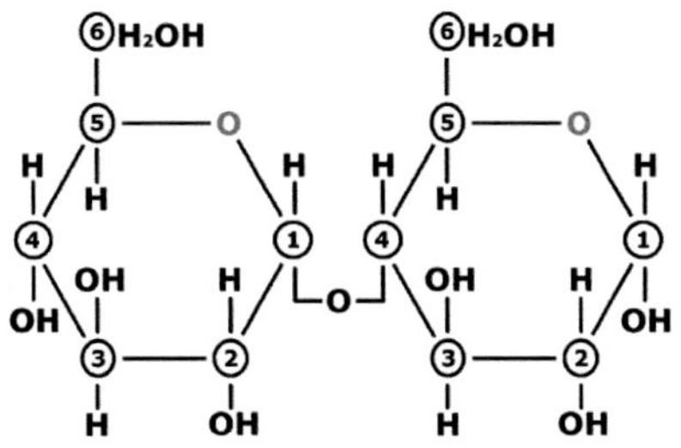

Figuur 1.27. Maltose is een disacharide. Twee D-glucose monomeren vormen via een α-1,4-binding maltose. De pyranosevormende O's zijn in rood weergegeven.

- **Cellobiose.** Cellobiose is ook een disacharide (Figuur 1.28) en is ook opgebouwd uit twee D-glucose-eenheden, die hier echter gekoppeld zijn door een β-1,4-binding. Cellobiose geldt als bouwsteen van cellulose.

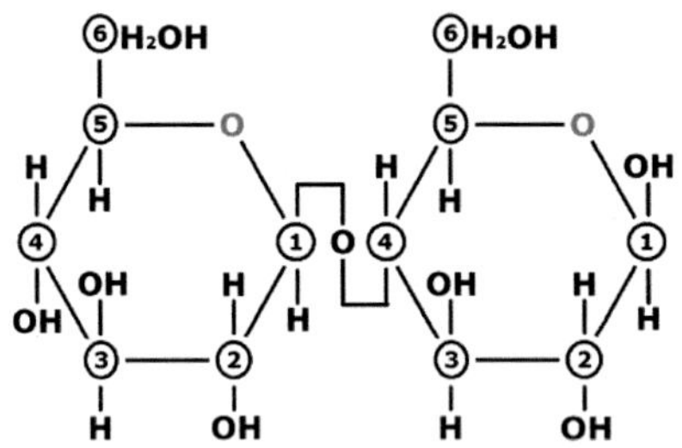

Figuur 1.28. Cellobiose. Wanneer een α-D-glucose via een 1,4-binding koppelt aan een β-variant vormt zich een β-1,4-binding. De disacharide heet in dit geval cellobiose. De pyranosevormende O's zijn in rood weergegeven.

- **Lactose.** Lactose (melksuiker) is weer een disacharide (Figuur 1.29). Lactose ontstaat door de combinatie van D-galactose (zie Paragraaf 1.2.2.1) met D-glucose door middel van een β-1,4-binding. Lactose is het disacharide dat voorkomt in melk.

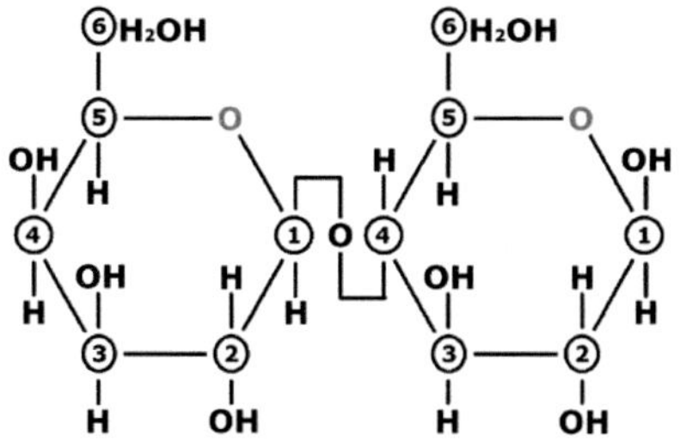

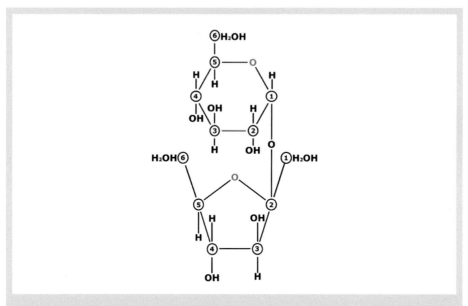

Figuur 1.29. Lactose. α-D-glucose vormt via een β-1,4-binding met D-galactose de disacharide lactose. De pyranosevormende O's zijn in rood weergegeven.

- **Saccharose of sucrose.** Sucrose (tafelsuiker) ontstaat door een koppeling van D-glucose met D-fructose, waarbij de hydroxylgroep op C1 in het glucosemolecuul reageert met de hydroxylgroep op C2 in het fructosemolecuul en een α-1,2-binding vormt, zoals is aangegeven in Figuur 1.30.

Figuur 1.30. Sucrose. α-D-glucose vormt via een 1,2-binding met α-D-fructose (Figuur 1.20) sacharose, oftewel sucrose. De ringvormende O's zijn in rood weergegeven.

Polysachariden

Polysachariden (Tekstbox 1.7) worden gevormd door lange ketens van aan elkaar gekoppelde monosachariden. De ontstane ketens kunnen zowel lineair als vertakt zijn. We spreken van een homopolysacharide of **glycaan** als het betreffende polysacharide is opgebouwd uit één soort monosacharide-eenheden. De naamgeving van het glycaan komt tot stand door de uitgang -ose van het monomeer te vervangen door de uitgang -an. Polysachariden die zijn opgebouwd uit alleen maar glucose-eenheden zijn dus **glucanen**.

Een polysacharide kan ook zijn samengesteld uit verschillende monosacharide-eenheden. De variatie blijft beperkt tot hooguit vier. De meeste monosachariden-eenheden komen in een polysacharide (enkele uitzonderingen daar gelaten) voor in de pyranosevorm.

Tekstbox 1.7. De glycosidebinding heeft een grote invloed.

Zetmeel, cellulose en glycogeen zijn belangrijke moleculen in de celbiologie. Ze zijn alle drie polymeren van glucose. Zij verschillen echter van elkaar door de verschillende bindingen tussen de glucosemoleculen:
- Zetmeel kent een α-1,4-glycosidebinding in amylose, daarnaast op de vertakkingspunten een α-1,6-glycosidebinding in amylopectine.
- Cellulose kent een β-1,4-glycosidebinding.
- Glycogeen kent een α-1,4-glycosidebinding met daarnaast op de vertakkingspunten een α-1,6-glycosidebinding.

De menselijke enzymen kunnen wel de α-1,4-glycosidebinding en α-1,6-glycosidebinding afbreken, maar niet de β-1,4-glycosidebinding. De type glycosidebinding tussen monosachariden bepaalt de structuur en de functie van een polysacharide.

De bouwstenen van het leven

De meest belangrijke polysachariden zijn:

- **Cellulose.** Cellulose is een glucaan dat is opgebouwd uit D-glucose-eenheden, die gekoppeld zijn door een β-1,4-binding. Figuur 1.31 toont de structuur van cellulose. De waarde van n kan ook bij cellulose weer hoog oplopen.

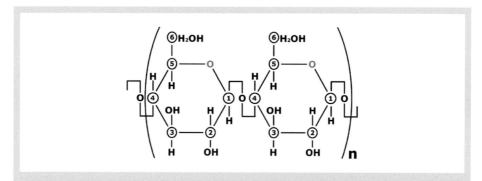

Figuur 1.31. Cellulose. Als polymeer van β-1,4 gebonden D-glucose-eenheden kan cellulose ook gezien worden als polymeer van cellobiose (Figuur 1.28). De ringvormende O's zijn in rood weergegeven.

In Figuur 1.32 is een fragment uit een dergelijke keten afgebeeld. Cellulose heeft een lineaire structuur en de celluloseketens kunnen onderling gemakkelijk waterstofbruggen vormen. Met elkaar verbonden kunnen zo sterke vezels worden gevormd. De mens kan geen cellulose verteren (Tekstbox 1.7).

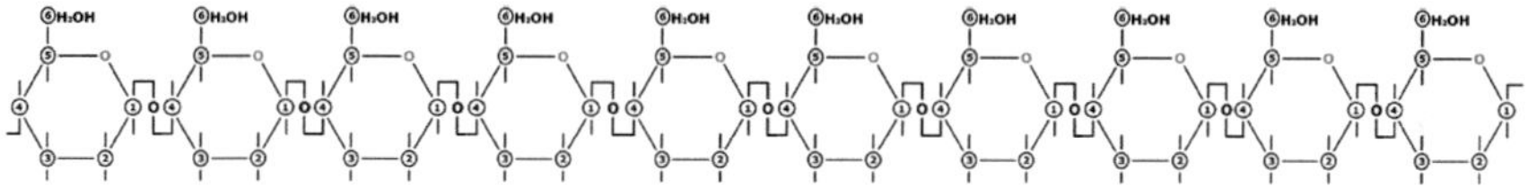

Figuur 1.32. Een langer fragment uit een celluloseketen. Hier zijn tien glucose-eenheden afgebeeld (β-1,4 gebonden D-isomeren, elk met de ringvormende O in rood).

- **Zetmeel.** Zetmeel is ook een glucaan en is een polymeer van de α variant van D-glucose. Figuur 1.33 toont de structuur van zetmeel (**amylose**). De waarde van n kan weer hoog oplopen waardoor lange ketens ontstaan. In Figuur 1.34 is een fragment uit een dergelijke keten afgebeeld.

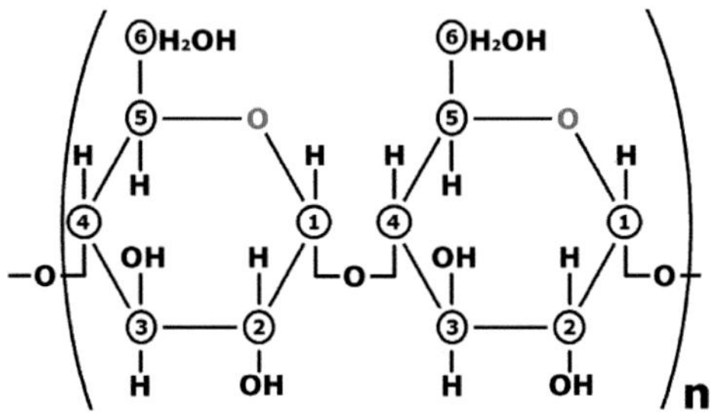

Figuur 1.33. Zetmeel. Als polymeer van α-1,4 gebonden D-glucose-eenheden kan zetmeel (meer specifiek in dit geval: amylose) ook gezien worden als polymeer van maltose (Figuur 1.27). De ringvormende O's zijn in rood weergegeven.

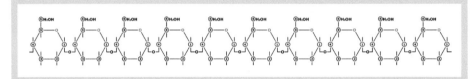

Figuur 1.34. Een langer fragment uit een zetmeelketen (amylose). Hier zijn tien glucose-eenheden afgebeeld (α-1,4 gebonden D-isomeren, elk met de ringvormende O in rood).

Van zetmeel (*starch*) is een onvertakte variant (amylose) en een lichtvertakte variant (**amylopectine**) bekend. Deze laatste is enigszins vergelijkbaar met glycogeen. De lineaire keten windt zich op tot een helix. De vertakkingen in amylopectine komen tot stand via α-1,6-bindingen.

- **Glycogeen.** Glycogeen is evenals amylopectine een vertakt glucaan. De glucose-eenheden zijn ook hier gekoppeld via α-1,4-bindingen en α-1,6-bindingen. Echter waar in het amylopectine een vertakking optreedt met telkens een tussenruimte van 30 tot 35 glucose-eenheden, zijn deze tussenruimtes in het glycogeen beperkt tot slechts 10 tot 12 glucose-eenheden. Het is in vergelijk met amylopectine dus een veel sterker vertakt polymeer. De hoge graad van vertakking maakt dat er erg veel eindstandige glucose-eenheden zijn. Deze eenheden kunnen (door enzymatische hydrolyse van de vele zijketens) beschikbaar komen als er plotseling veel energie gevraagd wordt. Figuur 1.35 toont de structuur van **glycogeen**:

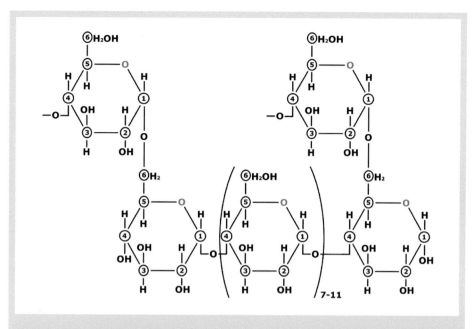

Figuur 1.35. Glycogeen. De niet-plantaardige variant van zetmeel is glycogeen, met daarin naast α-1,4-bindingen ook α-1,6-bindingen die voor vertakkingen zorgen. Glycogeen is dus niet één lineair polymeer maar een vertakt molecuul.

- **Dextraan.** Dextraan is een glucaan waarin de glucose-eenheden voornamelijk via α-1,6-bindingen aan elkaar gekoppeld zijn.
- **Chitine.** Chitine lijkt op cellulose. Echter de hydroxylgroep op C2 van de glucose-eenheid (het monomeer) is vervangen door een zogenaamd aceetamidegroep ($-NH-CO-CH_3$). De bouwsteen die dan ontstaat is 2-aceetamido-2-desoxy-D-glucose die via een β-1,4-bindingen aan elkaar gekoppeld zijn. Het een en ander levert de volgende (Figuur 1.36) structuur van chitine. Het exoskelet van insecten is opgebouwd uit onder andere chitine. Chitine komt evenals cellulose heel veel voor op aarde.

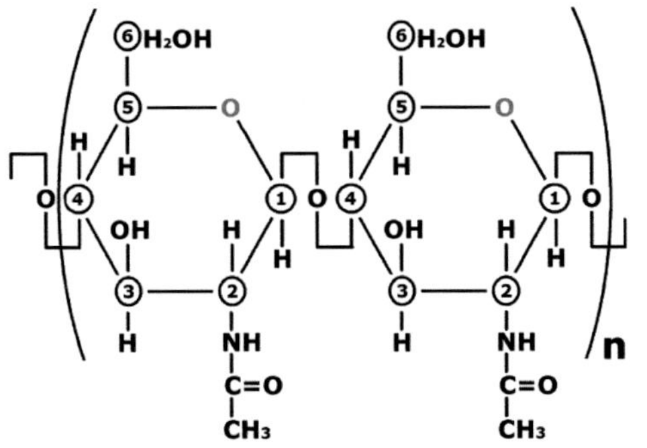

Figuur 1.36. Chitine. Dit veelvoorkomende koolhydraat bevat aceetamides aan de C2 atomen van de D-glucose monomeren. De β-1,4-bindingen tussen de 2-aceetamido-2-desoxy-D-glucose-eenheden (met ringvormende O's in rood) levert het polymeer chitine op.

Samenvattend

▸ De monosacchariden zijn moleculen met veel reactieve hydroxyl-groepen. Zij zijn daardoor prima in staat om zich te binden aan allerlei moleculen.

▸ In de cel komen vooral monosacchariden voor die bestaan uit een keten van vijf koolstofatomen (pentosen) of uit een keten van zes koolstofatomen (hexosen). Deze pentosen en hexosen nemen in de waterige omgeving in de cel bij voorkeur een ringstructuur aan. Daarin onderscheiden we de furanosevorm (vijfhoek) en de pyranosevorm (zeshoek).

▸ Een cruciale hexose is het glucose. Glucose is een centraal mole-cuul in het metabolisme van de cel (Hoofdstuk 5) en een bouwele-ment in de vorming van meerdere belangrijke polysacchariden, zoals cellulose, zetmeel, glycogeen en anderen.

▸ Een cruciale pentose is het ribose. Ribose is een bouwelement in de vorming van nucleotiden (Paragraaf 1.4.1) en is daarmee een centraal element in de chemische structuren voor de opslag en het vervoer van informatie (Paragraaf 1.4.2 en 1.4.3) en voor de opslag en het vervoer van energie (Paragraaf 1.4.4).

1.3 Eiwitten

De eiwitten zijn de grote 'regelaars' in de cel. Zij regelen het metabolisme, het transport en de communicatie van elke cel. Zij vormen de ondersteunende structuren van de cel, zijn bepalend bij de celdeling en betrokken bij vele andere functies van de cel. Direct of indirect zijn zij betrokken bij alle levensprocessen. Zoals elke polymeer bestaat ook een eiwit uit een keten van aan elkaar geschakelde monomeren. Voor een eiwit zijn die monomeren de **aminozuren**.

1.3.1 Aminozuren

Een **aminozuur** is een organische verbinding die bestaat uit (Figuur 1.37) een centraal C-atoom, met daaraan verbonden:

- een basische **amino** ($-NH_2$) **groep**;
- een zure **carboxyl** ($-COOH$) **groep**;
- een zogenaamde **zijketen**; en
- een H-atoom.

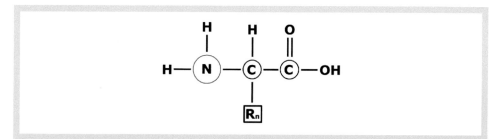

Figuur 1.37. Algemene formule van een aminozuur. De aminogroep links (stikstof paars omcirkeld) en de carboxylgroep (COOH rechts) flankeren het centrale C-atoom, waaraan een H en een zijketen (Rn).

De aminogroep en de carboxylgroep staan hierbij beide op het zelfde, centrale koolstofatoom. Dat koolstofatoom is bekend als een **α-koolstofatoom** en de bijbehorende aminozuren worden aangeduid als **α-aminozuren**. De algemene formule voor een α-aminozuur[25] is dan $R-CH(NH_2)-COOH$.

Een aminozuur wordt meestal weergegeven zoals in Figuur 1.37. Echter, omdat een aminozuur zowel een zure ($-COOH$) als een basische ($-NH_2$) groep bevat, vindt er binnen het molecuul

---

[25] Proline is de enige uitzondering op deze algemene formule. Bij proline is de aminogroep verbonden met een tweede koolstofatoom. Desondanks rekent men proline tot de alfa-aminozuren.

een zuur-basereactie plaats: de COOH-groep draagt een proton over aan de NH$_2$-groep. De aminogroep krijgt daardoor een positieve lading en de carboxylgroep juist een negatieve lading.

Moleculen die geladen groepen van tegenovergestelde lading bevatten en als geheel elektrisch neutraal zijn worden **Zwitterion** genoemd. De Zwitterion-vorm van een aminozuur ziet er dan als volgt uit (Figuur 1.38):

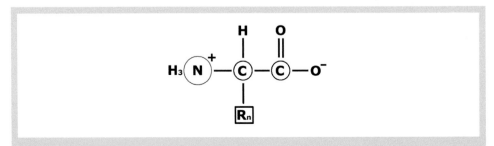

Figuur 1.38. Een **Zwitterion** is een molecuul (met in de figuur als voorbeeld een aminozuur in ionvorm) dat geladen groepen van tegenovergestelde lading bevat en als geheel elektrisch neutraal is.

Glycine is een aminozuur waarbij de zijketen (R$_n$) bestaat uit één waterstofatoom. Het alfa-koolstofatoom in glycine is weliswaar gebonden aan vier zijgroepen maar twee van die vier zijgroepen zijn chemisch identiek (een waterstofatoom). In alle andere alfa-aminozuren[26] is het alfa-koolstofatoom bezet door vier verschillende groepen. Een dergelijk alfa-koolstofatoom (bezet door vier verschillende zijgroepen) kennen we als een **asymmetrisch** of **chiraal kool-stofatoom** (zie Paragraaf 1.2.1 en Tekstbox 1.8). De alfa-koolstofatomen zijn dus, met uitzondering van het alfa-koolstofatoom van glycine, allemaal chiraal. Dat wil zeggen dat er van elk aminozuur (op glycine na) een isomeer bestaat. Een D- en een L-variant. Deze sterio-isomeren zijn bekend als **enantiomeren** (zie Paragraaf 1.2.1).

Het molecuul is een L-aminozuur als de aminogroep aan de linkerkant van het asymmetrische centrum is geplaatst (zoals in Figuur 1.37) en een D-aminozuur als de aminogroep aan de rechterkant is. In de natuur komt vooral de L-variant voor.

---

[26] Hierbij beperken we ons tot de twintig standaardaminozuren zoals we die tegenkomen in eiwitten.

Tekstbox 1.8. Gevolgen van enantiomeren.

Bij de vervaardiging van een chiraal molecuul zal er een **racemisch** mengsel worden gevormd, waarin beide enantiomeren in gelijke mate aanwezig zijn. De enantiomeren zijn in het laboratorium moeilijk of niet te onderscheiden. De biologische gevolgen bij het gebruik van de verschillende enantiomeren kunnen echter zeer uitlopend zijn. Een dramatisch voorbeeld hiervan was het medicijn thalidomide (softenon) dat in de jaren 60 van de vorige eeuw aan zwangere vrouwen werd gegeven tegen ochtendmisselijkheid. Het toegediende middel verdreef de misselijkheid maar de niet actieve enantiomeer ervan had (naar later zou blijken) ernstige lichamelijke afwijkingen (niet-ontwikkelde ledematen) bij de pasgeborenen tot gevolg.

Door tijdens de synthese van stoffen met stereospecifieke enzymen te werken kan wel een van de twee enantiomeren gevormd worden (biokatalyse)

In eiwitten komen twintig verschillende aminozuren voor. De aminozuren verschillen van elkaar in de zijketens:
- Sommige zijketens zijn **hydrofoob** en lossen niet op in water.
- Andere zijketens zijn **hydrofiel** en lossen juist goed op in water.
- Er zijn tien aminozuren met een **polaire** (hydrofiele) zijketen en tien met een **non-polaire** (hydrofobe) zijketen.
- Er zijn drie aminozuren met een zijketen met een **positieve lading**.
- Er zijn twee aminozuren met een zijketen met een **negatieve lading**.
- Er zijn vijf aminozuren met een zijketen met **zowel een positieve als een negatieve lading**.
- De verschillende aminozuren kunnen op basis van de verschillende zijketens dus totaal verschillende eigenschappen hebben.

De cel komt aan de benodigde aminozuren ofwel door ze zelf samen te stellen uit hun onderdelen, ofwel door eiwitten uit het voedsel af te breken middels **hydrolyse**. Er zijn echter voor de mens acht zogenaamde **essentiële aminozuren**. Zij worden zo genoemd omdat ons lichaam deze aminozuren zelf niet kan synthetiseren. Die moeten dus in voldoende mate in het voedsel aanwezig zijn.

1.3.2 Peptidebinding

De aminozuren worden in een condensatiereactie aan elkaar gekoppeld (Figuur 1.39).

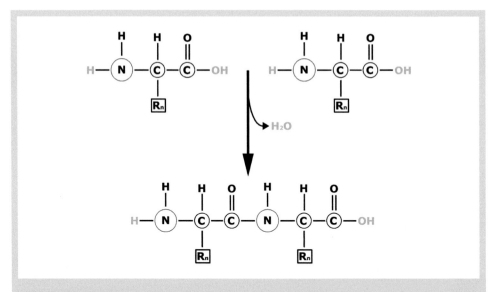

Figuur 1.39. Aminozuren vormen op basis van condensatiereacties een eiwit. De amino-zuurmonomeren (Figuur 1.37) kunnen peptidebindingen aangaan onder afsplitsing van water (groen). Het resultaat is in dit voorbeeld een dipeptide. De zijketens (Rn) kunnen verschillen per aminozuur. De H en OH groepen die bij het vormen van een peptidebinding afsplitsen als water zijn in groen aangegeven.

De carboxylgroep van het ene aminozuur bindt zich (onder afgifte van een molecuul H_2O) met de aminogroep van het andere aminozuur. De verbinding die ontstaat heet een **peptide-binding** (Figuur 1.40).

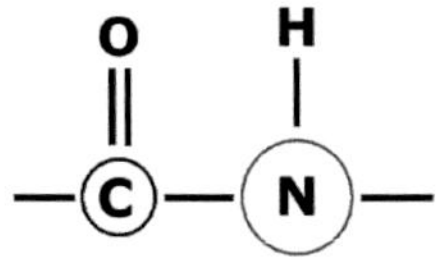

Figuur 1.40. Peptidebinding. Een covalente binding tussen een C-atoom van het ene aminozuur en een N-atoom van het andere aminozuur.

De C=O binding in de peptidebinding wordt niet meer als carbonylgroep aangeduid. Door de interactie met de aminogroep ernaast ontstaat een geheel eigen functionele groep, die een **amidegroep** wordt genoemd. De amidegroep bestaat dus uit een koolstofatoom waaraan zowel een dubbel gebonden zuurstofatoom als een stikstofatoom gebonden zijn.

1.3.3 De structuren van een eiwit

1.3.3.1 Primaire structuur

De volgorde waarin de verschillende aminozuren zijn gerangschikt (de **lineaire schikking**) noemen we de primaire structuur van een eiwit. Het molecuul dat ontstaat door het aan elkaar koppelen van twee of meerdere aminozuren beschikt altijd weer over een aminogroep aan het ene uiteinde en een carboxylgroep aan het andere uiteinde. Dit opent de mogelijkheid om een keten (polymeer) van aminozuren te maken met behulp van herhaalde 'kop-staart' reacties.

Beginnend met een vrije aminogroep (**N-terminus**[27]) en eindigend met een vrije carboxylgroep (**C-terminus**[28]) beschikt elke eiwitketen over een kop (N-terminus) en een staart (C-terminus). De kop en de staart zijn met elkaar verbonden door de 'ruggengraat' (*backbone*) van het eiwit. Deze 'ruggengraat' wordt gevormd door een herhaling van de volgende groep atomen:

$$-N-C_\alpha-C-$$

Dit specifiek groepje atomen is te beschouwen als een 'wervel' uit die 'ruggengraat'. Een verzameling 'wervels' leidt tot de volgende structuur in Figuur 1.41.

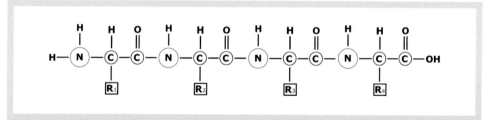

Figuur 1.41. Algemene formule van een eiwit. Een serie aminozuren met al dan niet verschillende zijketens (R1, R2, R3, R4) vormt een peptide. Een peptide is een eenvoudige vorm van een eiwit.

Voor een dergelijke keten aan elkaar gekoppelde aminozuren bestaan meerdere benamingen:
- **Dipeptide, tripeptide:** twee, respectievelijk drie gekoppelde aminozuren.
- **Oligopeptide:** een keten met enkelen tot enkele tientallen aminozuren.
- **Polypeptide:** een langere keten.
- **Peptide:** een verzamelnaam, voor alle bovenstaande moleculen, ongeacht het aantal aminozuren.
- **Proteïne:** een functioneel polypeptide met een gevouwen structuur.

---

[27] Amino-terminus.
[28] Carboxyl-terminus.

Zoomen we uit vanuit het beeld zoals gepresenteerd in Figuur 1.41 dan verdwijnen langzaam de atomen uit beeld en wordt een lang en smal 'lint' zichtbaar. Het smalle lint representeert een ruggengraat van honderden gekoppelde aminozuren. Deze metafoor (van het smalle lint) geeft meer inzicht bij de volgende uitleg.

1.3.3.2 Secundaire structuur

Over de volle lengte van het smalle lint (in de ruggengraat van de keten aminozuren) komen ladingsverschillen voor:
- Het stikstof- en het waterstofatoom in de peptidebinding zijn covalent met elkaar verbonden. Het **stikstofatoom** (met een grote elektronegativiteit) krijgt daarbij een **licht negatieve lading** en het **waterstofatoom** dus een **licht positieve**, zoals aangegeven in Figuur 1.42.

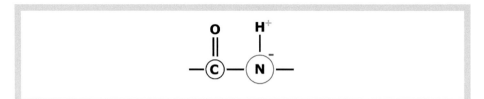

Figuur 1.42. Polariteit binnen de keten (1). Het ladingsverschil tussen het waterstof- en het stikstofatoom binnen de peptidebinding is aangegeven met een + (groen) en een – (blauw).

- Het koolstof- en het zuurstofatoom in de peptidebinding zijn ook covalent met elkaar verbonden. Het **zuurstofatoom** (met een grote elektronegativiteit) krijgt daarbij een **licht negatieve lading** en het **koolstofatoom** dus een **licht positieve**, zoals aangegeven in Figuur 1.43.

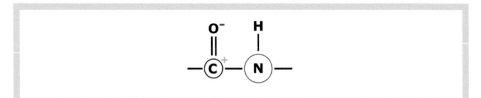

Figuur 1.43. Polariteit binnen de keten (2). Het ladingsverschil tussen het zuurstof- en het koolstofatoom binnen de peptidebinding is aangegeven met een + (groen) en een – (blauw).

- Deze licht positieve en licht negatieve ladingen zijn over de volledige lengte van de ruggengraat van de proteïne aanwezig (Figuur 1.44).

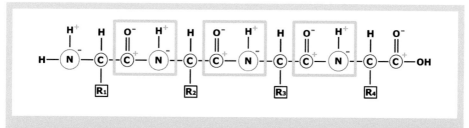

Figuur 1.44. Polariteit binnen de keten (3). Ladingverschillen langs de ruggengraat van een eiwit, in dit geval een tetrapeptide zoals in Figuur 1.41. Ladingsverdelingen zijn aangegeven met + (groen) en – (blauw). De amidegroepen zijn gemarkeerd met een grijs kader.

De **positief geladen waterstofatomen** (in de ruggengraat) worden aangetrokken door de **negatieve zuurstofatomen** (een aantal bindingen verderop in de ruggengraat).

Er ontstaan waterstofbruggen tussen de polaire regio's. Deze interacties staan onder (strenge) invloed van de aanwezige zijketens[29]. Het gevolg is dat het smalle lint binnen dat spannings- veld ruimtelijke vormen aanneemt. Die lokale ruimtelijke vormen staan bekend als de **secun- daire structuur**. Zij lijken soms op pijpenkrullen (α-helixstructuur) dan weer op lange repen (β-plaatstructuur of *pleated sheet*) zoals in Figuur 1.45.

Figuur 1.45. Secundaire eiwitstructuren kunnen ruimtelijk specifieke vormen aannemen. Twee voorbeelden zijn α-helices (links) en β-plaatstructuren (rechts).

In de opbouw van de secundaire structuur van het eiwit kunnen onregelmatigheden optreden. Dit komt bijvoorbeeld voor op plaatsen waar proline in een helixketen zit. De cyclische structuur

---

[29] Op basis van de eigenschappen van de lokaal aanwezige zijketens (hydrofoob of hydrofiel, interactie met de 'buren', volume, etc.) wordt elke zijketen afzonderlijk in een ruimtelijke positie gedwongen. Die lokaal afgedwongen positie heeft gevolgen voor de vrijheidsgraden van de 'wervels van de ruggengraat'.

van het proline past slecht in de α-helixstructuur én proline ondersteunt geen waterstofbrug waardoor de lokale structuur verzwakt is. Op die verzwakte plaatsen wordt de secundaire structuur onderbroken en kan er gemakkelijk een knik optreden. Deze buigpunten maken het mogelijk dat de secundaire structuren in ruimtelijke zin nog eens extra worden gevouwen.

1.3.3.3 Tertiaire structuur

Met het vouwen van secundaire structuren zijn de plaatselijke vouwingen verklaard. Zoomen we nu uit vanuit de secundaire structuur (de vormen zoals gepresenteerd in Figuur 1.45) dan ontstaat uiteindelijk de samengestelde totaalvorm van alle 'bundels, slingers, lussen en strikken' waaruit het smalle lint gevormd lijkt. We noemen dit de **tertiaire structuur** van het eiwit.

De tertiaire structuur is de driedimensionale totaalstructuur die ontstaat als gevolg van de wisselwerking tussen alle lokale secundaire structuren samen. Ook hier spelen de zijketens weer een grote rol. Dicht opeen gepakt binnen de secundaire structuur van het polymeer, nemen de zijketens van de individuele aminozuureenheden (op basis van hun eigen aard en in relatie tot wat zich in hun directe omgeving aan andere zijketens bevindt) zekere ruimtelijke posities in. Die pakking van de verschillende zijketens van de aminozuureenheden leidt tot waterstofbruginteracties, elektrostatische interacties (ioninteracties), dipoolkrachten, disulfidebindingen, Van der Waals-krachten en vooral hydrofobe interacties. Met uitzondering van de disulfidebindingen zijn deze stabiliserende krachten zwak met als gevolg dat de tertiaire structuur niet onwrikbaar stug is. Er is sprake van een beperkte dynamiek op basis van kleine lokale vormveranderingen met een veranderend landschap van ladingen tot gevolg.

Dit alles is er verantwoordelijk voor dat het totaal aan secundaire structuren van het eiwit op een bepaalde wijze in de ruimte wordt vormgegeven. De ruimtelijke structuur die daarbij ontstaat is (binnen de grenzen van de genoemde dynamiek) voor een bepaald eiwit altijd hetzelfde. Deze eiwiteigen, karakteristieke conformatie van één polypeptide noemen we de tertiaire structuur. De uiteindelijke functie van een proteïne wordt bepaald door de tertiaire structuur ervan.

1.3.3.4 Quaternaire structuur

Bij de biologische activiteit van sommige eiwitten kunnen meerdere polypeptideketens betrokken zijn, die dan als zogenaamde subeenheden tezamen een groter complex vormen. Deze multiproteïne complexen (een koppeling van twee of meer gevouwen polypeptide ketens[30]) worden als een **quaternaire structuur** beschouwd. De proteïnen in een multiproteïne complex zijn aan elkaar gekoppeld middels **non-covalente proteïne-proteïne interacties** en hebben als gevolg daarvan een wisselende stabiliteit. Deze multiproteïne complexen spelen een cruciale rol bij vele, zo niet de meeste biologische processen en samen vormen zij verschillende typen moleculaire machines die een onmetelijke reeks biologische functies kunnen uitvoeren.

---

[30] In een dergelijk complex komt ook vaak een niet-eiwitgedeelte voor.

Voorbeelden zijn het bloedeiwit **hemoglobine** (opgebouwd uit twee α en twee β subunits), het **proteasoom** (een groot eiwitcomplex dat als belangrijkste functie heeft andere eiwitten, die overbodig of beschadigd zijn, af te breken) en het **ribosoom** (eiwitsynthese). En niet te vergeten de bundels **intracellulaire kabels** die de celmembraan ondersteunen en de cel vormgeven.

Samenvattend

- ► Aminozuren fungeren als bouwstenen bij de synthese van een eiwit.
- ► De primaire structuur bestaat uit de volgorde van de aminozuren.
- ► De secundaire structuur bestaat uit de plaatselijke vouwing van een peptidedeel als gevolg van krommingen van de ruggengraat onder invloed van interacties binnen de ruggengraat zelf, samen met interacties met en tussen de aanwezige zijketens. Secundaire structuren zijn herkenbare motieven (onder andere helices en plaatstructuren).
- ► De tertiaire structuur is het totaal aan secundaire structuren en hun posities ten opzichte van elkaar van een enkele peptide. Hierin tellen ook de tussen de secundaire structuren liggende (minder goed gedefinieerde) delen van het eiwit mee.
- ► De quaternaire structuur is het totaal aan tertiaire structuren en hun posities ten opzichte van elkaar van een complex van peptiden.
- ► De tertiaire en quaternaire structuren zijn meer dan een optelsom van secundaire en tertiaire structuren omdat er nog invloed op de vouwing wordt uitgeoefend door zijketens en ladingen van peptideketens die een niveau lager nog niet in ogenschouw werden genomen.

1.3.4 Indeling eiwitten naar functionaliteit

Naar functie onderscheiden zich drie speciale eiwitgroepen:
* **enzymen en transporters;**
* **structuureiwitten;** en
* **DNA-bindende eiwitten.**

Er zijn eiwitten (bijvoorbeeld receptoren) die tot meerdere groepen kunnen behoren.

1.3.4.1 Enzymen

De meest wezenlijke eigenschap van deze groep van proteïnen is het vermogen om chemische reacties (veel) sneller te laten verlopen dan zonder hun tussenkomst zou gebeuren. In de cel zijn vele miljoenen moleculen in allerlei soorten en maten aanwezig (de naamgeving van de type enzymen wordt weergegeven in Tekstbox 1.9). De kans dat binnen deze smeltkroes twee reactanten elkaar ontmoeten op de juiste plaats en in de juiste positionering om überhaupt met elkaar te kunnen reageren is relatief klein[31]. Toch is er voor elke chemische reactie een zeker tempo vereist. Allereerst om direct te kunnen reageren op een acute behoefte, maar ook om te voorkomen dat de reactanten vroegtijdig worden gecontamineerd of anderszins worden beschadigd. Het is duidelijk dat als de chemische machinerie in de cel zou functioneren op basis van toeval er niets van terecht zou komen. Het zijn nu juist de enzymen die dit soort zaken in goede banen weten te leiden. De enzymen brengen binnen de kortste keren de juiste reactanten bij elkaar en zorgen ervoor dat de juiste reactie met de juiste snelheid, op het juiste moment en op de juiste plaats optreedt. Hierbij moet het enzym ook nog eens aangestuurd en bijgestuurd ('gereguleerd') worden om de juiste hoeveelheid van het benodigde product te leveren.

Enzymen zijn dus **katalysatoren.** Zij werken zeer specifiek. Iedere chemische reactie vereist een eigen specifiek enzym (Tekstbox 1.10). Door de manier waarop het enzym is gevouwen ontstaat er een speciale pasvorm (**actieve zijde**) waarin alleen een zeer specifiek molecuul (**het substraat**) past. Het enzym heeft een 'slot' (actieve zijde) en het substraat (reactant) past als een 'sleutel' daarin. Het enzym-substraat complex is in dit **sleutel-slot model** het resultaat van een binding tussen geometrisch complementaire rigide structuren (Figuur 1.46).

---

[31] Het een en ander hangt onder andere af van de concentraties en de temperatuur.

Tekstbox 1.9. Nomenclatuur en indeling van enzymen.

De komende indeling[1] is te gebruiken als een naslagwerk om de vele enzymen waarvan de namen verderop in het boek nog zullen volgen, op dat moment een plaats te kunnen geven. De naamgeving van de enzymen is een benoeming van de processen die zij katalyseren, gevolgd door de uitgang -**ase**.

Het een en ander leidt tot de volgende indeling:

1. **Oxidoreductasen.** Zij katalyseren redoxreacties. Tot deze groep behoren:
   a. hydrogenasen;
   b. oxidasen;
   c. reductasen;
   d. transhydrogenase;
   e. hydroxylasen.
   NAD$^+$ en FAD zijn veel voorkomende coënzymen[2] bij deze groep.

2. **Transferasen.** Zij katalyseren groepsoverdrachtsreacties, zoals de overdracht van een:
   a. methylgroep;
   b. carboxylgroep;
   c. acylgroep;
   d. glycosylgroep;
   e. aminogroep;
   f. fosfaatgroep.
   Bekende enzymen uit dee groep zijn transfosfatasen (kinasen) en transaminasen.

3. **Hydrolasen.** Zij katalyseren hydrolysereacties. Tot deze groep behoren:
   a. peptidasen;
   b. esterasen;
   c. glycosidasen;
   d. fosfatasen.

4. **Lyasen.** Zij katalyseren de splitsing van:
   a. C-C-bindingen;
   b. C-O-bindingen;
   c. C-N-bindingen.
   We spreken in dit verband over eliminatiereacties. Onder andere het coënzym A is behulpzaam bij deze enzymen.

5. **Isomerasen.** Zij katalyseren isomeratiereacties. Een voorbeeld dat onder andere in Paragraaf 5.3 aan de orde komt is fosfohexose-isomerase.

6. **Ligasen.** Zij katalyseren de koppeling van twee substraten waarbij een binding van een koolstofatoom met een ander atoom (veelal zuurstof-, stikstof- of zwavelatoom) gevormd wordt.
   Tot deze groep behoren synthetasen en carboxylasen. Ook bij deze groep enzymen is het coënzym A en biotine vaak behulpzaam. De werking van de ligasen is meestal gekoppeld aan de hydrolyse van ATP om de benodigde energie te verkrijgen.

Dit overzicht is nog maar een hoofdindeling. Naar soort substraat of reactietype vinden er nog verdere onderverdelingen plaats in subgroepen en sub-subgroepen. Het voert te ver om in dit boek hier nog dieper op in te gaan.

---

[1] Ontleend aan 'Inleiding in de bio-organische chemie' van JFJ Engbersen en AE de Groot. Zie literatuurlijst.
[2] Kleine organische moleculen die het enzym in staat stellen functioneel te zijn.

Tekstbox 1.10. Over de veelzijdigheid van enzymen.

Er zijn duizenden verschillende typen enzymen gevonden. Ieder van deze katalyseert een enkele chemische reactie of een set van nauw verwante reacties. Bepaalde enzymen komen algemeen en in de meeste cellen voor, omdat ze de synthese van algemene cellulaire producten (bijvoorbeeld: eiwitten, nucleïnezuren en fosfolipiden) verzorgen of reacties voor de productie van energie (bijvoorbeeld: de ombouw van glucose en zuurstof in koolzuur en water) katalyseren. Andere enzymen komen alleen in een speciaal soort cel voor, omdat ze chemische reacties, die karakteristiek zijn voor dat celtype katalyseren (bijvoorbeeld: de ombouw van tyrosine in dopamine (een neurotransmitter) in de zenuwcellen). Hoewel de meeste enzymen zich in de cel bevinden, worden sommigen uitgescheiden en werken buiten de cel (bijvoorbeeld in het bloed en in het spijsverteringskanaal) of doen hun werk zelfs buiten het organisme (bijvoorbeeld in het gif van giftige slangen). Alleen al in het menselijk lichaam komen zo'n 100.000 verschillende soorten eiwitten voor, elk met een specifieke functie.

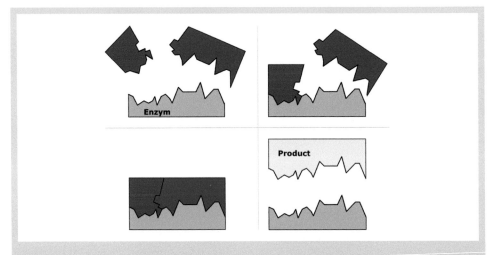

Figuur 1.46. Het sleutel-slot model ter illustratie van de enzymwerking. Passende substraten (rood en blauw) kunnen door een enzym (groen) omgezet worden in een product (geel).

Het sleutel-slot model is makkelijk voor te stellen en als zodanig handig om mee te werken. De werkelijkheid wordt echter beter benaderd door het zogenoemde *induced fit* **model**. Daarbij is de binding tussen het enzym en het substraat niet alleen een gevolg van een juiste passing van bij elkaar horende puzzelstukken. Het *induced fit* model gaat er vanuit dat alleen het geschikte substraat in staat is de actieve zijde van het enzym dermate in te richten[32], dat een correcte

---

[32] Zie Paragraaf 1.3.3.3: 'Er is sprake van een beperkte dynamiek op basis van kleine lokale vormveranderingen met een veranderend ladingenlandschap tot gevolg'.

De bouwstenen van het leven

passing tot stand kan komen. Het gaat uit van een dynamische interactie tussen het enzym en het substraat.

Alle enzymatische reacties worden gereguleerd door een ragfijn afgesteld samenspel van allerlei factoren:
1. Het enzym moet optimaal functioneren. Dit betekent dat er eisen zijn ten aanzien van:
   - de **temperatuur**: ieder enzym heeft een optimale werktemperatuur;
   - de **zuurgraad**: ieder enzym kent een optimale pH-waarde;
   - de **enzymconcentratie**: in de cel kan de aanmaak van het enzym bevorderd dan wel geremd worden. Of worden stopgezet.
2. De mechanismen om de enzymwerking te remmen of te stoppen:
   - **Competitieve remming**: de actieve zijde van het enzym wordt bezet en daarmee geblokkeerd voor het eigenlijke substraat.
   - **Non-competitieve remming**: een andere receptorplaats van het enzym wordt als eerste door een ander molecuul bezet waardoor een vormverandering van het enzym optreedt. Deze vormverandering maakt de actieve zijde van het enzym verder ongeschikt voor de uitvoering van de enzymatische reactie.

Cellen beschikken ook over regelmechanismen om met name de aanmaak van enzymen te controleren. De genoemde mechanismen zullen verderop in het boek uitvoeriger ter sprake komen.

1.3.4.2 Transporters

Transporters zijn eiwitten die zich passief of actief bezig houden met het transport van materialen. Dat transport vindt plaats binnen de cel (intracellulair), maar kan ook door de celmembraan heen plaatsvinden; van binnen naar buiten of omgekeerd. Er zijn ook transporters die werken 'op commando'.

In Figuur 1.47 is zichtbaar gemaakt hoe een koppeling van een 'boodschapper' (de driehoek) aan het transporteiwit (lichtgroen) een vormverandering (en een daarbij behorende gedragsverandering) van het eiwit veroorzaakt. Door de vormverandering wordt (als antwoord op de boodschap) plotseling een doorgang voor een bepaalde molecuul (rode bolletjes) geopend.

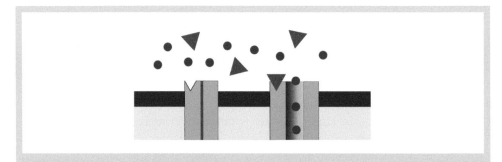

Figuur 1.47. Gefaciliteerd transport door een membraan. Een transporteiwit (lichtgroen) kan, wanneer aangezet door een signaalmolecuul (boodschapper, groene driehoek) specifieke moleculen (rode bolletjes) over barrières helpen. De barrière is in dit geval (een deelopname van) een membraan (blauw met geel). Links is het transporteiwit niet aangezet (opengesteld), rechts wel.

1.3.4.3 Structuureiwitten

De polymere ketens van aminozuren leiden soms tot de vorming van lange kabels. Deze kabels geven structuur en ondersteuning aan de cel en dienen als transportbanen voor het intracellulaire vervoer van stoffen en/of structuren. Dergelijke kabels treffen we aan in de cel (intracellulair), maar zij komen ook voor (als een netwerk van kabels) in de zogenaamde extracellulaire matrix[33]. De intracellulaire kabels zijn weer verbonden met die in de extracellulaire matrix. Aldus ontstaat er een innig netwerk van kabels en vezels dat structuur geeft aan de cel en aan de weefsels. Dit complete netwerk is opgebouwd uit eiwitten. En deze specifieke groep eiwitten wordt aangeduid met de term **structuureiwitten**. Zij geven vorm en stevigheid aan losse cellen en houden de cellen binnen meercellige organismen bijeen. Maar ook houden zij de organen op hun plaats en zorgen zij ervoor dat bijvoorbeeld de huid niet als een soort van losse verpakking het individu omgeeft. Tevens zorgen zij ervoor dat de juiste vorm na een tijdelijke vervorming weer herstelt, etc.

1.3.4.4 DNA-bindende eiwitten

Dit zijn eiwitten die zich aan DNA kunnen binden, en daarmee verschillende processen in het DNA aan of uit kunnen schakelen. Dat doen ze niet op eigen houtje. Meestal vormen tientallen eiwitten hele multimoleculaire complexen met het doel processen in interactie met het DNA aan te sturen. Later[34] meer daarover.

---

[33] Een verzamelwoord voor alle structuren die deel uit maken van de biologische weefsels buiten de cel.
[34] Hoofdstuk 4.

1.3.5 De functies van de proteïnen

Proteïnen verzorgen belangrijke functies voor de cel, waaronder:

- **Enzymen** katalyseren chemische reacties binnen de cel.
- Proteïnen **transporteren** 'materialen' in en uit de cel.
- Structuureiwitten **versterken/wapenen** de 'steunweefsels' in (celmembraan en cytoskelet[35]) en buiten (collageen[36]) de cel.
- (Glyco)proteïnen[37] spelen een belangrijke rol bij de **cellulaire identiteit**.
- Door proteïnen kunnen **cellen** zich **verplaatsen**.
- Proteïnen maken **celcommunicatie** en **signalering** mogelijk.
- Proteïnen **bouwen, vouwen en verplaatsen moleculen** in de cel.
- Proteïnen **verdedigen het lichaam** tegen bacteriën en virussen.
- Proteïnen **regelen** welke delen van het DNA worden gekopieerd en welke niet.
- Proteïnen zijn volledig verantwoordelijk voor de coördinatie van alle activiteiten bij de celmembraan.

---

[35] Het geheel van eiwitstructuren die de vorm van de cel bepalen, ondersteunen en onderhouden.
[36] Steungevend weefsel buiten de cel. Bindweefsel.
[37] Dit zijn gevouwen eiwitten die gekoppeld zijn aan een suiker.

1.4 Nucleïnezuren

Nucleïnezuren zijn polymeren. Zij bestaan dus uit een reeks aan elkaar gekoppelde monomeren. Het monomeer is in dit geval een **nucleotide**.

1.4.1 Nucleotiden

Het nucleotide-molecuul is opgebouwd uit drie verschillende componenten. Te weten:
1. een pentose;
2. een stikstofbase; en
3. een fosfaatgroep.

1.4.1.1 Pentose

In Paragraaf 1.2.2.1 is uitgelegd wat een pentose is. Tevens is in die paragraaf duidelijk gemaakt dat de koolhydraten in de cel een cyclische structuur aannemen. De koolstofatomen in de pentose zijn genummerd (Paragraaf 1.2.2.1). Het eerste koolstofatoom wordt aangeduid met 1', het tweede met 2', etc. Voor de vorming van nucleotiden en nucleïnezuren zijn de plaatsen 1', 3' en 5' van groot belang. Schematisch volgt in Figuur 1.48 de structuur van een pentose molecuul en de nummering van de koolstofatomen. Het zuurstofatoom verbindt dus het 1^e met het 4^e koolstofatoom. Het heeft vijf atomen in de ring. Een ervan is het zuurstofatoom. Het is dus een furanose[38]. De pentose is het centrale bouwelement van de uiteindelijke nucleotide.

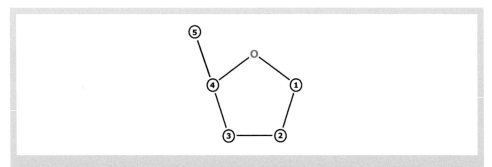

Figuur 1.48. Structuurformule van een pentose. Een pentose bevat 5 C-atomen die (nummer 1 t/m 4) met een zuurstof (rood) een vijfring (furanose) vormen met een naar buiten stekende koolstofgroep (nummer 5).

---

[38] Even ter herinnering: een furanose is een cyclisch suiker met 5 atomen in de ring waarvan één zuurstofatoom.

Er komen **twee pentosen** voor in de nucleotiden, zoals aangegeven in Figuur 1.49:
1. **ribose** (links); en
2. **desoxyribose** (rechts).

Het verschil tussen die twee zit hem in de hydroxylgroep op 2'. Het ribose heeft een hydroxyl-groep op 2', het desoxyribose niet. Het des-oxy-ribose (dat wil zeggen: ribose met een zuurstof-atoom minder) heeft op 2' (in plaats van de hydroxylgroep) een waterstofatoom.

Desoxyribose is de centrale pentose in DNA (*DeoxyriboNucleic Acid*). Het **ribose** is de centrale pentose in RNA (*RiboNucleic Acid*).

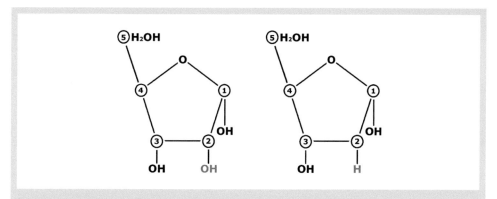

Figuur 1.49. Ribose en desoxyribose. Deze pentosen verschillen onderling op positie C2 waar zich een hydroxylgroep (rood in ribose, links) of een waterstofatoom (rood in desoxy-ribose, rechts) bevindt.

1.4.1.2 Stikstofbase[39]

In de nucleotiden komen we twee typen stikstofbasen tegen:
1. **pyrimidinen** (hebben een structuur met één enkele ring); en
2. **purinen** (beschikken over een dubbele ringstructuur).

In Figuur 1.50 worden de relevante stikstofbasen met name genoemd en zijn zij uitgesplitst naar de twee genoemde typen.

---

[39] Een base is een stof die in een waterige oplossing (in de cel) OH^- ionen vormt. Voorbeeld: ammoniak: NH_3 + $H_2O \rightarrow NH_4^+ + OH^-$. Een zuur is een stof die in waterige oplossing H^+ ionen vormt. Zuren en basen reageren onderling onder de vorming van een zout plus water (dat ontstaat door de samenvoeging van de gevormde OH^- en H^+ ionen).

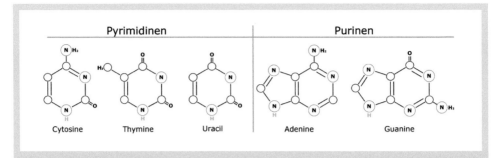

Figuur 1.50. Pyrimidinen en purinen. Deze stikstofbasen hebben een enkele ring (pyrimidinen, links) of een dubbele ring (purinen, rechts). De groene H duidt op de positie waaraan de basen in de nucleosiden aan de pentose zijn gekoppeld.

In het DNA komen **adenine (A)**, **cytosine (C)**, **guanine (G)** en **thymine (T)** voor. Drie van deze stikstofbasen treffen we ook aan in het RNA. In het RNA ontbreekt echter het thymine, dit wordt vervangen door een andere pyrimidine: **uracil (U)**.

Voorlopig is het voldoende om te weten dat elke **base** gemakkelijk waterstofatomen bindt. Met name de stikstof- en zuurstofatomen in de moleculen zijn zeer geschikt als 'pijler' voor een waterstofbrug vanwege hun hoge elektronegativiteit. Op grond van die hoge elektronegativiteit nemen zij gemakkelijk elektronen op. Onder andere die van het waterstofatoom.

De stikstofbase is (als onderdeel van een nucleotide) gekoppeld aan het 1^e koolstofatoom van de pentose (Figuur 1.51). Door de koppeling van een stikstofbase aan een pentose op 1' ontstaat een **nucleoside** (Figuur 1.51).

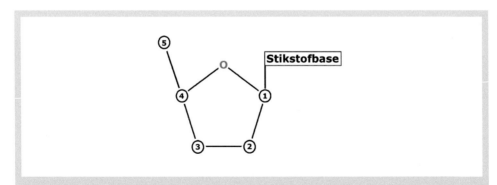

Figuur 1.51. Nucleoside. Een pentose met een stikstofbase op C1 (ringvormende O in rood).

1.4.1.3 Fosfaatgroep

De fosfaatgroep is de zuurrest van fosforzuur (H_3PO_4). Het bestaat uit een fosforatoom en vier zuurstofatomen: $-PO_4^{3-}$. De fosfaatgroep is binnen de nucleotide gekoppeld aan het 5^e koolstofatoom van de pentose (Figuur 1.52). Zodra een fosfaatgroep zich koppelt aan die nucleoside op 5' dan ontstaat er een **nucleotide** (Figuur 1.52). Een nucleotide is dus een gefosforyleerde nucleoside.

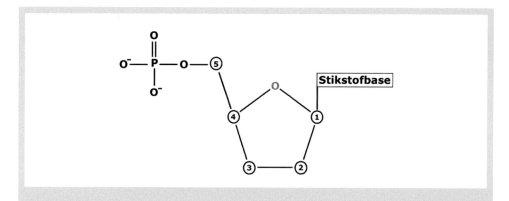

Figuur 1.52. Nucleotide. Een nucleoside met een fosfaatgroep op C5 (vergelijk Figuur 1.51).

Samenvattend

- ▸ Er zijn twee typen nucleotiden:
  - **desoxyribonucleotiden** (desoxyribose als de centrale pentose); en
  - **ribonucleotiden** (met ribose als de centrale pentose).
- ▸ Van elk type bestaan er als het ware vier varianten:
  - de desoxyribonucleotiden zijn er in de varianten: A, C, G en T;
  - de ribonucleotiden zijn er in de varianten: A, C, G en U.
- ▸ DNA en RNA verschillen (voor zover we nu kunnen overzien) in het type pentose (desoxyribose versus ribose) en in één van de basen (uracil in plaats van thymine).

1.4.2 De vorming van nucleïnezuren

Hierbij spelen twee processen een rol:
1. **Ketenvorming** of polymerisatie.
2. **Basenparing** door 'het slaan' van waterstofbruggen.

1.4.2.1 Polymerisatie

Door het aan elkaar koppelen (condensatiereactie) van nucleotiden (monomeren) ontstaat een **nucleïnezuur** (polymeer). De koppelingen tussen de nucleotiden worden **fosfodiësterbindingen** genoemd. De fosfaatgroep op 5' koppelt zich daarbij aan de hydroxylgroep op 3' van de pentose (Figuur 1.53). Hierbij komt per koppeling pyrofosfaat[40] en één proton (H^+) vrij. De opbouw van de keten verloopt altijd in de 5'→3' richting (aan de 3' kant wordt de keten langer). De fosfaatgroep zit uiteindelijk met twee fosfodiësterbindingen vast (een op 5' en de andere op 3').

De ketenvorming door nucleotiden blijft in principe beperkt tot koppeling van nucleotiden van hetzelfde type: ribonucleotiden samen met ribonucleotiden en desoxyribonucleotiden met desoxyribonucleotiden. Later blijkt dat er één uitzondering is ...

Het koppelen van nucleotiden kan doorgaan tot een keten of streng van vele miljoenen nucleotiden is ontstaan. Elke polynucleotide heeft een 'kop en een staart'. De voorkant van de keten wordt gevormd door de fosfaatgroep op 5' en de achterkant van de keten door de hydroxylgroep op 3'. Een keten zoals voorgesteld in Figuur 1.53 noemt men een *single-stranded* DNA ook wel **ssDNA**.

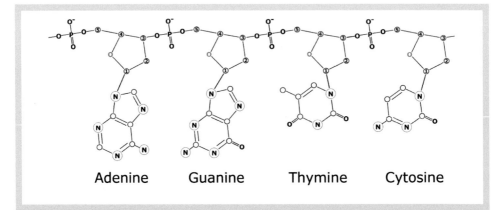

Adenine Guanine Thymine Cytosine

Figuur 1.53. Nucleïnezuurketen. Nucleotiden vormen door fosfodiësterbindingen een nucleïnezuurketen. Elk fosfaat gaat dus esterbindingen aan met twee flankerende pentosen. De pentosen bevatten een ringvormende O (rood), de basen bevatten stikstofatomen (paars omcirkeld).

---

[40] Een difosfaat met de formule $P_2O_7^{4-}$.

1.4.2.2 Basenparing

De stikstofbasen in twee nucleïnezuur-ketens kunnen door middel van waterstofbruggen met elkaar verbonden worden (paren). Daarbij paart steeds een purine-base met een pyrimidine-base (Figuur 1.54).

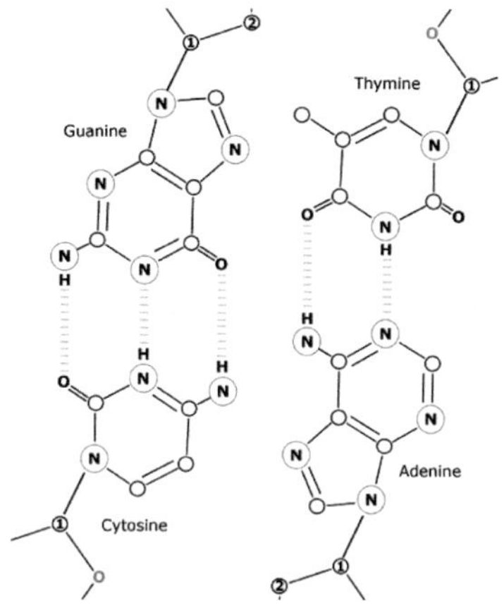

Figuur 1.54. Basenparing. Stikstofbasen van verschillende nucleïnezuurketens kunnen door waterstofbruggen (geel) met elkaar verbonden worden. Alleen de stikstofbasen zijn in hun geheel afgebeeld (N-atomen paars omcirkeld; C-atomen ongenummerd) aan delen van de ruggengraat (pentosen met zuurstof in rood).

Op adenine na zijn de stikstofbasen erg eenkennig in hun paringsgedrag. De vaste koppeltjes zijn:
* adenine verbindt zich met thymine (binnen het DNA) of met uracil (binnen het RNA);
* cytosine verbindt zich met guanine.

De stikstofbasen die samen waterstofbruggen vormen en op die wijze met elkaar paren zijn **complementair** ten opzichte van elkaar: zij vullen elkaar aan tot een geheel: de gepaarde vorm. De sterkste verbinding (drie waterstofbindingen) ontstaat tijdens de paring van het cytosine met het guanine. De verbinding tussen het adenine en het thymine bestaat uit slechts twee waterstofbruggen.

Op basis van deze basenparing worden nucleotiden van twee *single-stranded* polynucleotiden met elkaar verbonden (Figuur 1.55). Basenparing leidt op die manier tot de vorming van een **dubbelstrengstructuur** (*double-stranded*). De paring is alleen mogelijk als de nucleotiden met een omgekeerde 'kop-staart-oriëntatie' op elkaar zijn gepositioneerd. Dit fenomeen wordt aangeduid met de term **antiparallel**.

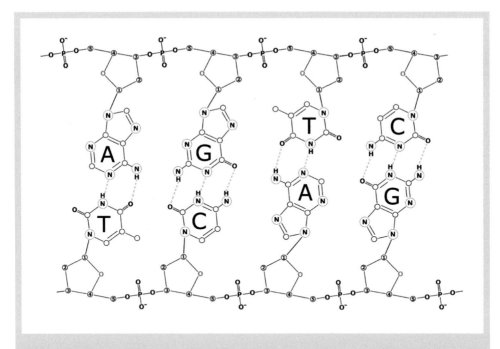

Figuur 1.55. Een dubbele streng. Door fosfodiësterbindingen (in de fosfaat-suiker ruggengraat) en waterstofbruggen (tussen basen in geel weergegeven) vormen nucleotiden een dubbele keten van nucleïnezuren, in dit geval DNA.

1.4.3 DNA

De vorming van een dubbelstrengstructuur (*double-stranded*) is typisch voor het DNA, terwijl RNA meestal een enkelstrengstructuur (*single-stranded*) heeft. Dit is het derde verschil[41] tussen de twee nucleïnezuren.

Op deze regel zijn uitzonderingen: er bestaat enkelstrengs DNA (*ssDNA*) en dubbelstrengs RNA (*dsRNA*). Daarover later.

Om de ruimtelijke structuur van DNA meer inzichtelijk te maken, maken we gebruik van enkele symbolen:
1. De molecuulstructuur van de verschillende stikstofbasen (met uitzondering van uracil) wordt vervangen door gekleurde blokjes (Figuur 1.56). Een kort rood blokje symboliseert een 'C' (cytosine), een kort geel blokje een 'T' (thymine), een lang blauw blokje een 'A' (adenine) en een lang groen blokje een 'G' (guanine).

---

[41] De andere verschillen zijn: RNA heeft een ander centrale suiker en gebruikt geen thymine in de structuuropbouw.

De bouwstenen van het leven

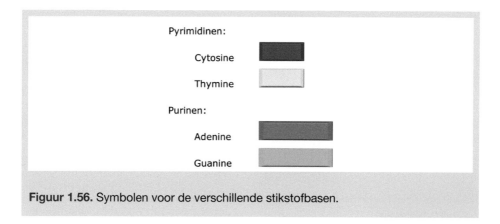

Figuur 1.56. Symbolen voor de verschillende stikstofbasen.

2. De vereenvoudiging van de structuur van de pentose en de fosfaatgroep komt tot stand door gebruik te maken van symbolen weergegeven in Figuur 1.57. De ruggengraat van een DNA-keten bestaat afwisselend uit een desoxyribose (lichtgrijs) en een fosfaat (donkergrijs) die in elkaar aangrijpend zijn te lezen in de richting 5' naar 3'.

Figuur 1.57. Symbolen voor de pentosen en de fosfaatgroep.

De suikerfosfaatgroep vormt samen met de stikstofbase de nucleotide (zie Paragraaf 1.4.1.3). Polymerisatie van de verschillende nucleotiden leidt tot de vorming van nieuw DNA. Enkelstrengs DNA kunnen we weergeven als in Figuur 1.58. In Figuur 1.59 volgt het schema van hetzelfde molecuul in een omgekeerde oriëntatie.

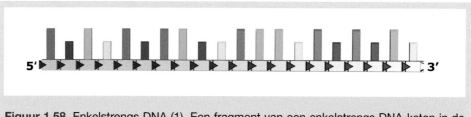

Figuur 1.58. Enkelstrengs DNA (1). Een fragment van een enkelstrengs DNA-keten in de 5'-3' oriëntatie. De volgorde van de eerste vier en laatste vier basen is toevallig gelijk (ACGT).

De bouwstenen van het leven   **79**

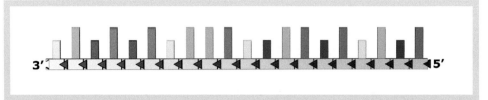

Figuur 1.59. Enkelstrengs DNA (2). De 'geflipte' streng van het fragment uit Figuur 1.58 in de 3'-5' oriëntatie.

In beide gevallen gaat het om eenzelfde molecuul, maar er lijkt iets anders te staan. Hoe wordt dit gestandardiseerd?

De oriëntatie van de suikerfosfaatgroepen in bovenstaande figuren wordt aangegeven door de driehoek van de fosfaatgroep:
- de driehoek 'wijst' altijd naar de kant (3') waar de aangroei van de keten plaatsvindt;
- de basis van de driehoek aan de voorkant (5') symboliseert juist een blokkade voor de aangroei met nucleotiden.

Hiermee krijgt het gepresenteerde DNA streng een oriëntatie:
- de bovenste streng (Figuur 1.58) loopt van 5'→3';
- de onderste streng (Figuur 1.59) is afgebeeld in een 3'→5' richting.

DNA komt (nagenoeg) altijd in een dubbelstrengstructuur voor. Die dubbelstrengstructuur komt tot stand door basenparing. De basenparing (Figuur 1.60) gebeurt aan de hand van een bestaande streng.

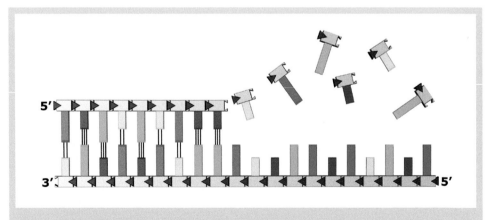

Figuur 1.60. Dubbelstrengs DNA (1). Door toevoeging van complementaire nucleotiden ontstaat een dubbelstrengs DNA-keten. Tussen G en C bevinden zich drie waterstofbruggen (verticale streepjes tussen de groene en rode blokjes) en tussen A en T bevinden zich twee waterstofbruggen (verticale streepjes tussen de blauwe en gele blokjes).

De bindende waterstofbruggen zijn door verbindingslijntjes aangegeven. Uiteindelijk (Figuur 1.61) ontstaat op die manier het dsDNA.

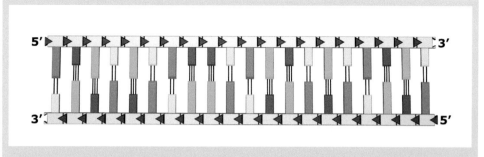

Figuur 1.61. Dubbelstrengs DNA (2). Doorgaans wordt de bovenste streng in de 5'→3' richting geschreven en de complementaire streng daaronder. Wat goed te zien is in deze figuur is dat de beide strengen tegen elkaar inlopen (zie de richting van de fosfaat-drie-hoekjes in de ruggengraten).

In dit boek wordt consequent gekozen voor een dsDNA-notatie waarbij de bovenste streng in de 5'→3' richting wordt gepresenteerd. Toepassing van die keuze vind je ook terug in de Figuren 1.53 en 1.55.

Uit Figuur 1.61 blijkt duidelijk (let op de driehoekjes) dat de twee strengen van het DNA anti-parallel lopen. Bij de bovenste streng zit de kop (het 5'-einde waar geen nucleotide aangroei plaatsvindt) namelijk links en de staart (het 3'-einde) rechts, terwijl die 'kop-staart-oriëntatie' bij de onderste streng juist andersom verloopt. De twee strengen zijn onderling 'upside down' verbonden. Vandaar ...

Een **DNA-molecuul** bestaat dus uit twee lange strengen desoxyribonucleotiden, die op basis van de regels van de ketenvorming en van de basenparing met elkaar verbonden zijn. De twee strengen zijn **complementair** en **antiparallel** ten opzichte van elkaar.

De dubbele strengen in het DNA en de aanwezige sequentie (basenvolgorde) vormen de **primaire structuur** van het DNA. De primaire structuur van het DNA kan gezien worden als een ladder met twee stijlen, bestaande uit een reeks suikerfosfaatgroepen, met de aan elkaar verbonden complementaire basenparen als treden. Ruimtelijk gezien neemt deze ladder door spiralisering de vorm aan van een wenteltrap. Deze wenteltrap of dubbele helix (Figuur 1.62) is de secundaire structuur van het DNA.

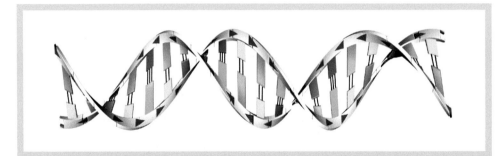

Figuur 1.62. De dubbele helix. Dubbelstrengs DNA-ketens nemen ruimtelijk de vorm aan die bekend staat als de dubbele helix. Het is een wenteltrapstructuur met de basenparen als 'treden van de trap' (in deze figuur wat minder goed te zien). Wat nog steeds goed te zien is in deze figuur is dat de beide strengen tegen elkaar inlopen (zie de richting van de fosfaat-driehoekjes in de ruggengraten).

De basenvolgorde of sequentie in de DNA-streng vormt de genetische code. Slechts een klein percentage van het DNA-molecuul bevat coderende informatie. Deze coderende informatie is verdeeld over aparte functionele eenheden: de **genen**.

1.4.3.1 De functie van DNA en RNA

DNA en RNA spelen een belangrijke rol bij het **opslaan** en weer **vrijgeven**, maar ook van het **overbrengen** en **interpreteren van informatie**. DNA bevat de informatie die uiteindelijk bepalend is voor de cellen en de organismen. Deze informatie is geschreven in een chemische code die bepaald wordt door de volgorde van de stikstofbasen in het DNA. Die informatie bevat instructies voor de synthese van belangrijke celstructuren en functies, eiwitten en RNA.

1.4.4 Nucleoside mono-, di- en tri-fosfaten

Van elk type nucleotide bestaan niet alleen **mono-**, maar ook **di-** en **trifosfaat**-varianten. Afhankelijk van het feit of op positie 5' één, twee of drie fosfaatresten gekoppeld zijn. Ingebouwd in de nucleïnezuren treffen we alleen monofosfaten aan.

Belangrijke nucleosidetrifosfaten zijn het **adenosinetrifosfaat (ATP)** en het **guanosinetrifosfaat (GTP)**. Zij bestaan uit een centraal **ribose**-molecuul, met daaraan gekoppeld op 1' de stikstofbase **adenine** of **guanine** en drie **fosfaatresten** op 5', zoals is aangegeven in Figuur 1.63.

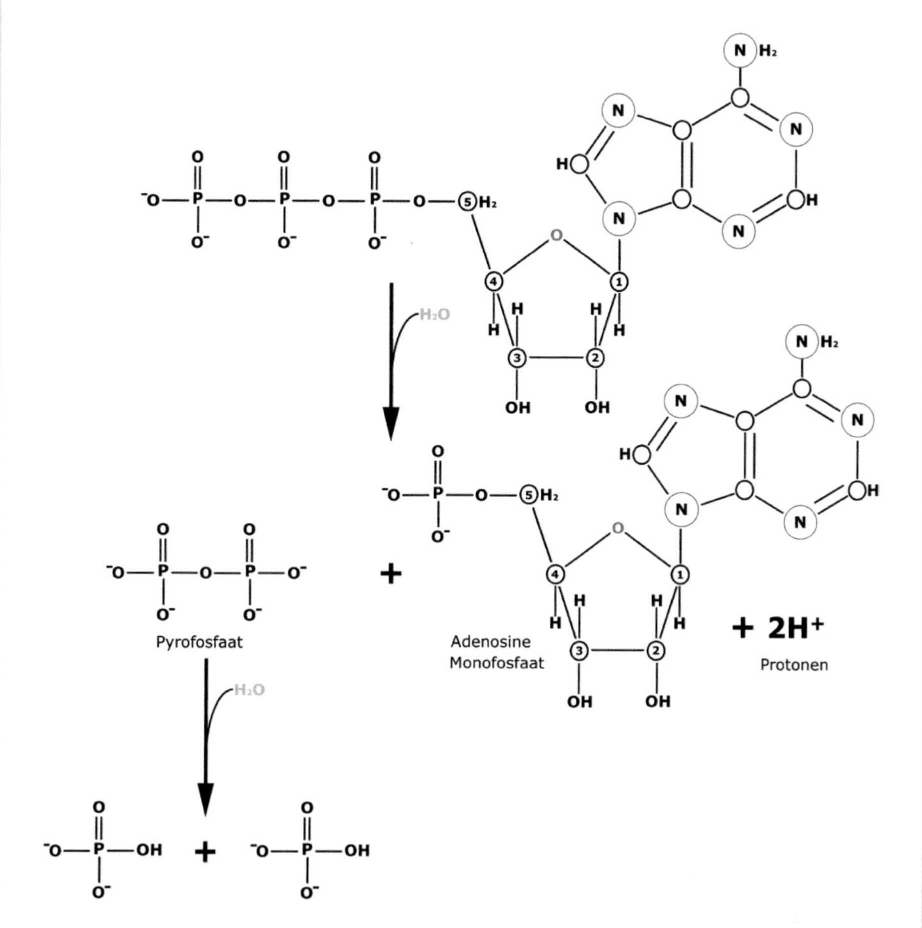

Figuur 1.63. De hydrolyse van adenosinetrifosfaat (ATP). De bindingen tussen de fosfaat-groepen van ATP zijn energierijk. Door hydrolyse (water in groen komt erbij) kan deze energie beschikbaar komen voor allerlei biologische processen. Er ontstaat daarbij naast twee protonen een adenosinemonofosfaat en een pyrofosfaat. Dat laatste kan nogmaals gehy-drolyseerd worden waarbij twee moleculen anorganisch fosfaat (onder) ontstaan.

In de twee P-O-P verbindingen die bekend zijn onder de naam **fosfoanhydride-bindingen** is energie opgeslagen. De buitenste P-O-P verbinding is de energierijkste van de twee. De daarin opgeslagen energie kan, indien nodig, uit het ATP-molecuul of het GTP-molecuul worden vrijgemaakt door **hydrolyse**: het loskoppelen van de P-O-P verbinding onder opname van een watermolecuul (Figuur 1.63).

Vooral het ATP-molecuul, maar ook het GTP-molecuul, worden in cellen gebruikt om energie tijdelijk aan zich te binden en te vervoeren. Deze energie is zeer snel mobiliseerbaar, in tegenstelling tot de energie die opgeslagen is in grote moleculen zoals zetmeel.

1.4.4.1 Vorming cAMP

Van het adenosinemonofosfaat bestaat ook een cyclische variant. Het zogenoemde **3',5'-cyclisch AMP** of afgekort **cAMP**. Het cAMP-molecuul ontstaat uit ATP (Figuur 1.64). Deze omzetting wordt mogelijk gemaakt door het enzym **adenylylcyclase** of **adenylaatcyclase**.

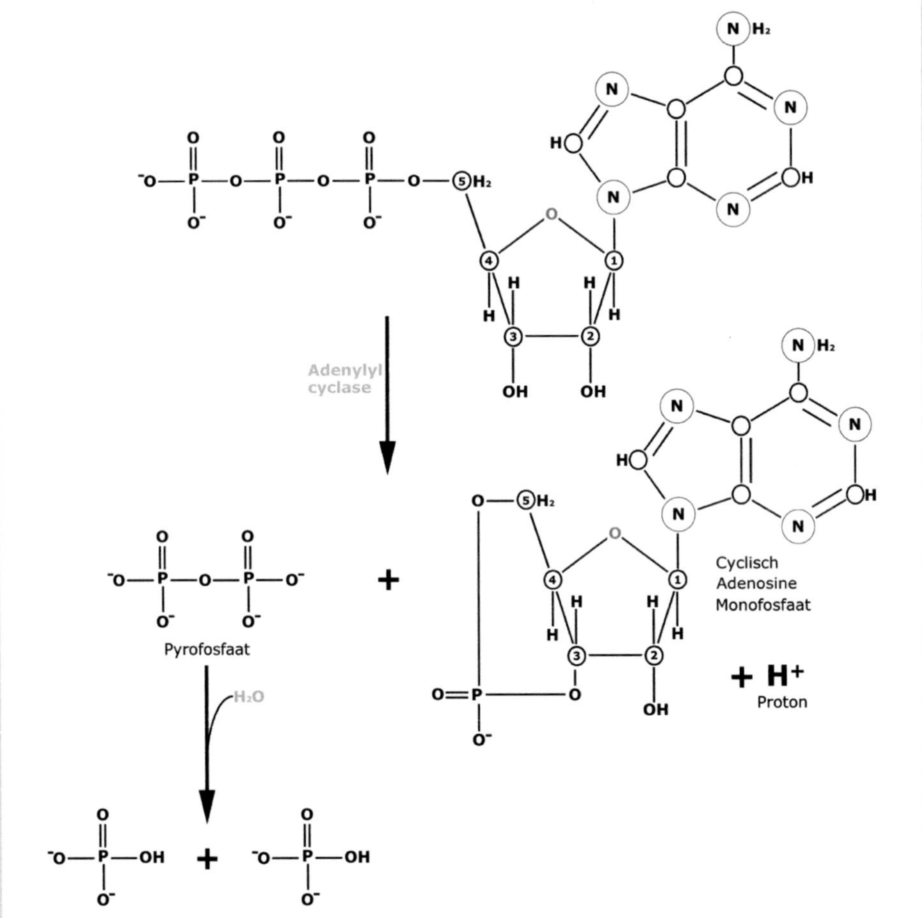

Figuur 1.64. De vorming van cyclisch adenosinemonofosfaat (cAMP). Onder invloed van het enzym adenylaatcyclase (groen) ontstaat uit ATP pyrofosfaat en cyclisch AMP (cAMP). Hierbij is geen water nodig (het proton komt van de 3'-OH van de ribose). Het pyrofosfaat kan gehydrolyseerd worden (water in groen) waarbij twee moleculen anorganisch fosfaat (onder) ontstaan.

Het cAMP kan worden afgebroken tot AMP (de lineaire variant). Deze omzetting wordt gefaciliteerd door het enzym **fosfodiësterase**. Naar later zal blijken speelt cAMP een belangrijke rol in het kader van de celcommunicatie en de genregulatie. Daarover meer verderop in dit boek.

1.4.4.2 Notatie ATP ADP

De omzetting van ATP in ADP en omgekeerd speelt een cruciale rol in het kader van het energiebeheer van de cel. In Paragraaf 5.1.2.1 ATP/ADP cyclus zal op dit onderwerp nader worden ingegaan.

In Figuur 1.65 wordt het verschil tussen ATP in ADP in beeld gebracht. Duidelijk blijkt daaruit dat ATP een lading heeft van 4-. Ook zichtbaar is dat ADP een lading heeft van 3-.

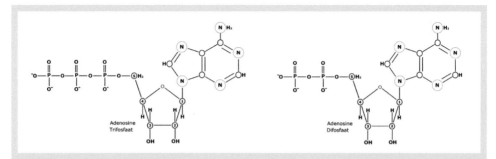

Figuur 1.65. De moleculen adenosinetrifosfaat (ATP, links) en adenosinedifosfaat (ADP, rechts) verschillen één fosfaatgroep en daarmee ook in lading (de lading van één electron). Omdat in reactievergelijkingen dat verschil vaak niet wordt weergegeven is de ladingsbalans in een reactie soms lastig op te maken.

Meestal worden in de vakliteratuur de ladingen van ATP en ADP niet vermeld. Ook in dit boek wordt dat niet gedaan (zie bijvoorbeeld Figuur 5.1 en 5.22).

1.4.5 Functie van de nucleotiden

De rol van de nucleotiden in de cel is cruciaal. Zij zijn de bouwstenen van de nucleïnezuren DNA en RNA die de primaire spelers zijn in de opslag en transfer van biologische informatie.

Nucleotiden (ATP- en GTP-moleculen) spelen een rol in het transport van energie binnen de cel. Belangrijke nucleotiden komen ook voor als **cofactoren** van enzymen. Cofactoren zijn verbindingen die binden aan eiwitten en daardoor mede de katalytische werking van het enzym bepalen. Voorbeelden hiervan zijn het NAD^+, $NADP^+$ en FAD (zie Paragraaf 5.1.2.2).

Het (in de vorige paragraaf besproken) cAMP heeft een belangrijke rol in het doorgeven van signalen. Sommige RNA's kunnen zelf ook katalyseren en zijn dus enzymatisch actief. Deze specifieke RNA's met een enzymatische werking worden **ribozymen** genoemd (zie Paragraaf 3.3.1.3).

De cruciale functie van de nucleotiden doet vermoeden dat zij reeds vroeg in de evolutie de rol van katalyse en transfer van informatie op zich namen. Het gelijktijdig instaan voor zowel energietransfer als voor informatieopslag lijken de sleutelelementen die de oercel nodig had om zich te ontwikkelen en vooral om zich voort te planten.

1.5 Lipiden

De term lipide staat voor elke vetachtige verbinding die één of meer lange apolaire koolwaterstofstaarten bevat. Deze vetachtige verbindingen hebben allemaal een hydrofoob karakter hoewel de meeste ervan ook een (klein) hydrofiel gedeelte bevatten. Chemische gezien gaat het om verbindingen die ontstaan na een koppeling van een of meerdere vetzuren aan een alcohol[42] (meestal glycerol) op basis van een condensatiereactie: samenvoeging van de reactanten onder afsplitsing van een molecuul water. Hierbij ontstaat een esterbinding. Deze esterbinding wordt nader besproken in Paragraaf 1.5.3. Tot de groep der lipiden behoren onder andere:

- **Vetten en oliën**. Zij worden gedefinieerd als esters van glycerol en vetzuren (meestal drie vetzuren per glycerolmolecuul). Vetten zijn vaste stoffen en zijn veelal van dierlijke herkomst. Oliën zijn juist vloeibaar en plantaardig.
  Vetten en olien hebben de volgende functies:
    - brandstof;
    - opslagplaats van energie;
    - warmte-isolator;
    - schokdemper;
    - oplosmiddel voor bepaalde vitamines;
    - modellering ten behoeve van de stroomlijning bij dieren.
  Vetten en oliën worden ook **glyceriden** genoemd. Triglyceriden zijn vetten of oliën waarbij alle drie de hydroxylgroepen van het glycerol verestered zijn met vetzuren.
- **Fosfolipiden** zijn ook esters van glycerol en vetzuren. Maar nu met twee vetzuren per glycerolmolecuul. Bij fosfolipiden zit op de derde bindingsplaats van het glycerol een hydrofiele 'kop'. De fosfolipiden zijn **biologische bouwstenen** van alle membranen.
- **Wassen**. Apolaire, zachte vaste stoffen, die voor het overgrote deel bestaan uit esters van hogere vetzuren[43] met hogere (dan glycerol) alcoholen. Zij dienen onder andere ter bescherming van bladeren:
    - als inerte waterafwerende beschermingslaag;
    - door beperking van de verdamping via het blad.
  Een speciaal type (waterafstotend) was vinden we tussen de veren van vogels.

In tegenstelling tot de polysachariden, de eiwitten en de nucleïnezuren zijn de **lipiden** geen polymeren en zijn dus ook niet in een algemene formule te duiden. Lipiden zijn macromoleculen die uit verschillende componenten worden opgebouwd. Zoals gezegd spelen vetzuren en glycerol hierbij een centrale rol.

---

[42] Alcoholen zijn verbindingen die afgeleid zijn te denken van water, waarbij een van de waterstofatomen is vervangen door een koolwaterstof (R) met als algemene formule C_nH_{2n+1}. De algemene formule voor een alcohol is dan R-OH. Zij bevatten dus allemaal minstens een hydroxylgroep.
[43] Langere ketens.

1.5.1 Vetzuren

De algemene structuur van een **vetzuur** (koolwaterstof) is weergegeven in Figuur 1.66. Een vetzuur heeft een koolwaterstofstaart met daaraan verbonden één **carboxylgroep** (-COOH) op C1 (zie nummering in Figuur 1.65). Het kleinste vetzuur (propionzuur) bevat een keten van twee koolstofatomen plus een carboxylgroep. In totaal gaat het daarbij dan om drie koolstofatomen (CH_3-CH_2-COOH).

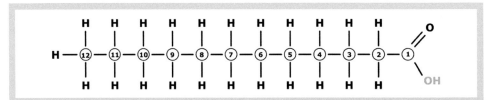

Figuur 1.66. Algemene structuurformule van een vetzuur. Het vetzuur bestaat in dit voorbeeld uit een alifatische keten van 11 koolstofatomen (links) en een carboxylgroep (C1, rechts). Ter vergelijking met Figuur 1.70 is de 1'-OH vast in groen aangegeven.

De koolwaterstofstaart is hydrofoob (waterafstotend), terwijl de carboxylgroep (-COOH) juist hydrofiel (waterminnend) is. De carboxylgroep is de reactieve groep van het vetzuur.

Indien (zoals in Figuur 1.66) alle vrije bindingsplaatsen van de koolstofatomen bezet zijn met waterstofatomen (de keten is verzadigd met waterstofatomen) noemen we het vetzuur **verzadigd** (*saturated*). In een **onverzadigd vetzuur** (*unsaturated fatty acid*) ontbreekt op twee naast elkaar gelegen koolstofatomen één waterstofatoom. Tussen die twee koolstofatomen ontstaat dan een dubbele binding (Figuur 1.67).

Het dubbelgebonden koolstofatoom (twee per dubbele binding) binnen het onverzadigd vetzuur heeft ter plaatse minder rotatievrijheid en kan een dubbele knik veroorzaken in de koolwaterstofstaart. In de koolstofketen van een vetzuur kunnen nul tot drie dubbele bindingen voorkomen.

Afhankelijk van het aantal dubbele bindingen worden de onverzadigde vetzuren ingedeeld in:
- enkelvoudig onverzadigde vetzuren (slechts één dubbele binding tussen twee koolstofatomen binnen het molecuul) en
- meervoudig onverzadigde vetzuren (met meer dan één dubbele binding tussen de koolstofatomen binnen het molecuul).

Er zijn twee 'essentiële' **meervoudig onverzadigde vetzuren**, die niet door zoogdieren zelf gesynthetiseerd kunnen worden. Zij moeten om die reden aan het dieet worden toegevoegd. Het betreft de twee vetzuren: **linolzuur** en **linoleenzuur** (zie Tabel 1.1).

De bouwstenen van het leven

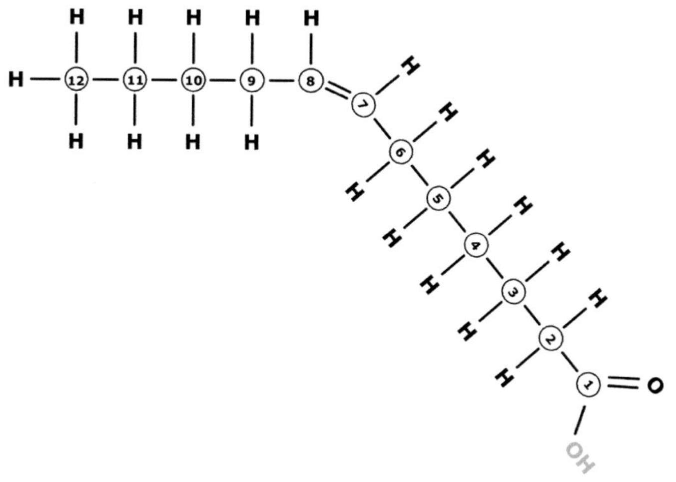

Figuur 1.67. Een onverzadigd vetzuur. Een vetzuur met een dubbele binding tussen twee koolstofatomen heet onverzadigd. Ter vergelijking met Figuur 1.70 is de 1'-OH vast in groen aangegeven.

1.5.1.1 Cis- en transvetzuren

Door de aanwezigheid van een dubbele binding[44] tussen twee koolstofatomen kan er **isomerie** optreden. Vanwege die isomerie maken we een onderscheid tussen **cis-** en **transvetzuren**. De afgeleiden van deze cis- en transvetzuren (door verestering met glycerol tot glyceriden) worden aangeduid als cis- en transvetten. In de natuurlijke vorm (in biologische systemen) komt eigenlijk alleen het cis-type voor. Het cis-type onderscheidt zich door het feit dat de twee waterstofatomen (van de dubbele binding) ruimtelijk gezien aan dezelfde zijde van de dubbele binding staan. Bij het trans-type is dat niet zo. De aanwezigheid van een cis-configuratie staat garant voor een knik in de koolstofketen[45] (Figuur 1.67). De starre knik in een overigens flexibele rechte keten van het vetzuur heeft tot gevolg dat ze langer vloeibaar blijven bij biologisch veel voorkomende temperaturen. De verzadigde vetten zijn onder die condities vaak vast.

1.5.1.2 Nomenclatuur vetzuren

De vetzuren worden aangeduid met de afkorting Cx:y. Hierbij staat de x voor het totaal aantal koolstofatomen[46] in de koolwaterstofstaart. De y geeft het aantal dubbele bindingen (1,2 of

---

[44] Het gaat hierbij dus alleen om onverzadigde vetzuren.
[45] Een transvetzuur vertoont geen knik en heeft een rechte structuur evenals de verzadigde vetzuren.
[46] Dus inclusief het koolstofatoom van de carboxylgroep (-COOH).

3) aan. De meeste cellulaire vetzuren hebben een even (totaal) aantal koolstofatomen in de koolwaterstofstaart ter grootte van C12, C14, C16, of C18.

De systematische naamgeving is gerelateerd aan dat aantal koolstofatomen en bestaat uit het bijbehorende telwoord met de toevoeging -zuur.

Voorbeeld: een vetzuur ter grootte van C12 heet **dodecaanzuur**. Ter grootte van C14 spreken we van **tetradecaanzuur** en de systematische naam voor een vetzuur met een koolstofketen van 18 atomen is **octadecaanzuur**. Dit geldt voor de verzadigde vetzuren.

In het geval van onverzadigde vetzuren verandert het 'voorvoegsel' afhankelijk van het aantal dubbele bindingen. Nemen we als uitgangspunt het verzadigde vetzuur **hexadecaanzuur** (C16). De onverzadigde vorm daarvan (C16:1) noemt men **hexadeceenzuur**. De onverzadigde vorm met twee dubbele bindingen (C16:2) heet **hexadecadieenzuur** en tot slot (C16:3) wordt aangeduid met **hexadecatrieenzuur**. Deze 'vervoegingen' zijn toepasbaar op alle andere systematische naamgevingen van vetzuren[47].

De positie van de dubbele binding wordt aangegeven met het **symbool Δ** met als index (in superscript) het nummer van het koolstofatoom waarvan de dubbele binding uitgaat. Dit symbool Δ wordt daarbij voorafgegaan met de toevoeging 'cis' of 'trans' om aan te geven wat voor type dubbele binding het betreft.

Bijvoorbeeld: **cis-Δ^9 hexadeceenzuur** staat voor een onverzadigd vetzuur met 16 koolstofatomen in de keten en een dubbele binding tussen C9 en C10. De dubbele binding is van het zogenaamde cis-type.

Veel vetzuren zijn echter bekend onder hun 'alledaagse naam'. Enkele bekende namen staan in Tabel 1.1.

Tabel 1.1. Enkele vetzuren met hun alledaagse naam.			
C4	0 dubbele binding	butaanzuur	boterzuur
C16	0 dubbele binding	hexadecaanzuur	palmitinezuur
C18	0 dubbele binding	octadecaanzuur	stearinezuur
C16	1 dubbele binding	cis-Δ^9 hexadeceenzuur	palmitoïnezuur
C18	1 dubbele binding	cis-Δ^9 octadeceenzuur	oliezuur
C18	2 dubbele bindingen	cis,cis-Δ^9,Δ^{12} octadecadieenzuur	linolzuur
C18	3 dubbele bindingen	cis,cis,cis-Δ^9,Δ^{12}, Δ^{15} octadecatrieenzuur	linoleenzuur

---

[47] In de Engelstalige literatuur vind je de volgende uitgangen: (C18:0) *octadecanoic acid*, (C18:1) *octadecenoic acid*, (C18:2) *octadecadienoic acid* en (C18:3) *octadecatrienoic acid*.

De bouwstenen van het leven

1.5.2 Glycerol

Figuur 1.68 toont de structuur van **glycerol** (een alcohol). Essentieel zijn de drie hydroxyl-groepen. Deze hydroxylgroepen zijn de reactieve groepen van het glycerolmolecuul.

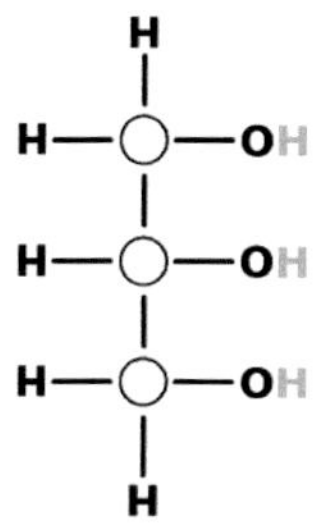

Figuur 1.68. Glycerol. Een molecuul met drie koolstofatomen (ongenummerd in deze figuur, om verwarring verderop te voorkomen) met elk een hydroxylgroep (reactief, met H-atomen in groen).

1.5.3 Vetten en oliën

De hydroxylgroep uit de carboxylgroep van het vetzuur én het waterstof-ion van een hydroxyl-groep van het glycerol kunnen met elkaar reageren. Zij vormen samen een watermolecuul tijdens een koppelingsreactie (condensatiereactie) tussen het vetzuur en het glycerol. De koppe-lingsreactie tussen de vetzuren en het glycerolmolecuul is een reactie tussen een carbonzuur (vetzuur) en een alcohol. Een verbinding tussen een carbonzuur en een alcohol wordt een **ester** genoemd. Deze koppelingswijze staat bekend als een **esterificatie**[48]. De verbinding die tijdens de esterificatie ontstaat is een **ester-binding** (Figuur 1.69):

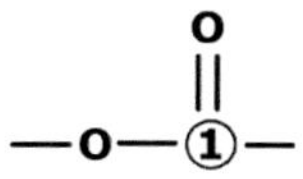

Figuur 1.69. Esterbinding. Een binding waarbij naast een zuurstof een koolstofatoom met dubbelgebonden zuurstof voorkomt is vaak het resultaat van de condensatie van een alcohol met een carboxylgroep (COOH).

---

[48] Estervorming.

Drie vetzuren kunnen zich binden aan een glycerolmolecuul, zoals is aangegeven in Figuur 1.70. Dat deel van het vetzuur dat zich bindt aan het glycerol noemen we een acylgroep[49]. Het uiteindelijke resultaat (drie acylgroepen via ester-bindingen verbonden aan een glycerolmolecuul zoals aangegeven in Figuur 1.70) is een vetmolecuul, ook wel een triacylglycerol of **triglyceride** genoemd.

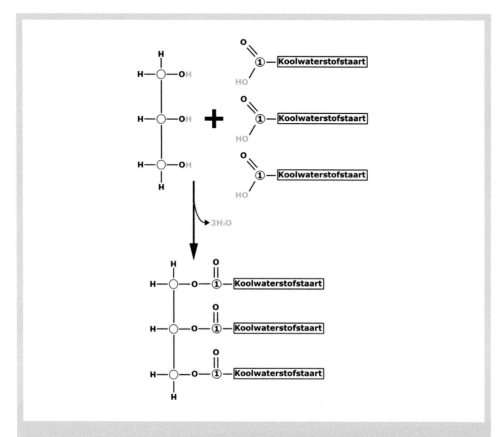

Figuur 1.70. De vorming van triacylglycerol of triglyceride. Door condensatiereacties (water in groen splitst af) ontstaat uit een glycerolmolecuul (links) met drie vetzuren (rechts) een triglyceride (een 'vet').

Een dergelijke acylgroep kan ook gebonden zijn aan een ander vetmolecuul zoals cholesterol. Hierbij ontstaan dan **cholesterylesters** (Figuur 1.71). Triglyceriden en cholesterylesters zijn hydrofoob.

---

[49] Een acylgroep is de ionvorm van een vetzuurmolecuul. Dit ion heeft een vrije binding op de plaats waar de hydroxylgroep zat binnen de carboxylgroep.

De bouwstenen van het leven

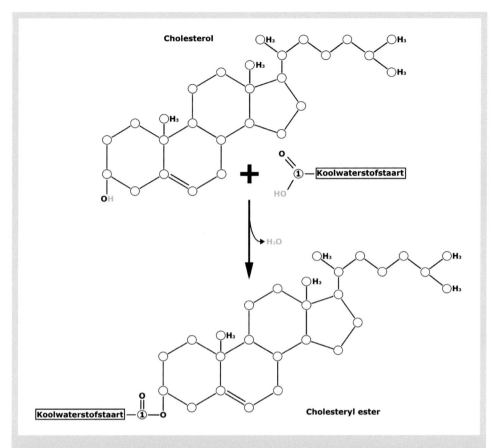

Figuur 1.71. De vorming van cholesterylester. Door een condensatiereactie (water in groen splitst af) ontstaat uit een molecuul cholesterol (boven) en een vetzuur (rechts) een cholesterylester (net als triglyceride is dit een 'vet').

1.5.4 Fosfolipiden

Een heel opmerkelijke groep van lipiden wordt gevormd door de fosfolipiden. Een fosfolipide lijkt op een triglyceride. Bij een fosfolipide is echter één vetzuur vervangen door een fosfaatgroep. Aan die fosfaatgroep is weer een stikstofbevattende alcoholmolecuul gebonden. Choline is een voorbeeld van een molecuul dat gebonden kan worden aan de fosfaatgroep. De samenvoeging leidt tot het molecuul zoals is weergegeven in Figuur 1.72.

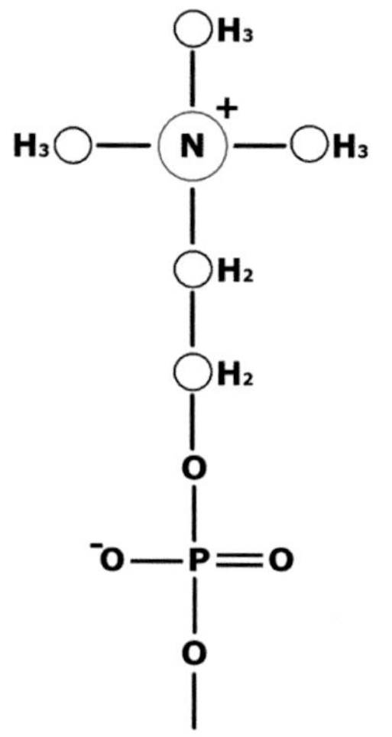

Figuur 1.72. Cholinefosfaat. Choline (boven) gekoppeld aan fosfaat (onder) levert een polair molecuul op: de fosfaatgroep is negatief geladen en de aminogroep met vier koolstof-bindingen ('quaternaire aminogroep') is positief geladen.

Een fosfolipide krijgt hiermee een 'kop' naast de twee reeds bestaande vetzuur-'staarten'. Er zijn meerdere varianten van fosfolipiden, omdat er verschillende alcoholen aan de fosfaatgroep kunnen binden. Ook de vetzuren van de 'staart' kunnen wisselen.

De fosfaatgroep is negatief geladen en het stikstofatoom is positief geladen. De 'kop' van de fosfolipide is dus polair en vertoont om die reden een hydrofiel karakter. De 'vetzuur-staart' kent echter alleen non-polaire bindingen en is om die reden hydrofoob.

De fosfolipide heeft dus een hydrofiele 'kop' en een hydrofobe 'staart'. Door de aanwezigheid van de hydrofobe staarten worden meerdere fosfolipiden door water bijeen gedreven en voegen zich schouder-aan-schouder in een cirkel. Door het **amfifiele** karakter[50] van de fosfolipiden zullen de hydrofiele koppen zich naar het water keren en zullen de hydrofobe staarten zich juist van het water afkeren. Zoals aangegeven in Figuur 1.9. Een dergelijke organisatie leidt tot de vorming van **micellen**: microscopische kleine structuren omgeven door watermoleculen met een hydrofobe, watervrije binnenholte. In deze holte kunnen andere hydrofobe moleculen verzameld liggen.

In Figuur 1.73 is choline ingetekend als de stikstofhoudende alcohol.

---

[50] Een soort van tweeslachtigheid ten aanzien van water.

De bouwstenen van het leven

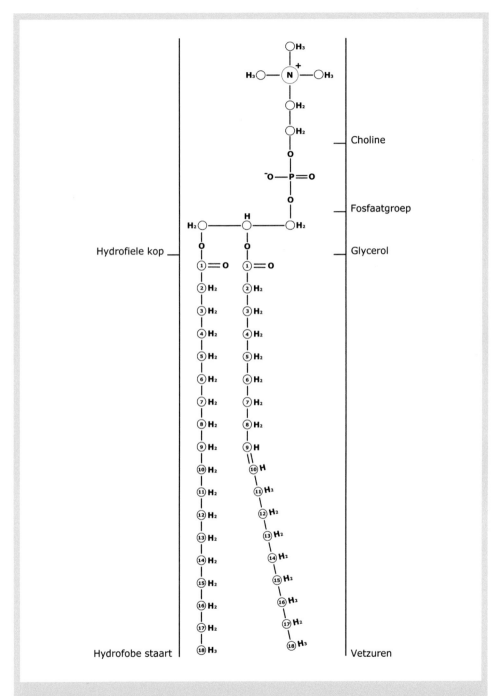

Figuur 1.73. Een voorbeeld van een fosfolipide. De hydrofiele kop van cholinefosfaat aan glycerol (boven) en de twee hydrofobe vetzuurstaarten daaronder maken dit molecuul als geheel amfifiel (tweeslachtig ten opzichte van water).

1.5.4.1 Fosfolipide *bilayer* membraan

Fosfolipiden geven de voorkeur aan de vorming van een dubbellaag. Dat gebeurt (ook weer gedreven door de hydrofobe interactie) door het in elkaar schuiven van de apolaire kool-waterstofstaarten (Figuur 1.74). Het zijn de vanderwaalskrachten tussen de verschillende koolwaterstofstaarten die zorgen voor een dichte pakking van de ketens. De organisatie van een fosfolipidedubbellaag wordt tevens in stand gehouden door de gunstige elektrostatische interacties en waterstofbruggen tussen de polaire koppen en de omringende watermoleculen.

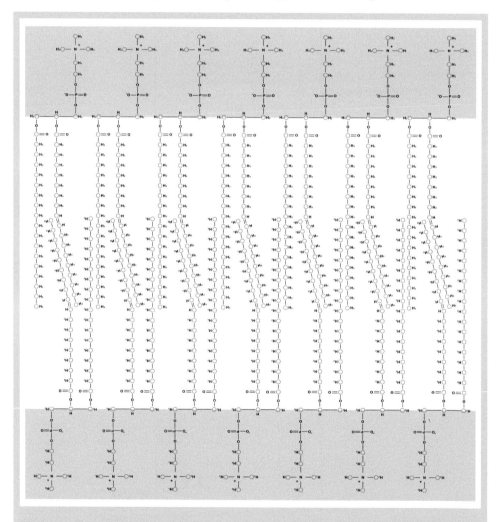

Figuur 1.74. Een bilayer van fosfolipiden tot op het atoom weergegeven. Meerdere fosfo-lipiden vormen samen een dubbelstructuur waarbij de waterafstotende vetzuurstaarten zich aan de binnenzijde verenigen. De hydrofiele koppen (lichtblauw) van de fosfolipiden bevinden zich aan de waterzijde.

Fosfolipidedubbellagen vormen membranen die (om te voorkomen dat de uiteinden bloot-gesteld worden aan de waterfase) altijd zullen proberen een afgesloten systeem te vormen. Dit heeft een groei in alle richtingen tot gevolg. Die neiging heeft blijkbaar ooit geleid tot de vorming van een oercel (of iets dat daarop lijkt). Het belang van de lipiden binnen de mole-culaire celbiologie is daarmee overduidelijk.

Hoofdstuk 2

2.1 De cel

Een **cel** kan gedefinieerd worden als een middels een membraan van de buitenwereld afgesloten compartiment dat zelfstandig of als onderdeel van een meercellig systeem metabool actief is. De membraan bestaat uit een vloeibare dubbellaag van **fosfolipiden**.

Daarbij zijn alle hydrofobe vetzuurstaarten (Figuur 2.1) naar binnen gericht en alle hydrofiele 'fosfaatkoppen' (blauwe bollen) bevinden zich aan de buitenkant en zijn omgeven door watermoleculen.

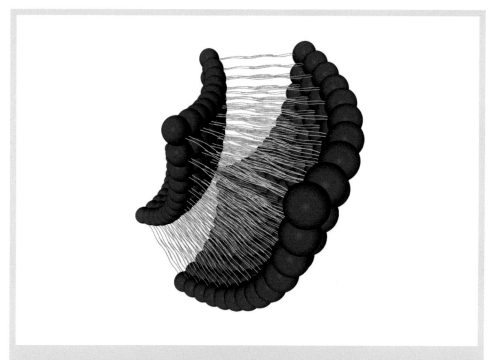

Figuur 2.1. Een fragment uit een membraan (1). Dit membraandeel bestaat uit een dubbellaag fosfolipiden, elk met een hydrofiele kop (blauwe bollen) en hydrofobe vetzuurstaarten (gele sliertjes). De staarten blijven door hydrofobe interacties bijeen.

Er ontstaat tussen de twee hydrofiele lagen een middenlaag met veel tussenruimte en sterk waterwerende eigenschappen. Een scheidingswand in het water (Figuur 2.2).

Figuur 2.2. Een fragment uit een membraan (2). Een wat groter fragment dan in Figuur 2.1 met hydrofiele koppen in blauw en vetzuurstaarten in geel. De membraan zoekt een gesloten vorm.

Een dergelijke scheidingswand is op zich een structuur zonder functie. Ze wordt pas functioneel als de randen naar elkaar toe groeien[51] en de vorm bolvormig wordt (Figuur 2.3). Een bol die een binnenmilieu scheidt van het milieu erbuiten. In de biologie spreken we van het 'interne milieu' en het 'externe milieu'.

Figuur 2.3. Een fragment uit een membraan (3). Hier lijkt het alsof er een fragment mist: het is een opengewerkt model van een bol die door een membraan kan worden gevormd (hydrofiele koppen in blauw en vetzuurstaarten in geel).

---

[51] De bol wordt als vanzelf gevormd omdat dit thermodynamisch gezien de meest gunstige vorm is.

2.1.1 Differentiatie

Vermoedelijk is er circa 3.5 miljard jaar geleden de eerste eenheid van leven ontstaan in de vorm van een soort 'oercel' of iets dat daar op leek. Het betrof weliswaar een simpele oervorm van de cel, maar het wás leven. De oorspronkelijke en gemeenschappelijke oercel wordt geplaatst aan het begin van een stamboom, die er in sterk vereenvoudigde vorm uitziet zoals in Figuur 2.4 is weergegeven.

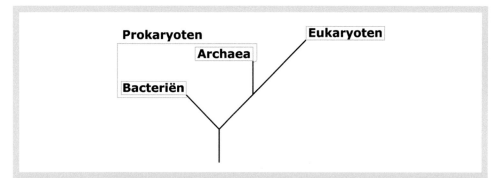

Figuur 2.4. De stamboom vanaf de oercel tot de huidig bekende organismen. Er zijn drie groepen organismen te benoemen die we tegenwoordig in levende lijve kennen: de bacteriën, de archaea (samen de prokaryoten) en de eukaryoten. Zij zijn vanuit een oercel geëvolueerd via tussenstappen die veelal uitgestorven of niet meer te vinden zijn. De lijn van eerste delende cellen (of iets dat daar op leek) is de 'stam' van de boom (onder).

2.1.1.1 Prokaryoten en eukaryoten

In de stamboom van Figuur 2.4 zijn twee typen organismen te onderscheiden:
* **prokaryoten**; en
* **eukaryoten**.

Deze indeling komt tot stand op basis van de af- of aanwezigheid van een celkern in de cel. De prokaryoten hebben **geen celkern**. De eukaryoten beschikken allemaal wel over een **celkern** of **nucleus**. Dit is niet het enige verschil tussen deze twee typen organismen maar hier en nu wel het bepalend argument voor de genoemde indeling[52].

Tot de groep van de prokaryoten behoren de:
* **bacteriën**; en de
* **archaea**.

---

[52] In dit boek is gekozen voor de klassieke indeling in prokaryoten en eukaryoten. Tegenwoordig gebruikt men steeds vaker de volgende indeling: archaea, eubacteria en eukaryoten. Echter, in het onderwijs wordt om didactische redenen nog vastgehouden aan de meer klassieke indeling.

Deze twee groepen onderscheiden zich van elkaar door een andere samenstelling van de celwand, van het ribosoom en van de celmembraan. Meer daarover in Paragraaf 2.3.

De groep van de eukaryoten wordt gevormd door:
* **schimmels**;
* **planten**;
* **dieren** (waaronder **mensen**); én
* ontzettend veel aparte koninkrijkjes van (meestal eencellig) leven[53].

2.1.1.2 Overeenkomsten

De gemeenschappelijke oorsprong der cellen blijkt uit de grote **overeenkomsten tussen alle** hedendaagse **cellen** op aarde:
* Ze hebben allemaal een **celmembraan**.
* Binnen de celmembraan hebben ze allemaal **cytoplasma**.
* Ze bevatten allemaal[54] DNA (*deoxyribonucleic acid*[55]), met daarin indirect gecodeerd de regels voor de wijze waarop de cel moet worden gebouwd en wat de functies zijn van die cel.
* Ze bevatten allemaal RNA (*ribonucleic acid*[56]) om die code te kunnen vertalen naar eiwitten
* Alle cellen bevatten **ribosomen**.
* Alle cellen maken **proteïnen** om te kunnen functioneren.

2.1.1.3 Verschillen

In de wetenschap wordt algemeen aangenomen dat de vertakkingen in de stamboom ontstaan zijn door evolutie op basis van natuurlijke selectie. Diezelfde evolutie heeft er ook toe geleid dat de van oorsprong ééncelligen zich hebben ontwikkeld tot meercellige organismen. Binnen de organisatie van het meercellige organisme heeft dat uiteindelijk tot differentiatie van functie en bouw geleid. Door die differentiatie zijn er tussen cellen ook grote verschillen te constateren:
* in **grootte**;
* in **functie binnen het organisme**: zaadcellen, spiercellen, etc.;
* in de **rol die ze vervullen in de natuur**: van 'voedselmakers' tot 'roofdieren' of '*decomposers*' van de dode materie.

---

[53] Amoebes, pantoffeldiertjes, protisten, etc. Zij vertegenwoordigen, qua soortenrijkdom (diversiteit), verreweg de grootste groep onder de eukaryoten.
[54] Met uitzondering (bij onder andere de mens) van de rode bloedcellen. Rode bloedcellen hebben hun kern verloren.
[55] Nederlands: desoxyribonucleïnezuur.
[56] Nederlands: ribonucleïnezuur.

2.1.2 Het milieu in de cel

De inhoud van de cel kan omschreven worden als een waterige oplossing met daarin de aanwezigheid van meerdere moleculen, ionen en kleine 'cel-orgaantjes'. Deze inhoud wordt begrensd door de celmembraan. Er is dus sprake van een afgesloten ruimte. Er is sprake van een intern celmilieu.

De aanwezigheid van het water is essentieel:
- het water fungeert als oplosmiddel;
- in oplossing helpt het water ionen en kleine moleculen membranen te passeren;
- zonder water is een hydrofobe of hydrofiele aard geen kwaliteit van betekenis;
- water speelt een belangrijke rol bij het handhaven of in stand houden van de structuur van belangrijke moleculen. Dit kan doordat de watermoleculen (op basis van hun polariteit) zich als een schild aanleggen tegen de polaire oppervlakken van de proteïnen en de aminozuren.

In dat waterige milieu binnen in de cel verlopen (deels gelijktijdig) alle chemische reacties die nodig zijn om het celleven in stand te houden. Deze reacties kennen allemaal een werkings-optimum. Hiermee wordt bedoeld dat elke chemische reactie alleen optimaal verloopt als de interne milieuomstandigheden voor die reactie optimaal zijn. Afwijkingen vertragen de reactie of kunnen er zelfs toe leiden dat de reactie helemaal niet tot stand komt. Er is de cel dus veel aan gelegen om de interne milieuomstandigheden zo dicht mogelijk bij dat werkoptimum te houden.

Dit vermogen van elke cel om, tegen de nivellerende werking van fysische processen (diffusie, osmose, warmte- of elektronenflux) in, het interne milieu constant te houden, en onafhankelijk te maken van het externe milieu, wordt **homeostase**[57] genoemd. In dit verband verdient met name de celcontrole over de zuurgraad van het interne milieu, en de controle over de concentratie van opgeloste stoffen in de cel enige aandacht.

2.1.2.1 De zuurgraad

Zoals gezegd is water dus essentieel in de cel. Onder andere als oplosmiddel. In water valt altijd een deel van de watermoleculen uiteen in een positief geladen waterstofion (een proton), en een negatief geladen hydroxide-ion (OH^-). Er is een dynamisch evenwicht tussen de water-moleculen en de ionen:

$$H_2O \leftrightarrow H^+ + OH^-$$

---

[57] De term homeostase kan ook van toepassing zijn op het organisme als geheel. Bijvoorbeeld de bloedsui-kerspiegel, het zuurstofgehalte in het bloed, de lichaamstemperatuur, etc. wordt door het mechanisme min of meer constant gehouden. Het vermogen van het lichaam om deze condities binnen bepaalde normwaarden te houden wordt met dezelfde term homeostase aangeduid.

In zuiver water is het de concentratie van de waterstofionen en de hydroxide-ionen precies gelijk: $1,0\times10^{-7}$ M. De M staat voor **molariteit** (molaire concentratie) dat het aantal moleculen van een opgeloste stof per liter oplosmiddel aangeeft.

De H^+ concentratie of $[H^+]$ bepaalt de zuurgraad van een oplossing. De zuurgraad wordt aangegeven op een zogenaamde pH schaal. Voor de berekening van de pH aan de hand van de $[H^+]$ geldt de volgende formule:

$$pH = -\log[H^+]$$

De pH van zuiver water is dus:

$$-\log[1,0\times10^{-7}] = 7$$

Door toevoegingen van moleculen kan de zuurgraad van een oplossing veranderen. Toevoeging van een zuur geeft een hogere concentratie waterstofionen (en dus een lagere concentratie OH^- ionen), en dus een lagere pH. Toevoeging van een base geeft juist een verlaging van de concentratie waterstofionen (en dus een verhoging van de concentratie OH^- ionen), met andere woorden: een hogere pH. Blijft de pH 7, dan wordt de oplossing **neutraal** genoemd.

2.1.2.2 Handhaving pH waarde

Voor de meeste biochemische reacties geldt dat de reactiesnelheid maximaal is bij een pH die dicht bij neutraal ligt. Met andere woorden: cellen verdragen maar een heel smalle marge in de verandering van de pH.

Door gebruik te maken van een **buffer** is de cel in staat de pH veranderingen binnen acceptabele grenzen te houden. Een buffer is een stof of een mengsel dat in staat is om in een oplossing waterstofionen vrij te geven of om waterstofionen juist te onttrekken aan de oplossing, met als resultaat dat de pH constant blijft.

Het principe wordt verduidelijkt aan de hand van een voorbeeld: de **carbonaat-buffer**[58]. CO_2 lost zeer matig op in water. Maar het deel van het CO_2 dat oplost in water vormt **diwaterstof-carbonaat**[59] (H_2CO_3):

$$CO_2 + H_2O \leftrightarrow H_2CO_3$$

Het diwaterstofcarbonaat is niet erg stabiel en valt gemakkelijk uiteen:

---

[58] Dit is de belangrijkste buffer in het menselijk bloed.
[59] De Nederlandse naam voor diwaterstofcarbonaat is koolzuur. Echter, CO_2 wordt vaak aangeduid als 'kool-zuurgas'. Omdat dat verwarring kan geven, wordt de term 'koolzuur' hier vermeden.

$$H_2CO_3 \leftrightarrow H^+ + HCO_3^-$$

$$HCO_3^- \leftrightarrow H^+ + CO_3^{2-}$$

Neemt de H^+ concentratie toe dan verlopen de reacties naar links om de toegenomen hoeveelheid H^+ ionen af te vangen. Daalt daarentegen de H^+ concentratie dan verlopen de reacties naar rechts om het verlies aan H^+ ionen weer aan te vullen. Op deze manier houden het diwaterstofcarbonaat (H_2CO_3) en het **waterstofcarbonaation** (HCO_3^-) in combinatie met het **carbonaation** (CO_3^{2-}) de pH constant. Het evenwicht kan dermate verschuiven dat er weer CO_2 ontstaat.

De beschreven buffer werkt nauwkeurig. De pH van het bloed schommelt op die manier slechts tussen 7,37 en 7,43!

2.1.2.3 Concentratie opgeloste stoffen

Diffusie

Als de concentratie van een stof in een oplossing op één plaats hoger is dan op een andere plaats, zullen moleculen zich verplaatsen totdat de concentratie overal even groot is. Voorbeeld: een druppel blauwe inkt in een glas water. Na een dag is het water overal even (licht)blauw. Dit verschijnsel heet diffusie. Tijdens dit proces verplaatsen atomen, ionen en moleculen zich in de richting van een concentratiegradiënt met de (thermische) bewegingsenergie van de moleculen als drijvende kracht. Er is een netto verplaatsing van moleculen van een plaats met een hogere concentratie naar een plaats met een lagere concentratie. Het is van belang zich te realiseren dat, als er een gradiënt van een opgeloste stof is, er altijd ook een gradiënt van water is. Watermoleculen diffunderen dus de andere kant op. De diffusie stopt netto[60] als de concentratiegradiënt is opgeheven. Er is dan weer een dynamisch evenwicht (**equilibrium**) bereikt.

Diffusie door een membraan

In organismen zijn alle opgeloste stoffen opgelost ofwel in celvocht (binnen de celmembraan) ofwel extracellulair, in bloed of weefselvocht (buiten de celmembranen). Bij een concentratieverschil tussen de celvloeistof en de extracellulaire vloeistof zal er dus diffusie door de celmembraan heen plaatsvinden. Dat gaat wat langzamer, maar het verloopt precies als boven beschreven.

Osmose

In organismen zijn echter veel stoffen aanwezig die de celmembraan niet spontaan kunnen passeren, zoals ionen, eiwitten en glucose. Indien van die stoffen de concentratie aan weerszijden van een celmembraan verschillend is, kan het concentratieverschil uitsluitend opgeheven

---

[60] Er is altijd beweging van moleculen.

worden door diffusie van water. Deze specifieke vorm van diffusie, waarbij de opgeloste stof niet kan diffunderen, maar alleen het water, noemt men **osmose**. Als twee oplossingen in zo'n situatie een verschillende molaire concentratie opgeloste stoffen hebben, noemen we de oplossing met de hoogste concentratie **hypertonisch** ten opzichte van de andere, en die andere **hypotonisch** ten opzichte van de eerste. Hebben ze allebei dezelfde concentratie, dan zijn ze **isotonisch** met elkaar. Ook cellen kunnen dus hypertonisch, hypotonisch of isotonisch zijn ten opzichte van de vloeistof die ze omringt. Een verandering van de molaire concentratie van opgeloste stoffen kan grote gevolgen hebben voor de cel. Een regelmechanisme hiervoor is dan ook van levensbelang.

Dierlijke cellen zijn als regel isotonisch (tot zéér licht hypertonisch) ten opzichte van hun omgeving. Als de cellen hypotonisch ten opzichte van hun omgeving zouden zijn, zouden ze 'ontwaterd' worden, wat funest is voor de reacties in de cel[61].

Dierlijke cellen mogen ook niet hypertonisch zijn ten opzichte van hun omgeving[62]. De celmembraan is niet rekbaar, en scheurt bij teveel wateropname.

Plantencellen daarentegen verdragen een hypotonische omgeving juist goed. Ze zijn altijd omgeven door een oplossing met een extreem lage concentratie opgeloste stof: grondwater (zowel rond de wortels als in de vaten van de plant). Omdat de cellen echter omgeven zijn door een stevige celwand, wordt de wateropname beperkt tot het punt waarop de celwand 'strak staat'. Dit resulteert in een zogenaamde **celspanning**. Dit wordt specifiek bij plantencellen aangeduid als **turgor.**

Groene (dus niet houtige) plantencellen hebben aan die turgor hun stevigheid te danken. De celspanning is vergelijkbaar met de oplopende spanning door het opblazen van een ballon binnen de beperkende omgeving van een papieren zak, of het oppompen van een binnenband binnen de buitenband. De turgor is vergelijkbaar met de bandenspanning. Plantencellen met een minder stevige celwand verliezen dan ook hun stevigheid bij waterverlies (verwelken van bloemen en bladeren, verleppen van sla in een dressing). Bij verder gaande ontwatering volgt **plasmolyse**[63].

---

[61] Bijvoorbeeld:
– Als er, door insulinegebrek, teveel suikers in het bloed zitten, wordt te veel water aan de cellen onttrokken (dehydratie).
– Door het 'inzouten', het op zuur zetten, of confijten ('suikeren') van levensmiddelen worden de aanwezige bacteriën gedood door waterverlies.
– Bij planten: als plantencellen worden omgeven door een hypertonische oplossing (teveel kamerplantenmest) geven de (wortel)cellen zoveel water af dat de celmembraan loslaat van de celwand. Men noemt dat plasmolyse.
[62] Ter illustratie: de cellen van de meeste zeedieren zijn isotonisch met zeewater (3,45% zouten). Cellen van landorganismen (dus ook van de mens) zijn isotonisch met hun eigen bloed (isotonisch met een 0,9% NaCl-oplossing). Een injectie met water in de bloedbaan is dodelijk, omdat de rode bloedcellen dan door osmose water opnemen en barsten.
[63] Er is sprake van plasmolyse op het moment dat de celmembraan loskomt van de celwand. Het treedt op bij overmatig verlies van water (osmose of verdamping) en kan uiteraard alleen voorkomen bij cellen met een celwand (planten, schimmels en bacteriën).

2.1.2.4 Energiehuishouding

Cellen hebben altijd energie nodig voor alle levensfuncties, om te groeien en om zich te vermenigvuldigen. Volgens de eerste wet van de thermodynamica kan energie niet worden gecreëerd of worden vernietigd. Energie kan alleen worden omgezet van de ene vorm in de andere. In de chemie van de cel betekent dit dat de energie, die vrijkomt tijdens de vorming van een chemische verbinding, vrijkomt in de vorm van warmte óf wordt gebruikt om in dezelfde omgeving een andere chemische verbinding te verbreken. Cellen zijn op dat punt te beschouwen als kleine machines, die chemische energie gebruiken om biochemische reacties aan te drijven, om warmte te produceren óf om mechanische arbeid (in de vorm van beweging) te leveren. Dat kan doordat cellen energetisch ongunstige reacties (reacties die energie kosten) koppelen aan energetisch gunstige reacties (die energie opleveren). We spreken in dit verband over **gekoppelde reacties**.

Het leven op aarde wordt in stand gehouden door het invangen (door specifieke pigment-moleculen) van lichtenergie van de zon. Dit energetisch gunstige proces wordt gekoppeld aan energetisch ongunstige reacties zoals het vastleggen van CO_2 uit de lucht en het omzetten ervan in suikers. De lichtenergie is hiermee omgezet in chemische bindingsenergie. In cellen kunnen deze suikers weer worden afgebroken. Die afbraak kan gekoppeld worden aan energie-eisende processen zoals het aanmaken van bouwstenen en de condensatiereacties voor de vorming van macromoleculen/polymeren.

In Hoofdstuk 5 zal dit thema diepgaand worden besproken.

2.2 Celstructuren eukaryoten

Alle eukaryote cellen zijn begrensd door een **celmembraan** of **plasmamembraan**. De celmembraan (*plasma membrane*) is opgebouwd uit een dubbele laag **fosfolipidemoleculen**, zoals aangegeven in de vorige paragraaf. Binnen die celmembraan bevindt zich het **cytoplasma**. Dat is de celvloeistof (**cytosol**), met de daarin aanwezige ionen en moleculen. In het cytoplasma bevinden zich vele organellen (Figuur 2.5):

- de **celkern** of **nucleus** met daarin chromosomen en de **nucleolus;**
- **interne membranen:**
  - ruw- en glad **endoplasmatisch reticulum;**
  - **Golgi-apparaat;**
- andere **organellen**, zoals:
  - ribosomen;
  - mitochondriën;
  - peroxisomen;
  - lysosomen;
  - twee **centriolen** die samen het **centrosoom** vormen.

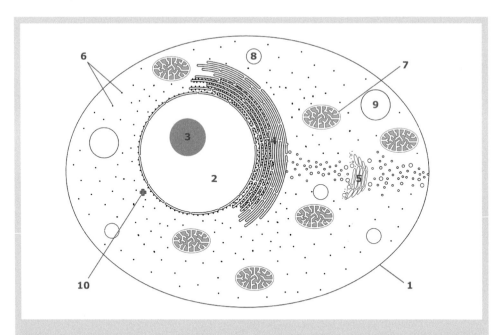

Figuur 2.5. Doorsnede van een eukaryote cel. Het plasmamembraan (1) omhult de cel, bestaande uit cytosol met daarin een kern (2) met kernlichaam (3). Buiten de kern het endoplasmatisch reticulum (4), Golgi-apparaat (5), ribosomen (6), mitochondriën (7), peroxisomen (8), lysosomen (9) en een centrosoom (10).

De bouwstenen van het leven

De volledige inhoud van de eukaryote cel wordt aangeduid met de term **protoplasma**. Het protoplasma bestaat uit het **cytoplasma** en de organellen.

Naast alle overeenkomsten zijn er grote **verschillen** tussen vooral **dierlijke- en plantaardige cellen**. In Figuur 2.6 wordt aan de hand van een plantaardige cel de verschillen zichtbaar gemaakt:

- Plantaardige cellen hebben in tegenstelling tot dierlijke cellen een **celwand**.
- Plantaardige cellen bevatten in tegenstelling tot dierlijke cellen **plastiden** (organellen met een specifiek plantaardige functie; zie verderop in de paragraaf). Die plastiden bevinden zich in het cytoplasma.
- Plantaardige cellen bevatten in tegenstelling tot dierlijke cellen **grote centrale vacuolen**, die een vloeistof bevatten die door een membraan is gescheiden van het cytoplasma.
- Dierlijke cellen bevatten in tegenstelling tot plantaardige cellen **centriolen** (kleine eiwit-structuren die een rol spelen tijdens de celdeling).

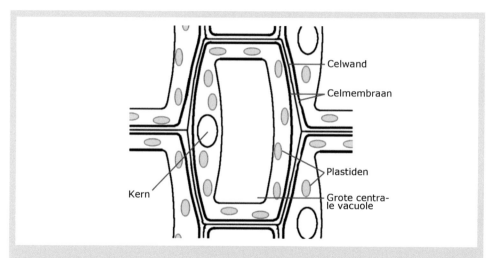

Figuur 2.6. Doorsnede van een plantencel. De bladgroenkorrels of chloroplasten (plastiden) zijn in groen aangegeven. Naast een grote vacuole bevindt zich in elke cel een kern (wit). Tussen de celmembranen bevindt zich de celwand.

2.2.1 De celwand

Plantaardige cellen en cellen van schimmels en de meeste bacteriën, hebben in tegenstelling tot dierlijke cellen een **celwand** (versterkende laag buiten de celmembraan). Schimmels hebben chitinewanden. Bij plantencellen bestaat die celwand uit drie lagen:

- Na een celdeling worden de twee nieuwe plantencellen van elkaar gescheiden door de vorming van een zogenoemde **middenlamel** (*middle lamella*). Die middenlamel bestaat uit **pectine**.

- Vervolgens wordt aan de binnenkant van die middenlamel een laagje cellulose afgezet. Deze laag staat bekend als de **primaire celwand** (*primary wall*). Deze primaire celwand groeit mee met de strekkingsgroei van de cel.
- Als de strekkingsgroei van de cel ten einde is (bij een volgroeide cel) wordt er tegen de primaire celwand een nieuwe laag afgezet. De zogenaamde **secundaire celwand** (*secondary wall*). De opbouw van deze secundaire wand bestaat uit cellulose in combinatie met een 'vulstof'. De meest voorkomende vulstoffen zijn: houtstof (**lignine**), kurkstof (**cutine**) en SiO_2 (**siliciumdioxide**). De secundaire wand kan wel dikker worden, maar belemmert verdere groei van de cel.

De definitieve celwand is geen gesloten box rondom de cel. Er zitten openingen (**stigmata**) in waardoor cytoplasmabruggetjes (**plasmodesmata**) een intercellulaire uitwisseling van stoffen mogelijk wordt (Figuur 2.7).

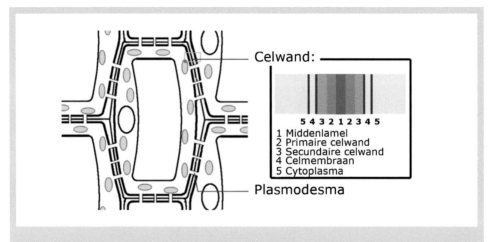

Figuur 2.7. De opbouw van de celwand van een plantencel. De gelaagde opbouw bestaat gerekend vanaf het cytosol (5) met celmembraan (4) uit: secundaire (3) en primaire (2) celwand en middenlamel (1).

2.2.2 De celmembraan

De opbouw van het celmembraan (Figuur 2.8) is als volgt:
- Twee lagen **fosfolipiden** (de eerder besproken *bilayer*). Deze maken bijna 50% uit van de celmembraan. De rechter figuur is een schematische weergave.

De bouwstenen van het leven

Figuur 2.8. Membraanweergave. Links een fragment zoals toegelicht in Figuur 2.1 (hydrofiele koppen in blauw en vetzuurstaarten in geel). Rechts de symbolische manier waarop binnen dit boek de celmembraan wordt aangeduid.

- De celmembraan bestaat tevens voor bijna 50% uit **proteïnen**. De eiwitten liggen ingebed in de twee fosfolipidenlagen en vervullen daar verschillende functies:
  - Sommige eiwitten, de zogenaamde **transporters** (*membrane transport proteins*) zijn actief of passief betrokken bij het **transport** van ionen en moleculen (Figuur 2.9).
  - Andere eiwitten zijn **receptoren** (*cell surface receptors*) en **geleiden een signaal** dat afkomstig is van buiten de cel (bijvoorbeeld van een hormoon) door de celmembraan naar binnen in de cel (Figuur 2.9).

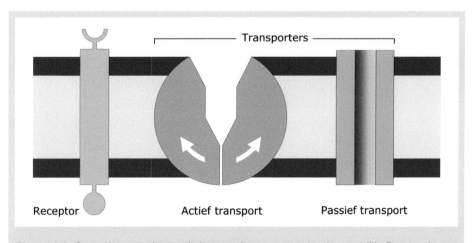

Figuur 2.9. Sommige membraaneiwitten maken communicatie mogelijk. De membraan is weergegeven in blauw en geel, de eiwitten in groen. Moleculen kunnen signalen doorgeven via een receptor (links) of zelf de membraan passeren via een actieve (midden) of passieve (rechts) transporter.

- **Koolhydraten** of suikers (zijn gekoppeld aan onder andere receptorproteïnen aan de buiten-zijde van de celmembraan). Zij vormen **glycoproteïnen** (Figuur 2.10) en **glycolipiden**. In het geval van de glycolipiden is de polysacharide rechtstreeks verbonden met de fosfolipide.

Figuur 2.10. Glycoproteïne. Een membraaneiwit (groen) met daaraan gebonden een oligo- of polysacharide (lichtblauw) wordt glycoproteïne genoemd.

- De membraaneiwitten met een intracellulair en een extracellulair domein steken dwars door de celmembraan heen (Figuur 2.9 en 2.10). We spreken van **transmembrane eiwitten**. De genoemde domeinen vormen vaak ook herkenningspunten voor bijvoorbeeld vetzuurke-tens, acetyl- en methylgroepen.
- **Sterolen** zoals **cholesterol** (Figuur 2.11) liggen ingebed tussen de vetzuurstaarten in de twee fosfolipidenlagen.

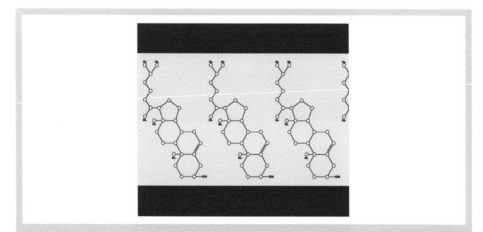

Figuur 2.11. Ophoping van cholesterol binnen de celmembraan. In een membraan (blauw met geel) zullen hydrofobe stoffen zoals sterolen in het hydrofobe gedeelte goed kunnen gedijen.

De bouwstenen van het leven

De celmembraan is dus opgebouwd uit verschillende componenten en deze componenten kunnen zich verplaatsen binnen de membraan (*fluid mosaic model*). Dit geeft een 'vloeiende' structuur aan de celmembraan: flexibel en in staat te fuseren met andere membranen[64].

2.2.3 De nucleus

De celkern (Figuur 2.12) kan gezien worden als de archiefkast waarin het kern-DNA (dat alle instructies bevat die nodig zijn om als cel te kunnen functioneren) wordt bewaard.

De nucleus wordt begrensd door een **dubbel kernmembraan** (*nuclear envelope*) die is opgebouwd uit een dubbele laag van fosfolipiden (net als in de celmembraan, maar dan dubbel!).

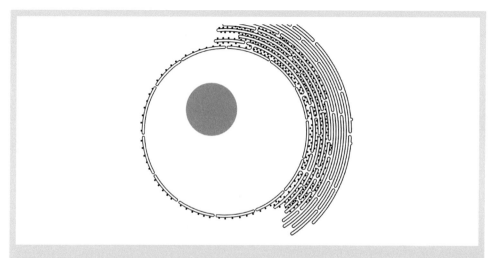

Figuur 2.12. Nucleus met bijbehorende structuren (1). De celkern of nucleus (met de daarin aanwezige nucleolus in grijs) is omgeven door een kernmembraan die als een envelop van dubbele bilayers is te beschouwen. Dit gaat over in het endoplasmatisch reticulum met daarop ribosomen.

De nucleus bevat:
- **Karyoplasma**[65]: de vloeistof binnen de kern.
- **DNA** (in bepaalde stadia van de celdeling zichtbaar als **chromosomen**).
- **Nucleolus**[66] (kernlichaampje binnen de kern). Hierin wordt **ribosomaal RNA** (ofwel rRNA) geproduceerd ten behoeve van de ribosomale subunits.

---

[64] Het vermogen om te fuseren met andere membranen staat de celmembraan toe stoffen naar binnen of buiten de cel te brengen. In het geval van transport naar binnen op basis van fusie is er sprake van endocytose. Zo wordt er gesproken over exocytose als er celmateriaal naar buiten de cel wordt getransporteerd door middel van fusie.
[65] 'Karyos' is het Griekse woord voor 'kern'.
[66] In één kern kunnen meerdere nucleoli aanwezig zijn.

De dubbele kernmembraan (Figuur 2.13) wordt aan de binnenzijde ondersteund door:
- een netwerk van proteïne 'kabels' (*nuclear lamina*). Het geheel wordt doorgankelijk door de aanwezigheid van
- **poriën** (*nuclear pores*). Hierdoor is er een uitwisseling mogelijk tussen de kerninhoud en het cytoplasma.

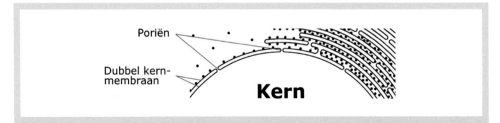

Figuur 2.13. Nucleus met bijbehorende structuren (2). Fragment van de kernmembraan en het endoplasmatisch reticulum inclusief detailaanduiding. De ribosomen (zwarte stippen) worden in Figuur 2.14 nader uitvergroot.

De volgende moleculen kunnen door die poriën het kernmembraan passeren:
- **RNA-moleculen** en **ribosomale** *subunits* (van binnen naar buiten de kern).
- **Proteïnen** (gemaakt in het cytoplasma en in de kern nodig voor bepaalde processen, zoals het kopiëren van het DNA en de bouw van ribosomale subunits).
- **Nucleotiden** moeten de kern in om stukken DNA en RNA te kunnen opbouwen.

De uitwisseling vindt plaats door de *nuclear pores* en wordt geregeld door proteïnen:
- **Kern import transporters.**
- **Kern export transporters.**

De te vervoeren moleculen worden vooraf '**chemisch gelabeld**' (gecodeerd) en vervolgens door een transporter op sleeptouw genomen.

Door de aanwezigheid van het kernmembraan heeft de kern een **eigen milieu**. Het kernmembraan kan aan de buitenzijde (grenzend aan het cytoplasma) bezet zijn met ribosomen en loopt op sommige plaatsen volledig over in het endoplasmatisch reticulum.

2.2.3.1 Nucleolus

Lijkt 'een kern binnen de nucleus' en wordt daarom ook wel aangeduid met de term **kernlichaam**. Evenals de DNA-moleculen is het kernlichaam gelegen in het karyoplasma. De nucleolus is niet omgeven door een membraan. Het is een klustering van macromoleculen, waaronder de genen die coderen voor **ribosomaal RNA** (ofwel rRNA) en meerdere ribosomale eiwitten. In de nucleolus worden rRNA's gesynthetiseerd. De verschillende rRNA's onderscheiden zich van elkaar door hun verschillende sedimentatie-snelheden (Tekstbox 2.1). In de nucleolus worden aan de hand van de rRNA's en de ribosomale eiwitten dé ribosomale subunits opgebouwd (Tekstbox 2.2). De subunits verlaten de kern via de poriën in de kernmembraan.

2.2.4 Ribosoom

Ribosomen zijn zichtbaar onder de lichtmicroscoop als kleine bolletjes. Ze zijn opgebouwd uit:
- (Chemisch gezien) **ribosomaal RNA** (ofwel **rRNA**) en **proteïnen**.
- (Naar structuur bekeken) een **kleine subunit** en een **grote subunit** (Figuur 2.14). Deze subunits worden apart van elkaar gemaakt en pas samengevoegd in het cytosol als de eiwitsynthese start.

Tekstbox 2.1. De Svedberg-waarde.

Er zijn verschillende rRNA-moleculen. Ze worden ingedeeld op basis van hun Svedberg-waarde (S). De Svedberg is een eenheid voor de sedimentatiesnelheid van (complexen van) moleculen en wordt bepaald door de grootte, massa en vorm van een molecuul of complex van moleculen. Via het snel afdraaien in een ultracentrifuge (een methode ontwikkeld door Theodor Svedberg) worden de macromoleculen van elkaar gescheiden op basis van hun verschillende soortelijke massa's. Ze kunnen dan onderverdeeld worden naar hun Svedberg-eenheden.

Grote moleculen hebben een hogere S dan kleine moleculen. Vorm en massa spelen echter ook een belangrijke rol. Bijvoorbeeld de subunits van bacteriële ribosomen hebben een Svedberg-waarde van respectievelijk 30S en 50S, maar samen hebben ze een waarde van 70S (en niet 80S). Dit komt omdat de twee subunits zo in elkaar passen dat een relatief kleinere vorm ontstaat met een kleinere Svedberg-waarde dan de som der delen.

Tekstbox 2.2. De samenstelling van de subunits in de ribosomen.

De volgende rRNA's spelen een rol bij de opbouw van de ribosomen:
- In prokaryoten:
  - de grote subunit (50S): 23S rRNA en 5S rRNA samen met 31 proteïnen.
  - de kleine subunit (30S): 16S rRNA samen met 21 proteïnen.
  - het samengestelde ribosoom is 70S.
- In eukaryoten:
  - de grote subunit (60S): 28S rRNA via basenparing gebonden aan 5,8S rRNA plus nog eens een los/extra 5S rRNA samen met 50 proteïnen.
  - de kleine subunit (40S): 18S rRNA samen met 33 proteïnen.
  - het samengestelde ribosoom is 80S.

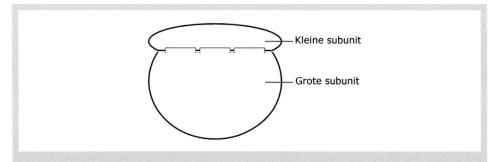

Figuur 2.14. Opbouw van een ribosoom. Elk ribosoom bestaat uit een kleine- en een grote subunit.

In eukaryote cellen vinden we:
- **vrije ribosomen**; en
- **membraan** (ruw endoplasmatisch reticulum) **gebonden ribosomen**.

De vrije ribosomen bevinden zich in het cytoplasma en produceren:
- proteïnen die in het cytoplasma van de cel zullen functioneren.

De ribosomen bouwen de proteïnen. Tijdens de synthese van de eiwitten kunnen de vrije ribosomen zich verenigen tot een soort parelsnoer om achter elkaar te werken aan één lopende band. Een dergelijk parelsnoer van ribosomen wordt een polyribosoom genoemd. Of kortweg een **polysoom** (zie Paragraaf 3.3.4.2, Figuur 3.65).

2.2.5 Het endomembrane systeem

Deze membranen creëren met hun aanwezigheid binnen de cel allerlei compartimenten tot en met een doolhof van kanalen en spelonken (Figuur 2.15). Dat ontstaat allemaal door de sterk gevouwen structuur van de membranen met 'plooien in het buitenoppervlak' (de **cisternae**) en de ruimten daarbinnen (*cisternal space*).

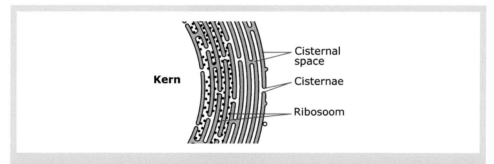

Figuur 2.15. Het endoplasmatisch reticulum (ER). Wanneer beladen met ribosomen spreekt men van *rough* ER, zonder ribosomen noemt men het *smooth* ER. Deze membraanstructuur kent cisternae met een lumen (*cisternal space*, grijs) dat weer membraanbolletjes (*vesicles*) kan uitwisselen met andere organellen.

Het endomembrane systeem bestaat uit:
- Het **endoplasmatisch reticulum,** kortweg **ER** (gevouwen membranen, lopend vanaf de kernmembraan tot in het cytoplasma). We onderscheiden twee typen:
  - **Ruw endoplasmatisch reticulum** (RER), bezet met **ribosomen**. De membraangebonden ribosomen maken proteïnen ten behoeve van de membranen of proteïnen die buiten de cel zullen worden vrijgegeven (secretie). De gebouwde proteïnen worden in de ruimtes in het midden van het RER (**het lumen** of *cisternal space*) gedrukt, worden daar gevouwen en gelabeld met suikers/koolhydraten en daarna afgevoerd naar het Golgi-apparaat.
  - **Glad endoplasmatisch reticulum.** Hier worden lipiden (zoals de fosfolipiden) voor de celmembranen gemaakt. Op het glad endoplasmatisch reticulum bevinden zich geen ribosomen.
- Het **Golgi-apparaat** (Figuur 2.16), een 'stapel' platte membranen[67].

Figuur 2.16. Schematische weergave van het Golgi-apparaat. Een stroom van vesikels verzorgt via een stapel platte membranen het transport van (macro)moleculen.

De membranen hebben als **functie:**
- het **samenstellen/bouwen van proteïnen en lipiden;** en
- het **verschepen** ervan.

---

[67] Vergelijkbaar met de opbouw van het endoplasmatisch reticulum.

Daarom bestaat er een (constante) uitwisseling van kleine membraanblaasjes tussen het reticulum en het Golgi-apparaat (Figuur 2.17). Vergelijkbaar met de bubbelstroom in champagne. Echter met dit verschil dat de bubbels in de cel in twee richtingen stromen.

Een vergelijkbare uitwisseling van membraanblaasjes vindt plaats tussen het Golgi-apparaat en onder andere de celmembraan (Figuur 2.17). En ook hier is sprake van een tweerichtingen verkeer.

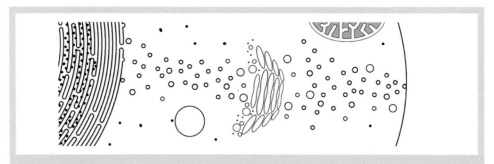

Figuur 2.17. Transport van en naar endoplasmatisch reticulum, Golgi en plasmamembraan. De uitwisseling van kleine membraanblaasjes (vesikels) tussen het endoplasmatisch reticulum, het Golgi-apparaat en de celmembraan vindt in twee richtingen plaats.

De geschetste situatie geeft aan dat het Golgi-apparaat membraanblaasjes 'ontvangt' en 'verstuurt'. We onderscheiden hierbij een cis-zijde en een trans-zijde:
- **Cis** (de zijde gericht naar de nucleus). De proteïnen in de vesikels worden aan deze zijde afgeleverd en daarna in de tussenliggende ruimtes (het lumen) van het Golgi-apparaat gedrukt. Daar worden ze gemodificeerd (bijvoorbeeld gekoppeld aan koolhydraten), gelabeld en gesorteerd voor transport naar de uiteindelijke bestemming.
- **Trans** (de zijde gelegen van de nucleus af). Vanaf deze zijde vertrekt het transport naar de bestemming.

2.2.6 Vesikels

Dit zijn onder andere de hiervoor genoemde kleine membraanblaasjes. De term vesikels is echter van toepassing op een bredere groep membraanblaasjes. We onderscheiden de volgende typen:
- **Transportvesikels** transporteren moleculen van het Endoplasmatisch reticulum naar het Golgi-apparaat en vervolgens naar het celmembraan. Zij verplaatsen zich langs de proteïnekabels van het cytoskeleton.
- **Lysosomen** bevatten enzymen die moleculen, organellen en zelfs bacteriën afbreken.
- **Secretorische vesikels** brengen materiaal naar de celmembranen. Deze vesikels kunnen fuseren met de celmembraan. De stoffen die in de vesikel aanwezig zijn kunnen zo buiten de cel worden vrijgegeven. Voorbeeld: neurotransmitter en insuline (Tekstbox 2.3).

Tekstbox 2.3. De vorming van insuline.

Een voorbeeld van het gebruik van vesikels door de cel is de vorming van insuline in de pancreas:
- Een ribosoom op het RER stelt het eiwitmolecuul insuline samen in de vorm van een voorloper (*precursor*): pre-pro-insuline.
- Dit molecuul wordt in het lumen van het RER geduwd waarbij het voorste stukje (het zogenaamde **signaal-peptide**) verloren gaat en pro-insuline overblijft.
- In het lumen ondergaat het pro-insuline verdere rijping door middel van het vormen van zwavelbruggen waardoor het eiwit stabiliseert (andere eiwitten ondergaan in het lumen glycosylering, dat wil zeggen dat suikergroepen die eiwitten stabieler maken).
- Het pro-insuline wordt ingepakt in een vesikel, welke vervolgens naar de cis-zijde van het Golgi-apparaat verhuist.
- In het Golgi-apparaat vindt verdere *processing* plaats. Aan de trans-zijde vormen zich vesikels waarin het zogenaamde C-peptide losgemaakt is van het rijpe insuline.
- Aangezet door een glucose-signaal fuseren deze vesikels met de celmembraan zodat het insulinemolecuul de cel kan verlaten en via de bloedbaan de hormoonwerking kan uitoefenen.

2.2.7 Lysosomen

De lysosomen zijn te beschouwen als de 'afvalemmer' van de cel. Maar dan wel een afvalemmer met de kwaliteit om te recyclen. Door vesikels worden alle stoffen die niet geschikt zijn voor de normale verwerking in de cel afgeleverd aan het lysosoom.

Het lysosoom is een blaasje in het cytoplasma. Vergelijkbaar met elke andere vesikel, maar iets groter van formaat en met een zeer zure inhoud. In een zuur milieu werken de lysosomale enzymen optimaal en breken alle aangeleverde 'afval' af. De restproducten kunnen worden hergebruikt of veilig worden uitgescheiden.

2.2.8 Peroxisomen

Het peroxisoom is ook een klein blaasje met een membraan dat bestaat uit slechts één *bilayer-laag fosfolipiden* (vergelijkbaar met plasmamembraan). Het peroxisoom gebruikt moleculaire zuurstof om organische moleculen te oxideren. Enzymen in het peroxisoom gebruiken die moleculaire zuurstof om waterstofatomen (die aanwezig zijn in organische moleculen) te binden tot **waterstofperoxide** (H_2O_2).

Katalase (een ander enzym) splitst het waterstofperoxide (giftig voor de cel) in water en zuurstof:

$$2\ H_2O_2 \rightarrow 2\ H_2O + O_2$$

Deze oxidatiereacties worden hoofdzakelijk gebruikt voor de afbraak van vetzuren. Vetzuren met zeer lange ketens of vertakkingen ondergaan de eerste oxidatiestappen in de peroxisomen. De verdere afbraak van de ingekorte vetzuren vindt plaats in een ander organel van de cel: de mitochondriën.

2.2.9 Mitochondriën

Deze organellen **zetten de bindingsenergie van organische stoffen om in bindingsenergie in ATP-moleculen.** Voor cellen is de bindingsenergie uit ATP-moleculen makkelijker te mobiliseren dan uit andere energierijke moleculen.

De mitochondriën (Figuur 2.18) bestaan uit:
- **Twee membranen:**
  - De **buitenmembraan.**
  - De **binnenmembraan** is sterk **geplooid** ter vergroting van de oppervlakte. De plooien van deze membraan worden **cristae** genoemd.
- De *intermembrane space* is de ruimte tussen de twee membranen.
- De **matrix** is de ruimte binnen in het mitochondrium.

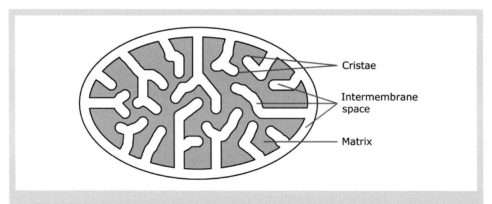

Figuur 2.18. Doorsnede van een mitochondrium. Het binnenste van een mitochondrium (matrix, grijs) wordt omgeven door een dubbele membraanstructuur (met een binnen- en een buitenmembraan). De cristae zijn oppervlakverhogende instulpingen, tussen binnen- en buitenmembraan bevindt zich de *intermembrane space*.

Figuur 2.18 is uiteraard schematisch en erg vereenvoudigd. In het echt kunnen mitochondriën zich als lange slierten of slangetjes door de cel begeven. Omdat vaak electronenmicroscopie van een celdoorsnede wordt gebruikt is die structuur zelden zichtbaar (vergelijk het doorsnijden van een regenworm als je in de tuin aan het scheppen bent: de kans dat je die overlangs doorsnijdt is aanmerkelijk kleiner dan overdwars).

De mitochondriën beschikken over **eigen (mitochondriaal) DNA** en **eigen ribosomen** (die qua grootte en samenstelling erg op die van bacteriën lijken). Deze bevindingen hebben geleid tot een inmiddels algemeen aanvaarde **endosymbiosetheorie**. Deze theorie gaat ervan uit dat het mitochondrium afstamt van een prokaryote cel die als een endosymbiont is opgenomen in een eukaryote cel. De symbiose is duidelijk: het mitochondrium levert energie voor de cel en de cel levert het mitochondrium een constant milieu en alle benodigde voedingsstoffen. Het mitochondrium speelt als energieleverancier een essentiële rol in het celmetabolisme.

Het mitochondriaal DNA bevindt zich in de matrix (Figuur 2.18). Het bestaat meestal uit een aantal identieke DNA-moleculen. Het mitochondriaal DNA bevat slechts enkele genen die nodig zijn voor een goed functioneren van het mitochondrium. Echter voor circa 99% wordt het mitochondrium aangestuurd door genen die zich op het kern-DNA bevinden.

2.2.10 Plastiden

De term 'plastiden' is een verzamelnaam voor:
- **chloroplasten** (structuren die in staat zijn lichtenergie om te zetten in chemische bindings-energie);
- **chromoplasten** (structuren die de kleur geven aan de bloem of de vrucht);
- **leucoplasten** (opgeslagen surplus aan sachariden), in het geval dit zetmeel betreft spreekt men van **amyloplasten**.

Omdat de plastiden ook over **eigen DNA** en **eigen ribosomen** beschikken, veronderstelt men dat ook hier sprake is van **endosymbiose** (in dit geval zou een cyanobacterie-achtige opgeslokt zijn door een eukaryoot die al mitochondriën bezat: dubbele endosymbiose dus). Het bestaat precies zoals bij het mitochondrium is beschreven meestal uit een aantal identieke DNA-moleculen. En ook in het geval van de plastiden vindt voor een goed functioneren de aansturing voornamelijk plaats vanuit de celkern.

Plastiden komen alleen bij plantencellen voor. In aanleg beschikt de plant over zogenaamde **proplastiden**. Onder invloed van de omstandigheden ontstaat uit zo'n proplastide een chloroplast, een chromoplast of een leucoplast, zoals de amyloplast (zetmeelkorrel). De uiteindelijke plastiden kunnen naar gelang de omstandigheden nog eens van aard veranderen waarbij het ene plastidetype kan worden omgezet in een ander type.

2.2.10.1 Chloroplasten

Bladgroenkorrels of chloroplasten komen voor in planten en algen. Zij ontstaan onder invloed van licht uit een zogenaamde **proplastide**. Zij zijn verantwoordelijk voor de groene kleur van de plant. Net als alle andere plastiden beschikt het chloroplast over **eigen DNA** en **eigen ribosomen**. Ook voor chloroplasten geldt dat het merendeel van de eiwitten gecodeerd wordt door in de celkern gelegen genen.

De chloroplasten zijn in staat om lichtenergie om te zetten in chemische bindingsenergie. Dit proces staat bekend als de **fotosynthese**. Dit proces wordt elders in detail beschreven.

De chloroplasten (Figuur 2.19) bestaan uit:
- Twee membranen:
  - de **buitenmembraan** (*outer membrane*).
  - de **binnenmembraan** (*inner membrane*).
- De membranen vormen de volgende ruimtes:
  - de *intermembrane space*.
  - de binnenruimte: het **stroma** (gevuld met een vloeistof. Hierin bevindt zich het plastide-DNA).

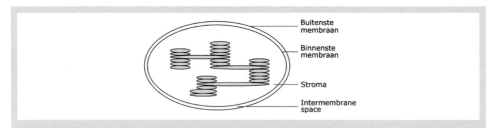

Figuur 2.19. Dwarsdoorsnede van een chloroplast. Een buiten- en binnenmembraan omsluiten het stroma met daarin grana van thylakoïden (groen).

Het stroma (Figuur 2.20) bevat **thylakoïden** (platte munten) die opgestapeld zijn in **grana** (torens). Binnen de membranen van de thylakoïden bevindt zich het **lumen**. Ook dit lumen is met een vloeistof gevuld. De thylakoïdmembranen bestaan evenals alle andere membranen uit fosfolipidenmoleculen. Eigenlijk zijn de grana lokale blaasvormige verdikkingen van de interne membranen. De verschillende thylakoïden zijn onderling verbonden door lamellen om nog maar eens te benadrukken dat het geheel een onderdeel is van een uitgebreid intern membranensysteem.

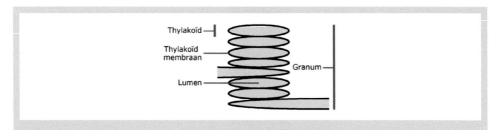

Figuur 2.20. Granum van een chloroplast. Een uitvergroot beeld van een granum in een chloroplast toont de thylakoïden, met thylakoïdmembranen die elk een lumen omsluiten.

2.2.11 Centriool

Het centriool is een organel dat microtubuli[68] produceert. Deze eiwitdraden spelen een essentiële rol tijdens de mitose[69] en de meiose[70] bij dieren. Een centriool ziet er uit als een cilinder en bestaat uit negen 'bundels' van ieder drie microtubuli. Ze komen alleen voor in dierlijke cellen en sommige gisten. Ze zijn altijd met z'n tweeën, onderling kruislings geplaatst ten opzichte van elkaar (Figuur 2.21). De twee centriolen vormen zo samen een **centrosoom** of **spoellichaampje**.

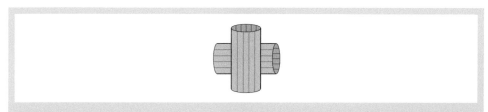

Figuur 2.21. Twee centriolen vormen samen een centrosoom. De plaatsing van negen bundels van micotubili per centriool is kruislings ten opzichte van bundels van de andere centriool.

2.2.12 Vacuole

Een vacuole is een met vocht gevulde blaas. In de dierlijke cel zien we weinig en heel kleine vacuoles. In de (jonge) plantencel daarentegen komen we veel kleine vacuoles tegen, die (gevuld met water met daarin wat opgeloste stoffen) zich met het ouder worden van de cel verzamelen tot een grote 'blaas'. De opgeloste stoffen in het water van de vacuole zijn reservestoffen, afvalstoffen en/of kleurstoffen.

2.2.13 Cytoskelet

Het lijkt wellicht alsof alle organellen in de cel rondzweven. Dat is niet het geval. Binnen in de cel is een compleet draadwerk aanwezig ter ondersteuning en ter fixatie. Dit volledige raamwerk van 'draden' noemen we het cytoskelet.

Het cytoskelet is het geheel aan ondersteunende structuren van de cel. Het cytoskelet maakt het de cel mogelijk zijn vorm te behouden, te 'rekken en te strekken', en om te bewegen. Het cytoskelet maakt het de cel ook mogelijk de samenstellende delen te herschikken als de cel groeit, zich deelt of zich moet aanpassen aan veranderende omstandigheden.

---

[68] Draadachtige eiwitstructuren die zijn opgebouwd uit het eiwit tubuline.
[69] Celdeling.
[70] Reductiedeling van de cel, tijdens welke deling het aantal chromosomen wordt gehalveerd.

Het cytoskelet bestaat uit proteïnemoleculen die de basis vormen voor drie typen filamenten. Alleen een gecoördineerde samenwerking tussen deze drie typen filamenten maken een goed functioneren van het cytoskelet mogelijk.

De drie typen filamenten op een rijtje:
- **Microfilamenten** met **actine**[71] als basis. Ze zijn actief tijdens een **spiercontractie** en verdelen de cel in tweeën tijdens **deling**.
- *Microtubules* zijn gevormd op basis van **tubuline**[72]. Ze zijn actief in de **cilia** (trilharen) en de **flagellen** (staarten) en verplaatsen de chromosomen tijdens de **deling**.
- *Intermediate filaments* bestaan uit **verschillende proteïnen** (zoals **lamine** en **keratine**). Ze versterken/wapenen bestaande structuren (bijvoorbeeld het kernmembraan).

Figuur 2.22 geeft (schematisch sterk vereenvoudigd) een indruk van de verwevenheid van alle structuren. De microtubuli en een gedeelte van het ruw endoplasmatisch reticulum (bezet met gebonden ribosomen) worden aan alle zijden ondersteund door microfilamenten. Deze microfilamenten hebben allemaal weer hun verankering in de membranen. Alles is met alles verbonden.

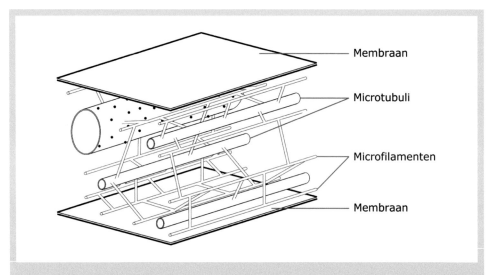

Figuur 2.22. Samenhang tussen de componenten van het cytoskelet. Tussen de membranen zijn verschillende tubulaire systemen weergegeven.

---

[71] Dit proteïne vormt *actin filaments*. *Actin filaments* worden ook wel *microfilaments* genoemd. Het zijn polymeren die zijn opgebouwd uit achter elkaar gekoppelde actinemoleculen. De polymeer bestaat uit twee strengen die getordeerd om elkaar heen verlopen als een soort wenteltrap (*helical*).
[72] Dit eiwit vormt *microtubules*, lange, rechte, holle cilinders.

De bouwstenen van het leven

Verder zijn er nog honderden hulp-eiwitten (*accessory proteins*), die de filamenten verbinden met de samenstellende delen van de cel en (niet onbelangrijk) met elkaar. Tot deze grote groep *accessory proteins* behoren ook de *motor proteins*[73], die de energie van het ATP gebruiken om organellen te verplaatsen langs de filamenten of om de filamenten zelf te bewegen. De verplaatsingen van de motor-proteïnen veroorzaken dat de verschillende cel componenten als het ware gaan rondstromen door de cel: **cytoplasmatische stroming**. Het geheel vormt een opmerkelijk dynamisch netwerk, dat de cel in staat stelt razend snel te reageren op elke eventualiteit.

Tot het cytoskelet behoren ook (indien aanwezig) **cilia** (trilaren) en **flagella** ('staarten'). Zij zijn naar structuur gelijk. De cilia zijn korter en meer talrijk. Cilia reinigen oppervlakte cellen van onder andere longweefsel en komen voor in genitale kanalen. Flagella zijn te beschouwen als voortstuwingsorganen. Spermacellen zwemmen met behulp van flagella.

2.2.14 Celwanden en extracellulaire matrices

De extracellulaire lagen geven de cel extra sterkte en hechten de cel aan de buurcellen. Deze lagen zijn samengesteld uit kabels van koolhydraten en proteïnen in een taaie matrix.

Twee typen extracellulaire lagen steunen de eukaryote cellen:
- **Celwanden** komen voor bij **planten** (cellulose) en **schimmels** (chitine).
- **Extracellulaire matrix** (ECM) komt voor bij **dierlijke cellen**. De ECM bestaat onder andere uit lange **collageen vezels**, die zijn ingebed in een gel van polysachariden. De verbinding tussen het collageen en de microfilamenten in de cel komt tot stand door middel van de proteïnen **integrines** in de celmembraan. De verbinding tussen de integrines en de collageenvezels komt tot stand door tussenkomst van de zogenoemde **fibronectines**. De fibronectines bevinden zich buiten de cel en maken als zodanig deel uit van de ECM.

Figuur 2.23 laat (sterk geschematiseerd) zien wat hierboven is verwoord.

---

[73] Voorbeelden hiervan:
– Myosine 'loopt' veelal langs actine microfilamenten.
– Dyneine werkt samen met de *microtubules* in de cilia en flagella.
– Kinesine werkt samen met de *microtubules*. Zij 'lopen' langs de *microtubules* terwijl ze vesikels op sleeptouw hebben.

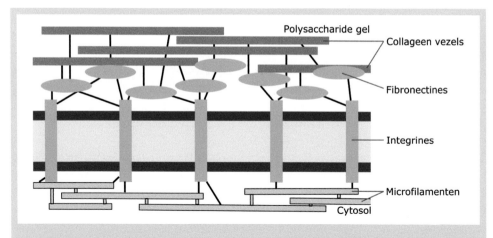

Figuur 2.23. Verbondenheid tussen de celwand en de extracellulaire matrix. Verschillende eiwitten zijn met verschillende tinten groen aangegeven. Integrines in het membraan (blauw met geel). Het collageen is ingebed in een gel van polysachariden.

2.2.15 Multicellulaire organismen

Hechting tussen cellen is in **multicellulaire organismen** uiteraard cruciaal. De verbindingen tussen de cellen onderling of tussen de cellen en de extracellulaire matrix zijn divers van aard en structuur. Zo bestaan er verschillende verbindingen voor cellen die met de celmembranen als het ware tegen elkaar aanliggen.

We onderscheiden op dit punt:
- *anchoring junctions.* Deze verbindingen zijn min of meer vergelijkbaar met 'matrasknopen': twee eiwitten (ieder voor zich in de cel verankerd aan de uitlopers van het cytoskelet) aan weerszijde van de celmembranen, die onderling verbonden zijn. Figuur 2.24 laat drie typen (ieder met hun eigen proteïnen) zien:
  1. **desmosomen** (proteïne: **cadherine**). Deze desmosomen verbinden de *intermediate filaments* in de ene cel met die in de andere cel.
  2. **hemidesmosomen** (proteïne: **integrine**). Deze hemidesmosomen verbinden de *intermediate filaments* in de cel met de ECM (extracellulaire matrix).
  3. *adherens junction.* Deze *adherens junctions* verbinden de actine filamentenbundels in de ene cel met die in de andere cel en/of met de ECM (extracellulaire matrix).

In de literatuur komen ook de volgende termen voor: *cell-cell anchoring junctions* en *cell-matrix anchoring junctions.*

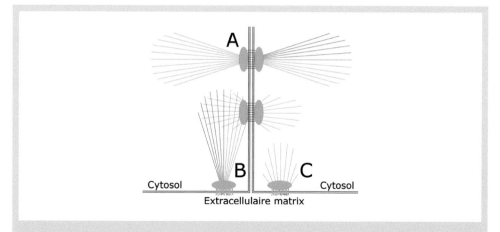

Figuur 2.24. Verbondenheid tussen cellen. Verknoping kan via desmosomen van cadherine-eiwitten (A), hemidesmosomen van integrines (B) of *adherence junctions* (C). Eiwitten (groen) verbinden cytoskeletstructuren (draden) en verbinden cellen onderling of aan een oppervlak (blauw).

- *occluding junctions*. Zij sluiten de openingen tussen oppervlakte cellen en maken daarmee het oppervlak tot een ondoorgankelijke barrière. Stel je hierbij een weefseloppervlak voor waarbij alle 'voegen' tussen de verschillende cellen 'strak zijn gehecht'. Zij worden ook wel aangeduid als *tight junctions*.
- *channel-forming junctions*. Zij verzorgen passages/doorgangen die de cytoplasma's van aangrenzende cellen met elkaar verbinden.
- *signal-relaying junctions*. Zij geven een signaal van cel naar cel door, door de celmembraan heen op de contactplaatsen. Deze verbindingen die mede borg staan voor de communicatie tussen buurcellen worden ook wel *gap junctions* genoemd.

De tussenwanden in een meercellige structuur ondersteunen die structuur, scheiden daadwerkelijk de individuele cellen en maken ondanks dat toch een uitwisseling van stoffen en/of signalen mogelijk. Deze laatste optie wordt uitgebreid besproken in Hoofdstuk 6.

Bij sommige organismen (schimmels) heeft de behoefte aan onderlinge uitwisseling zelfs geleid tot de ontwikkeling van een bijzonder poriënsysteem (met name in de draden (hyphae) van de zwamvlok (mycelium)), waarbij de uitwisseling van organellen inclusief kernen geen uitzondering is. Deze specialisatie gaat bij sommige schimmelsoorten zelfs zo ver dat er sprake is van een cytoplasmatische continuïteit tussen cellen. In die gevallen wordt het een discussiepunt of een dergelijke structuur nog wel meercellig genoemd kan worden. Er lijkt eerder sprake van een meerkernige structuur.

2.3 Celstructuren prokaryoten

Het meest in het oog springend verschil met de eukaryote cel is het feit dat de prokaryote cel **geen** specifiek afgebakende **kern** bevat. In de prokaryote cellen bevindt het DNA zich in het cytoplasma. Vaak min of meer geconcentreerd in een gebied dat de **nucleoïde** (kernachtige) wordt genoemd. Het komt veel voor dat er **meerdere nucleoïden** aanwezig zijn in één bacterie. De celdeling houdt dan geen gelijke tred met het tempo van verdubbeling van het circulaire dsDNA. Dit verschijnsel treedt vooral op in snel groeiende culturen.

Er is (per nucleoïde) slechts één DNA-molecuul, waarvan de uiteinden aan elkaar zijn gekoppeld tot een ring. We spreken in dat geval over **circulair dsDNA**[74]. Algemeen wordt dit DNA aangeduid met de term **bacterieel DNA**.

Het circulair dsDNA (lichtgrijze lus in Figuur 2.25) is op één specifieke plaats verbonden aan de celmembraan. Dit verankeringspunt wordt een **mesosoom** (rood in Figuur 2.25) genoemd. Mesosomen spelen een bepalende rol bij de celdeling.

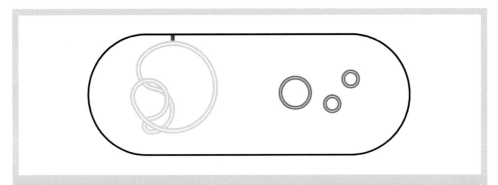

Figuur 2.25. Schema prokaryote cel met chromosoom en plasmiden. Prokaryoten bevatten een chromosoom (grijs), dat vaak via een mesosoom (rood) is verankerd aan de celmembraan (zwart, omgeven door een hier niet weergegeven celwand). Kleinere circulaire DNA structuren heten plasmiden (donkergrijs) en komen in meerdere kopieën per cel voor.

Een bacterie kan ook een of meerdere **plasmiden** bevatten (Tekstbox 2.4). In Figuur 2.25 zijn de plasmiden donkergrijs gekleurd. Plasmiden bestaan net als het chromosomale DNA ook uit circulair dsDNA, maar zijn veel kleiner en komen soms in hoge kopie-aantallen voor (tot wel honderden plasmidekopieën per bacteriecel).

---

[74] De toevoeging 'ds' (*double-stranded*) verwijst naar de dubbelstrengstructuur van het DNA (zie paragraaf 1.4).

130
De bouwstenen van het leven

Tekstbox 2.4. Conjugatie.

De plasmiden bestaan uit circulair dsDNA. Een bacterie die over plasmiden beschikt kan deze uitwisselen met andere bacteriën. Dit fenomeen staat bekend als conjugatie wanneer het rechtstreeks van cel tot cel gebeurt. Conjugatie is een voorbeeld van *horizontal gene transfer*. Dit soort uitwisseling van erfelijk materiaal is binnen de groep van de prokaryoten eerder regel dan uitzondering.

Het F-plasmide bevat informatie waardoor conjugatie mogelijk wordt via het zogenaamde F-pilus of sexpilus (hoewel van echte sexuele voortplanting geen sprake is). Het F-pilus wijkt af van gewone pili: volgens de ene theorie is het een slurf-achtig transportkanaaltje dat een verbinding maakt tussen de cellen waardoorheen DNA vervoerd kan worden, terwijl een andere theorie een rol voor de F-pili ziet in het bijeenbrengen van twee cellen waartussen rechtstreeks contact wordt gemaakt.

Plasmiden kunnen onder andere gebruikt worden in bepaalde recombinant-DNA-technieken om er (een deel van) het DNA van een ander organisme mee te vermenigvuldigen.

De prokaryote cellen zijn kleiner, en eenvoudiger georganiseerd dan de eukaryote cellen:
- **Geen** indeling in **compartimenten**. Er zijn dus ook **geen nucleaire membranen** aanwezig.
- **Geen organellen** zoals:
  - mitochondriën;
  - endoplasmatisch reticulum;
  - Golgi-apparaat;
  - lysosomen.
- Op een enkele uitzondering na (mycoplasma) komen in het celmembraan **geen sterolen** voor. Daar staat tegenover dat bijna alle prokaryoten naast een celmembraan ook nog eens beschikken over een **celwand** (zoals Figuur 2.26 laat zien).

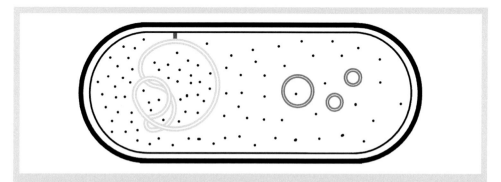

Figuur 2.26. De prokaryote cel (1). Naast een chromosoom (grijs), mesosoom (rood) en plasmiden (donkergrijs) komen er in de prokaryote cel vrije ribosomen voor, en is de membraan omgeven door een celwand.

Net als de eukaryote cellen beschikken de prokaryote cellen over:
- een celmembraan of plasmamembraan;
- cytoplasma;
- DNA;
- RNA; en
- ribosomen, hoewel in prokaryoten iets kleiner dan die in de eukaryoten.

Tot de groep van de prokaryoten rekenen we de:
- **bacteriën**; en de
- **archaea** (een bacterie-achtige, ook wel 'oerbacterie' genoemd).

De meeste bacteriën zijn voor de mens onschadelijk of nuttig. Slechts een klein deel uit de grote groep van bacteriën is ziekteverwekkend (pathogeen). Van de archaea zijn tot op heden geen voor de mens pathogene soorten bekend.

Verschillen tussen bacteriën en archaea:
1. Zoals gezegd is de celmembraan bij welhaast alle prokaryote cellen omgeven door een **celwand**[75]. De celwand bij prokaryoten is primair bedoeld voor de stevigheid en om membraanbreuk te voorkomen. Per type is die celwand verschillend:
    - Bij **bacteriën** bestaat de celwand uit een koolhydraat-eiwit complex (**peptidoglycaan**). Ook wel **mureïne** of mucopeptide genoemd.
    - **Archaea** hebben géén peptidoglycaan in de celwand, maar wel een **pseudo-mureïne**. De structuur daarvan is anders dan die van peptidoglycaan.
2. En er is een duidelijk verschil[76] tussen het rRNA dat gebruikt wordt bij de opbouw van het ribosoom[77].
3. Er is een verschil in de fosfolipiden in de celmembraan. Bij bacteriën komen alleen ester-verbindingen voor tussen glycerol en vetzuren, bij de archaea ook zogenaamde etherver-bindingen.

Veel bacteriën produceren aan de buitenkant van de cel nog een aanvullende laag (**capsule**). De capsule (in Figuur 2.27 aangegeven met een groene kleur) is in het algemeen samengesteld uit koolhydraten[78] en heeft als **functie**:
- **Hechting** aan oppervlakken van weefsels (zoals slijmvliezen, huid, etc.) en hechting aan andere solitaire cellen.
- **Extra bescherming** tegen het afweersysteem van de gastheer[79] en uitdroging.

---

[75] In de groep van de eukaryote cellen treffen we bij schimmels en planten een celwand aan.
[76] Een verschil in grootte, sequentie, structuur en de verhouding eiwitten/RNA.
[77] Het ribosoom is opgebouwd uit rRNA en proteïnen. Zie Paragraaf 2.2.4.
[78] In *Bacillus anthracis* is de capsule samengesteld uit polypeptide.
[79] De capsule voorkomt fagocytose door een andere cel.

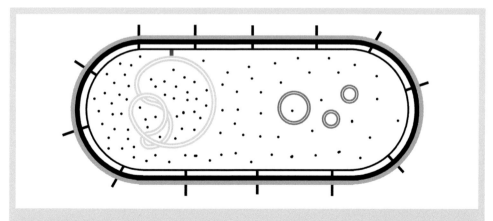

Figuur 2.27. De prokaryote cel (2). Deze cel met chromosoom (grijs), mesosoom (rood) en plasmiden (donkergrijs), vrije ribosomen en primaire celwand, is omgeven met een capsule (groen) en zogenaamde pili of fimbriae (uitstekende structuren).

Sommige bacteriën hebben aan de buitenkant dunne proteïnedraden:
- **pili** (haartjes) of **fimbriae** genaamd;
- een of enkele **flagellen**.

De pili of fimbriae bevorderen de hechting aan de oppervlakken van weefsels en van andere solitaire cellen. Voor sommige bacteriën zijn ze bepalend voor het pathogene proces bij de gastheer.

Een flagellum is te beschouwen als een 'voortstuwingsapparaat'. Vaak als een staart aan de achterkant (Figuur 2.28). Soms als een propeller aan de voorkant van de prokaryoot.

Ze bestaan uit het proteïne **flagelline** en zij werken op basis van **rotatie**. De eukaryote flagellen (bijvoorbeeld bij spermacellen) maken daarentegen een zwiepende beweging.

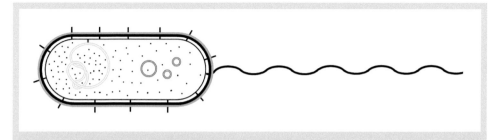

Figuur 2.28. Een prokaryote cel voorzien van flagellum. De cel zoals weergegeven in Figuur 2.27 heeft hier een voortdrijvende zweepstaartachtige structuur die als een schroefblad kan roteren.

2.3.1 Gramkleuring

Eerder is gebleken dat de celwand van prokaryoten niet uniform van opbouw is. De archaea onderscheiden zich juist van de bacteriën door onder andere een andere celwand.

Andere verschillen in de opbouw van de celwand maakt het mogelijk de bacteriën in te delen op basis van de zogenaamde **gramkleuring** (een methode die al in de 19ᵉ eeuw is ontwikkeld door de wetenschapper H.C. Gram). De gramkleuring is gebaseerd op de mate van aanwezigheid van peptidoglycaan[80] in de celwand van de bacterie. Op basis van die gramkleuring wordt er een onderscheid gemaakt tussen:
- grampositieve organismen; en
- gramnegatieve organismen.

2.3.1.1 Grampositieve organismen

Grampositieve organismen beschikken over slechts een enkele membraan met daar omheen een dikke celwand. Deze celwand is opgebouwd uit onderling verweven peptidoglycaan. De dikke laag peptidoglycaan kleurt bij de gramkleuring paars. Voorbeelden van grampositieve organismen zijn **bacillen**, **streptococcen** en **staphylococcen**.

Bij grampositieve organismen bevindt zich aan het oppervlak teichoïnezuur (*teichoid acid*). De teichoïnezuurmoleculen vormen een soort uitlopers van de peptidoglycaan, die bijvoorbeeld magnesium- en natrium-ionen aantrekken ter versteviging van de celwand.

2.3.1.2 Gramnegatieve organismen

De gramnegatieve organismen beschikken daarentegen over twee membranen. Deze membranen zijn van elkaar gescheiden door een **periplasmatische ruimte** (*periplasmic space*). Slechts in geringe mate is peptidoglycaan daarbij aanwezig en de gramnegatieve organismen houden om die reden veel minder kleurstof vast en kleuren rose of rood. Voorbeelden van gramnegatieve organismen zijn *Escherichia coli* en *Salmonella*.

Bij de gramnegatieve organismen treffen we dus twee membranen aan:
- de *inner membrane* (de celmembraan); en
- de *outer membrane* (een extra membraan).

De *inner membrane* is een *phospholipid bilayer*. Zij bestaat dus uit een dubbele laag fosfolipiden. In de *outer membrane* daarentegen bestaat alleen de binnenste laag uit fosfolipiden. De buitenste laag van de *outer membrane* bestaat uit zeer specifieke **lipopolysachariden** (LPS).

---

[80] Een netwerk van lange ketens van polysachariden, die onderling verbonden zijn (*crosslinked*).

2.4 Virussen

Een virus is de kleinste zelfstandige DNA of RNA bevattende eenheid in de natuur. Er is geen consensus over de vraag of een virus levend genoemd moet worden of niet. Daarover iets meer aan het eind van de paragraaf. Eerst behandelen we de bouw van een virus.

Een virus bestaat uit:
- Een hoeveelheid DNA of RNA (*nucleic acid core*) ofwel een stukje (of meerdere stukjes) erfelijk materiaal (Figuur 2.29). De *nucleic acid core* wordt ook aangeduid als het **virale genoom**[81].

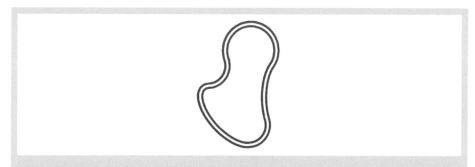

Figuur 2.29. Het genoom van een virus. In dit geval een dubbelstrengs nucleïnezuur (rood). Dit kan DNA zijn of dubbelstrengs RNA. Ook een set van meerdere enkelstrengs RNA-moleculen (niet weergegeven) behoort tot de mogelijkheden.

- Een omhulsel van eiwit (**capside**) dat de *nucleic acid core* omsluit. De capside of eiwitmantel en de *nucleic acid core* vormen samen het **nucleocapside** (Figuur 2.30).

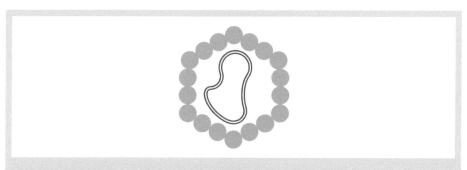

Figuur 2.30. Capside met daarin een dubbelstrengs nucleïnezuur. De eiwitten (groen) omhullen het DNA of RNA (rood)

---

[81] Met het virale genoom wordt het totaal aan erfelijk materiaal in het virus bedoeld.

- Bij sommige virussen kan deze nucleocapside nog omgeven zijn met een *envelope* (Figuur 2.31).

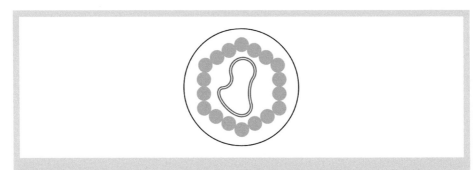

Figuur 2.31. Virus met *envelope*. Het virus wordt door een envelop omsloten: daarin de capside (groen) met dubbelstrengs nucleïnezuur (rood).

- De *envelope* bevat veelal uitsteeksels, *spikes* genaamd (Figuur 2.32).

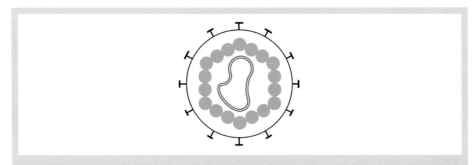

Figuur 2.32. Virus met *envelope* met *spikes*. De envelop bevat uitsteeksels (knoppen of *spikes*) die de virulentie beïnvloeden. De envelop omhult de capside (groen) met dubbelstrengs nucleïnezuur (rood).

Virussen zijn obligate parasieten. Zij bevatten geen organellen en hebben ook geen stofwisseling. Zij kunnen zich uitsluitend voortplanten in een levende gastheercel. De enzymen en celstructuren die nodig zijn voor de aanmaak van de *nucleic acid core* en de viruseiwitten worden van de gastheercel geleend. Eenmaal in de gastheercel laat het virus de cel virus-enzymen produceren. Die nemen het commando in de gastheercel over en maken daarbij de gastheercel tot een virus-producerende eenheid. Alles dus gericht op het voortplanten van het virus.

Voortplanten wil in dit verband zeggen: het virus-genoom laten vermeerderen, en nieuwe capside-eiwitten laten aanmaken. Het virus laat de gastheercel deze bouwelementen (viralegenoom en de capside-eiwitten) synthetiseren. Vervolgens worden de nieuwe bouwelementen tot volledige virussen geassembleerd. Soms organiseert het virus zelf in de gastheercel de

De bouwstenen van het leven

synthese van **transporteiwit**, dat de *nucleic acid core* in staat stelt om zich van de ene naar de andere cel te begeven. De instructies voor al die acties liggen verankerd in de *nucleic acid core*.

In relatie tot de gastheer, die kan worden geïnfecteerd, onderscheiden we onder andere dieren-virussen, plantenvirussen en bacterievirussen. De laatste groep noemen we **bacteriofagen** of afgekort **fagen**.

Tot de groep van de dierenvirussen behoren de humane virussen. In dit verband zijn het griep-virus (waarbij de *nucleic acid core* bestaat uit acht RNA-moleculen) en het HIV[82] (waarvan het virale genoom bestaat uit twee RNA-moleculen) bekende voorbeelden.

De verzameling gastheerceltypen die door een specifiek virus kunnen worden geïnfecteerd wordt aangeduid met de term *host range* en het virus heeft dus een bepaalde *host specifity*.

Sommige virussen fungeren als één sleutel voor één bepaald slot. Deze virussen hebben een *narrow host range*. Voorbeeld is het HIV virus dat alleen maar bepaalde cellen van het mense-lijk immuunsysteem infecteert. Andere virussen gedragen zich als een sleutel, die op meerdere sloten past. Zij hebben een *broad host range*. Voorbeeld is het rabiës virus. Dit virus kan behalve mensen ook vele andere zoogdieren infecteren.

2.4.1 De *nucleic acid core*

De *nucleic acid core* van het virus (of virale genoom) kan bestaan uit **enkel- of dubbelstrengs DNA** of uit **enkel- of dubbelstrengs RNA**. Dit dus in afwijking van wat we in een cel zien:
- een cel bevat DNA en RNA; een virus bevat DNA of RNA.
- een cel bevat geen enkelstrengs DNA en geen dubbelstrengs RNA; een virus kan dat dus wel bevatten.

Op grond van de aard van het virale genoom onderscheiden we DNA-virussen en RNA-virussen. Een speciale groep van RNA-virussen wordt gevormd door de **retrovirussen.** De meeste retro-virussen zijn *enveloped* virussen[83] waarvan het genoom bestaat uit **enkelstrengs RNA's** die via een enzymatische stap teruggeschreven kunnen worden naar DNA. Daaraan wordt de naam **retrovirus** ontleend. Dit terugschrijven gebeurt door het virale enzym *reverse transcriptase*[84]. Dit enzym is in staat het ssRNA[85] 'terug te schrijven' naar ssDNA, dat uiteindelijk voorzien wordt van een complementair stukje DNA. Dit dsDNA wordt vervolgens ingebouwd in het

---

[82] HIV is een virus, de volledige naam is *Human Immunodeficiency Virus* (menselijk immuundeficiëntievirus). Het is een snel muterend retrovirus en verantwoordelijk voor het syndroom AIDS (*Acquired Immuno-Deficiency Syndrome* – verworven immunodeficiëntiesyndroom).
[83] Er zijn ook retrovirale bacteriofagen. Zij zijn niet *enveloped*.
[84] Maak niet de fout door te stellen dat elk RNA-virus een retrovirus is. Immers, niet elk RNA-virus beschikt over het virale enzym *reverse transcriptase*. *Reverse transcriptase* wordt ook wel RNA-afhankelijk DNA-polymerase genoemd.
[85] *Single-stranded* RNA of enkelstrengs RNA.

genoom[86] van de gastheercel. De geïnfecteerde cel kan zich nu gewoon verdubbelen tot twee dochtercellen die ieder voor zich ook weer het 'besmet' DNA zullen doorgeven.

2.4.2 De capside

De capside is opgebouwd aan de hand van een aaneenschakeling van individuele eiwitten: **capsomeren**. De rangschikking van de capsomeren bepaalt de vorm van het virus. De eiwitten hebben naast hun structuurfunctie veelal een **enzymatische werking** die wordt aangewend om de celwand en celmembraan van de gastheercel op te lossen voor penetratie.

De functie van het capside is dan ook:
* de **bescherming** van *de nucleic acid core*.
* het 'keuren' van de gastheercel: al of niet geschikt voor hechting.
* het 'openen' van de cel na hechting.

2.4.3 De *envelope*

Sommige virussen die parasiteren op eukaryote cellen zijn verpakt in een *outer membrane*, ook wel *envelope* genoemd. De *envelope* is gestolen celmembraan van de gastheercel. Eenmaal gemodificeerd en geadopteerd helpt de *envelope* het virus om gastheercellen binnen te gaan. Virussen met capside maar zonder *envelope* worden **naakte virussen** genoemd. De *envelope* bestaat uit een **combinatie van fosfolipiden, eiwitten en koolhydraten**. De *envelope* wordt door de enzymen binnen de gastheercel opgelost of gaat op in de buitenmembraan van de gastheercel.

2.4.4 *Spikes*

Spikes zijn 'uitsteeksels' aan de *envelope* die bestaan uit **koolhydraat-eiwitcomplexen**, die **passen op receptoreiwitten** van hun gastheer. Op die basis gaat bijvoorbeeld het **aidsvirus** alleen bij bepaalde witte bloedcellen naar binnen. De *spikes* helpen dus het virus om vast te maken aan de gastheercel. *Spikes* zijn ook verantwoordelijk voor het vermogen van bepaalde virussen om rode bloedcellen te laten samenklonteren (**agglutineren**). Zulke virussen binden zich aan rode bloedcellen en vormen bruggen tussen deze cellen. Deze samenklontering wordt **hemagglutinatie** genoemd (Tekstbox 2.5).

Eenmaal in de cel moet het virus de capside (en de eventuele *envelope*) kwijt om de *nucleic acid core* vrij te maken, zodat het virus de gastheercel kan aanzetten tot de productie van virussen. Dit proces (het verwijderen van de capside en de eventuele *envelope*) wordt *uncoaten* genoemd en geschiedt door enzymen van de gastheercel.

---

[86] Het kern-DNA van de gastheercel.

De bouwstenen van het leven

Tekstbox 2.5. Hemagglutinine.

Hemagglutinine, zo genoemd omdat het rode bloedcellen (bloed is haemos) kan doen klonteren (agglutineren), is een oppervlakte-eiwit dat deel uitmaakt van influenzavirussen. Door deze oppervlakte-eiwitten kan het virus zich vasthechten aan het weefsel van de gastheer en deze ook weer verlaten. Er zijn allerlei varianten, deze worden met nummers onderscheiden. Het vogelgriepvirus, dat in 2005 in Azië de kop op stak, heeft de codering H5N1. Dit wil zeggen dat dit virus hemagglutinine nummer 5 en neuraminidase nummer 1 heeft. Neuraminidase is eveneens een oppervlakte-eiwit. Er bestaan minimaal 16 verschillende vormen van hemagglutinine.

2.4.5 Morfologische indeling virussen

De verschillende vormen ontstaan door de rangschikking van de capsomeren. Op basis van die vorm onderscheiden we:
*   *Polyhedral viruses*: de capsomeren liggen in een vlak, waarbij meerdere vlakken een regelmatig veelvlak (pentaëder, hexaëder, etc.) vormen. Zij bieden op die manier de beschermende behuizing voor het *nucleic acid*. Het gevormde doosje kan al of niet voorzien zijn van een *envelope* (met *spikes*).
*   *Helical viruses* (Figuur 2.33): de beschermende behuizing heeft bij dit type virus een cilindervorm. De cilinder ontstaat door het 'aan elkaar rijgen' van de capsomeren in de vorm van een spiraal. De *nucleic acid core* bevindt zich in het lumen van het kokertje dat daardoor ontstaat en kan al of niet voorzien zijn van een *envelope* (met *spikes*).

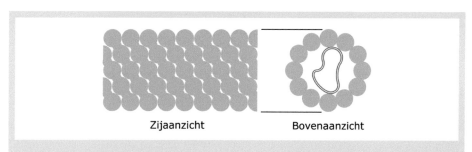

Zijaanzicht   Bovenaanzicht

Figuur 2.33. Helixvormig virus. De helixstructuur van eiwitten (groen) vormen een kokertje dat het DNA of RNA (rood) van een *helical virus* omsluit.

*   *Complex viruses* (Figuur 2.34): deze groep virussen hebben een afwijkende morfologie. Niet zo zeer door de vorm van de beschermende behuizing, maar door het feit dat zij zijn samengesteld uit verschillende componenten, zoals een 'kop en een staart'. Die samenstelling uit verschillende component maakt de bouw van deze groep virussen complex.

Figuur 2.34. Complex virus. Bacteriofagen hebben vaak deze maanlander-achtige structuren waarin het DNA (rood) wordt omsloten door een capside-kop (groen) op een zwarte staart met landingsgestel. Deze structuur kan als een injectienaald (rechts) het DNA naar de gastheercel injecteren.

De 'kop' vormt de beschermende behuizing voor het *nucleic acid* core en de 'staart' heeft veel weg van het onderstel van een maanlander. Landingspoten met aan het uiteinde van elke poot eiwitten die zich kunnen binden aan het oppervlak van de gastheercel. Vaak beschikt deze 'staart' over een injectiesysteem. Het oppervlak van de gastheercel wordt middels een injectietechniek doorboord waarna de *nucleic acid core* in de gastheercel wordt gespoten. Deze groep virussen zijn nooit *enveloped*. Bacteriofagen zijn vaak van het 'kop-staart' type.

2.4.6 De virale infectie

Het vermogen van een virus om een gastheercel te infecteren is afhankelijk van een 'klik' tussen de eiwitten aan de oppervlakte van het virus en de receptoren op de celmembraan van de gastheercel. Het werkt als een sleutel op een slot.

Na hechting aan de celmembraan dringt het virus de cel binnen. Bij het binnendringen in de dierlijke cel wordt van twee verschillende mechanismen gebruik gemaakt:
- Bij penetratie door **endocytose** maakt het virus gebruik van bestaande celactiviteiten, die nodig zijn om macromoleculen op te nemen. Na de aanhechting van het virus wordt door afsnoering van de membraan een vesikel gevormd. In het cytoplasma van de cel zal de *envelope* aangetast worden en het nucleocapside vrijkomen.
- Bij penetratie door **fusie** 'versmelt' (als twee zeepbellen die samenvoegen) de *envelope* met de celmembraan, waarna het nucleocapside direct in het cytoplasma terechtkomt.

Penetratie in de bacterie- of plantencel is over het algemeen moeilijker dan bij een dierlijke cel, omdat deze cellen behalve een membraan ook nog een taaie celwand bezitten. De celwanden in plantencellen worden enzymatisch geopend door de capside-eiwitten.

Verreweg de meeste bacteriofagen zijn in staat het nucleïnezuur door de celwand heen direct in de bacteriecel te injecteren. Bij dit proces fungeert de staart, die samentrekt, als 'injectienaald'.

2.4.6.1 Infectie van prokaryoten door bacteriofagen

De vermeerderingscyclus (*multiplication cycle*) van een bacteriofaag kan op twee manieren verlopen:
1. via een **lytische cyclus**; en
2. via de **lysogene cyclus** (ook wel **permissieve fase** van de cyclus genoemd).

Figuur 2.35 toont de aanwezigheid van de *nucleic acid core* in het cytoplasma van de gastheercel.

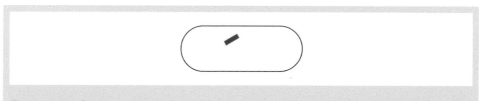

Figuur 2.35. Gastheer geïnfecteerd (1). Het virusgenoom (rood) bevindt zich in het cytoplasma van de gastheercel.

Die aanwezigheid leidt in een **lytische cyclus** tot vermeerdering van de faag (DNA en capside-eiwitten) binnen de beslotenheid van de gastheercel (Figuur 2.36).

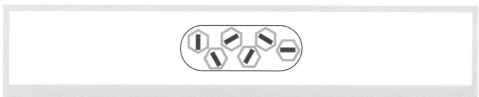

Figuur 2.36. Virusvermeerdering. Het DNA (rood) en de capside-eiwitten (groen) hebben zich vermeerderd in het cytoplasma.

Na rijping en assemblage (van de verschillende virale onderdelen) lost de celmembraan van gastheercel op (**lysis**) en komen de nieuwe fagen vrij (Figuur 2.37).

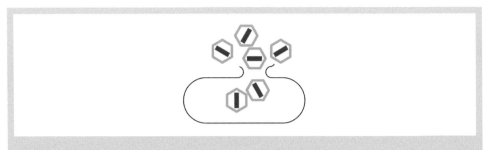

Figuur 2.37. Lysis. Na het oplossen van de celmembraan komen de virussen (groen met rood) vrij.

Deze manier van vermeerderen van de faag, of anders gezegd het oplossen van de celmembraan (lysis) die het gevolg daarvan is, leidt tot celdood.

In de **lysogene cyclus** wordt de *nucleic acid core* 'ingebouwd' in het DNA van de gastheercel (Figuur 2.38).

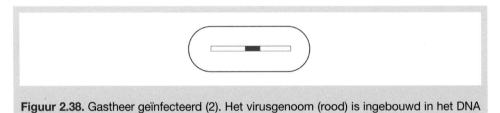

Figuur 2.38. Gastheer geïnfecteerd (2). Het virusgenoom (rood) is ingebouwd in het DNA (witte balk) van de gastheercel.

De gastheercel gaat zich daarna zoals gebruikelijk delen (Figuur 2.39). Er ontstaan zo steeds meer cellen waarvan het DNA is 'besmet' met het ingebouwde faaggenoom.

Figuur 2.39. Lysogenie. Vermeerdering van het virusgenoom (rood) vindt plaats door celdeling van de gastheercel.

Dit wordt **lysogenie** genoemd en de fagen, die dit kunnen bewerkstelligen, duiden we met de term **lysogene fagen**. De gastheercel is een **lysogene cel**. En het ingebouwde stukje faaggenoom noemen we een **profaag**. Op een bepaald moment kan de profaag (het geïncorporeerde faag-genoom) weer loslaten en in het cytoplasma een lytische cyclus beginnen.

Bij sommige fagen vindt vermeerdering van het virus altijd via de lytische cyclus in het cyto-plasma plaats. Anderen kunnen wisselen tussen de twee cycli. Zij worden aangeduid met de term **gematigde fagen** (*temperate phages*).

2.4.6.2 Lysogenie en inductie

De lysogenie heeft belangrijke gevolgen:
- de lysogene cellen zijn immuun voor infectie door dezelfde faag;
- de gastheercel kan nieuwe eigenschappen krijgen.

Bij lysogenie is het faaggenoom ingebouwd in het DNA van de gastheerbacterie zonder dat dit leidt tot lysisverschijnselen in de gastheercel. De meeste functies van de (bacterio-)faag zijn daarbij onderdrukt. Onder bepaalde omstandigheden kan de onderdrukking van deze (bacterio-)faagfuncties worden opgeheven. Dit proces (in gang gezet door signalen van buitenaf) wordt **inductie** genoemd. Als gevolg van de inductie (overgang van de lysogene naar de lytische cyclus (Figuur 2.40)) treedt toch lysis op.

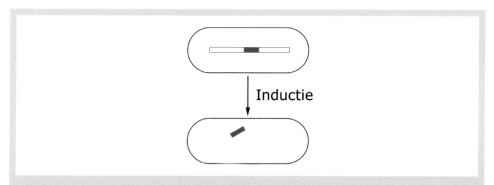

Figuur 2.40. Inductie. Het virusgenoom (rood) dat als profaag opgenomen was in het DNA van de gastheercel (witte balk) komt vrij in het cytoplasma van dezelfde gastheercel. Vanaf hier kan virusvermeerdering (Figuur 2.36) en lysis (Figuur 2.37) volgen.

2.4.6.3 Infectie van eukaryoten door virussen

In grote lijnen volgen de virussen die eukaryoten infecteren dezelfde principes als virussen die bacteriën infecteren. De terminologie is echter anders:
- **Latent** in plaats van lysogeen. Voorbeeld: herpes is een **latent virus**. De gastheercel is dan **permissief** (staat het toe).
- **Provirus** (een slapend/gematigd/*temperate* virus) in plaats van profaag.
- **Acute ziekte** in plaats van een lytische cyclus. Voorbeeld: een gewone verkoudheid.

De infectie van een eukaryote cel door een virus begint (net als bij de infectie door een faag) met hechting van de eiwitten aan de oppervlakte van het virus aan de receptoren op het oppervlak van de gastheercel.

2.4.7 Virussen: leven of dood?

Leven kan gedefinieerd worden in termen van chemische activiteit om energie te genereren voor opbouw en onderhoud, het vermogen het interne milieu binnen werkbare grenzen te houden, het vermogen om te reageren op prikkels uit de omgeving en niet in de laatste plaats in termen van reproductie. Omdat virussen buiten een levende gastheercel geen van deze kenmerken vertonen, zijn ze in deze betekenis geen levende organismen.

Het dilemma zit hem erin dat een virus, zelfstandig, geen van deze functies heeft. Maar in het juiste milieu (gastheercel) weer wel. Het probleem ontstaat in feite door de starheid van ons definitie-denken.

Een van de hypothesen over het ontstaan van virussen is dat een virus te beschouwen is als een gedegenereerd organisme (heel gebruikelijk bij parasieten), dat nog maar in staat is tot één ding: reproductie. Maar dat wel doet op een manier die in de natuur universeel voorkomt.

Hoofdstuk 3

3.1 DNA

Niet alle DNA, dat in een cel aanwezig is, bevindt zich in de nucleus[87] of in de nucleoïde. Echter, indien in deze verhandeling de algemene aanduiding 'DNA' wordt gebezigd dan wordt daarmee het kern-DNA bedoeld (in de eukaryote cel) en/of het circulaire dsDNA (in de prokaryote cel). In alle andere gevallen zal nadrukkelijk vermeld worden over welk type DNA het gaat.

DNA bevat het draaiboek voor het cellulaire leven. De instructies voor alle cellen worden geschreven in een codeschrift met de letters A, C, G en T: de vier stikstofbasen die de treden van de bekende wenteltrapstructuur van het DNA vormen (Figuur 3.1).

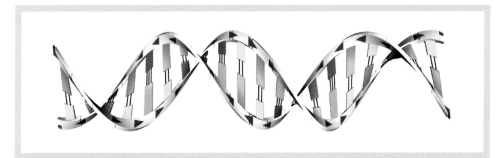

Figuur 3.1. De dubbele helix-structuur van DNA. De twee strengen hebben elk een ruggengraat van desoxyribose (grijs) met fosfaat (donkergrijs) met daartussen de gekleurde basenparen.

De helix is rechtsdraaiend. Onderzoek heeft aangetoond dat:
- de basen op een afstand van nagenoeg 0,36 nm van elkaar zijn geplaatst;
- een volledige draai van de helix zeker 3,6 nm lang is; en
- een volledige draai in de helix ongeveer 10,5 basenparen omvat.

Aan de buitenzijde van het DNA vormen de ruimtes tussen de twee helicale strengen twee groeven van verschillende breedtes (Figuur 3.2). Zij worden aangeduid als de *minor groove* en de *major groove*:

---

[87] De mitochondriën beschikken over eigen of mitochondriaal DNA. Ook bladgroenkorrels hebben hun eigen DNA.

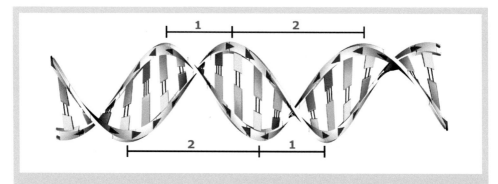

Figuur 3.2. De *minor-* en *major groove*. De strengen vormen een wenteltrap waardoor twee ruimtes ontstaan: een *minor groove* (1) waar tussen de strengen zich de basenparen bevinden, en een *major groove* (2) met meer lege ruimte daartussen.

De groeven vormen twee bindingsoppervlakken voor speciale DNA-bindingseiwitten. Deze DNA-bindingseiwitten kunnen de basenvolgorde (sequentie) in dsDNA 'lezen' door het 'lezen' van de atomen in de twee groeven. Op die manier kunnen de bindingseiwitten de gewenste bindingsplaatsen langs het dsDNA vinden om daar hun werk te doen.

3.1.1 Chromosoom

In een humane cel bestaat het DNA uit circa 3,2 miljard basenparen met, wanneer volledig ontrold, een totale lengte van ongeveer 2 meter. Een polynucleotide met een begin en een eind noemen we een **chromosoom**. Elk chromosoom bestaat dus uit één dubbelstrengs DNA-molecuul. Volledig ontrold is het DNA onzichtbaar onder de lichtmicroscoop. In de cel zijn chromosomen echter nooit volledig ontrold, en ze zijn zichtbaar doordat het DNA zich middels een ingewikkelde oproltechniek heeft verdicht.

Door de dichte structuur (Figuur 3.3) is het chromosoom (1) als een staafje zichtbaar onder de microscoop. Het vertoont op één plaats een insnoering, het **centromeer**. Boven het centromeer wordt doorgaans de kortste van de twee armen (de **p-arm**) getekend, en onder de langere **q-arm**. De uiteinden van het DNA-molecuul worden **telomeren** genoemd.

Het DNA-molecuul bestaat uit meerdere zogenoemde **coderende regio's** of gebieden, die (genetische) informatie bevatten. Een dergelijke coderende regio noemen we een **gen**. Het humane DNA bestaat slechts voor 3% uit genen. Elk gen bestaat weer uit meerdere (5000 tot 100.000) desoxyribonucleotide-paren of basenparen. De genetische informatie wordt bepaald door de basenvolgorde in het gen.

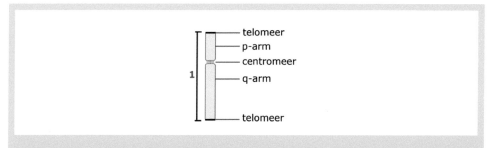

Figuur 3.3. Een maximaal gecondenseerde DNA-molecuul. Dit betreft een chromosoom (1) zoals in bepaalde stadia van de celdeling te zien is. De p- en q-arm zijn verbonden middels een centromeer (blauw) en eindigen met telomeren (zwart).

3.1.1.1 Chromosomenparen

Bij de mens zijn de 46 chromosomen twee aan twee gelijk:
- 23 chromosomen van de vader; en
- 23 chromosomen van de moeder.

De mens beschikt dus over een dubbele set chromosomen. Er is daarom sprake van 23 **chromosomenparen** die bij elkaar worden gezocht aan de hand van:
- de plaats van centromeren; en
- de lengte van de 'armen'.

Twee chromosomen die samen één chromosomenpaar vormen worden **homologe chromosomen**[88] genoemd. Bij mannen is er een verschil tussen de twee chromosomen in het 23ste chromosomenpaar. Bij vrouwen is dat verschil er niet. De chromosomen van dit 23ste chromosomenpaar worden om die reden aangeduid als de **geslachtschromosomen**. Of als het X- en het Y-chromosoom. Bij een vrouw zijn de geslachtschromosomen gelijk: XX. Bij een man niet: XY. De geslachtschromosomen zijn bij een man dus, strikt genomen, niet homoloog. Toch spreken we over 23 chromosomenparen voor de mens.

Er wordt daarbij onderscheid gemaakt tussen:
- **Autosomen** (of voluit **autosomale chromosomen**): alle chromosomen behalve de geslachtschromosomen X en Y. Autosomale eigenschappen zijn eigenschappen waarvan de genen op de autosomen liggen en die onafhankelijk van het geslacht overerven.
- **Heterosomen** (of geslachtschromosomen): de chromosomen die voor de bepaling van de sekse zorgdragen. Bij de meeste zoogdieren en sommige insecten wordt dit zelfde XY-systeem gebruikt. Er bestaan echter ook andere systemen.

---

[88] Ze horen als een paar bij elkaar maar zijn niet identiek aan elkaar.

Een cel die beschikt over chromosomenparen beschikt dus over een dubbele set chromosomen (zoals bij de mens). Een dergelijke cel noemt men **diploïd**. In tegenstelling tot een **haploïde cel,** die beschikt over één enkele set chromosomen. De voortplantingscellen van de mens zijn haploïd. Na versmelting van de twee voortplantingscellen ontstaat er weer een diploïde vrucht.

3.1.2 DNA-opslag

De dikte van het DNA (de desoxyribonucleotiden ketens) bedraagt 2,4 tot 2,6 nanometer[89]. Die relatieve lange en zeer dunne DNA-ketens zijn opgeslagen in een celkern middels een ingenieus oprolsysteem:

1. Het negatief geladen DNA-molecuul[90] windt zichzelf (in een 1¾ winding) rondom positief geladen eiwitten. Die eiwitten (**histonen**) zijn in een groepje van acht samengepakt en vormen daarbij een soort klosje (Figuur 3.4). Het 'histonen-klosje' met het daar omheen gedraaide deel van de DNA keten[91] vormen samen een **nucleosoom**.

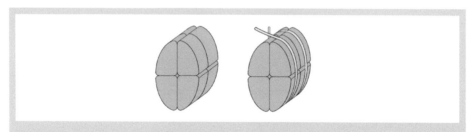

Figuur 3.4. Histonen vormen een nucleosoom. Het histonen-klosje van vier histon-eiwitten (groen, links en rechts) is de spoel waar omheen het DNA (grijs, rechts) zit gedraaid.

Nog geen 100 basenparen verderop langs het molecuul wordt weer een nucleosoom gevormd. De DNA-keten verandert zo in een nucleosomen-keten (Figuur 3.5). Het is het idee van een kralensnoer (*beads-on-a-string*) waarbij de kralen onderling zijn verbonden door de continu verlopende DNA-keten[92].

---

[89] Een nanometer is een miljardste deel van een meter. In cijfers: 10^{-9} meter.
[90] De negatieve lading van de DNA-moleculen wordt veroorzaakt door de negatief geladen fosfaatgroepen in het molecuul.
[91] Dit stukje DNA wordt aangeduid met de term *core-DNA*. Het heeft een lengte van ongeveer 140 basenparen.
[92] De verbindingstukjes van de DNA keten tussen de nucleosomen worden *linker-DNA* genoemd. Zij hebben een gemiddelde lengte van ongeveer 60 basenparen.

De bouwstenen van het leven

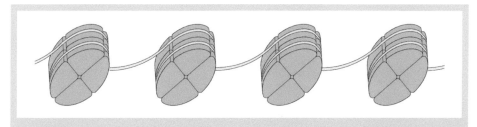

Figuur 3.5. Een kralenssnoer van nucleosomen. Een fragment uit een veel langere keten nucleosomen (eiwit, groen; DNA, grijs).

2. De keten nucleosomen draait zich helemaal in zichzelf vast waardoor de tussenruimtes als het ware verdwijnen en de kralen van het snoer strak tegen elkaar komen te liggen (Figuur 3.6). Aldus ontstaat een structuur van het DNA, die bekend staat als *30-nanometer fibers*.

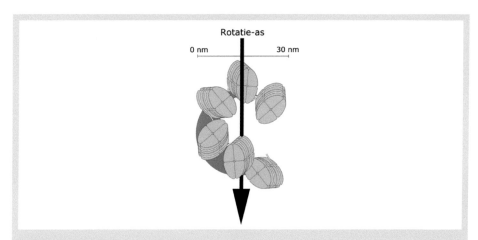

Figuur 3.6. De keten nucleosomen windt zich op. De keten van eiwit (groen) en DNA (grijs) vormt een nucleosomenrij (blauw geeft de algehele richting aan) die in zichzelf 'twist' tot *30-nanometer fibers*.

3. De *30-nanometers fibers* draaien zich nog meer in elkaar en nemen daarbij een vorm aan zoals in Figuur 3.7 is aangegeven. Deze vorm wordt aangeduid als de **solenoïde-structuur.**

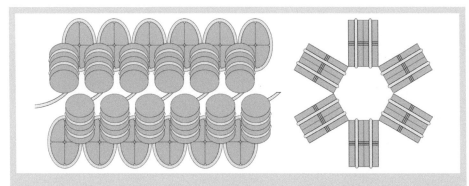

Figuur 3.7. De solenoïdestructuur van het DNA. De histon-eiwitten (groen) met DNA (grijs) zijn nu stelselmatig samengepakt tot een kabel-achtige structuur.

Deze solenoïdestructuur vormt aldus een dikkere 'kabel' (Figuur 3.8).

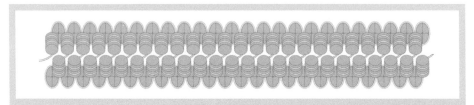

Figuur 3.8. Een fragment uit een lange kabel DNA dat de solenoïdestructuur heeft aangenomen. Door zo efficiënt op te vouwen past de lengte van 2 meter (!) DNA van elke mensencel in de kern daarvan.

4. De 'kabel' vouwt zich verder tot ruime lussen (300 nm). De gevormde lussen worden als een harmonica in elkaar geschoven (Figuur 3.9).

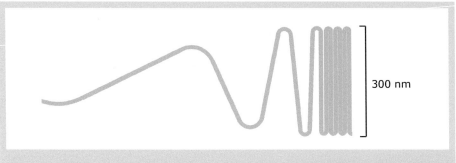

300 nm

Figuur 3.9. 300 nm-structuur: de 'kabel' die ontstaat als gevolg van de solenoïdestructuur wordt in lussen in elkaar geschoven waardoor de 300 nm-structuur ontstaat.

De bouwstenen van het leven

De uiteindelijke verpakkingsvorm wordt gekarakteriseerd door een 700 nm structuur die ontstaat doordat de 300 nm kabel verder worden opgevouwen in nog hogere (tot 700 nm) lussen.

Dit hele proces van verdichting van het DNA-molecuul heet **condensatie** of **spiralisering**.

3.1.2.1 Chromatine

Zoals gezegd zijn de 8 histonen de bouwstenen van de nucleosomen. Deze specifieke eiwitten vormen samen met het DNA het **chromatine**. Afhankelijk van de mate van spiralisering wordt er een onderscheid gemaakt tussen:

- **Heterochromatine**: DNA in combinatie met veel histonen; de gecondenseerde vorm. Heterochromatine heeft een gesloten structuur, die veel kleurstof zal binden en daardoor donker kleurt.
- **Euchromatine**: DNA dat arm is aan histonen; de actieve vorm. In die zin actief dat de genen op het DNA toegankelijk zijn. Hier is sprake van een meer open structuur. die veel kleurstof zal binden en daardoor donker kleurt.

Tijdens de interfase (Hoofdstuk 4) zijn de chromosomen niet overal even sterk gecondenseerd en wordt heterochromatine aangetroffen naast euchromatine.

3.1.2.2 Flexibiliteit van het DNA-oprolsysteem

De positionering van de DNA-windingen rondom 'het klosje' van 8 histonen wordt gereguleerd door een speciaal eiwit: *Histone H1*. *Histone H1* geeft het oprolsysteem een opmerkelijke flexibiliteit. Dat gebeurt door het al of niet verschuiven van de nucleosomen.

De toegankelijkheid tot een gen wordt door condensatie van het DNA geblokkeerd. Om een gen te kunnen lezen, is volledige decondensatie (ontspiralisering) van de coderende regio vereist. Decondensatie wordt geregeld door het enzym *histone acetyl transferase* (HAT). Op het moment dat het enzym HAT zich bindt aan de histonen dan verliezen zij hun positieve lading waardoor de binding met het negatieve DNA losser wordt.

Het oprolsysteem kan daarbij switchen tussen een maximaal gecondenseerde, beveiligde transportstructuur[93] en een meer toegankelijke werkstructuur[94]. Waarbij de optie voor de werkstructuur niet automatisch inhoudt dat alle remmen los zijn voor de beveiligde (transport-) structuur. De werkstructuur impliceert slechts een zeer lokale open structuur. De rest van het DNA-molecuul (dat op dat moment niet functioneel is) blijft gecondenseerd. De flexibiliteit van het oprolsysteem maakt de afwisseling tussen de maximaal gecondenseerde structuur, met

---

[93] De maximale spiralisatie, die het mogelijk maakt om het DNA-molecuul als geheel te manipuleren. Bijvoorbeeld bij het transport tijdens de uitsplitsing van het genetisch materiaal over twee dochtercellen.
[94] Een structuur die het mogelijk maakt om een of meerdere delen van het DNA-molecuul toegankelijk te maken voor bijvoorbeeld genexpressie.

inactieve genen, en allerlei open posities, waarbij de genen actief zijn, mogelijk. De meer open werkstructuur maakt het DNA toegankelijk voor onder andere enzymen.

3.1.3 DNA als substraat

In elke cel bevinden zich vele enzymen die DNA als substraat hebben. Deze enzymen zijn daarmee in staat veranderingen in een DNA-molecuul te faciliteren. In deze paragraaf wordt een aantal van deze DNA bindende enzymen besproken. De bespreking is toegespitst op het DNA, maar de toepassingen gelden voor alle nucleïnezuren, waaronder ook het RNA.

We beperken ons hier tot de bespreking van:
1. **Topoïsomerasen.** Enzymen die veranderingen in het aantal windingen van het DNA-molecuul faciliteren. Zij maken het DNA *supercoiled* of juist relaxed.
2. **Ligasen.** Enzymen die tot de groep van de ligasen horen kunnen locale breuken in een keten 'lijmen'. Die reparatie vindt plaats door het hernieuwen van de defecte covalente fosfodiësterbindingen. Zij kunnen dus losse fragmenten nucleïnezuur aan elkaar koppelen.
3. **Modificerende enzymen.** Enzymen die bepaalde groepen kunnen verwijderen of juist kunnen toevoegen aan het DNA:
   - **Methylasen** die een methylgroep ($-CH_3$) kunnen toevoegen aan een base in het DNA.
   - **Alkalische fosfatase** dat een fosfaatgroep aan de 5'-zijde van het DNA kan verwijderen.
   - **Polynucleotide-kinase** dat een fosfaatgroep aan de 5'-zijde van het DNA kan toevoegen.
   - **Terminaal transferase** dat aan de 3'-zijde van het DNA een of meerdere desoxyribo-nucleotiden kan toevoegen.
4. **Nucleasen.** Enzymen die nucleotiden kunnen verwijderen (losknippen):
   - **Exonucleasen** verwijderen één nucleotide aan de uiteinden van de keten. Zij 'knabbelen' aan beide uiteinden. Zowel in de 5'→3' als in de 3'→5' richting. Zij kunnen geen circulair DNA knippen. Circulair DNA heeft immers geen uiteinden.
   - **Endonucleasen** kunnen nucleotiden uit een gesloten keten verwijderen.
5. **Polymerasen.** Enzymen die nucleotiden kunnen polymeriseren tot polynucleotiden. Er is sprake van **DNA-polymerase** als er DNA wordt gevormd en van **RNA-polymerase** als RNA het eindproduct is. Het DNA-polymerase kent behalve een polymerisatiefunctie ook een **exonuclease-activiteit.** Dit wil zeggen dat het een gekoppelde desoxyribonucleotide weer uit de keten kan verwijderen. Het DNA-polymerase is daarmee in staat gemaakte fouten te ontdekken en te repareren. Het RNA-polymerase beschikt niet over deze mogelijkheid.

Er zijn nog meer enzymen die DNA als substraat hebben zoals **transposasen** en andere **recombinasen**, maar bespreking daarvan valt buiten het kader van dit boek.

3.1.3.1 DNA-methylering

DNA-methylering of **DNA-methylatie** is het proces waarbij een **methylgroep** (-CH$_3$), als vervanging van een waterstofatoom, gekoppeld wordt aan een base in het DNA. Deze structuurverandering van het DNA heeft tot gevolg dat het DNA minder kwetsbaar wordt voor de in de cel aanwezige nucleasen. DNA-methylering biedt dus een bescherming voor het bestaande DNA. Echter, de structuurverandering van het DNA heeft ook invloed op de toegankelijkheid van het DNA voor andere enzymen en kan daardoor ook de genexpressie (zie verderop in dit hoofdstuk) remmen. Op die manier kan de methylering van het DNA een belangrijke rol spelen bij het ontstaan van ernstige ziekten zoals kanker.

Methylering van het DNA gebeurt vrij snel (binnen een minuut) na de vorming van nieuw DNA. De aanwezigheid van methylgroepen is hét criterium (voor enzymen) om een onderscheid te kunnen maken tussen 'oud en nieuw' DNA. Dit is van essentieel belang voor het proces van het herstellen van ontstane schade tijdens de vorming van nieuw DNA (Paragraaf 3.2.2).

3.2 DNA replicatie

Wanneer een cel zich deelt, ontstaan er twee dochtercellen. De chromosomen in de beide dochterkernen moeten na de deling volledig identiek zijn aan die van de oorspronkelijke cel. Dat wordt bereikt doordat, voorafgaande aan de deling, het volledige kern-DNA van de cel exact wordt gekopieerd. Dit kopieerproces heet **DNA replicatie** (Tekstbox 3.1).

In de vorige paragraaf is al aangegeven dat het enzym DNA-polymerase de polymerisatie van desoxyribonucleotiden faciliteert. Het enzym is onmisbaar tijdens de 'verdubbeling' van elk DNA-molecuul tijdens de replicatie.

In prokaryoten is een drietal DNA-polymerasen aangetoond. Zij worden aangeduid als DNA-polymerase I, II en III. Van dierlijke cellen is er echter een viertal DNA-polymerasen bekend. Zij worden aangeduid met de namen DNA-polymerase α, β, γ en δ. Bespreking van de DNA-replicatie vindt in dit boek plaats aan de hand van het eerste model met drie verschillende DNA-polymerasen:

- **DNA-polymerase I** heeft een geringe synthesesnelheid en is uitstekend geschikt voor reparatiewerkzaamheden.
- **DNA-polymerase II** heeft geen exonuclease-activiteit. Het speelt in bacteriën een rol onder speciale omstandigheden bij de reparatie van DNA dat door andere enzymen enkelstrengs is gemaakt.
- **DNA-polymerase III** is vanwege de hoge synthesesnelheid bij uitstek geschikt voor de synthese van lange stukken DNA.

Het DNA-polymerase kan alleen maar aanhaken op een hydroxylgroep op een 3'-einde. Voordat het DNA-polymerase de eerste desoxyribonucleotide (op basis van de regels voor de basenparing) kan plaatsen, moet er dus al (op z'n minst) één nucleotide als startpunt aanwezig zijn. Met andere woorden: het DNA-polymerase heeft een *primer* nodig om te kunnen starten. De vorming van de *primer* wordt verzorgd door een RNA-polymerase. Omdat dit enzym er voor zorgt dat het DNA-polymerase aan de slag kan wordt het RNA-polymerase ook **primase** genoemd.

Tekstbox 3.1. DNA als geavanceerde/minuscule kopieermachine.

Het menselijk lichaam is een organisme van vijftien miljoen miljoen cellen, die elk een getrouwe kopie van hetzelfde DNA bevatten (twee kopieën in feite). Om uit één enkele eicel een lichaam te vormen zijn je DNA-strengen vijftien miljoen miljoen keer van elkaar gehaald om als sjabloon te dienen; eigenlijk nog veel vaker, want er sterven voortdurend cellen, die weer worden vervangen. Elke base (het menselijke genoom bevat een lijst van circa drie miljard basen) wordt gekopieerd met een precisie die aan het wonderbaarlijke grenst.

De DNA keten is een polynucleotide (zie Paragraaf 1.4). Miljoenen suikerfosfaat-groepen vormen daarbij de ruggengraat van de DNA-keten. Het specifieke aan de gevormde keten is de **basensequentie** (volgorde) binnen de dubbelstrengstructuur van het molecuul. Tijdens de replicatie worden er nieuwe nucleïnezuren gevormd met exact dezelfde basenvolgorde als de bestaande DNA streng. Het principe is eenvoudig (Figuur 3.10):

- Elk chromosoom (dsDNA-molecuul) wordt gesplitst in twee ssDNA-moleculen.
- Elk van beide gesplitste moleculen (ouderstrengen) wordt voorzien van een complementaire en antiparallelle ssDNA-streng (dochterstreng) en wordt dus weer dsDNA.
- Beide nieuwe dsDNA-moleculen zijn zodoende identiek aan elkaar en aan het 'oude' dsDNA.

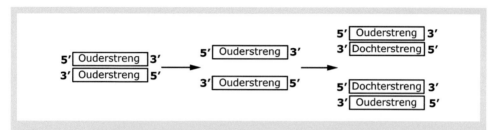

Figuur 3.10. Semiconservatieve replicatie. Met een semiconservatief proces wordt bestaande informatie (de ouderstrengen) gebruikt om nieuw materiaal (de dochterstrengen) te maken.

Omdat elk nieuw molecuul voor de helft uit 'oud' materiaal bestaat, noemen we dit een **semiconservatief** proces. De ouderstreng dient als voorbeeld voor de aanmaak van de nieuwe streng. De ouderstreng is de matrix of *template*, en de basenvolgorde ervan bepaalt de basenvolgorde van de nieuwe, **complementaire** streng. Omdat de nieuwe streng qua 5'→3' richting de andere kant oploopt wordt de sequentie ervan ook wel *reverse complement* genoemd.

De verdubbeling begint dus met het 'openen' van de dubbele streng DNA. De lange reeks waterstofbruggen, die de verschillende complementaire stikstofbasen aan elkaar koppelt, moet daarvoor 'opengeritst' worden. Tegelijkertijd wordt de DNA-helix 'ontrold'. Dat gebeurt bij eukaryoten op meerdere plaatsen tegelijk.

Deze startplaatsen worden aangeduid als de *origins of replication* kortweg **ori**. Het zijn **AT-rijke sequenties** (bevatten veel adenine en thymine[95]) van ongeveer 250 basenparen lang.

Bacterieel[96] circulair DNA (Tekstbox 3.2) heeft doorgaans slechts één enkele ori. Dat gegeven is het opvallendste verschil tussen het replicatieproces bij prokaryoten en het replicatieproces bij eukaryoten. De beide replicatieprocessen verlopen verder op hoofdlijnen gelijk.

---

[95] Deze (A-T) basenkoppeling kent 'slechts' twee waterstofbruggen. Meerdere van dit soort basenkoppelingen op een rij verzwakt locaal de dubbele streng enigszins ten opzichte van de gebieden waarin veel koppelingen voorkomen op basis van drie waterstofbruggen per basenpaar (G-C).
[96] Circulair DNA komt (behalve bij vele prokaryoten) ook voor bij vele virussen, in mitochondriën en in chloroplasten.

De bouwstenen van het leven　　　　　　　　　　　　　　　　**157**

Tekstbox 3.2. Het ontrollen van circulair DNA.

Circulair DNA komt (behalve bij vele prokaryoten) ook voor bij vele virussen, in mitochondriën en in chloroplasten. Circulair DNA heeft een gesloten structuur zonder vrije einden. Het 'openritsen' van een dergelijk circulair molecuul wordt net als bij lineair DNA voorafgegaan door het lokaal ontrollen van de aanwezige helix. In tegenstelling tot in het lineaire DNA veroorzaakt het lokaal ontrollen van het circulaire DNA (door het ontbreken van vrije einden) in het overblijvende deel een toename van de torsie. Dit kan aanleiding zijn tot de vorming van draaiingen van de helix zelf. Zoals een dubbele twist in een telefoondraad. We spreken van *supercoils*.

Vanuit de *origin of replication* verloopt het proces twee kanten op (Figuur 3.11). Hierdoor ontstaat een zogenaamde *replication bubble*. Deze *bubble* wordt steeds breder. Alle DNA tussen de *origins of replication* is gekopieerd als de *bubbles* elkaar ontmoeten en in elkaar opgaan.

Figuur 3.11. Verloop van de DNA-replicatie. Van boven naar beneden: een dubbele streng vangt op diverse plekken aan met de replicatie die door middel van groeiende *replication bubbles* resulteert in twee gescheiden dubbele strengen (onder).

De *replication bubble* kan gezien worden als een combinatie van twee **replicatievorken**, zoals aangegeven in Figuur 3.12.

Figuur 3.12. Twee replicatievorken. De ouderstrengen moeten uiteenwijken om dochterstrengen te kunnen laten vormen.

Het proces van DNA replicatie kent de volgende stappen:
- Het enzym **helicase** 'ontrolt' de DNA dubbelstreng en verbreekt de verbindende waterstofbruggen. Het maakt daarbij gebruik van de hydrolyse van ATP voor de benodigde energie (zie Paragraaf 1.4.4). Het uiteen splitsen van DNA-strengen heet ook wel **denatureren** of **smelten**. De temperatuur en omgevingsfactoren spelen erbij een rol.
- Zodra de twee ouderstrengen gescheiden zijn op de plaats van de replicatievork voorkomen **SSBP's** (*Single-Stranded DNA Binding Proteins*) dat de strengen zich op die plaats weer voortijdig met elkaar zouden verbinden.
- Het enzym **topoïsomerase I** (zie Paragraaf 3.1.3) verbreekt en vernieuwt de covalente fosfodiësterbindingen in de 'ruggengraat' van de streng om daarmee de ontstane spanning (als gevolg van het despiraliseren en openen van de streng) weg te nemen (Tekstbox 3.3).
- Het enzym **primase** produceert korte stukjes RNA (zogenoemde *primers*) op het DNA. Die *primers* functioneren als startpunt voor de DNA-synthese van de dochterstreng (Tekstbox 3.3).
- Het enzym DNA-polymerase (voluit: DNA-afhankelijk DNA-polymerase) (Tekstbox 3.3):
  - **DNA-polymerase III** bouwt beginnend bij het 3' uiteinde van de *primer* het DNA van de dochterstreng door de desoxyribonucleotiden (op basis van de regels van de basenparing) in een keten te koppelen. Het maakt daarbij gebruik van de hydrolyse van GTP voor de benodigde energie (zie Paragraaf 1.4.4).
  - **DNA-polymerase I** vervangt uiteindelijk de *primers* (stukjes RNA) door DNA.
  - **DNA-ligase**[97] wanneer twee *replication bubbles* elkaar raken plakt het DNA-ligase de twee nieuwe DNA-strengen aan elkaar en heeft daarbij ATP als energiebron nodig.

---

[97] Enzymen die tot de groep van de ligasen horen kunnen locale breuken in een keten 'lijmen'. Die reparatie vindt plaats door het hernieuwen van de defecte covalente fosfodiësterbindingen. Zij kunnen dus losse fragmenten nucleïnezuur aan elkaar koppelen.

Tekstbox 3.3. Enige enzymen betrokken bij DNA replicatie.

Topoisomerase

De topoïsomerasen bewaken de spanningsveranderingen in de windingen van de DNA-helix. Die windingen worden door covalente bindingen in stand gehouden. Alle veranderingen (van een ontspannen naar een sterk gecondenseerde structuur, of omgekeerd) leiden tot spanningsveranderingen in de structuur van de keten. De topoïsomerasen voorkomen dat dergelijke spanningsveranderingen tot 'buigen of barsten' van de keten leidt. Twee typen topoisomerase spelen daarbij een rol: topoïsomerase I en topoïsomerase II. Topoïsomerase I maakt de ontspanning van de keten mogelijk (en begeleidt dus het ontrollen van de DNA-helix), terwijl topoïsomerase II juist actief is tijdens de vorming van de DNA-helix.

Primase

Het primase is een voorbeeld van een DNA-afhankelijk RNA-polymerase. DNA-primase produceert korte stukjes RNA (zogenoemde *primers*) op het DNA. Die *primers* zijn het startpunt voor de DNA-synthese van de dochterstreng.

De geplaatste *primer* (alleen nodig in het kader van de synthese van de dochterstreng) bestaat uit een aantal ribonucleotiden. Dat blokje ribonucleotiden zit dan als een 'afwijkend' locomotiefje voorop de volledige trein desoxyribonucleotiden. Om een correcte dochterstreng DNA af te leveren zal deze primer (dit blokje ribonucleotiden) dus nog vervangen moeten worden door overeenkomstige desoxyribonucleotiden. Het genoemde DNA-polymerase I verzorgt het proces waarbij de ribonucleotiden worden vervangen door desoxyribonucleotiden.

Alvorens het nieuw gevormde nucleïnezuur het predicaat 'in orde' te kunnen geven volgt er een legertje inspectie-eiwitten en contrôle-eiwitten die alle lassen in de gevormde keten nog eens nalopen op kwaliteit. Zij voeren ook de eventuele correcties uit.

DNA-polymerase

Polymerasen koppelen de nucleotiden aan elkaar. Zij zorgen voor een goed verloop tijdens de ketenvorming. Zij begeleiden het 'aanhaken' van de fosfaatgroep op 5' aan de hydroxylgroep (OH) op 3'. Zij begeleiden de polymerisatie waarbij het DNA en RNA worden gevormd.

Bij de vorming van DNA is DNA-polymerase het begeleidend enzym en in het geval van de vorming van RNA spreken we van RNA-polymerase.

Het DNA-polymerase kan (in tegenstelling tot het RNA-polymerase) een gekoppelde desoxyribonucleotide weer uit de keten verwijderen: we spreken van een exonuclease-activiteit.

Ten behoeve van die DNA-synthese worden de deoxyribonucleotiden 'binnengehaald' in de vorm van trifosfaten (zie Paragraaf 1.4.4), aangeduid als een deoxyribonucleosidetrifosfaat[98], vaak afgekort tot **dNTP**.

De vier deoxyribonucleosidetrifosfaten zijn dATP, dGTP, dCTP en dTTP. Van ATP en GTP is al bekend dat dit energierijke verbindingen zijn (zie Paragraaf 1.4.4), maar dat geldt ook voor de twee andere trifosfaten. De energie die vrijkomt bij de afsplitsing van twee fosfaatgroepen (NTP → NMP + 2P) wordt gebruikt om het polymerisatieproces uit te voeren.

3.2.1 *Leading* en *lagging strand*

Zoals eerder is gezegd verloopt de synthese van een nucleïnezuur (DNA zowel als RNA) altijd in de 5'→3' richting. Die synthese verloopt (afhankelijk van de *templates* die onderling antiparallel verlopen) per tak binnen de *bubble* in verschillende richtingen.

Voor één tak van de replicatievork geldt dat de 'syntheserichting' gelijk is aan de 'bewegings-richting' van de bijbehorende replicatievork (Figuur 3.13). De dochterstreng die hier ontstaat wordt *leading strand* genoemd. In de andere tak van de replicatievork groeit de DNA-streng van die vork weg. Die dochterstreng wordt *lagging-strand* genoemd.

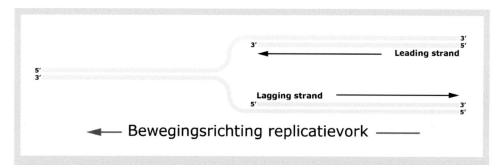

Figuur 3.13. De bewegingsrichting van de replicatievork. De nieuw gevormde DNA-strengen worden in twee richtingen gemaakt. De *leading strand* groeit met de richting van de vork mee, de *lagging strand* van de vork af.

Het zal niet verbazen dat beide *strands* op een verschillende manier gesynthetiseerd worden.

---

[98] Ter herinnering: een nucleoside ontstaat door de samenvoeging van een pentose en een stikstofbase. Door de nucleoside samen te voegen met een fosfaatgroep ontstaat een nucleotide. Een gefosforyleerde nucleoside. De gefosforyleerde nucleoside kan 1, 2, of 3 fosfaatresten bevatten. Afhankelijk van het aantal spreken we dan van een nucleosidemonofosfaat, een nucleosidedifosfaat of een nucleosidetrifosfaat.

3.2.1.1 Synthese *leading strand*

Als er een *replication bubble* gevormd is kan de eigenlijke verdubbeling beginnen. De synthese van de *leading strand* verloopt als volgt:

- Het **primase** (of DNA-afhankelijk RNA-polymerase) zet een *primer* op de eerst vrijgekomen stiksofbasen. Dit complementair stukje RNA (Figuur 3.14) vormt over een klein stukje met de ouderstreng een dubbelstrengstructuur.

Figuur 3.14. Synthese *leading strand* (1). De plaatsing van de *primer* (bruin) voor de vorming van de *leading strand* nadat de replicatievork gevormd is.

- Het **DNA-polymerase III** bindt zich aan vrije 3' OH-groep van de *primer* en begint met de verdubbeling van het DNA: op basis van de regels voor de basenparing worden de desoxyribonucleotiden achter elkaar gekoppeld (Figuur 3.15). Deze verlengingsmethode verloopt **continu**.

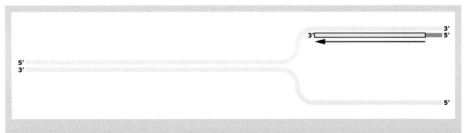

Figuur 3.15. Synthese *leading strand* (2). Het 3'-einde van de *primer* (bruin) fungeert als startpunt voor de vorming van de *leading strand* (grijs met pijl).

- Het **DNA-polymerase I** komt nog even voorbij om de *primer* te vervangen door een stukje DNA (Figuur 3.16). Gelijktijdig gaat de verlenging van de *leading strand* (aan de 3' zijde) gewoon door. Het is goed op te merken dat er tijdens de synthese van de *leading strand* maar één *primer* is geplaatst.

De bouwstenen van het leven

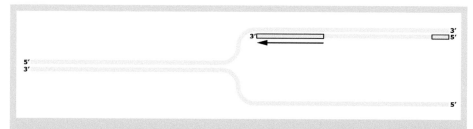

Figuur 3.16. Synthese *leading strand* (3). Terwijl de vorming van de *leading strand* verder gaat (grijs met pijl) wordt de *primer* vervangen door DNA (grijs).

3.2.1.2 Synthese *lagging strand*

Voor de *lagging strand* verloopt de synthese heel anders:
- In cadans met de beweging van de replicatievork zet het **primase** om de zoveel (organisme-afhankelijk honderden of duizenden) nucleotiden een *primer* af (Figuur 3.17).

Figuur 3.17. Synthese *lagging strand* (1). De plaatsing van *primers* (bruin) voor de vorming van de *lagging strand*. Rechts de eerst geplaatste *primer*, links de tweede *primer* die wordt geplaatst op het moment dat de replicatievork daarvoor voldoende ver geopend is.

- De gebieden tussen twee *primers* worden door het **DNA-polymerase III** gedupliceerd (Figuur 3.18). Het **DNA-polymerase III** werkt daarbij van de oorspronkelijke replicatievork af tot het stuit op een eerder geplaatste *primer*.

Figuur 3.18. Synthese *lagging strand* (2). Het 3'-einde van de tweede *primer* fungeert als startpunt voor de vorming van een gedeelte van de *lagging strand* (grijs met pijl) tussen de tweede en de eerste *primer*. Gelijktijdig wordt de derde *primer* (links van de tweede) geplaatst. *Primers* in bruin weergegeven.

- Daar aangekomen koppelt het **DNA-polymerase III** los. Gelijktijdig verlopen nu de volgende processen (Figuur 3.19):
  1. het **DNA-polymerase III** koppelt aan de 3' zijde van de volgende *primer* en start de duplicatie van een volgend traject tussen twee *primers*.
  2. het **DNA-polymerase I** vervangt de (blokkerende) RNA-*primer* door DNA. Deze vervanging wordt afgerond door een laatste inspectie van het **DNA-ligase** op een juiste koppeling van de twee stukken DNA[99].

Figuur 3.19. Synthese *lagging strand* (3). Het 3'-einde van de derde *primer* fungeert als startpunt voor de vorming van een gedeelte van de *lagging strand* tussen de derde en de tweede *primer*. Gelijktijdig wordt de eerste *primer* vervangen door DNA en wordt de vierde *primer* geplaats. *Primers* in bruin weergegeven, nieuw DNA grijs omkaderd.

- De procedure herhaalt zich nu (Figuur 3.20):
  – **DNA-polymerase III** koppelt los en koppelt aan de 3' zijde van de volgende *primer* en start daar de duplicatie van een volgend traject tussen twee *primers*;
  – **DNA-polymerase I** vervangt de (blokkerende) *primer* door DNA; en
  – **DNA-ligase** komt de losse eindjes weer aan elkaar koppelen.

---

[99] Het deel dat aanvankelijk was gevormd door het DNA-polymerase III en het gedeelte dat daarna is gevormd door het DNA-polymerase I tijdens de vervanging van de *primer*.

De bouwstenen van het leven

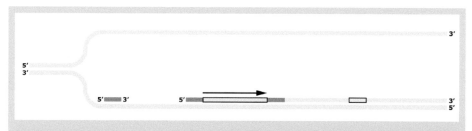

Figuur 3.20. Synthese *lagging strand* (4). Herhaling van opvulling (de *lagging strand* tussen twee *primers*), vervanging (van de voorlaatste *primer*) en bijplaatsing (van een volgende *primer*). *Primers* in bruin weergegeven, nieuw DNA grijs omkaderd.

Hier is sprake van **een discontinue, gefragmenteerde opbouw**. Elk kort stukje nieuwgevormd DNA en de initiërende *primer* samen heten een **Okazaki-fragment** (Figuur 3.21). Iedere keer dat het DNA op deze gefragmenteerde wijze wordt gedupliceerd, wordt de *lagging strand* iets korter. De verkorting treedt op bij het telomeer. De reden: op een gegeven moment is er geen ruimte meer om nog een laatste *primer* te plaatsen en zonder die *primer* kan het **DNA-polymerase III** dat laatste stukje niet dupliceren.

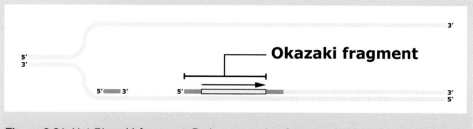

Figuur 3.21. Het Okazaki-fragment. De lengte van het fragment beslaat de *primer* met het nieuwgevormde DNA. *Primers* in bruin weergegeven, nieuw DNA grijs omkaderd.

Gelukkig bevatten de telomeren geen coderende regio's, maar het aantal delingen (lees: verkortingen van het telomeer) is toch beperkt. Er komt een moment dat verdergaande verkorting van de uiteinden van het DNA-molecuul leidt tot het verlies van (voor het voortbestaan van de cel) kritische informatie.

Het telomeer is te vergelijken met het plastic uiteinde van een veter. Bij ieder deling rafelt het uiteinde een stukje uit en uiteindelijk kan de cel niet meer delen en sterft[100].

---

[100] In voortplantingscellen, stamcellen en 90% van alle onderzochte tumorcellen, zit een enzym dat voorkomt dat het telomeer korter wordt. Dit enzym heet telomerase. Telomerase voegt na iedere DNA replicatie een voor het telomeer specifieke basenvolgorde toe. Het telomeer wordt zo nooit korter en de cel zal blijven kunnen delen.

3.2.1.3 *Bidirectional mechanism*

Omdat de 'groeirichting' van het replicatieproces vanuit elke *replication bubble* twee kanten op gaat (*bidirectional growth*), groeit elke dochterstreng bij één replicatievork als een *leading strand* en bij de andere replicatievork als een *lagging strand*[101] (Figuur 3.22).

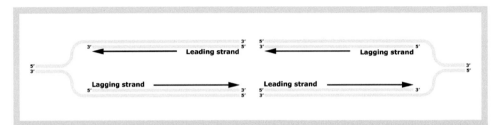

Figuur 3.22. *Bidirectional growth* tijdens DNA-replicatie. Als van een dubbele streng de twee enkele strengen gelijktijdig repliceren is sprake van *bidirectional growth* en is duidelijk welke streng *leading* en *lagging* is. Bij twee vorken worden dus vier enkele strengen gere-pliceerd in de richting van de pijlen.

De algemene opvatting is dat alle prokaryotische en eukaryotische cellen, tijdens de DNA replicatie, gebruik maken van dit **bidirectional mechanism**. Dit *bidirectional mechanism* onder-houdt een tempo van wel 1000 bp/s ofwel 1 kb/s! Hierbij staat de k voor 'kilo', is gelijk aan 1000.

3.2.2 DNA-schade en DNA-reparatie

Ondanks het feit dat het DNA als een heel stabiel materiaal moet worden beschouwd kunnen er ook onder normale omstandigheden spontane veranderingen in het DNA optreden. De DNA schade kan ontstaan door:
- interne biochemische processen:
  - hydrolyse (zie Paragraaf 1.1.2.3), oxidatie (zie Paragraaf 1.1.1.3) en methylering (zie Paragraaf 3.1.3.1);
  - fouten tijdens de replicatie;
- externe factoren, zoals ioniserende straling, carcinogene stoffen, gericht ingrijpen door de mens, etc.

---

[101] De twee replicatievorken vormen in werkelijkheid één *replication bubble*. Om te benadrukken dat de begrippen *leading* en *lagging strand* gerelateerd zijn aan de bewegingsrichting van de replicatievork, is er in bovenstaande illustratie voor gekozen om de gezamenlijke bubbel juist op te splitsen in twee replicatievorken.

3.2.2.1 DNA-schade door interne biochemische processen

DNA-schade door hydrolyse
- **Depurinatie** en **depyrimidinatie**: een volledige purine- of pyrimidinebase wordt verwijderd door hydrolyse van de pentose-base-binding.
- **Deaminatie**: een aminogroep (NH_3) wordt verwijderd uit de stikstofbase.

Als gevolg van depurinatie (Figuur 3.23) en depyrimidinatie valt een nucleotide uiteen. En als gevolg van deaminatie (Figuur 3.23) ontstaat er een andere nucleotide.

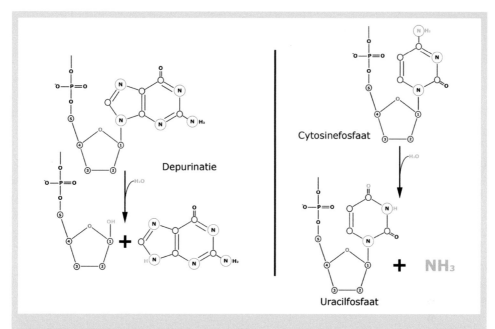

Figuur 3.23. Hydrolyse van nucleotiden. Links een voorbeeld van depurinatie: door hydrolyse splitst de stikstofbase (in dit geval een purine) af. Rechts de deaminatie van cytosine-fosfaat naar uracilfosfaat waarbij ammoniak vrijkomt. De betrokken atomen bij deze reacties zijn in groen weergegeven.

DNA-schade door oxidatie

Oxidatie door zuurstof, als ion (O^{2-}) of als radicaal (atomaire zuurstof: O), is een voortdurende dreiging voor veel stoffen in de cel. Ook voor DNA. Onder andere de deaminatie van cytosine tot uracil wordt veroorzaakt door oxidatie. We spreken dan ook van een **oxidatieve deaminiatie**.

DNA-verandering door methylering

We spreken van methylering als een H-atoom wordt vervangen door een methylgroep (CH_3). Methylering van DNA is een veel voorkomend verschijnsel. Soms onbedoeld (in de stikstofbase) en dus schadelijk, maar soms is het functioneel (zie Paragraaf 3.1.3.1).

3.2.2.2 DNA-schade door fouten tijdens de replicatie

Het repliceren van 3,2 miljard basen voor elke celdeling zal niet altijd foutloos verlopen:
- Het DNA-polymerase is niet 'perfect' en introduceert zelf gemiddeld 1 fout per 10^5 basen. Afgezet tegen een 'groeitempo' van 1000 bp/minuut werkt het enzym dus ongelooflijk accuraat, maar inderdaad ... niet altijd perfect.
- Spontaan kunnen er breuken ontstaan in de meters lange DNA keten ('mechanische' schade).

De schattingen van de schade aan het DNA liggen per cel tussen 10^4 tot 10^6 veranderingen per dag!! De gemaakte fouten kunnen bestaan uit het inbouwen van een verkeerde base (we spreken dan van een *mismatch* van basen) of het overslaan of het toevoegen van een aantal basen.

Een *mismatch* van basen (de tussengevoegde nieuwe base is niet complementair met de tegenoverliggende base) zal hersteld moeten worden. Alvorens de 'verkeerde' base te vervangen door de correcte, zal bekend moeten zijn welke van de twee basen binnen de *mismatch* de juiste is. Of anders gezegd: zal bekend moeten zijn welke base behoort tot de ouderstreng en welke base behoort tot de nieuw gevormde dochterstreng. Welnu, de nieuw gevormde dochterstreng onderscheidt zich van de ouderstreng doordat de dochterstreng in tegenstelling tot die ouderstreng nog niet gemethyleerd is. Methylering van het DNA brengt dus niet per definitie schade aan aan het DNA. De plaats van methylering binnen het DNA bepaalt het nut of de schade als gevolg van dat proces.

3.2.2.3 DNA-schade door externe factoren

In dit verband spelen de volgende externe factoren een belangrijke rol:
- ultravioletlicht[102];
- ioniserende straling[103];
- verhoogde temperatuur;
- (voor het DNA) schadelijke chemicaliën, voorkomend in het milieu;
- gericht ingrijpen door de mens, zie bijvoorbeeld Paragraaf 7.5.4.7.

---

[102] Licht met een korte golflengte heeft voldoende energie om veranderingen op atomair niveau te veroorzaken.
[103] Straling (bijvoorbeeld röntgenstraling) met voldoende energie om elektronen uit hun schil te stoten. Hierdoor ontstaat er een ionvorm van het atoom met een positieve lading.

De bouwstenen van het leven

Ultraviolet licht kan een covalente binding veroorzaken tussen twee naast elkaar gelegen purinen of pyrimidinen. Twee gekoppelde 'buur-basen' wordt een **dimeer** genoemd. Dimeren veroorzaken onregelmatigheden aan de keten van suikerfosfaatgroepen en moeten om die reden verwijderd worden.

Van ioniserende straling (welke bijvoorbeeld vrijkomt bij het vervallen van radioactieve isotopen) is bekend dat het kan leiden tot het ontstaan van breuken in het DNA. Het mag duidelijk zijn dat een dergelijke ingrijpende verstoring binnen het genetisch materiaal desastreuze gevolgen kan hebben voor de betreffende cel.

Door verhoogde temperaturen kan denaturatie van het DNA ontstaan. De waterstofbruggen zijn minder stabiel bij een verhoging van de temperatuur. Boven een bepaalde temperatuur kan een dsDNA-molecuul zelfs niet bestaan. Ook het gevaar van een strengbreuk neemt toe door verhoging van de temperatuur. En tot slot zij vermeld dat de kans op processen zoals de beschreven depurinatie en depyrimidinatie verhoogd wordt met het stijgen van de temperatuur.

Van een groot aantal chemicaliën is bekend dat zij kunnen zorgen voor een grote diversiteit aan DNA-schade waarbij schade ontstaat op het niveau van de basen en/of de fosfodiësterbindingen.

3.2.2.4 Gevolgen van DNA-schade

De invloed van de DNA-schade op de cel is volledig afhankelijk van de plaats in het DNA waar de schade is ontstaan. Slechts 3% van het humane DNA bestaat uit genen. Dus niet alle schade zal direct aanleiding zijn tot een genverandering.

Eventuele veranderingen in een gen zorgen voor het ontstaan van genetische variatie. De natuurlijke selectie neemt elke verandering de maat en bevoordeelt alleen de verandering die een verbetering tot gevolg heeft.

In het geval van 'negatieve' mutaties kunnen de gevolgen van DNA schade beduidend zijn:
- De cel kan het vermogen verliezen om zich te delen.
- De cel kan afsterven. Wanneer dit op een gereguleerde manier gebeurd (geprogrammeerde celdood) spreken we van **apoptose**.
- De cel gaat zich ongeremd delen wat kan leiden tot de vorming van tumoren.

3.2.2.5 Reparatiemechanismen

Het kan voor de cel dus van levensbelang zijn dat fouten in het DNA worden gerepareerd. Er zijn een aantal mechanismen bekend die de kwaliteit van het gedupliceerde DNA bewaken en eventuele DNA-schade repareren. Diepgaande behandeling van de systemen valt echter buiten de opzet van dit boek. Daarom beperken we ons tot een summiere benoeming in het volgende overzicht.

Proofreading

De herstelkracht bij een groot aantal veranderingen (zoals depurinatie, depyrimidinatie en deaminatie) is te vinden in de dubbele structuur van het DNA. De niet veranderde nucleotide op de tegenovergelegen positie (de complementaire nucleotide) kan altijd gebruikt worden als *template* voor de door te voeren correctie[104]. DNA-polymerase III zelf voert nog tijdens de replicatie de eerste correctie uit door middel van **proofreading**. *Proofreading* komt erop neer dat het DNA-polymerase III zelf de juistheid controleert van de zojuist geplaatste nucleotide. Gewoonlijk wordt een vergissing (*mismatch*) onmiddellijk herkend, waarna de betreffende nucleotide wordt verwijderd (op basis van de exonucleaseactiviteit van het DNA-polymerase, zie Tekstbox 3.4) en wordt vervangen door de correcte variant. Dit mechanisme verbetert al aanzienlijk de betrouwbaarheid van de DNA-replicatie.

Tekstbox 3.4. Nucleasen.

De groep van nucleasen bestaat uit enzymen die nucleïnezuren afbreken. Zij hakken de keten als het ware weer in losse nucleotiden of ze maken een breuk of 'knip'. Er zijn twee typen nucleasen:
1. de **exonucleasen** en
2. de **endonucleasen**.

De exonucleasen verwijderen alleen een nucleotide aan de uiteinden van de keten. Zij 'knabbelen' dus aan één van beide uiteinden. Dat kan zowel dubbelstrengs (beide strengen worden in één keer afgegeten) of strengspecifiek zowel in de 5'→3' als in de 3'→5' richting. Een voorbeeld van die laatste activiteit vindt plaats tijdens *proofreading* door DNA-polymerase III. Daarvan is bekend dat het (in tegenstelling tot het RNA-polymerase) een gekoppelde desoxyribonucleotide uit de keten kan verwijderen om deze vervolgens te vervangen door een nieuwe (zie Paragrafen 3.2.2.5 en 7.2.1.3).

De endonucleasen kunnen nucleotiden uit een gesloten keten verwijderen. Dat kan op willekeurige plekken ('at random') maar het kan ook sequentie-specifiek. In dat laatste geval spreekt men van restrictienucleasen (zie Paragraaf 7.1.1.2).

---

[104] Realiseer je wel dat deze redenering niet opgaat voor virussen die beschikken over een *single-stranded nucleic acid core*. Voor die virussen impliceert een (spontane) verandering direct de introductie van een mutatie.

Excisie-reparatiesystemen

De eukaryote cellen beschikken daarnaast nog eens over twee *excision-repair* systemen[105]:

- **Base-excisiereparatie**: hierbij wordt schade aan één enkel nucleotide hersteld. Het komt bijvoorbeeld voor dat uracil (in Figuur 3.24 aangegeven met een blauw-geel geblokt symbool) ontstaat door deaminatie van de oorspronkelijke cytosine. Een dergelijke fout wordt herkend door **DNA-glycosylase**. Eerst wordt de gemuteerde base verwijderd van de centrale desoxy-ribose. Daarna het bijbehorend stukje 'ruggengraat' (suikerfosfaat) en uiteindelijk wordt de vrijgekomen plaats ingevuld met de correcte desoxynucleotide (Figuur 3.24).

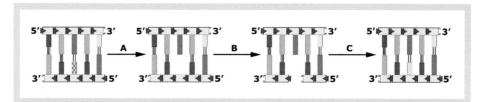

Figuur 3.24. Base-excisiereparatie. Een mutatie wordt verwijderd (excisie, A), zo ook het stukje ruggengraat (B) waarmee de weg vrij is voor reparatie (C)

- **Nucleotide-excisiereparatie**: hiermee worden DNA regio's hersteld waarbij het aantal nucleotiden varieert tussen 2 en 30. Het betreft nucleotiden die chemisch gemodificeerde[106] basen (*chemical adducts*) bevatten, die lokaal tot een abnormale vorm van de streng leiden (Figuur 3.25). Het gaat dan om helix verstorende defecten. Voor de reparatie wordt een aantal nucleotiden tegelijk verwijderd. Het ontbrekende segment wordt daarna opnieuw ingevuld (Figuur 3.25).

Op deze manier worden foute basenparen, tussenvoegingen of weglatingen van een of meerdere nucleotiden, die bij toeval tijdens de replicatie zijn geïntroduceerd, hersteld. Dat gebeurt door eiwitten die het oppervlak van de dubbele DNA streng controleren op oneffenheden.

---

[105] Deze systemen onderhouden een zeer hoge mate van nauwkeurigheid.
[106] Denk aan door contaminatie 'chemisch vervuilde' basen.

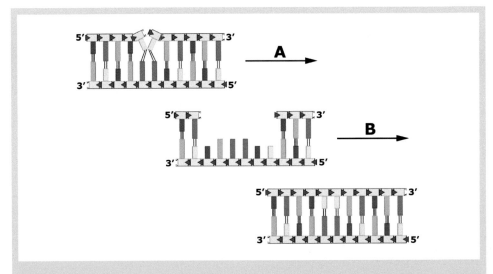

Figuur 3.25. Nucleotide-excisiereparatie. Als in de dubbele streng een verstorend adduct tot breuken leidt worden daar meerdere nucleotiden verwijderd (A) zodat dit deel middels opvulling gerepareerd kan worden (B).

Als voorbeeld van een type helix schade geldt (zoals in Figuur 3.25 aangegeven) de thymine-thymine dimeren. Deze excisie reparatie systemen verwijderen uiteindelijk nagenoeg alle resterende fouten.

Reparatie dubbelstrengs breuk

Een complete breuk van de dubbele streng heeft uiteraard verdergaande consequenties dan een enkelstrengs breuk: het contact is verbroken. Er zijn twee systemen[107] voor het repareren van een dubbelstrengs breuk[108]:

- *Non-homologous end joining* komt neer op het aan elkaar zetten (met behulp van DNA-ligase) van de losse eindjes, waarbij er eigenlijk altijd wel een aantal nucleotiden verloren gaan. Vindt de breuk plaats in een gen dan leidt dit herstel tot een mutatie. Het telomeer wordt niet beschouwd als een breukeinde van het DNA, dat wil zeggen: de cel 'weet' dat een telomeer geen breuk is die hersteld moet worden.
- *Homology directed repair* (homologie-gestuurde reparatie). De breuk is ontstaan tijdens de DNA-replicatie en de reparatie ervan gebeurt door gebruik te maken van de informatie van de aanwezige zusterchromatide.

---

[107] Deze systemen werken verre van nauwkeurig en kunnen aanleiding zijn tot grote chromosomale gevolgen. Zoals 'verlegging' van het startpunt van het gen en/of het verplaatsen van (delen van) genen, etc.
[108] Een dubbelstrengs breuk kan worden veroorzaakt door ioniserende straling en sommige kanker bestrijdings-middelen.

Bij *homology directed repair* kunnen gemuteerde segmenten ook vervangen worden door kopieën van het homologe chromosoom. Dit kan bijvoorbeeld bij diploïde organismen omdat die over een dubbele set chromosomen beschikken. Een algemenere vorm van *homology directed repair* die niet zozeer breuken repareert maar nieuwe combinaties van strenggedeelten maakt heet **homologe recombinatie**. Dit is een natuurlijk proces dat optreedt bij *crossing over* tijdens de celdeling in met name meiose I (zie Paragraaf 4.2.5) maar dat ook in mitotische cellen kan worden geforceerd. Biotechnologische toepassingen van *nonhomologous end-joining* en *homology directed repair* worden besproken in Paragraaf 7.5.4.8.

De aard van een dubbelstrengs breuk brengt met zich mee dat bij de reparatie soms verkeerde breukeinden aan elkaar worden geknoopt, met als mogelijk gevolg **translocaties** (chromosoomarmen die verwisseld zijn) of **inversies** (hele lappen DNA achterstevoren in een chromosoom). Net als bij eenzijdige breuken kunnen translocaties en inversies tot niet-levensvatbare dochtercellen leiden.

Reparatie eenzijdige breuk

Soms is er een breuk (*DNA nick*) in één van de twee enkelstrengen aanwezig. Tijdens replicatie leidt die 'eenzijdige' breuk tot een **collapse** van de **replicatievork** op het moment dat de helicase de breuk nadert.

De synthese van de dochterstreng stopt op het moment dat de 'eenzijdige' breuk de continuïteit in de ouderstreng onderbreekt. De dochterstreng eindigt dus op de plaats waar de 'eenzijdige' breuk in de ouderstreng zich bevindt en gecombineerd leidt dat tot een verkorting van de te repliceren streng. Het kan de dood van één van de dochtercellen betekenen.

3.3 Eiwitsynthese

De genen regelen letterlijk alles wat in een cel gebeurt. Anders gezegd: vanuit de genen wordt de boodschap gegeven of een bepaalde chemische reactie op een bepaald moment in de cel zal kunnen plaatsvinden of niet. In deze paragraaf wordt het mechanisme daarachter uitgelegd.

De essentie van dat mechanisme is eenvoudig: genen regelen op elk willekeurig moment welke enzymen in een cel aanwezig zijn en welke niet. Omdat elk enzym specifiek een bepaalde reactie faciliteert, regelen de genen op die manier, indirect[109], welke reacties zullen plaatsvinden. De relatie tussen genen en enzymen is daarbij op het eerste gezicht één op één: elk gen stuurt de aanmaak van één enzym aan[110].

In Paragraaf 1.3 is duidelijk gemaakt dat enzymen eiwitten[111] zijn. Het zijn de genen die de eiwitsynthese aansturen. Maar hoe werkt dit mechanisme?

Het antwoord ligt besloten in de bouw van enerzijds een gen (DNA), anderzijds een eiwit. Beide zijn een polymeer, een lineaire rangschikking van monomeren: nucleotiden in het DNA, aminozuren in het eiwit. Meer precies gezegd: het antwoord ligt besloten in de relatie tussen de lineaire rangschikking van de nucleotiden in het gen en de lineaire rangschikking van de aminozuren in het gevormde eiwit. In de basenvolgorde van het gen ligt, in gecodeerde vorm, de aminozuurvolgorde van het eiwit al vast. Het systeem van codering is even eenvoudig als universeel: elke mogelijke combinatie van drie naast elkaar gelegen basen (een **triplet** of **codon**) codeert voor één bepaald aminozuur. Met een simpele omzettingstabel is uit de codonvolgorde in een gen de aminozuurvolgorde in het te vormen eiwit direct af te leiden.

Dan volgt de vraag naar de vertaalslag. Hoe kan de code in een gen (in de kern) leiden tot de aanmaak van eiwitmoleculen (in het cytoplasma)?

---

[109] Enzymen worden ook met enige regelmaat afgebroken. De aanmaak (zoals geregeld door het gen) bepaalt uiteindelijk hoeveel enzym er is.
[110] Later zullen we zien dat er belangrijke variaties op dat thema bestaan en een gen wel degelijk verschillende eiwitten aan kan maken.
[111] RNA kan ook enzymatische actief zijn. In dat geval spreken we van **ribozymen**. De ontdekking daarvan ondersteunde de gedachte dat er eerder een RNA wereld heeft bestaan voordat dat er een DNA wereld was.

Dit proces verloopt in twee stappen:
1. Allereerst wordt er in de kern een kopie gemaakt (in de vorm van RNA in plaats van DNA) van het gen. De informatie in het DNA wordt dus letterlijk 'overgeschreven'. Deze eerste stap in het proces heet daarom **transcriptie**. De RNA-kopie verlaat de kern, en brengt de code over naar het cytoplasma.
2. In het cytoplasma bevinden zich de ribosomen. Deze zijn in staat de codons te lezen en op grond van die informatie de juiste aminozuren in de juiste volgorde aaneen te rijgen. Zij 'vertalen' als het ware de codonvolgorde in een aminozuursequentie. Zij 'vertalen' dus de codonvolgorde in proteïnen. Deze tweede stap in het proces wordt **translatie** genoemd.

Het hele verhaal van de eiwitsynthese valt op te delen in verschillende deelprocessen, de transcriptie en de translatie. Deze deelprocessen staan niet op zich. Zij zijn een onlosmakelijk onderdeel van het totale proces van de eiwitsynthese (Figuur 3.26). Zij zullen in de komende paragrafen steeds meer in detail worden besproken. Daarbij ontstaat op sommige momenten misschien de indruk dat het om aparte zaken gaat. Niets is echter minder waar. Elk deelproces volgt uit wat eraan voorafging en dient geen ander doel dan die van de eiwitsynthese.

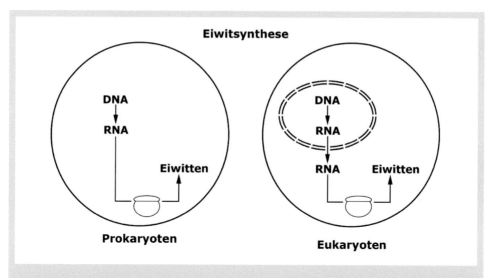

Figuur 3.26. Eiwitsynthese. De informatie in DNA wordt overgeschreven naar RNA en door ribosomen vertaald tot eiwitten. In de prokaryote (links) en eukaryote cel (rechts) is dit vergelijkbaar, maar in eukaryoten is de vorming van RNA (in de kern) gescheiden van de vorming van eiwitten, zodat transport van RNA naar buiten de kern nodig is.

Samenvattend

> ▶ De lineaire rangschikking van de aminozuren ligt vast in een coderend stuk van het DNA.
> ▶ De informatie van dat stuk coderend DNA wordt overgeschreven in een RNA-molecuul.
> ▶ De informatie in het RNA-molecuul kan in het cytoplasma door een ribosoom worden gelezen.
> ▶ Door het lezen van die informatie weet het ribosoom de juiste aminozuren in de juiste volgorde aaneen te rijgen.
> ▶ De uiteindelijke keten aminozuren die aldus ontstaat is uiteraard een eiwit.

3.3.1 Genexpressie: transcriptie

Het overschrijven van DNA naar RNA is de eerste stap in het totale proces van de genexpressie. Dit proces wordt **transcriptie** (het letterlijk overschrijven) genoemd. Transcriptie vindt altijd plaats aan dezelfde streng: de **matrijsstreng** (*template strand* (Tekstbox 3.5)).

Eerder is vastgesteld dat de keten van een nucleïnezuur (en dus ook de RNA keten) altijd in de 5'→3' richting wordt gevormd (zie Paragraaf 1.4.2.1): de fosfaatgroep op 5' van de bouwsteen 'haakt' zich aan de hydroxylgroep op 3' van de keten. Dit impliceert dat het enzym RNA-polymerase zich tijdens de transcriptie in de 3'→5' richting over de *template strand* verplaatst. In dit boek is consequent gekozen voor een dsDNA notatie waarbij de onderste streng in een 3'→5' oriëntatie wordt gepresenteerd (zie Paragraaf 1.4.3). Dit houdt in dat in dit boek in elke illustratie omtrent de transcriptie de *template strand* als de onderste streng wordt gepresenteerd.

Tekstbox 3.5. *Template* en *non-template strand*.

De streng waar de *template strand* (complementair en antiparallel) mee is verbonden in het DNA heet de *non-template strand*. De gevormde RNA keten is complementair en antiparallel aan de *template strand* en is dus een exacte kopie van de *non-template strand*.

De gevormde RNA keten bevat (met in achtname van de vervanging van thymine door uracil) het codeschrift uit de *non-template strand*. Daarom wordt de *non-template strand* ook wel aangeduid als de *coding strand*. En naar analogie daarvan wordt dan de *template strand* ook wel de *non-coding strand* genoemd, hoewel dat juist de streng is die wordt 'gelezen'. Oppletten dus …

Tijdens de transcriptie wordt de informatie, die is opgeslagen in de matrijsstreng, gekopieerd naar een RNA-molecuul. Anders gezegd: de transcriptie betreft het overschrijven van een gen, waarbij RNA wordt gevormd. Het gevormde RNA wordt ook wel **transcript** genoemd.

In Paragraaf 3.1 is al aangegeven dat het enzym RNA-polymerase de polymerisatie van ribonucleotiden faciliteert. Het enzym is dus onmisbaar tijdens de vorming van elk RNA-molecuul tijdens de transcriptie.

In prokaryoten is (naast het eerder behandelde primase, zie Paragraaf 3.2) slechts één type RNA-polymerase aangetoond. Binnen dit het RNA-polymerase zijn twee subunits te onderscheiden:
1. Het *core*-**enzym**: dit vormt het actieve centrum van het enzym. Het beschikt over de polymerisatiefunctie.
2. De **sigmafactor**: deze subunit helpt het *core*-enzym de beginplaats voor de transcriptie te vinden. De sigmafactor geeft dat aan door zich tijdelijk te binden aan die startplaats op het DNA.

Van eukaryote cellen is er echter een drietal RNA-polymerasen bekend. Zij worden aangeduid met de namen RNA-polymerase I, II en III. Herkenning van de startplaats voor de transcriptie vindt daarbij plaats door **transcriptiefactoren**.

Bespreking van de transcriptie vindt in dit boek plaats aan de hand van het eerste model met slechts één RNA-polymerase.

De vorming van een RNA-kopie van een (DNA)-gen, wordt gestuurd door het enzym **RNA-polymerase** (voluit: **DNA-afhankelijk RNA-polymerase**), op basis van:
• ketenvorming (de fosfaatgroep op 5' haakt aan op de hydroxylgroep op 3'); en
• basenparing (complementariteit).

Het gen fungeert daarbij als het sjabloon (*template*) en bepaalt daarmee de volgorde der nucleotiden in de te vormen kopie. Dat gebeurt op basis van de regels van de basenparing. Het RNA-polymerase staat er garant voor dat alleen **ribonucleotiden** worden gebruikt in de ketenvorming. Aldus ontstaat er een streng RNA die (complementair en antiparallel) de informatie van de *template strand* weergeeft.

Eerder is vastgesteld, dat de keten van een nucleïnezuur (en dus ook de keten RNA) altijd wordt gevormd in de 5'→3' richting: de fosfaatgroep op 5' 'haakt' aan, aan de hydroxylgroep op 3'. Het enzym RNA-polymerase verplaatst zich tijdens de transcriptie dan in de 3'→5' richting over de *template strand*.

De standaard positionering in een illustratie van dsDNA is dat de onderste streng ervan van links naar rechts getekend wordt in een 3'→5' oriëntatie (zie Figuur 1.61). Dit houdt in, dat in elke illustratie omtrent de transcriptie, de *template strand* altijd als de onderste streng wordt gepresenteerd. Deze redenering is in dit boek consequent doorgevoerd.

Het transcriptieproces vertoont grote overeenkomsten met de DNA-replicatie. Er zijn echter een aantal essentiële verschillen:

1. Er wordt slechts een beperkt deel (een gen) van het totale DNA-molecuul gekopieerd.
2. Beide processen (replicatie en transcriptie) vinden binnen een *bubble* plaats. De replicatie-vorken binnen de replicatie-*bubble* bewegen van elkaar af. De replicatie-*bubble* wordt als maar groter.

   De transcriptie-*bubble* daarentegen heeft een vast formaat, en verplaatst zich in één rich-ting over het gen. Beschouw de transcriptie-*bubble* als een gecombineerde openings- en sluitingsvork. De sluitingsvork beweegt op gepaste afstand achter de openingsvork aan.
3. Het DNA vertoont direct na replicatie een dubbelstrengstructuur en die structuur blijft gehandhaafd. In tegenstelling tot het gesynthetiseerde RNA, dat loskomt van de *template*.
4. De syntheserichting van het te vormen RNA is gelijk aan de bewegingsrichting van de openingsvork van de transcriptie-*bubble*. Het transcriptieproces verloopt daarom altijd continu zoals bij de *leading strand* tijdens de replicatie.
5. De nieuwe streng wordt niet opgebouwd met desoxyribonucleotiden maar met ribo-nucleotiden.
6. Voor de synthese van de RNA-streng wordt slechts een van de twee DNA-strengen gelezen.
7. Niet alleen de ruggengraat van het RNA is anders, maar ook één van de vier basen is anders: in plaats van thymine zit uracil (blauw-geel geblokt in Figuur 3.28) in RNA.
8. Waar alle DNA-polymerases altijd een primer nodig hebben, hebben RNA-polymerases dat nooit.

Figuur 3.27 toont een stukje dsDNA vóór transcriptie.

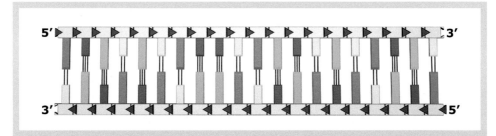

Figuur 3.27. Dubbelstrengs DNA. Zie ook Figuur 1.56 t/m 1.61. De ruggengraten zijn in grijs weergegeven (driehoekjes zijn de fosfaatgroepen). Basen zijn gekleurd (groen = G, rood = C, blauw = A, geel = T). Tussen G en C bevinden zich drie waterstofbruggen (verti-cale streepjes) en tussen A en T twee. De bovenste streng is in de 5'–3'richting geschreven met de tegenoverliggende streng daaronder. Deze laatste dient voor de transcriptie als *template* of matrijs.

Figuur 3.28 toont het stukje ssRNA dat tijdens de transcriptie van de *template* (de onderste streng in Figuur 3.27) is gevormd.

Figuur 3.28. RNA. Het stuk RNA dat complementair is aan de onderste streng van het dubbelstrengs DNA in Figuur 3.27 heeft dezelfde volgorde, maar in plaats van een T zit er een U (groen = G, rood = C, blauw = A, geelblauw geblokt = U). De pentose in de ruggengraat is ribose (bruin) in plaats van desoxyribose in DNA.

Ter herinnering: het ssRNA wordt in de richting 5'→3' gesynthetiseerd. Vanwege de antiparallelliteit leest het RNA-polymerase de *template* dan in de 3'→5' richting. Dat is standaard in dit boek de oriëntatie van de onderste streng. Het RNA-polymerase 'leest' dus tijdens de transcriptie de onderste streng. Het gevormde stukje RNA (dat een gevolg is van die transcriptie) is dus antiparallel en complementair aan die onderste streng.

3.3.1.1 Oriëntatie op de *template*

Om de transcriptie te kunnen beperken tot het coderend deel van het DNA moet het **RNA-polymerase** wel weten waar het met het lezen van de *template* moet beginnen, en waar het moet stoppen. Dit wordt mogelijk gemaakt door de aanwezigheid van twee specifieke stukjes DNA. Met verwijzing naar Figuur 3.29 treffen we één specifiek stukje DNA juist vóór het begin van het gen[112] (de **promotor**), en één specifiek stukje DNA aan het einde van het gen (de **terminator**) aan. De koppeling van het RNA-polymerase aan de *template* vindt plaats op de promotor[113]. En de eerste base die het RNA-polymerase leest op de *template* wordt aangeduid als de *+1 site*, ook wel **TSS** (*transcription start site*) of **transcriptie-startplaats** genoemd (Tekstbox 3.6).

---

[112] Hier worden de promotor en het gen gezien als verschillende regio's in het DNA. Dat is de keuze in dit boek. Anderen beschouwen de promotor juist als onderdeel van het gen. Hierover bestaat geen consensus.
[113] De herkenning van de promotor vindt plaats door bepaalde DNA-bindende eiwitten: de Sigmafactor in prokaryoten en de transcriptiefactoren in eukaryoten. Zij markeren de plaats van de start van de transcriptie.

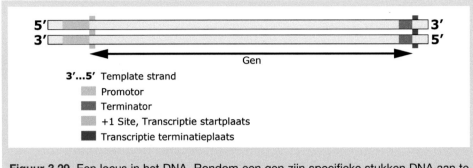

Figuur 3.29. Een locus in het DNA. Rondom een gen zijn specifieke stukken DNA aan te wijzen zoals de promotor (turkoois, voor het gen), de transcriptie startplaats (groen), een terminator (paars) en de terminatieplaats (rood, einde van het gen).

De transcriptie vindt plaats, vanaf de *+1 site*, in de richting van de *terminator*. Die richting (vanaf de *+1 site* naar de *terminator*) noemen we **stroomafwaarts** (Figuur 3.30).

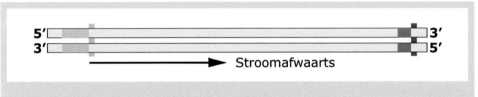

Figuur 3.30. Transcriptierichting. Zie Figuur 3.29. De richting waarin de transcriptie plaatsvindt wordt stroomafwaarts genoemd.

Tekstbox 3.6. Wegwijs op de *template*.

Uitgaande van de *+1 site* wordt de *template strand* als volgt ingedeeld:
- De transcriptie gerekend vanaf de +1 site vindt stroomafwaarts (*downstream*) plaats. De plaatsaanduiding van een base in dit gebied wordt aangegeven met een plusteken en een cijfer. Het cijfer komt overeen met het aantal basen dat gelegen is tussen de betreffende base en de base op de +1 site.
- De tegenovergestelde richting gerekend vanaf de +1 site heet dan stroomopwaarts (*upstream*). De plaatsaanduiding van een base stroomopwaarts van de +1 site wordt aangegeven met minteken en een cijfer. Het cijfer komt weer overeen met het aantal basen dat gelegen is tussen de betreffende base en de base op de +1 site. Let op: er is geen nul, dus bij tellen worden zo vaak fouten gemaakt! Stroomopwaarts bevindt zich dan de promotor. Dat wil zeggen dat de promotor nog vóór de +1 site en dus nog vóór het gen ligt. De promotor wordt zelf dus niet getranscribeerd.
- Stroomafwaarts, helemaal aan het einde van het gen, bevindt zich de terminator.

Let op:
- De promotor en de terminator zijn allebei als driedimensionaal te beschouwen. Zij functioneren ruimtelijk als dsDNA. Zij worden herkend, respectievelijk benaderd of verlaten/losgelaten als de DNA-strengen gesloten zijn. De promotor en de terminator zijn dus op beide strengen gelokaliseerd.
- Het gen op de *template* wordt base voor base gelezen, terwijl de DNA-strengen geopend/gescheiden zijn. Deze regio functioneert ruimtelijk dus als een ssDNA.
- De *+1 site* maakt deel uit van het stuk DNA dat transcriptie ondergaat: het gen.

3.3.1.2 Ribonucleosidetrifosfaat

Beginnend op de *+1 site*:
- koppelt het RNA-polymerase complementaire ribonucleotiden middels waterstofbruggen aan de basen van de desoxyribonucleotiden van de *template*; en
- verbindt het deze complementaire ribonucleotiden onderling middels covalente bindingen tot een groeiende RNA-keten.

Ten behoeve van die RNA-synthese worden de ribonucleotiden 'binnengehaald' in de vorm van trifosfaten[114], aangeduid als een ribonucleosidetrifosfaat, vaak afgekort tot **rNTP**. De vier ribonucleosidetrifosfaten zijn ATP, GTP, CTP en UTP.

Van ATP en GTP (zie Paragraaf 1.4.4) wisten we al dat het energierijke verbindingen zijn, maar dat geldt ook voor de twee andere trifosfaten (ook voor de dNTP's). De energie die vrijkomt bij de afsplitsing van twee fosfaatgroepen (NTP → NMP + 2P) wordt gebruikt om het polymerisatieproces uit te voeren.

3.3.1.3 Het gevormde RNA

Door het samenvoegen van rNTP's ontstaat een RNA-kopie. Elke RNA-kopie heeft een enkelstrengsstructuur en wordt het **RNA-transcript** genoemd. Er worden tijdens de transcriptie meerdere soorten RNA gevormd. Eén type RNA bevat de code aan de hand waarvan de aminozuurvolgorde in het te vormen eiwit wordt bepaald. Dit type RNA staat bekend als het boodschapper- of *messenger-RNA* (**mRNA**).

Behalve dit mRNA worden er door middel van de transcriptie ook enkele andere typen RNA geproduceerd. Zij coderen weliswaar niet voor de aminozuurvolgorde in het te vormen eiwit, maar zijn nadrukkelijk wel betrokken bij de synthese van eiwitten:

---

[114] De ribonucleosidetrifosfaten worden aan elkaar gekoppeld door een polymerisatiereactie. Deze polymerisatiereactie leidt tot de vorming van een fosfodiësterbinding tussen de twee ribonucleotiden, onder afsplitsing van pyrofosfaat.
Het vormen van een fosfodiësterbinding kost energie. De afsplitsing van het pyrofosfaat en de latere splitsing van hetzelfde pyrofosfaat leveren de energie, die nodig is voor de polymerisatie. De polymerisatie reactie kan energetisch neutraal geschieden als wordt uitgegaan van een trifosfaat.

- *Transfer*-RNA of **tRNA**. Deze moleculen hebben als functie het 'bij de hand' nemen van aminozuren in het cytosol om ze als 'bouwstenen voor het te vormen eiwit' aan te reiken.
- **Ribosomaal-RNA** of **rRNA** (zie Paragraaf 2.2.3). Dit zijn RNA-moleculen die samen met een aantal eiwitten het **ribosoom** vormen. Het rRNA werkt – samen met de ribosomale eiwitten – binnen het ribosoom als een enzym[115].
- Behalve de genoemde RNA's worden er ook een aantal regulerende RNA's gevormd, zoals **shRNA's** (*short hairpins RNA's*), **snRNA's** (*small nuclear RNA's*) en **micro-RNA's**. Bespreking daarvan valt buiten het bestek van dit boek[116].

De verschillende soorten RNA ontstaan dus allemaal aan de hand van transcriptie. De genen die worden overschreven om het rRNA te synthetiseren liggen bij elkaar in de nucleolus. Welhaast 80% van alle gevormde RNA's bestaat uit rRNA. Het mRNA en het tRNA worden buiten de nucleolus, op andere plaatsen binnen de nucleus, gevormd.

De conclusie is dat niet elk RNA-transcript de volgorde van het te vormen eiwit bevat. Elk RNA-transcript heeft daarentegen wel een eigen taak binnen de eiwitsynthese.

In bacteriën zorgt één RNA-polymerase voor de vorming van alle RNA's. Bij de eukaryoten onderscheiden zich op dit punt drie typen RNA-polymerase: type I, II en III. RNA-polymerase I en RNA-polymerase III synthetiseren de rRNA's. RNA-polymerase II vormt de overige RNA's.

Het mRNA

Zoals gezegd: het RNA-transcript (Figuur 3.31) dat de informatie over de aminozuurvolgorde in het te vormen eiwit bevat staat bekend als het boodschapper- of *messenger-RNA* (**mRNA**).

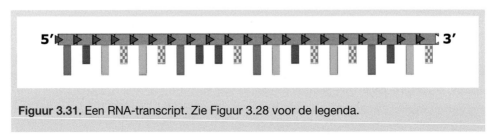

Figuur 3.31. Een RNA-transcript. Zie Figuur 3.28 voor de legenda.

In prokaryote cellen komt het mRNA direct ter beschikking in het cytoplasma en daarmee direct ter beschikking voor verdere verwerking in het kader van de eiwitsynthese.

In eukaryote cellen komt het mRNA transcript vrij in de kern als **primair transcript**. Het ondergaat in die kern nog de nodige bewerkingen alvorens het functioneel is als **rijp messenger-**

---

[115] Zie Paragraaf 1.4.5.
[116] De kennis omtrent deze regulerende RNA's wordt onder andere aangewend voor de ontwikkeling van daarop lijkende moleculen (zoals siRNA's). Bedoelde moleculen worden toegepast in geneesmiddelen om bijvoorbeeld genen te onderdrukken.

De bouwstenen van het leven

RNA (mRNA). Als rijp mRNA verlaat het molecuul de kern. Eenmaal in het cytoplasma komt het rijpe mRNA ter beschikking voor verdere verwerking in het kader van de eiwitsynthese. Hierin onderscheiden de prokaryote- en eukaryote cellen zich dus van elkaar.

3.3.1.4 Het transcriptieproces

1. De promotor wordt herkend door het RNA-polymerase. De replicatie-*bubble* wordt gevormd (Figuur 3.32). Hiermee start de **initiatiefase** van de transcriptie.

Figuur 3.32. Initiatie van transcriptie. Het RNA-polymerase (geel) herkent de promotor. De dubbele streng DNA wordt geopend op de plaats van de promotor (blauw). Op deze manier wordt het DNA toegankelijk voor het RNA-polymerase dat de transcriptie start op de startplaats (groen).

2. Beginnend bij de startplaats (*+1 site*) wordt de eerste ribonucleotide afgezet. Nadat twee ribonucleotiden door middel van een fosfodiësterbinding met elkaar zijn verbonden eindigt de initiatiefase[117]. De toevoeging van ribonucleotiden gaat verder (Figuur 3.33) en we spreken nu over de **elongatiefase**.

Figuur 3.33. Initiatie/elongatie. De eerste ribonucleotiden worden geplaatst. Er is sprake van een DNA-RNA ds-structuur. RNA in bruin, DNA in grijs en RNA-polymerase in geel weergegeven.

3. Aanvankelijk vormen de toegevoegde ribonucleotiden met de *template* een dubbelstreng constructie. Als er voldoende RNA is gevormd komt het los van het DNA (Figuur 3.34) waarna de dsDNA-structuur weer wordt hersteld.

---

[117] Het RNA-polymerase maakt zich nu los van het complex bestaande uit de transcriptiefactoren en verplaatst zich langs de *template* richting de terminator.

Figuur 3.34. Elongatie van transcriptie. De toevoeging van de ribonucleotiden vindt binnen de *bubble* plaats. Buiten de *bubble* komt het RNA (bruin) los van het DNA (grijs) en erachter ontstaat weer een dsDNA-structuur. RNA-polymerase in geel weergegeven.

4. Dit proces vervolgt zijn weg tot het moment dat het enzymencomplex en de replicatie-*bubble* de stopplaats nadert (Figuur 3.35).

Figuur 3.35. Terminatie van transcriptie. De toevoeging van de ribonucleotiden gaat door tot bij de terminator (paars) de terminatieplaats (rood) wordt bereikt. RNA-polymerase in geel weergegeven.

5. Als het replicatieproces de terminatie- of stopplaats heeft bereikt, eindigt de elongatiefase en treedt de **terminatiefase** in. Het RNA-polymerase maakt zich nu los van de *template* en de replicatie-*bubble* sluit zich tot een normale dsDNA-structuur (Figuur 3.36).

Figuur 3.36. Voltooiing van transcriptie. Het RNA-polymerase laat los. De *bubble* verdwijnt en het RNA-transcript (bruin) komt vrij. De lengte is gelijk aan die van start-plaats (groen) tot en met terminatieplaats (rood) in het DNA (grijs).

6. Het gen is nu gekopieerd. De genetische informatie in het gen is overgeschreven in een streng RNA (Figuur 3.36).

3.3.2 Genexpressie: translatie

Voor elk aminozuur is de genetische code in het mRNA geschreven in een **tripletcode** (Tekstbox 3.7): een code van drie basenletters op een rij. Een dergelijke tripletcode wordt een **codon** genoemd.

Er treedt dus een schaalvergroting in het denken op: het mRNA bestaat vanaf nu hoofdzakelijk uit een reeks codons (in plaats van aan elkaar gekoppelde basen), waarbij een codon geldt als de 'eenheid' van 3 basen op een rij. De essentie van het begrip 'genetische code' is, dat de codonvolgorde in het mRNA de vertaalslag is voor de aminozuurvolgorde in een eiwitmolecuul.

Tekstbox 3.7. De triplet codes.

De betekenis van een codon is in nagenoeg alle organismen gelijk. Dit is een sterk argument voor de bewering dat het leven op aarde in slechts één keer ontstond. De tripletcodes worden dan ook beschouwd als universele genetische codes. Op deze universele genetische codes zijn slechts enkele uitzonderingen bekend. Zij worden als latere evolutionaire varianten beschouwd.

In onderstaande tabel vind je de universele genetische codes (codons en het bijbehorende aminozuur). Het startcodon is in de tabel aangegeven met de kleur groen. De stopcodons met rood.

CODON-TABEL

	U	C	A	G	
U	UUU UUC Phe / UUA UUG Leu	UCU UCC UCA UCG Ser	UAU UAC Tyr / UAA UAG (stop)	UGU UGC Cys / UGA (stop) UGG Trp	U C A G
C	CUU CUC CUA CUG Leu	CCU CCC CCA CCG Pro	CAU CAC His / CAA CAG Gln	CGU CGC CGA CGG Arg	U C A G
A	AUU AUC AUA Ile / AUG Met	ACU ACC ACA ACG Thr	AAU AAC Asn / AAA AAG Lys	AGU AGC Ser / AGA AGG Arg	U C A G
G	GUU GUC GUA GUG Val	GCU GCC GCA GCG Ala	GAU GAC Asp / GAA GAG Glu	GGU GGC GGA GGG Gly	U C A G

De codon-tabel. De 64 codons kunnen in een vertaaltafel worden geplaatst met de bijbehorende aminozuren in drieletter-code (Phe = fenylalanine; Leu = leucine; Ile = isoleucine; Met = methionine; Val = valine; Ser = serine; Pro = proline; Thr = threonine; Ala = alanine; Tyr = tyrosine; His = histidine; Gln = glutamine; Asn = asparagine; Lys = lysine; Asp = asparaginezuur; Glu = glutaminezuur; Cys = cysteïne; Trp = tryptofaan; Arg = arginine; Gly = glycine).

Elke base uit een codon is uiteraard één van de 4 stikstofbasen A, C, G en U. Een codon kan dus op $4^3 = \mathbf{64}$ mogelijke manieren geschreven worden. Van deze 64 codons blijken er 61 te zijn die coderen voor een aminozuur en 3 codons die als **stopcodon** (dat het einde van de eiwitsynthese bepaalt) fungeren.

Nemen we als voorbeeld de schematische weergave van het mRNA-molecuul in Figuur 3.37.

Figuur 3.37. Het RNA-transcript (1). Van 5' naar 3'geschreven (groen = G, rood = C, blauw = A, geelblauw geblokt = U). De pentose in de ruggengraat is ribose (bruin), voor elke ribose zit een fosfaat (driehoekje).

Dat vereenvoudigen we in Figuur 3.38. In beide schema's is eenzelfde stuk mRNA weergegeven.

Figuur 3.38. Het RNA-transcript (2). Hetzelfde molecuul RNA (bruin) met de basen als letters geschreven.

Het translatieproces begint met een zogenoemd **startcodon**[118]. Het startcodon is in eukaryoten doorgaans het eerste 5'AUG3' codon[119] van het mRNA (Figuur 3.39).

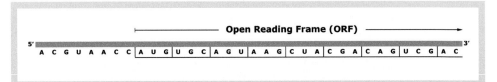

Figuur 3.39. Start van het *open reading frame* (ORF). Het 'open leesraam' start op de plaats van het startcodon (basenvolgorde AUG).

---

[118] In de meeste mRNA's is het startcodon AUG, maar bij een paar bacteriële mRNA's wordt GUG gebruikt als startcodon. In een heel enkel geval wordt in eukaryotisch mRNA niet AUG maar CUG gebruikt voor de start van de translatie.
[119] Het gepresenteerde mRNA, het *open reading frame* én de codons, die daarvan een onderdeel zijn, worden altijd gelezen in de 5'→3' richting.

Het vernieuwde schema maakt de verdeling in codons beter zichtbaar. Direct na het startcodon wordt de eiwitsynthese gestart. De lange rij codons, beginnend met een startcodon en eindigend met een stopcodon, wordt een *open reading frame* (Figuur 3.39 en 3.40, en Tekstbox 3.8) of **ORF** genoemd (in databanken soms ook wel **CDS** genoemd, dat staat voor *coding sequence*).

De drie stopcodons zijn 5'UAA3', 5'UGA3' en 5'UAG3'. Het eind van een ORF ziet eruit zoals in Figuur 3.40 weergegeven is.

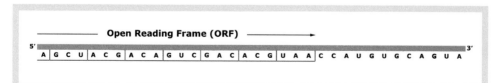

Figuur 3.40. Einde van het *open reading frame* (ORF). Het 'open leesraam' eindigt op de plaats van een stopcodon: in dit voorbeeld UAA (de volgordes UAA, UAG en UGA zijn stopcodons).

Tekstbox 3.8. *Frame shifting.*

De codons in het mRNA zijn niet chemisch of fysiek gescheiden. In theorie kan het mRNA dus (door een leesfout) in drie verschillende *reading frames* gelezen worden, waarbij elk *reading frame* één base verschoven ligt ten opzichte van het andere. Elk ander *reading frame* levert uiteindelijk een ander eiwit op. We spreken van *frame shifting* (letterlijk: leesraamverschuiving).

De eiwitsynthese aan de hand van een verkeerd gelezen *reading frame* loopt meestal vast op het stopcodon. De 'stapjes' van drie komen immers daar niet goed uit. Als gevolg daarvan wordt de lopende synthese vroegtijdig beëindigd. Door dit 'verdedigingsmechanisme' glipt er als gevolg van *frame shifting* heel zelden een verkeerd eiwit tussendoor.

3.3.2.1 tRNA

Alle tRNA's (70-80 ribonucleotiden lang) hebben op hoofdlijnen dezelfde gevouwen structuur. Het tRNA-molecuul[120] (Figuur 3.41) lijkt op een **klaverblad**. Het bestaat uit **4** *stems* (de steeltjes van de blaadjes). Drie ervan hebben *loops* (lussen die lijken op blaadjes) met 7 of 8 basen op het einde. En er is één *acceptor stem* waar het begin en het einde van het tRNA-molecuul weer bij elkaar komen. De 4 *stems* zijn door waterstofbruggen gefixeerd. Op één plek in het tRNA-

---

[120] In de illustratie is het tRNA-molecuul geplaatst in een positie die recht doet aan of een logisch gevolg is van de illustratie daarboven waarin een stuk mRNA wordt gepresenteerd.

molecuul gelegen in de oksel van 2 *stems* onderscheiden we nog een zogenoemde **variabele** *loop*. Meer specifiek is in Figuur 3.41 het tRNA-molecuul getekend dat het aminozuur serine op sleeptouw neemt.

Twee essentiële locaties in het tRNA-molecuul vragen aandacht:
1. Het **3' uiteinde**[121] eindigt in alle tRNA met de basenvolgorde CCA.
2. Het **anticodon** (een triplet code in de 'bovenste' *loop* van een tRNA-molecuul) dat zich volgens de regels van de basenparing kan koppelen aan het codon in het mRNA (Tekstbox 3.9).

Het CCA-uiteinde van het tRNA-molecuul neemt een aminozuur op sleeptouw. De basen-volgorde in het anticodon (bovenin) garandeert daarbij een versleuteling met dat specifieke aminozuur. Anders gezegd: bij een bepaalde basenvolgorde in het anticodon hoort een specifiek aminozuur. Er is sprake van een 'directe verwantschap'.

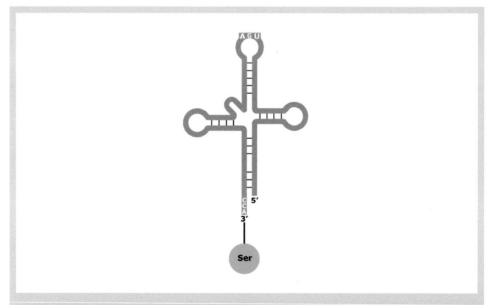

Figuur 3.41. Een tRNA-molecuul als drager van een aminozuur. Dit tRNA (bruin) heeft een anticodon (volgorde 3'AGU5') die hoort bij het aminozuur (groen) serine (Ser) dat aan de 3'-OH van de CCA volgorde koppelt. De klaverbladstructuur van tRNA is een gevolg van plaatselijke basenparing (met lijntjes aangegeven).

---

[121] Het mRNA-schrift (codon) en het tRNA-schrift (anticodon) wordt gelezen in de 5'→3'richting. In de synthe-serichting. Sprekend over aminozuren is het echter gebruikelijk de bijbehorende codons te benoemen. Het mRNA-schrift is de voertaal.

Tekstbox 3.9. De *wobble* positie.

Indien alleen de perfecte Watson-Crick basenparing acceptabel zou zijn voor een codon-anticodon binding, dan zouden de cellen exact 61 verschillende tRNA soorten moeten bevatten. Maar vaak wordt dat aantal niet gehaald. Een verklaring daarvoor is te vinden in het vermogen van een enkel tRNA anticodon (maar niet noodzakelijk elk tRNA) om meer dan één codon te herkennen. Deze bredere herkenning kan ontstaan door een 'niet-standaard' basenparing in de zogenaamde *wobble* positie.

De *wobble* positie wordt omschreven als de derde (3') base in het mRNA (codon) en de overeenkomstige eerste (5') base in het tRNA (anticodon). Belangrijk daarbij is het G-U basenpaar dat bijna net zo goed 'past' als het standaard G-C paar. Het een en ander overeenkomstig de figuur.

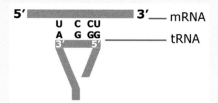

De *wobble* positie. Aan de 3'-zijde van het codon en de 5'-zijde van het anticodon bevindt zich de *wobble* positie. De derde letter van het codon is om die reden minder strikt voor de vertaling van codon naar aminozuur. Het mRNA (bruin, boven) wordt evengoed herkend door een tRNA (bruin, onder) met anticodon 5'GGA3' wanneer het codon UCC zou zijn of UCU (in beide gevallen wordt dit vertaald naar serine (zie tabel in Tekstbox 3.6).

Samenvattend

- ▶ Tijdens de transcriptie wordt aan de hand van een coderend stuk van het DNA een complementair en antiparallel mRNA-molecuul gesynthetiseerd.
- ▶ Het tRNA bevat een anticodon én een daarbij behorend aminozuur. De tRNA's zijn door de koppeling van hun anticodon aan het codon (van het mRNA) de decodeersleutels die de vertaling van genetische code naar eiwit mogelijk maken.
- ▶ De codonvolgorde in het mRNA-molecuul bepaalt de aminozuurvolgorde in het eiwit.

3.3.2.2 Translatie

Na de transcriptie (het overschrijven) volgt de **translatie** (het vertalen) als deelproces van de genexpressie. De translatie speelt zich volledig af in het ribosoom. In het ribosoom wordt het mRNA-molecuul uitgelezen, en wordt een eiwitmolecuul geproduceerd waarvan de amino-zuurvolgorde overeenkomt met de codons in het mRNA-molecuul.

Het ribosoom bestaat uit een grote subunit (Figuur 3.42) en een kleine subunit (Figuur 3.43).

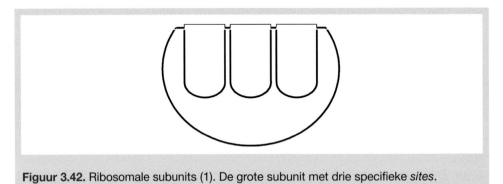

Figuur 3.42. Ribosomale subunits (1). De grote subunit met drie specifieke *sites*.

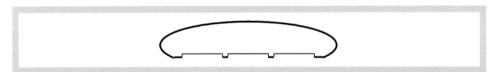

Figuur 3.43. Ribosomale subunits (2). De kleine subunit past op de grote subunit en kan daarmee een ribosoom vormen.

De subunits zijn opgebouwd uit een aantal rRNA's in combinatie met een aantal eiwitten[122]. In een functioneel ribosoom (Figuur 3.44) zijn beide subunits samengevoegd. Zij omsluiten dan drie domeinen:
- de *E-site*;
- de *P-site*;
- de *A-site*.

---

[122] Voor meer details zie Tekstbox 2.2.

De bouwstenen van het leven

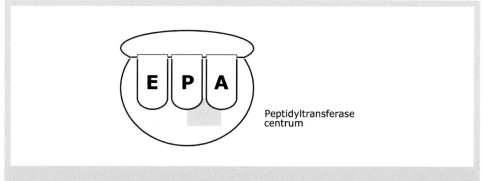

Figuur 3.44. Ribosoom. Een ribosoom kent een *exit* (*E*), peptidyl (*P*), en aminoacyl (*A*) *site*. De laatste twee flankeren het peptidyltransferase centrum (groen).

E, *P* en *A* staan voor: *exit*, peptidyl en aminoacyl. Elke site biedt ruimte aan exact één (anti) codon.

Tussen de *A-site* en de *P-site* (Figuur 3.44) bevindt zich een enzymatisch actief gebied dat de vorming van de peptidebindingen tussen de verschillende aminozuren in het ribosoom katalyseert. Dit gebied staat bekend als het **peptidyltransferase centrum.**

Translatie initiatie

We weten inmiddels dat het eerste 5'AUG3'-codon geldt als het startcodon van het translatieproces. Het AUG-codon codeert voor het aminozuur **methionine**. Methionine is dus te beschouwen als een start aminozuur.

Echter ... het kan ook voorkomen dat methionine gewenst is als bouwsteen in een groeiende eiwitketen! In alle organismen vinden we om die reden twee verschillende methionine tRNA's. Zij worden aangeduid als **Met-tRNA$_i^{Met}$** (initieert de synthese) en als **Met-tRNA^{Met}** (bouwsteen in een groeiende eiwit keten)[123].

Het initiatieproces (Figuur 3.45) omvat:
1. het bij elkaar brengen van het mRNA, het Met-tRNA$_i^{Met}$ en de kleine subunit;
2. de plaatsing van het Met-tRNA$_i^{Met}$ op het startcodon[124] in de *P-site*;

---

[123] Het Met-tRNA$_i^{Met}$ onderscheidt zich van het Met-tRNA^{Met} door een formylgroep gekoppeld aan de aminogroep van het initiërend methionine. In die samenstelling aangeduid als N-formylmethionine of fMet.
[124] Selectie van het startcodon AUG wordt mogelijk gemaakt door de omliggende nucleotiden op het mRNA in de zogenoemde *Kozak sequence*. Deze Kozak sequentie ziet er als volgt uit 5'ACCAUGG3'. De A voorafgaande aan de AUG en de G direct erop volgend zijn de belangrijkste nucleotiden voor een efficiënte initiatie van de translatie. Wanneer het eerste startcodon in het mRNA zich niet in een dergelijke omgeving bevindt ontstaat de kans dat het niet goed herkend wordt, in welk geval een volgend startcodon als start fungeert.

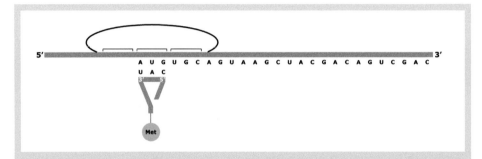

Figuur 3.45. Initiatie van translatie (1). De gecombineerde plaatsing van de kleine subunit van het ribosoom (boven) en het eerste tRNA-molecuul met het aminozuur methionine (Met, groen bolletje) door basenparing van het anticodon (5'CAU3') aan het startcodon (AUG) van het mRNA. Het mRNA (lineair) en tRNA (gebogen als een omgekeerde triangel) zijn in bruin weergegeven.

3. de samenvoeging van de kleine- en de grote subunit (Figuur 3.46).

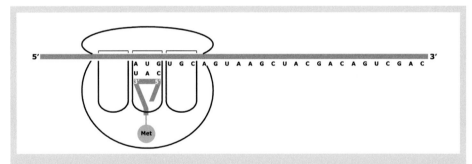

Figuur 3.46. Initiatie van translatie (2). Vergelijk Figuur 3.45; de grote subunit koppelt zich aan de kleine subunit. Het ribosoom is nu compleet en de translatie kan starten.

De samenvoeging van de grote en de kleine subunit tot een ribosoom vindt plaats rondom een mRNA met een Met-tRNA$_i^{Met}$ op het startcodon in de *P-site* (Figuur 3.46). Dit hele proces wordt begeleid door een set eiwitten dat bekend staat als de translatie *initiation factors* (IFs). Nadat de twee subunits zijn samengevoegd is de initiatiefase afgesloten. De subunits kunnen niet meer gescheiden worden tot het moment dat de translatie van het mRNA en dus de eiwitsynthese is afgelopen.

Translatie elongatie

Tijdens de elongatiefase worden de verschillende aminozuren op geleide van de codons toegevoegd aan de groeiende eiwit keten. Elongatie duurt tot de herkenning van het stop-codon. Het translatieproces wordt tijdens de elongatiefase begeleid door *elongation factors*

(Tekstbox 3.10) (**EFs**). Tijdens de elongatiefase wordt aminozuur na aminozuur aan het groeiend eiwit gekoppeld.

Elongatie kent de volgende stappen:
1. Het **binnenhalen** (op de *A-site*) van het tRNA met daaraan gekoppeld een aminozuur (samen aminoacyl-tRNA of **aa-tRNA** genoemd), waarvan het anticodon complementair is aan het codon op de *A-site* (Figuur 3.47).

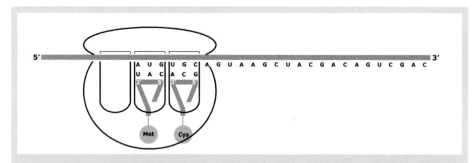

Figuur 3.47. Elongatie van translatie (1). Plaatsing van een tweede aminoacyl-tRNA in de *A-site* van het ribosoom. Het codon UGC codeert voor een cysteine (cys, groen bolletje) en is complementair aan anticodon 5'GCA3' van het tRNA. Zie Figuur 3.45 voor de legenda.

Tekstbox 3.10. De rol van de elongatiefactor.

Na de vorming van het ribosoom wordt elk aa-tRNA (aminoacyl-tRNA) binnengehaald als een driedelig (ternair) EF1α-GTP-aa-tRNA complex. Het EF1α.GTP heeft zich gebonden aan de aa-tRNA's in het cytosol. De aa-tRNA's zijn daarmee geschikt om de *A-site* binnen te komen op het moment dat het juiste codon zich presenteert.

Op het moment dat het anticodon op basis van basenparing correct is gekoppeld aan het codon in de *A-site* wordt het GTP in het EF1α.GTP gehydrolyseerd. Dit heeft een conformatie verandering van het ribosoom tot gevolg. Hierdoor wordt het aa-tRNA 'vastgeklonken' in de A-site en wordt het resterende EF1α.GDP complex vrijgegeven. Het EF1α.GDP complex komt daarbij in een kringloop waarin het weer wordt 'opgewaardeerd' tot EF1α.GTP om zich vervolgens weer te binden aan een van de aanwezige aa-tRNA's.

GTP hydrolyse (afsplitsing van een fosfaatgroep onder opneming van H_2O) en 'het vastklinken' vinden niet plaats als het anticodon niet correspondeert met het codon in de *A-site*. In dat geval verwijdert het ternair (aa-tRNA-EF1α.GTP) complex zich en laat het een lege *A-site* achter. Een ander ternair complex neemt de leeg gekomen *A-site* over. Dit herhaalt zich tot er een correcte passing en binding op basis van de regels voor de basenparing ontstaat.

De GTP hydrolyse werkt als een leescontrole, als een schakelaar (go/no go). De GTP hydrolyse vindt pas plaats na een correcte binding op basis van de regels voor basenparing. Alleen in dat geval geeft de GTP hydrolyse het 'groene licht' voor de volgende stap in de translatie: de conformatieverandering. De GTP hydrolyse draagt in die zin bij aan de betrouwbaarheid van de eiwitsynthese.

2. Zodra het aa-tRNA correct gekoppeld is op het codon, komen de 3'-einden van de tRNA's in de *A-site* en in de *P-site* dicht bij elkaar te liggen in het petidyltransferase centrum. De aminogroep van het aminozuur in de *A-site* vormt nu een peptidebinding met de carboxyl-groep van het aminozuur in de *P-site* (Figuur 3.48).

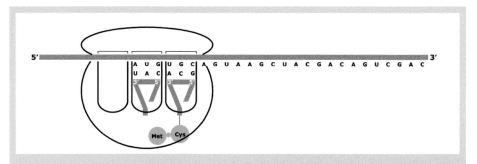

Figuur 3.48. Elongatie van translatie (2). Zie Figuur 3.45 voor de legenda. De vorming van een peptidebinding tussen de aminozuren in de *P-site* en de *A-site*. Methionine (Met) koppelt aan cysteine (Cys) en vormt een dipeptide. Methionine is nu losgekoppeld van het eerste tRNA.

Deze koppelingsreactie staat bekend als **peptidyltransferase reactie** en vindt plaats in het peptidyltransferase centrum, gekatalyseerd door (*peptidyltransferase*[125] enzym) het **rRNA** in de grote subunit van het ribosoom.

Na deze peptidyltransferase reactie wordt het in de *P-site* aan het tRNA gebonden amino-zuur ontkoppeld van het tRNA. De gekoppelde aminozuren zijn nu gebonden aan de tRNA in de *A-site*. Het tRNA in de *P-site* is **gedeacyleerd** (ontdaan van zijn aminozuur). De gekoppelde aminozuren gebonden aan de tRNA in de *A-site*, vormen het begin van de groeiende eiwitketen. Het tRNA-molecuul in de *A-site*, tijdelijk nog gebonden aan de groeiende eiwitketen, wordt nu een **peptidyl-tRNA**[126] genoemd.

Voor het juiste begrip, de eigenlijke eiwitsynthese begint pas na de eerste peptidyltransferase reactie. Dus pas in de elongatie fase van de translatie. Het 'start-aminozuur' methionine maakt meestal geen deel uit van het uiteindelijke eiwitmolecuul omdat het vaak naderhand eraf wordt gehaald (een vorm van *post-translational processing*).

3. Het verplaatsen (**translocatie**) van het **ribosoom** in de richting van het 3'-einde van het mRNA (Figuur 3.49). De translocatie (verplaatsing) van het ribosoom vindt plaats over de lengte van één codon. Het ribosoom verplaatst zich, terwijl de in het ribosoom aanwezige tRNA's (op basis van de codon-anticodon-koppeling) gebonden blijven aan het mRNA.

---

[125] Peptidyltransferase is een enzym dat de koppeling van aminozuren tot een peptide ('keten' bestaande uit aan elkaar gekoppelde aminozuren) katalyseert.
[126] Het tRNA is niet meer verbonden met een aminozuur maar gekoppeld aan een peptide.

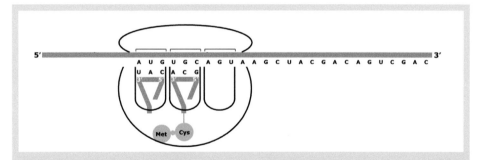

Figuur 3.49. Translocatie van het ribosoom (1). De verplaatsing (translocatie) van het ribosoom over de lengte van één codon. Het ribosoom schuift naar rechts en de tRNA-moleculen zitten nu in de *E*- en de *P-site*. De *A-site* (rechts) is leeg. Zie Figuur 3.45 voor de legenda.

Het gevolg is dat de in het ribosoom aanwezige tRNA's als het ware een site opschuiven in het ribosoom[127]. Na de translocatie wordt de inhoud van de *E-site* uitgeworpen en wordt de inmiddels lege *A-site* voorzien van een nieuwe en passende aa-tRNA (Figuur 3.50).

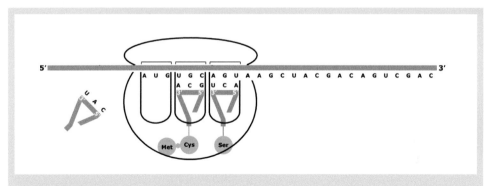

Figuur 3.50. Elongatie van translatie (3). Plaatsing van een aminoacyl-tRNA in de *A-site* en het gelijktijdig vrijgeven van het tRNA-molecuul in de *E-site*. Zie Figuur 3.45 voor de legenda.

Er vindt weer een peptidyltransferasereactie plaats (Figuur 3.51), gevolgd door een translocatie (Figuur 3.52).

---

[127] Deze translocatie wordt met behoud van de stabiliteit mogelijk gemaakt door interacties tussen de rRNA's en de verschillende loops van de tRNA's.
Het inmiddels gedeacyleerde tRNA dat aanvankelijk in de *P-site* aanwezig was, zal na translocatie van het ribosoom in de *E-site* terecht komen. En zo zal het peptidyl-tRNA in de *A-site*, na translocatie in de *P-site* van het ribosoom terecht komen.

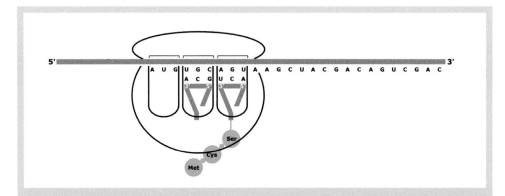

Figuur 3.51. Elongatie van translatie (4). De vorming van een peptidebinding tussen de aminozuren in de *P-site* en de *A-site*. Het Met-Cys dipeptide wordt zo overgedragen aan het volgende aminozuur (serine, Ser) en een tripeptide is ontstaan. Zie Figuur 3.45 voor de legenda.

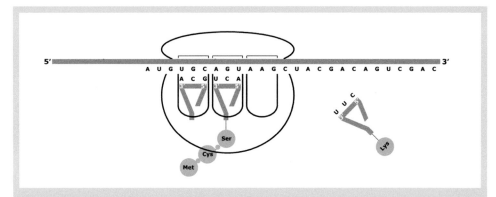

Figuur 3.52. Translocatie van het ribosoom (2). De verplaatsing (translocatie) van het ribosoom over de lengte van één codon. Het ribosoom schuift weer drie basen naar rechts en de tRNA-moleculen zitten nu in de *E-* en de *P-site*. De *A-site* (rechts) is leeg. Zie Figuur 3.45 voor de legenda.

Nu wordt de inhoud van de *E-site* weer uitgeworpen en de lege *A-site* voorzien van een nieuwe aa-tRNA (Figuur 3.53).

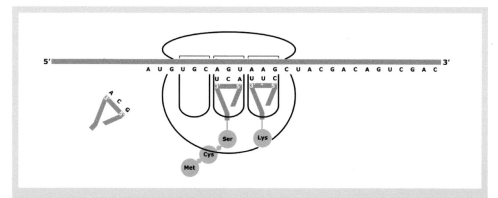

Figuur 3.53. Elongatie van translatie (5). Plaatsing van een aminoacyl-tRNA in de *A-site* en het gelijktijdig vrijgeven van het tRNA-molecuul in de *E-site*. Zie Figuur 3.45 voor de legenda.

Etcetera, etcetera ... Dit proces staat bekend als de **elongatie cyclus**. Deze cyclus wordt steeds opnieuw doorlopen tot het stopcodon wordt herkend. De groeiende eiwitketen verlaat het ribosoom via een 'kanaalopening' in de grote subunit.

Translatie terminatie

Op een gegeven moment vindt de laatste peptidyltransferasereactie in de elongatiecyclus plaats (Figuur 3.54).

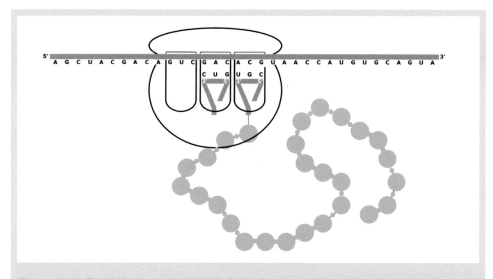

Figuur 3.54. Elongatie van translatie (6). De laatste peptidyltransferasereactie vindt plaats als het ribosoom het stopcodon (in dit geval UAA) nadert. De peptideketen is klaar en zit nog vast aan het laatste tRNA. De translatie nadert haar einde. Zie Figuur 3.45 voor de legenda.

De bouwstenen van het leven

Er heeft zich intussen een eiwitketen gevormd en het ribosoom staat op het punt een laatste translocatie uit te voeren. Door de translocatie wordt de inhoud van de *E-site* uitgeworpen en verschijnt het stopcodon 5'UAA3' in de *A-site* (Figuur 3.55).

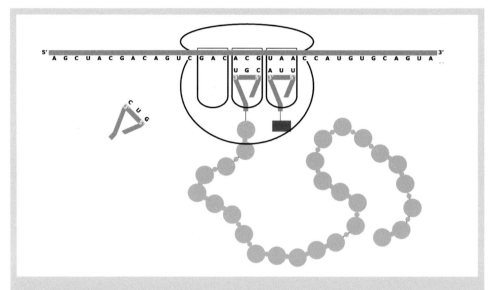

Figuur 3.55. Terminatie van translatie (1). Na de laatste translocatie verschijnt het stopcodon in de *A-site*. Dit wordt gevolgd door de plaatsing van de *release factor* (tRNA met rood blokje) in de *A-site* en het gelijktijdig vrijgeven van het tRNA-molecuul in de *E-site*.

Op dat moment wordt de *A-site* bezet door een *release factor* (**eRF1**[128]). De vorm ervan komt weliswaar overeen met die van elk ander tRNA, maar de vorming van een peptidebinding blijft nu uit.

---

[128] eRF1 (een eiwit) staat voor de eerste *release factor* bij eukaryoten.

Correcte plaatsing van de *release factor* in de A-site, veroorzaakt het 'losknippen' van de gevormde eiwitketen van het peptidyl-tRNA (*peptidyl-tRNA cleavage*) in de *P-site* en het ontkoppelen van de twee ribosomale subunits (Figuur 3.56), die als het ware van het mRNA afvallen, waarbij het laatste in het ribosoom aanwezige tRNA vrijkomt

Figuur 3.56. Terminatie van translatie (2). Tot slot valt het totale construct uiteen in subunits, tRNA (bruin) en release factor (tRNA met rood blokje), en komt het gevormde eiwit (groen) vrij.

> **Samenvattend**

> ▶ Tijdens de translatie wordt in het ribosoom in de *A-site* elk codon van het mRNA-molecuul gepresenteerd en uitgelezen.
> ▶ Hierbij wordt in de *A-site* elk gepresenteerd codon (van het mRNA) gekoppeld aan een bijbehorend anticodon (van een tRNA).
> ▶ Door die koppeling voert het tRNA één specifiek aminozuur aan.
> ▶ Dit aangeleverde aminozuur wordt in het ribosoom in het peptidyl-transferasecentrum gekoppeld aan de groeiende eiwitketen.
> ▶ De translatie stopt wanneer een stopcodon in de *A-site* een *release factor* vereist: het ribosoom valt uiteen en de gevormde peptide-keten komt vrij.
> ▶ De eiwitketen wordt net als de DNA- en RNA-ketens gesynthetiseerd in één bepaalde richting. Waar bij de nucleïnezuren (DNA en RNA) de syntheserichting van 5'→3' verloopt, is dat bij eiwitvorming in de N→C richting (Figuur 3.57).

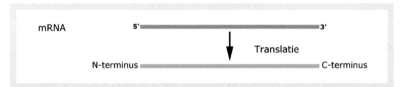

Figuur 3.57. Het resultaat van de translatie. Tijdens de translatie wordt het mRNA (bruin) uitgelezen en de informatie wordt vertaald naar een eiwitmolecuul (groen). De richting van het mRNA is van 5' naar 3' en die van het vertaalde eiwit van de N-terminus (links) naar de C-terminus (rechts).

3.3.3 Genexpressie: variaties

De eiwitsynthese verloopt in alle cellen zoals hiervoor beschreven:
1. bij de transcriptie worden RNA's gevormd (rRNA, mRNA, tRNA en meerdere typen regulerende RNA's); en
2. bij de translatie wordt in het ribosoom de codonvolgorde in het mRNA vertaald naar de aminozuurvolgorde van het eiwit.

Op dit thema zijn echter meerdere variaties ontstaan. Er blijken met name opmerkelijke verschillen te bestaan tussen het transcriptieproces in cellen van prokaryoten en in cellen van eukaryoten:
1. de plaats van handeling in de cel is een andere;
2. er zijn verschillen ten aanzien van de promotor en de terminator;
3. de genen vertonen een andere structuur en zijn anders georganiseerd;
4. de verdere verwerking/afhandeling van het geproduceerde RNA is anders.

3.3.3.1 Locatie

Prokaryoten hebben geen kern. Het DNA bevindt zich min of meer gegroepeerd in het cytosol en de transcriptie vindt dan ook plaats in het cytosol. Het RNA-transcript is bij prokaryoten direct geschikt voor translatie.

In eukaryoten bevindt het meeste DNA zich binnen de kern van de cel. Transcriptie vindt plaats in de kern. Het RNA-transcript wordt bij eukaryote organismen **primair transcript** genoemd, omdat het aanvankelijk gevormde RNA-molecuul nog bewerkt moet worden alvorens het functioneel is. Ook deze RNA-bewerking vindt in de kern plaats.

3.3.3.2 Promotor herkenning

Alle DNA dat voor het begin van de *+1 site* (de TSS) ligt en dat de genexpressie wezenlijk beïnvloedt behoort tot de promotor. Dat kunnen enkele honderden tot vele duizenden basenparen zijn. Een promotor bevat herkenningsplaatsen voor stoffen die het RNA-polymerase op de juiste plaats aan het werk zetten. Bij eukaryoten is dat een speciale groep eiwitten: de **transcriptiefactoren**. Transcriptiefactoren vormen op en rondom de promotor complexe structuren waardoor het RNA-polymerase naar het gen 'gelokt' wordt en tot transcriptie wordt aangezet. Hierbij kunnen ook andere eiwitten een rol spelen die stroomafwaarts van de TSS aan het DNA binden. De ruimtelijke structuur van het DNA laat toe dat er soms hele afstanden tussen bindingsplaatsen kunnen zitten die bijeen komen (door lusvorming van dsDNA) om zo een actief complex te vormen.

In prokaryoten wordt de specifieke basenvolgorde van een *promotor* herkend door de **Sigmafactor**, een subunit van het RNA-polymerase. Ook bij prokaryoten komen eiwitten voor die de transcriptie beïnvloeden en ook dat zijn transcriptiefactoren.

3.3.3.3 De terminator

In eukaryoten gebeurt de terminatie door DNA-bindende eiwitten die een complex vormen met de terminator, dus vergelijkbaar met wat op de promotor gebeurt. Dit mechanisme is echter nog niet in detail opgehelderd.

In prokaryoten komt de terminatie van de transcriptie op een heel andere wijze tot stand. Wanneer DNA een sequentie bevat die gevolgd wordt door de complementaire versie ervan, dan wordt dat een *inverted repeat* genoemd. Wanneer deze *inverted repeat* op enige afstand van elkaar ligt kan vrij eenvoudig een *stem-loop* structuur ontstaan (Figuur 3.58 links). Bijvoorbeeld in de sequentie AATGGCTCgagagagagagaGAGCCATT kunnen de in hoofdletter geschreven basen met elkaar paren (een stam vormen) waarbij het tussenliggende DNA als een lus (de *loop*) uitpuilt. Ook wanneer er kleine onvolkomenheden in een *inverted repeat* zitten kunnen specifieke structuren onstaan. De zogenoemde *hairpins* (Figuur 3.58 rechts):

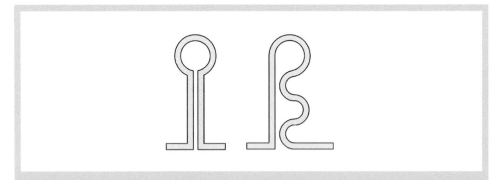

Figuur 3.58. *Stem-loop* en *hairpin*. Door *inverted repeats* kunnen specifieke structuren ontstaan. Wanneer tussen de *repeats* een stuk DNA kan uitlussen ontstaat een *stem-loop* (links, met onderin de stam en boven de *loop*). Bij onvolkomenheden in de *repeat* ontstaat een structuur die lijkt op een haarspeld (rechts).

Dergelijke structuren doen het RNA-polymerase van het DNA 'afvallen' en fungeren in dat geval als terminator van de transcriptie.

3.3.3.4 Structuur van de genen

Eukaryotische genen, die coderen voor samenwerkende eiwitten, liggen fysiek gescheiden in het DNA. Sterker nog, ze zijn vaak gelokaliseerd op verschillende chromosomen. Elk gen wordt apart gelezen vanaf de eigen promotor en er wordt van elk gen een apart RNA geproduceerd, dat uiteindelijk een specifiek eiwit oplevert. De gedachte hierbij is: één gen codeert voor één eiwit.

Bij prokaryoten zijn genen vaak geclusterd in functionele groepen. Genen die coderen voor enzymen die werkzaam zijn in dezelfde reactieketen liggen op het chromosoom direct achter elkaar. Voorafgegaan door één enkele (gemeenschappelijke) promotor. Zo'n cluster (promotor plus structurele genen) wordt een **operon** genoemd. **Transcriptie van een** *operon* geeft een aaneengesloten streng RNA, die de totaalboodschap voor een **serie functioneel gerelateerde eiwitten** bevat. Er is sprake van een gecoördineerde expressie.

3.3.3.5 mRNA in prokaryoten

Een molecuul mRNA codeert bij prokaryoten dus voor meerdere enzymen en is in die zin verdeeld in verschillende coderende segmenten (Figuur 3.59). Het totale mRNA-molecuul is daarbij precies zo lang als de som van alle coderende segmenten van het DNA. Op het mRNA wordt elk coderend segment vooraf gegaan door een (eigen) startcodon. Dat startcodon wordt telkens voorafgegaan door een **ribosomale bindingsplaats** (*ribosome-binding site*) of **RBS**. Zij zijn in Figuur 3.59 blauw ingekleurd. Een dergelijke RBS wordt bij prokaryoten aangeduid als de **Shine-Dalgarno sequentie**.

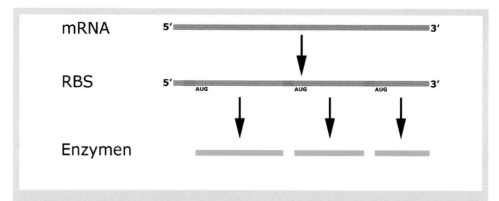

Figuur 3.59. Translatie in prokaryoten. Een RNA-transcript (bruin) met meerdere startcodons leidt tot de vorming van meerdere eiwitten wanneer die startcodons worden voorafgegaan door *ribosomal binding sites* (RBS, paars).

Door de aanwezigheid van meerdere RBS-en kunnen de prokaryoten meer dan een type eiwit synthetiseren uit één enkele mRNA-molecuul. De eindes van het mRNA-molecuul worden niet gemodificeerd en blijven onbeschermd.

Het gesynthetiseerde mRNA is een aaneengesloten streng. Deze komt direct ter beschikking van de eiwitsynthese. Sterker nog: bij prokaryoten kan aan de voorkant (5'-uiteinde) van het mRNA al begonnen worden met de translatie, terwijl de transcriptie van hetzelfde mRNA nog niet gestopt is.

3.3.3.6 RNA-transcript in eukaryoten en RNA *processing*

Bij de eukaryoten is een gen niet één doorlopend stuk DNA. Elk gen bestaat uit coderende- en niet-coderende segmenten. Die indeling wordt getranscribeerd naar het **primair transcript**, ook wel **pre-mRNA** genoemd.

De coderende segmenten in het pre-mRNA heten **exons** (*expressed regions*), de niet-coderende segmenten noemen we **introns** (*intervening regions*). Het gen is bij eukaryoten dus versnipperd, en beslaat een groter stuk DNA dan de som van de coderende segmenten van het pre-mRNA. Het gesynthetiseerde pre-mRNA is nog niet geschikt voor het translatieproces.

Om het pre-mRNA geschikt te maken voor translatie wordt het nog in de kern gemodificeerd. Dit bewerkingsproces wordt *RNA processing* genoemd. *RNA processing* vindt direct tijdens de transcriptie plaats in de kern. We spreken van **cotranscriptionele *RNA processing***. Dit proces wordt ook wel de **RNA-fabriek** genoemd. Pas na het doorlopen van de RNA-fabriek is er sprake van functioneel mRNA dat klaar is voor het translatieproces.

RNA processing omvat:
1. het weghalen van de (tussen de exons gelegen) introns: *splicing* genaamd;
2. *capping* van het 5'-einde;
3. polyadenylatie van het 3'-einde.

Het scheiden van introns en exons

De *exons* (in Figuur 3.60 als E1 tot en met E6 aangeduid) zijn dus de coderende segmenten. De *introns* (in Figuur 3.60 als I1 tot en met I5 aangeduid) daarentegen zijn niet betrokken bij de codering voor een eiwit. Zij moeten dus uit het pre-mRNA worden verwijderd. Alvorens de *introns* verwijderd kunnen worden, moeten zij eerst worden 'losgeknipt' van de *exons*. Het proces van 'losknippen' van de *introns*, het verwijderen ervan en het weer aan elkaar plakken van de *exons* gebeurt door **spliceosomen** (Tekstbox 3.11).

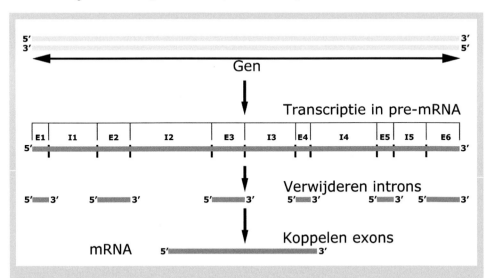

Figuur 3.60. Het pre-mRNA in eukaryoten bevat introns die moeten worden verwijderd. Na transcriptie van het gen (grijs, boven) bestaat het pre-mRNA (bruin) uit exons (E) en introns (I) die van links naar rechts genummerd worden. Het verwijderen van introns heet *splicing* en levert het uiteindelijke mRNA op (onder).

Tekstbox 3.11. Spliceosoom.

Een spliceosoom bestaat uit 5 snRNP's (uit te spreken als 'snurps'). Een snRNP is een afkorting voor *small nuclear ribonucleoproteins* en bestaat uit kleine stukjes RNA die zijn samengevoegd met een aantal eiwitten. Het spliceosoom knipt het pre-mRNA op de grens tussen de introns en de exons, verwijdert de introns en vormt daarna de binding tussen de exons. Het knippen van het pre-mRNA wordt aangeduid met de term *cleavage*. Het weer aan elkaar 'lassen' van de resterende exons uit het pre-mRNA tot een functioneel mRNA heet *splicing*.

Capping van het 5'-einde van het mRNA

Omdat mRNA een enkelstrengs molecuul is, dat over een grotere afstand (van kern naar ribosoom) verplaatst moet worden, is het bij eukaryoten heel 'kwetsbaar' voor afbraak door enzymen. Met name vanaf de uiteinden. Om dat te voorkomen worden bij eukaryoten zowel de kop als de staart van het molecuul voorzien van een beschermende groep.

De 'kop' is het 5'-einde van het geproduceerde mRNA. De vrij 'hengelende' fosfaatgroep op 5' wordt verbonden met **7-methylguanosine trifosfaat** (Figuur 3.61). Dit proces heet *capping* (Tekstbox 3.12).

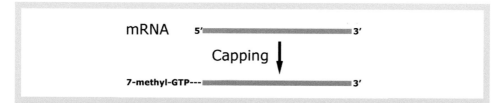

Figuur 3.61. *Capping* van mRNA in eukaryoten. Het 5'-einde van het mRNA wordt afgeschermd met een *cap* (7-methyl-guanosine trifosfaat) waardoor het mRNA (bruin) iets stabieler wordt.

Capping vindt direct na het begin van de *strand elongation* plaats en alleen bij eukaryoten. Het ribosoom (de kleine subunit) herkent bij eukaryoten het mRNA aan de *5'-cap* en hecht zich daaraan. De *5'-cap* fungeert bij de eukaryoten dus als de RBS.

Tekstbox 3.12. Het belang van de *cap*.

Het 5'-einde van het pre-mRNA heeft een vrije (niet gekoppelde) trifosfaatgroep aan de 5' van de ribose. Deze vrije trifosfaatgroep wordt gekoppeld aan een gemodificeerde guanine-nucleotide en wel aan de 5' van diens ribose. Het is een zogenoemde 5'-5' trifosfaat verbinding.

De *5'-cap* beschermt het mRNA-molecuul tegen enzymatisch verval en levert een bijdrage tijdens het transport uit de kern naar het cytoplasma. De *5'-cap* koppelt zich namelijk alleen aan mRNA. Door die *5'-cap* onderscheidt een mRNA-molecuul zich van ander RNA en wordt daardoor geïdentificeerd als het molecuul dat codeert voor de eiwitsynthese.

Polyadenylatie van het 3'-einde van het mRNA

De 'staart' wordt gevormd door het vrije 3'-einde van het geproduceerde mRNA. Aan de hydroxylgroep op 3' wordt een lange (100-250 basen) **staart van adenosine-nucleotiden**[129] gevoegd (Figuur 3.62). Een andere naam hiervoor is **poly-A-staart**. Die poly-A-staart beschermt het pre-mRNA tegen afbraak door enzymen. Het proces van staartvorming[130] wordt aangeduid met de term **polyadenylatie**[131].

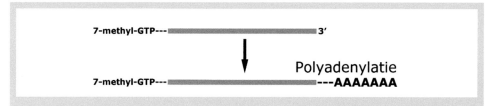

Figuur 3.62. Polyadenylatie van mRNA in eukaryoten. Het 3'-einde van het mRNA (bruin) wordt afgeschermd met een poly-A-staart. Ook dit heeft een stabiliserende functie. Na *splicing, capping* en polyadenylatie is het mRNA 'rijp'.

Vanaf nu spreken we van eukaryotisch functioneel of rijp (*mature*) mRNA en pas in deze vorm verlaat het mRNA de kern richting cytoplasma, richting ribosoom. Door de aanwezigheid van de *5'-cap* en de poly-A-staart onderscheidt het mRNA zich van alle niet coderende RNA's die ontstaan tijdens de transcriptie.

---

[129] Adenosine-nucleotiden zijn nucleotiden met adenine als stikstofbase op de 1' van de ribose.

[130] Dit gebeurt door twee enzymen: een endonuclease (knip-enzym) knipt het RNA ongeveer 15 à 20 basen achter het poly-A signaal (meestal is dat AAUAAA), en een polymerase (niet DNA-afhankelijk, maar wel een RNA-polymerase) knoopt er een lange sliert A-tjes achter. Zo ontstaat een staart van honderden A-tjes. Deze polyadenylatie is dus iets anders dan terminatie (dat slaat immers op het stoppen van DNA-afhankelijk RNA-polymerase)!

[131] Dit hele proces van *cleavage* (het 'losknippen' van de RNA keten van het RNA-polymerase enzym) en polyadenylatie wordt begeleid door poly(A)polymerase. Het enzym weet na *cleavage* het juiste aantal A residuen toe te voegen op basis van een proces dat geen *template* vereist.

De bouwstenen van het leven

3.3.3.7 5'-UTR en 3'-UTR

Het eukaryotisch functioneel mRNA kent twee stukken die niet coderend zijn en dus uitgesloten zijn van het translatieproces. Deze stukken worden aangeduid als *untranslated regions* (**UTR's**). Ze bevinden zich aan het begin en het einde van het mRNA en zijn dus te beschouwen als een soort aanloop- en uitloopstuk (Figuur 3.63).

De 5'-UTR (ook bekend als de *leader sequence*[132]) zit aan het begin direct achter de *5'-cap* (Figuur 3.63). De *leader sequence* begint op de +1 positie (waar de transcriptie was gestart) en eindigt precies vóór het startcodon. Aan het einde zit het zogenoemde 3'-UTR juist voor de plaats waar de poly-A-staart begint (Figuur 3.63).

Figuur 3.63. *Untranslated regions* (UTRs). Niet het gehele transcript (bruin) ondergaat translatie. Het mRNA kent een aanloopstuk (5'-UTR direct na de cap tot aan het startcodon) en een uitloopstuk (3'-UTR na het stopcodon en direct voor de poly-A-staart) die niet coderen voor het eiwit.

Deze UTR's komen ook bij prokaryoten voor en we treffen daarbij zelfs meer dan twee UTR's per mRNA-molecuul aan. Bij eukaryoten omvat de 5'-UTR enkele honderden nucleotiden terwijl de 3'-UTR verscheidene duizenden nucleotiden lang kan zijn. Bij prokaryoten zijn deze *untranslated regions* veel korter (vaak nog korter dan 10 nucleotiden). In het menselijk mRNA is de lengte van de 5'-UTR ongeveer 170 nucleotiden.

---

[132] Meestal bevat de *leader sequence* een RBS (*ribosome binding site*). De RBS bevat een specifieke sequentie die het mogelijk maakt dat het ribosoom (eiwitproducerende eenheid) zich op de juiste plaats koppelt aan het mRNA (dat op zijn beurt weer de juiste informatie omtrent de eiwitproductie bevat). Bij eukaryoten heet deze RBS de Kozak box en bij prokaryoten staat de RBS bekend als de Shine-Delgarno sequentie.

> **Samenvattend**
>
> ► De uiteindelijke streng tussen de *5'-cap* en de poly-A-staart is in zijn geheel door transcriptie en *splicing* ontstaan.
> ► De 5'-UTR en 3'-UTR coderen niet voor aminozuren.
> ► Alleen het deel van de streng tussen de 5'-UTR en 3'-UTR codeert voor het eiwit (Figuur 3.64).
> ► De *5'-cap* en de poly-A-staart zijn weliswaar tijdens de transcriptie toegevoegd, maar zijn zelf geen 'overschrijvingen' van het gen.
> ► De *5'-cap* fungeert als RBS.
>
>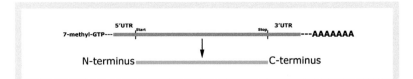
>
> **Figuur 3.64.** Resultaat van de translatie van mRNA naar eiwit. Alleen het mRNA (bruin) tussen het startcodon en het stopcodon codeert voor het eiwit. Het *open reading frame* dat begint met een start- (Start) en eindigt met een stopcodon (Stop) wordt vertaald tot een eiwit (groen). UTR = *untranslated region*. N-terminus en C-terminus zijn voor- en achterkant van het eiwit.

Het eenmaal gemodificeerde mRNA is klaar voor translatie en wordt door de poriën in het kernmembraan naar buiten getransporteerd. Het gemodificeerde mRNA wordt ook aangeduid als rijp (*mature*) mRNA.

Ondanks de stabiliserende modificaties blijft het RNA nog steeds zeer instabiel. Dat heeft een aantal verklaringen:

* RNA is enkelstrengs en wordt daardoor makkelijker afgebroken.
* Enzymen die RNA afbreken (**ribonuclease** of **RNAse**) zijn zelf erg stabiel. Zelfs zo stabiel, dat zij erg moeilijk uit te schakelen zijn. Het is in een laboratorium om die reden ook veel lastiger te werken met RNA dan met DNA. (Het DNA-afbrekende **desoxyribonuclease** of **DNAse** gaat al bij 65 °C kapot).
* Het is zelfs heel functioneel dat RNA makkelijk af te breken is. Bij de genexpressie heeft mRNA een functie die te vergelijken is met een boodschappenbriefje. Als je zelf boodschapen zou doen ga je niet met een kookboek of een stapeltje uitgescheurde recepten naar de winkel. Je maakt een briefje dat je na afloop ... weggooit! Als je het niet zou weggooien zou je de volgende keer precies dezelfde boodschappen meebrengen. Dezelfde functie heeft RNA-afbraak ook. De **balans** tussen **aanmaak** en **afbraak** bepaalt hoeveel RNA-moleculen

van een bepaald gen beschikbaar zijn om vertaald te worden, en dus hoeveel (identieke) eiwitmoleculen er geproduceerd worden. De situatie dat aanmaak en afbraak met elkaar in balans zijn wordt in de biotechnologie ook wel *steady state* genoemd.

3.3.3.8 Alternatieve *splicing*

Het splitsen van pre-mRNA in exons en introns, en het weer aan elkaar 'lassen' van de resterende exons tot een functioneel mRNA heet *splicing*. Dit is niet altijd en/of automatisch een 'lineair verlopend proces'. De volgorde waarin de losse exons achter elkaar geplaatst worden kan wisselen. We spreken van **alternatieve** *splicing*.

Elke andere exonvolgorde zal een ander functioneel mRNA-molecuul opleveren, en die verschillende mRNA-moleculen coderen voor **verschillende eiwitten**. De verschillende eiwitten of proteïnen (die ontstaan als gevolg van alternatieve *splicing* van eenzelfde pre-mRNA) worden **proteïne-isovormen** genoemd.

De ontdekking van de vorming van proteïne-isovormen is uiteindelijk de verklaring voor de constatering dat er in het genoom[133] van eukaryoten zoveel minder genen aanwezig zijn dan het aantal gevonden proteïnen. Een en hetzelfde gen kan blijkbaar verschillende boodschappen afgeven. Daardoor wordt natuurlijk de verscheidenheid van het genoom aanzienlijk vergroot (Tekstbox 3.13).

De alternatieve *splicing* wordt gestuurd en geregeld door specifieke *splicing*factoren.

Tekstbox 3.13. De kracht van alternatieve *splicing*.

Met verwijzing naar Wikipedia: 'Bij de transcriptie van het DNA bevat het pre-mRNA verscheidene introns en exons. In nematoden (rondwormen) komen in het pre-mRNA gemiddeld 4 tot 5 exons en introns voor; bij de fruitvlieg *Drosophila melanogaster* kunnen meer dan 100 introns en exons in het pre-mRNA voorkomen. Wat een intron en wat een exon is, is in het pre-RNA nog niet bepaald en wordt pas bepaald bij het splicingsproces. Het aantal varianten wordt daarmee natuurlijk enorm.

De informatiedichtheid van het DNA is door deze superpositie aanmerkelijk groter. Een extreem voorbeeld hiervan is het DSCAM-gen van de fruitvlieg, dat de richting van de groei van zenuwcellen bepaalt. Dit gen kan meer dan 38.016 verschillende proteïnen construeren. In tegenstelling hiermee is het aantal van ongeveer 18.000 genen van de fruitvlieg verhoudingsgewijs klein. Het aantal verschillende proteïnen wordt dus veel meer bepaald door de alternatieve splicing van het pre-mRNA dan door het aantal genen.'

---

[133] Het genoom is de verzameling van alle erfelijke informatie tezamen die in een cel aanwezig is.

3.3.4 Genexpressie: procescontrole

Zoals bekend beschikt een cel voor de vorming van een eiwit over een keuze uit telkens 20 aminozuren. Het is moeilijk voor te stellen dat op grond van dat beperkte aantal aminozuren veel eiwitten gevormd zouden kunnen worden. Echter, een gemiddeld eiwit is ongeveer 400 aminozuren lang. Dat levert 20^{400} mogelijkheden op. Zelfs als we aannemen dat meerdere van dat aantal dezelfde functie hebben, andere er niet toe doen of niet stabiel zijn, dan nog is het aantal bijna oneindig.

De celfunctie vraagt echter om een specifiek eiwit in de juiste hoeveelheid, op het juiste moment en op de juiste plaats in de cel. Later zal blijken dat hiervoor op het niveau van de genen verschillende mogelijkheden bestaan.

3.3.4.1 Procescontrole

Eerder (zie Tekstbox 3.10) is aangegeven dat het gebonden GTP op meerdere cruciale momenten als een schakelaar werkt. Al of niet hydrolyse van het GTP betekent een 'go' of 'no go'. Op basis van dit schakelmolecuul wordt aldus een straffe controle uitgeoefend op het totale proces (Tekstbox 3.14).

Een extra schakelaar blijkt het eIF2[134]. Het eIF2 kan zich namelijk afwisselend binden met GTP of GDP. Alleen gebonden aan GTP kan het eIF2 een ternair-complex vormen met Met-tRNA$_i^{Met}$. Na hydrolyse van het GTP resteert vervolgens het eIF2.GDP-complex. Dit eIF2.GDP-complex kan de volgende veranderingen ondergaan:
1. Het GDP wordt vervangen door GTP. Hierdoor ontstaat weer eIF2.GTP, dat zich opnieuw kan binden aan Met-tRNA$_i^{Met}$ (vorming *ternary complex*). Alleen het volledige **eIF2.GTP-Met-tRNA$_i^{Met}$-complex** kan gekoppeld worden op het startcodon. Daarmee wordt een nieuwe translatie van het mRNA in gang gezet.
2. Het eIF2.GDP kan gefosforyleerd (gebonden aan een serine residu[135]) worden. Het gefosforyleerde complex kan GDP nu niet meer uitwisselen voor GTP en wordt daardoor ongeschikt om zich nog te binden aan het Met-tRNA$_i^{Met}$. Hierdoor wordt een nieuwe translatie voorkomen. Het proces stopt.[136]

---

[134] eIF2 staat voor *initiation factor* 2 in eukaryote cellen.

[135] De koppeling van een fosfaatgroep (PO_4^{3-}) aan het eIF2 op de zijketen van serine (een van aminozuren in het eiwit). Door die koppeling verandert de functie van het eIF2. Eiwit fosforylering in zijn algemeenheid is een manier waarop in cellen enzymatische activiteiten kunnen worden geregeld.

[136] Fosforylering van het eIF2.GDP complex is voor de cel een regel- of remmechanisme in de eiwitsynthese.

De bouwstenen van het leven

Tekstbox 3.14. GTP-hydrolyse tijdens translatie.

De hydrolyse van het GTP speelt een essentiële rol tijdens het translatie proces. Het is het schakelmolecuul dat telkens weer bepaalt of een procesgang wordt doorgezet of juist moet worden gestopt:
- Hydrolyse van het eIF2.GTP tot eIF2.GDP vindt plaats na controle van:
  - de correcte koppeling van de twee subunits;
  - de aanwezigheid van het startcodon (stoppen met scannen);
  - de correcte plaatsing van het *ternary complex* eIF2.GTP-Met-tRNA$_i^{Met}$ op het mRNA in de *P-site*.
  Pas als dit allemaal goed wordt bevonden vindt de hydrolyse plaats als 'startschot' voor de volgende stap in de procesgang.
- Hydrolyse van het EF2.GTP tot EF2.GDP controleert tijdens de elongatiefase de translocatie van het ribosoom.
- Hydrolyse van het eRF3.GTP tot eRF3.GDP controleert de terminatie van het translatieproces.

Algemeen: de hydrolyse van de β-γ fosfoesterbinding in het GTP is onomkeerbaar en kan dus maar in één richting verlopen. Het betekent groen licht of geen licht ... En het groene licht wordt pas gegeven nadat een bepaalde stap correct is uitgevoerd. Nadat aan een of meerdere bindende voorwaarden is voldaan.

Vervolgens is er nog een vierde check:
- Na de vorming van het ribosoom wordt elk aa-tRNA (aminoacyl-tRNA) binnengehaald als een ternair EF1α.GTP-aa-tRNA complex.
  Op het moment dat het anticodon correct is gekoppeld aan het codon in de A-site wordt het GTP in het EF1α.GTP gehydroliseerd. Dit heeft een conformatieverandering van het ribosoom tot gevolg. Hierdoor wordt het aa-tRNA 'vastgeklonken' in de *A-site* en wordt het resterende EF1α.GDP complex vrijgegeven.

GTP-hydrolyse (afsplitsing van een fosfaatgroep onder opneming van H$_2$O) en 'het vastklinken' vinden niet plaats als het anticodon niet correspondeert met het codon in de *A-site*. In dat geval verwijdert het ternair (aa-tRNA-EF1α.GTP) complex zich en laat het een lege *A-site* achter. Een ander ternair complex neemt de lege *A-site* over. Dit herhaalt zich tot er een correcte passing en binding op basis van de regels voor de basenparing ontstaat. Pas dan vindt de hydrolyse plaats van het GTP in het EF1α.GTP. De conformatieverandering die daarvan het gevolg is brengt uiteindelijk de aa-tRNA's in de *P-* en *A-site* in een positie ten opzichte van elkaar waardoor de peptidyltransferasereactie plaatsvindt. Die hydrolyse is dus echt weer een schakelmoment. Hier wordt het proces dus op 'aangeven' van een hydrolyse gecontinueerd op voorwaarde dat het juiste aa-tRNA akkoord is geplaatst.

3.3.4.2 Polysomen en snelle ribosomenrecycling

Normaal gesproken duurt de synthese van een eiwit circa twee minuten. Er zijn **drie systemen** die de synthesesnelheid verhogen:

1. De gelijktijdige translatie van een enkel mRNA-molecuul door meerdere ribosomen (Figuur 3.65). Het fenomeen van meerdere ribosomen achter elkaar op een mRNA-molecuul staat bekend als polyribosomen of kortweg **polysomen**.

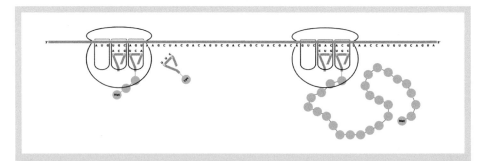

Figuur 3.65. Polysomen. Meerdere ribosomen kunnen gelijktijdig gekoppeld zijn aan het mRNA (bruin, lineair) en de translatie uitvoeren. De tRNA-moleculen (bruin, gebogen) en aminoacyl-tRNA-moleculen met aminozuren (groene bolletjes) dragen een langere eiwitketen naar gelang de translatie vordert.

2. De snelle recycling van de vrijgekomen losse subunits na terminatie. De snelle recycling kan plaatsvinden door de uiteinden van het mRNA (het 5'-einde en het 3'-einde) met een bocht dicht bij elkaar te brengen (Figuur 3.66). Dat kan gebeuren met behulp van:
    –   het *poly(A) binding protein I* (**PABPI**) dat een interactie kan aangaan met de *poly(A) staart* aan het 3'einde van het mRNA; en
    –   de **eIF4E subunit** dat het eIF4 *cap* bindend complex koppelt aan de 5'-*cap*.

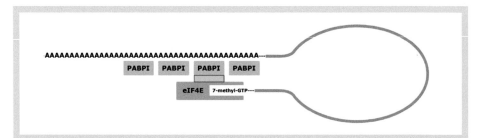

Figuur 3.66. Verhoging van de translatie-capaciteit. Het 3'-einde en het 5'-einde van het mRNA (bruin) worden bij elkaar gebracht zodat de ribosomen die bij het stopcodon uiteengaan snel weer bij het startcodon kunnen assembleren. Het poly-A binding protein (PABP1, (turkoois) en de eIF4E subunit (donkergroen) van het *cap* bindend complex zorgen hiervoor.

3. Als een gen getranscribeerd wordt, worden er veel identieke mRNA's gemaakt, zodat veel identieke eiwitmoleculen synchroon gevormd kunnen worden.

Het hele proces lijkt hiermee stevig onder controle. Helaas gaat er toch nog vaak wat mis. Soms met ernstige gevolgen ...

3.3.4.3 Mutatie

Veranderingen in de basenvolgorde in het DNA noemen we mutaties. Deze veranderingen in het DNA kunnen veranderingen veroorzaken in het RNA en dat kan leiden tot veranderingen in eiwitten en uiteindelijk tot veranderingen in de functies van het eiwit.

Ziektes kunnen het gevolg zijn. Voorbeelden: kanker, hemofilie, Ziekte van Tay-Sachs (een aangeboren stofwisselingsziekte) en cystic fibrosis (taaislijmziekte).

Mutaties kunnen verschillend worden ingedeeld:
a. Naar de oorzaak:
   - **Spontane mutaties**: mutaties die toevallig gebeuren, als regel door een fout bij de DNA-verdubbeling. DNA-polymerase heeft een **mutatiescore** van één op elke miljard. In elke menselijke cel zitten 3 miljard basenparen. Na elke deling resulteert dit in gemiddeld $2 \times 3 = 6$ fouten!!
   - *Induced mutations*: mutaties als gevolg van de actie van een **mutagene stof** (stof die mutaties veroorzaakt) of **mutagene straling**. Voorbeelden van mutagene stoffen zijn sommige **chemicaliën,** zoals carcinogene stoffen (berucht is ethidiumbromide dat tussen de strengen van dsDNA intercaleert). Voorbeelden van **mutagene straling** zijn röntgenstraling, UV en radio-actieve straling. Door langere blootstelling aan een mutageen wordt de mutatiescore verhoogd.
b. Naar type:
   - **substitutie**;
   - **insertie**;
   - **deletie**; en
   - **inversie**.

Een voorbeeld maakt veel duidelijk. In de zin: 'DAT GEN VAN HEM ZAL OUD ZYN' bestaan alle woorden uit slechts drie letters. Vergelijkbaar met een codon waarbij elke letter uiteraard een base voorstelt. Het is onzin wat er staat, maar het gaat maar om het idee ...
   - Een substitutie zou kunnen zijn: DAT GEN VAN HUM ZAL OUD ZYN
   - Een insertie zou kunnen zijn: DAT BGE NVA NHE MZA LOU DZY N··
   - Een deletie leidt dan tot: DAG ENV ANH EMZ ALO UDZ YN·
   - En een inversie tot: DAT GEN LAZ MEH NAV OUD ZYN

Substituties worden ook wel puntmutaties genoemd, maar ook puntdeleties en puntinserties zijn mogelijk. Belangrijk in dit verband is de term **SNP** (*single nucleotide polymorphism*), spreek uit: snip. Een SNP betekent letterlijk dat een bepaalde positie in het genoom polymorf kan zijn. Er zijn op die plek dan meer dan 1 basen bekend en vaak is daarbij achteraf niet meer te bepalen welke base er als eerste op die plek zat en welke substitutie ervoor in de plek is gekomen (zat er eerst een G of een A bijvoorbeeld). In essentie betreft het dus een substitutie.

Echter, wanneer ergens een verschil in het aantal basen wordt waargenomen, bijvoorbeeld een drietal basen dat in het ene genoom wel en in het andere genoom niet aanwezig is, dan is opnieuw moeilijk te zeggen welke situatie als eerste gold. Was het een deletie van die drie basen of juist een insertie? Omdat daar eindeloos over gediscussieerd kan worden is er een oplossing voor dat fenomeen gekozen: een dergelijk twijfelgeval tussen insertie en deletie noemt men een **indel**.

c. Naar het effect:

- **Stille mutaties**: mutaties die geen aanleiding zijn tot veranderingen in het uiteindelijke eiwit. Voorbeeld: als het codon AAA verandert in AAG levert dat allebei hetzelfde aminozuur lysine op. Maar ook bij mutaties die wel aanleiding geven tot het inbouwen van een ander aminozuur, maar waarbij die wijziging geen invloed heeft op het functioneren van het eiwit, spreken we van 'stille mutaties' of meer specifiek van **conservatieve substituties**: aminozuurvervanging door een sterk gelijkend ander aminozuur zonder verschil in eiwitvouwing en eiwitfunctie.

- *Missense mutations*: mutaties die veranderingen geven in de samenstelling van het eiwit. Voorbeeld: als het codon AAA verandert in AGA wordt arginine ingebouwd in plaats van lysine. Dit zal vaak (maar niet altijd!) de werking van het eiwit beïnvloeden.

- *Nonsense mutations*: mutatie waarbij een extra stopcodon wordt geïntroduceerd. Voorbeeld: als het codon UGG (Tryptofaan) verandert in UGA. De synthese stopt dan vroegtijdig. Dit kan ernstige gevolgen hebben.

- *Frameshift mutations*: als bij een insertie of een deletie (zoals gezegd ook wel 'indels' genoemd) het aantal toegevoegde of verwijderde basen niet deelbaar is door drie, zal vanaf dat punt elk codon verkeerd worden afgelezen. Het stopcodon zal niet herkend worden, en ergens (meestal al vrij snel) zal een 'vals stopcodon' opduiken. In het algemeen levert dit een niet functioneel eiwit.

3.4 Vouwen van eiwitten

Na of zelfs tijdens de synthese worden de eiwitten in een bepaalde vorm gevouwen. *In vitro* (onder andere door verwarming) kunnen de vele zwakke niet-covalente bindingen, die de vorm van een eiwit stabiliseren, verbroken worden. De vorm van het eiwit wordt daardoor verstoord. We spreken van **denaturatie**. Zodra de eerdere condities weer worden hersteld, herstelt de oorspronkelijke vorm zich volledig. Dit onderzoek is een aanwijzing voor het feit dat elk eiwit onder specifieke omstandigheden zijn eigen specifieke vorm heeft. Ook in de cel neemt elk eiwit slechts één of hooguit enkele zéér verwante karakteristieke functionele vormen aan. Deze vorm wordt aangeduid als de *native state*. De *native state* van een eiwit wordt bepaald door de primaire structuur (zie Paragraaf 1.3.3.1) van elk eiwit en is uiteindelijk bepalend voor de functie van dat eiwit (zie Paragraaf 1.3.3.3). Vooral die directe relatie tussen vorm en functie stelt hoge eisen aan het vouwproces.

Voor we het mechanisme van opvouwen gaan aanstippen bespreken we eerst op welke niveau's de vouwing van eiwitten beschouwd wordt.

3.4.1 Primaire eiwitstructuur

De primaire structuur van een eiwit wordt bepaald door de volgorde waarin de aminozuren zijn geplaatst in de eiwitketen: de **aminozuursequentie**[137]. De verschillende aminozuren zijn onderling verbonden door een peptidebinding[138]. Met 20 verschillende aminozuren kunnen in principe oneindig veel eiwitten gesynthetiseerd worden. Er wordt aangenomen dat in de mens meer dan 100.000 verschillende eiwitten voorkomen. De kleinste eiwitten bestaan soms maar uit vier of vijf aminozuren (sommige neuropeptiden die in de hersenen actief zijn bijvoorbeeld), terwijl het grootste bekende eiwit (titine) een keten heeft van 26.926 aminozuren. De meeste eiwitten variëren met de ketenlengte echter tussen de 100 en 1000 aminozuren.

3.4.2 Secundaire eiwitstructuren

De secundaire structuren ontstaan door de vorming van waterstofbruggen tussen de delen van de eiwitruggengraat[139].Maar dit gebeurt niet willekeurig. De bewegingsvrijheden in de covalente bindingen in de ruggengraat zijn namelijk beperkt. Maar ook de aanwezige zijketens staan garant voor de nodige beperkingen. Afhankelijk van het volume van de zijketen wordt er letterlijk meer of minder ruimte opgeëist. En afhankelijk van hoe hydrofiel een zijketen is,

---

[137] Zie Paragraaf 1.3.3.1.
[138] Zie Paragraaf 1.3.2.
[139] Zie Paragraaf 1.3.3.2.

kan deze ook nog eens een gedwongen positie innemen. Naar het water toe gericht of juist van het water afgewend.

Enkele stabiele secundaire eiwitstructuren zijn:

1. De **α-helix**. De buigzaamheid van de gestrekte keten staat het toe dat er tussen het zuurstofatoom van de carbonylgroep (van elke peptide-binding) en het waterstofatoom aan het stikstofatoom (van de peptide binding **vier** aminozuren verderop (n+4) in de richting van de C-terminus) een waterstofbrug wordt gevormd. Als we uitgaan van een gemiddelde 'lengte' van 400 aminozuren, ontstaan er zo erg veel waterstofbruggen. Uiteindelijk zijn alle stikstof- en zuurstofatomen in de ruggengraat middels een waterstofbrug met elkaar verbonden. De vorming van al die waterstofbruggen leidt tot een twist in de keten (Figuur 3.67). Een zogenaamde α-helix met een vrij stevige structuur. Het idee van een pijpenkrul.

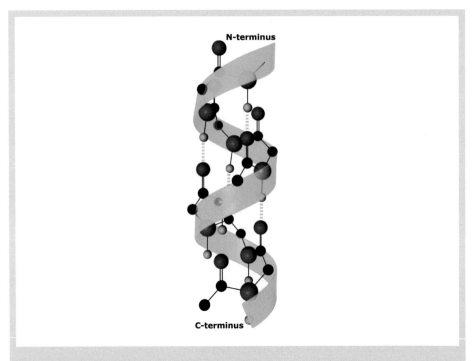

Figuur 3.67. De α-helixstructuur. De aminozuren van de N-terminus (boven) naar de C-terminus (onder) stabiliseren middels onder andere waterstofbruggen (geel gestreept) tot een rechtsdraaiende helix die als pijpenkrul (groen) geïnterpreteerd kan worden. De aminozuren in dit voorbeeld bevatten zuurstof (rood), stikstof (paars) en koolstof (zwart) en waterstof (groen).

Door de helixvorm ontstaat er een rechte rechtsdraaiende cilindervorm waarbij de zijketens van de aminozuren naar buiten wijzen. In een wateroplossing wijzen de hydrofobe zijketens richting het lumen van de cilinder en wijzen de hydrofiele zijketens naar buiten. Deze

De bouwstenen van het leven

structuur wordt gestabiliseerd door de vele waterstofbruggen. De aminozuren glycine en proline werken juist destabiliserend, en worden ook wel 'helix-brekers' genoemd.

2. *β-sheet*. Soms leidt waterstofbrugvorming tussen delen van de eiwitketen, die verder uit elkaar liggen, tot een regelmatige secundaire structuur. Hierbij ontstaat lusvorming in de keten waardoor sommige stukken van eenzelfde keten naast elkaar komen te liggen. Dit kan op twee manieren: **parallel** (met de aminotermini aan dezelfde zijde) of **antiparallel** (met de aminotermini afwisselend aan de andere zijde). De waterstofbruggen ontstaan uiteraard weer tussen het zuurstofatoom van de carbonylgroep (van elke peptidebinding van het ene stuk) én het waterstofatoom aan het stikstofatoom (van de peptide binding in het daarnaast gelegen stuk). Over de volle lengte ontstaan zo dwarsverbindingen in een gemeenschappelijk vlak (Figuur 3.68). De vorm van het vlak kan variëren. Veelal in een zigzagvorm. In sommige eiwitten (in de membranen) kunnen de β-*sheets* zich ombuigen waarbij een hydrofiele centrale opening (een kanaal) wordt gevormd waardoor ionen en kleine moleculen kunnen stromen.

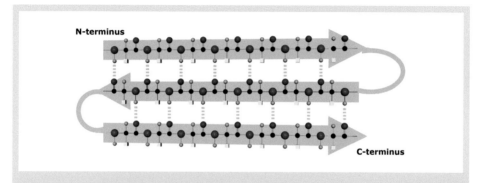

Figuur 3.68. De *β-sheet* structuur. Deze anti-parallelle (de pijlen lopen tegen elkaar in) *pleated sheet* wordt gevormd wanneer de aminozuren op regelmatige wijze waterstof-bruggen (geel gestreept) vormen tussen zuurstof (rood) en waterstof (groen). Overige kleuren staan voor stikstof (paars) en koolstof (zwart), de gele blokjes zijn zijketens.

De β-*sheets* lopen in de (synthese)richting (N-terminus op kop en de C-terminus aan het einde). Zoals gezegd: soms parallel en soms juist antiparallel (zoals hierboven getekend) aan elkaar. De zijketens steken boven of onder het gevormde vlak uit.

Ook deze β-*sheets* worden gestabiliseerd door waterstofbruggen.

3. *β-turn*. Deze *β-turn* ontstaat door een scherpe bocht in de ruggengraat. Vier 'wervels' vormen de bocht, waarbij de vierde 'wervel' in een tegengestelde richting 'verloopt' aan de eerste (Figuur 3.69). De meeste aminozuren zijn niet geschikt om een dergelijke *U-turn* te maken. De aminozuren glycine en proline echter wel. Zij worden vooral aangetroffen op deze posities.

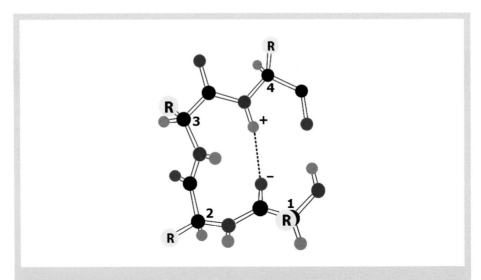

Figuur 3.69. De *β-turn*. Sommige aminozuren staan bekend als helix-brekers. Proline (Pro) en glycine (Gly) bijvoorbeeld, kunnen de richting van een keten draaien (*'turn'*). Wanneer zo'n draai drie peptidebindingen in beslag neemt heet het een *β-turn*. Stabilisatie van de draai vindt plaats door een waterstofbrug tussen negatief geladen zuurstof (rood) van residu **1** met de positief geladen waterstof (groen) aan de stikstof (paars) van residu **4**. In de figuur zijn de koolstofatomen met zwart aangegeven en de zijketens met geel met daarin de letter R.

Door die korte bocht ontstaat spontaan een waterstofbrug (in Figuur 3.69 zichtbaar gemaakt met een stippellijn) tussen het negatief geladen zuurstofatoom in de carbonylgroep van het eerste monomeer en het positief geladen waterstofatoom van de aminogroep van van het vierde aminozuur.

4. **Lussen** (*loops; coils*). Lussen bestaan meestal uit 5 tot 16 aminozuren en zijn dus langer. Ze hebben een gedefinieerde structuur[140] maar er treedt geen regelmatig patroon op van interacties tussen bepaalde aminozuren. Meestal bevinden zij zich (evenals de β-*turns*) aan de buitenzijde van de eiwitten. Ze zijn vaak rijk aan hydrofiele aminozuren en functioneel belangrijk.

Deze vier genoemde regelmatige secundaire structuren combineren en vouwen zich tot een hogere orde van structuren: tot **structurele motieven** of **supersecundaire structuren**. Alle combinaties zijn hierbij denkbaar. Enkele voorbeelden: α-helix-lus-α-helix, de *β-hairpin* en β-meander, het Grieks sleutelmotief, het lg-opvouwingspatroon, *jelly-roll* motief, etc. De bespreking van de verschillende motieven valt buiten het kader van dit boek.

---

[140] In tegenstelling tot de term 'random coil'.

De bouwstenen van het leven

Delen van een polypeptide die geen van de hierboven omschreven structuren bevatten maar ondanks dat toch een duidelijke stabiele vorm aannemen, hebben een *irregular structure*. De term *random coil* verwijst naar de hoog flexibele delen van een polypeptide die geen vaste driedimensionale structuur hebben.

Een **gemiddelde proteïne** bestaat voor ongeveer **60%** uit α-helix **structuren** en *β-sheets*. De rest (**40%**) van een gemiddelde proteïne bestaat dan uit *coils* en *turns* (Figuur 3.70):

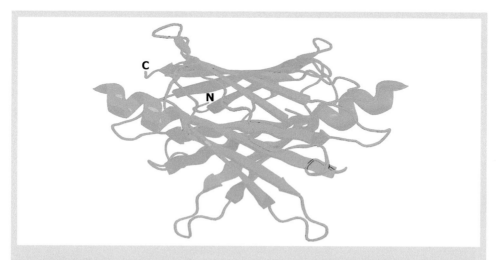

Figuur 3.70. Combinatie van α-helix- en *β-sheet* structuren. Wanneer in een eiwit de aparte secundaire structuren als geheel beschouwd worden zien we de tertiaire structuur van een enkele eiwitketen. De letters N en C duiden respectievelijk het begin en het einde aan van de polypeptide.

3.4.3 Tertiaire eiwitstructuur

De tertiaire of 3D-structuur van een eiwit wordt bepaald vanuit de bestaande secundaire structuur door de aanwezige zijketens[141]. In de tertiaire structuur vouwen de supersecundaire structuren zich verder tot een relatief compacte structurele driedimensionale entiteit: een **eiwitdomein**. Een domein bevat ongeveer 50 aminozuren of meer. Eiwitten kunnen uit meerdere domeinen bestaan.

Het eiwitdomein kan gezien worden als een golvend landschap van wisselende ladingen. De dynamiek wordt veroorzaakt door de 'wuivende' zijketens[142]. Elk ander molecuul dat het domein nadert zal invloed hebben op de dynamiek binnen dat domein. Sommige delen van

---

[141] Zie Paragraaf 1.3.3.3.
[142] Op basis van hun eigen aard in relatie tot wat zich in hun directe omgeving tussen andere zijketens afspeelt.

het domein zullen zich daarbij verstard richten op fragmenten van dat molecuul waartoe zij zich aangetrokken voelen. Of zullen zich juist afwenden in een hardnekkige elektrochemische afwijzing ervan.

Alleen het substraat is in staat het golvend landschap van ladingen in zijn geheel en optimaal in te richten voor een massieve koppeling tussen het substraat en het domein[143]. Op het moment dat het substraat massief koppelt aan het eiwitdomein vindt binnen de tertiaire structuur van dat eiwit onmiddellijk een *reshuffling* van de vele non-covalente bindingen plaats. Dit leidt automatisch tot een **configuratieverandering** van het eiwit. En dus tot nieuwe functionele mogelijkheden.

Naast de vele noncovalente bindingen treffen we binnen de tertiaire eiwitstructuur een extra stabiliserende factor: disulfidebruggen. Zij kunnen ontstaan waar de zijketens van twee cysteïnes elkaar ontmoeten[144]. Die verbindingen zijn sterk. Zij beperken de mobiliteit van het eiwit en bevorderen daarmee de stabiliteit van de tertiaire structuur (Figuur 3.71).

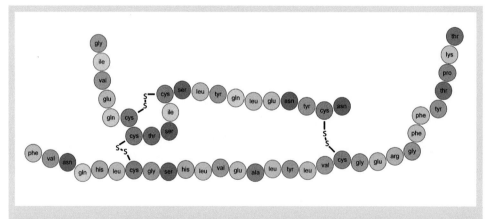

Figuur 3.71. Covalente stabilisatie. Een covalente disulfidebinding (zwart) kan gevormd worden wanneer de zwavelbevattende zijketens van twee cysteine aminozuren een cystine vormen.

Hieronder volgt een ander voorbeeld van hoe het gedrag van de zijketens van de aminozuren vorm geeft en stabiliseert.

In een wateroplossing zullen elektrisch geladen hydrofiele polaire zijketens zich aan de opper-vlakken bevinden, terwijl hydrofobe zijketens zich van het water afkeren, waarbij zij vaak een (in

---

[143] Dit beeld beschrijft wat in Paragraaf 1.3.4.1 het *induced fit* **model** is genoemd.
[144] De zijketen van cysteïne heeft de formule: -CH$_2$-SH. Bij de disulfidebrug is (na oxidatie met het zuurstofatoom als elektronenacceptor) de covalente binding van de S (zwavelatoom) met H (waterstofatoom) vervangen door een covalente binding van S met de S in het andere aminozuurmolecuul.

water) onoplosbare centrale kern vormen. Het zogenaamde *oil drop model of globular proteins*. Ongeladen hydrofiele polaire zijketens bevinden zich zowel aan de oppervlakte als binnen in.

De term 'proteïnen' wordt meestal gereserveerd voor eiwitten met een duidelijke tertiaire structuur. Vergelijkend onderzoek tussen allerlei proteïnen (op basis van *X-ray crystallographic analysis* en andere technieken) heeft het verband tussen de aminozuursequentie, de tertiaire eiwitstructuur en de functie van een eiwit bevestigd. De relatie is dermate dat vergelijkend sequentie-onderzoek meer en meer wordt gebruikt om de functie van een eiwit te bepalen.

3.4.4 Quaternaire eiwitstructuur

We spreken bij een quaternaire structuur over een multiproteïne-complex (*multimeric protein*). Als de samenstellende polypeptide ketens over verschillende domeinen beschikken dan kan de uiteindelijke multiproteïne meervoudige katalytische functies hebben. Een voorbeeld van een quaternaire eiwitstructuur is **haemoglobine** (Figuur 3.72).

Figuur 3.72 Haemoglobine. De quaternaire structuur van haemoglobine bestaat uit vier subunits: twee α (rood) en twee β (blauw) subunits. Daarnaast bevat haemoglobine ijzer-houdende haem-groepen (groen) die voor de functie van het eiwit (zuurstofbinding en transport) essentieel zijn (Wikipedia – hemoglobin).

Het proces van de samenvoeging van twee of meerdere polypeptideketens tot een multiproteïne complex heet **oligomerisatie**. Het hoogste niveau in de hiërarchie van proteïnestructuren is de samenvoeging van proteïnen tot **macromoleculaire conglomeraten**. Deze macromoleculaire conglomeraten kunnen zeer groot worden tot wel een samensmelting van honderden polypep-tide ketens en andere biopolymeren, zoals nucleïnezuren. De verschillende macromoleculaire conglomeraten zijn vaak een samenvoeging van alle noodzakelijke 'ingrediënten', die nodig zijn in een complex cellulair proces en vormen op die manier een **moleculaire fabriek**.

De moleculaire revolutie in de biologie tijdens de laatste decennia van de vorige eeuw heeft een nieuwe indeling van proteïnen, gebaseerd op overeenkomsten en verschillen in de amino-zuursequenties, doen ontstaan. Dit vergelijkend sequentie-onderzoek heeft onder andere geleid tot de introductie van de term **homologe proteïnen**. Homologe proteïnen zijn proteïnen, die vergelijkbare volgorde, structuur en functies via de weg van de evolutie hebben ontwikkeld. Zij hebben evolutionair gezien een gemeenschappelijke voorouder. Proteïnen zijn in die zin in te delen in **families** en **superfamilies**.

3.4.5 Eiwitten die de vouwing regelen

Een autonoom vouwproces heeft tijd nodig omwille van de precisie. Dat maakt het vouwen van pas gesynthetiseerde eiwitten in de cel tot een lastige zaak, omdat de nieuwe keten is omgeven door vele andere moleculen, die er een interactie mee zouden kunnen aangaan en die daarmee een spontaan en autonoom vouwproces verstoren. Als dat gebeurt gaat er veel energie verloren met de synthese van uiteindelijk incorrect gevouwen, niet functionele proteïnen, die daarna weer vernietigd moeten worden om de verstorende celfunctie ervan voor te blijven. Verstoring van die functie zal vaak voor het voortbestaan van de cel desastreuze gevolgen hebben. Voor de cel reden genoeg om het vouwproces van de eiwitten niet spontaan en autonoom te laten verlopen.

Een snel en efficiënt proces van vouwen van proteïnen wordt in de cel mogelijk gemaakt, bevorderd en gestuurd door de tussenkomst van **chaperonnes**[145]: proteïnen die helpen andere eiwitten in goede vorm te brengen en te houden.

Het belang van de chaperonnes wordt extra onderstreept door het feit dat zij evolutionair gezien al vroeg aanwezig moeten zijn geweest. Zij komen voor in alle organismen (van bacterie tot de mens), ze zijn daarbij in hoge mate homoloog (tot eenzelfde familie behorend) en gebruiken nagenoeg in elk organisme identieke mechanismen bij het vouwen van eiwitten.

Er zijn twee typen chaperone eiwitten:
- **Moleculaire chaperonnes**, die niet gevouwen of gedeeltelijk gevouwen proteïnen stabili-seren door ze aan zich te binden. Daarmee voorkomen zij samenklontering en verval van de nieuw gesynthetiseerde keten.
- **Chaperonines**, die een beschermend 'kokertje' vormen, waarin een niet gevouwen proteïne kan worden afgezonderd om het de tijd en een geschikte omgeving te geven om zich op de juiste wijze te vouwen.

---

[145] In het Engels met één 'n'.

Chaperonne-eiwitten zijn ook belangrijk in wat heet het 'eiwitkwaliteitscontrolesysteem' (*protein quality system*). In dit 'eiwitkwaliteitscontrolesysteem' worden eiwitten voortdurend gecontroleerd op hun vorm en hun functie. Eiwitten die niet of niet meer goed zijn en niet te herstellen zijn, worden in dit 'eiwitkwaliteitscontrolesysteem' afgekeurd. Ze krijgen een label. Dat gebeurt door aan elk afgekeurde eiwit een klein **ubiquitine-eiwit**-molecuul te plakken. Op basis van die labeling[146] worden ze herkend door de eiwitversnipperaars van de cel, de **proteasomen**[147]. Deze proteasomen knippen de gelabelde eiwitten weer in aminozuren, die eventueel weer opnieuw kunnen worden gebruikt.

De chaperonnes zijn in eerste instantie geïdentificeerd als een groep eiwitten die snel en in groten getale verschijnt als een reactie op een kortstondige 'verwarming/verhitting' van de cel. Na denaturatie van de eiwitten dus. Aanvankelijk werd deze groep dan ook aangeduid als *heat shock proteins*. Afgekort tot **Hsp**. Op basis van de Hsp-aanduiding worden de chaperonnes ingedeeld in verschillende typen: Hsp40 en Hsp70. De getallen 40 en 70 referen aan respectievelijk 40 en 70 kilodalton of kD. De **Dalton** is een eenheid om atoommassa's en moleculaire massa's in uit te drukken. Het gaat hier dus om twee groepen chaperonnes die zich van elkaar onderscheiden door een massaverschil. In de literatuur komen aanduidingen als Hsp40 en Hsp70 veelvuldig voor en worden daar als bekend verondersteld.

3.4.6 Prionen

Meestal leidt misvorming tot 'versnippering' (door proteasomen) van het proteïne. Als echter de degradatie niet volledig verloopt of geen gelijke tred houdt met het ontstaan van de misvorming, kan dit opeenhoping van misvormde proteïnen of dier proteolytische fragmenten tot gevolg hebben. Zo zijn bepaalde degeneratieve ziektes gekarakteriseerd door de aanwezigheid van een plak van onoplosbare proteïnen in verschillende organen zoals de lever en de hersenen. Dit kan in de hersenen aanleiding zijn tot het ontwikkelen van bijvoorbeeld Alzheimer en Parkinson.

Genoemde plakvorming raakt helemaal in een versnelling op het moment dat de ontstane (en dus niet goed gevouwen) proteïne gelijksoortige eiwitten, die wel goed gevouwen zijn, aanzet tot eenzelfde misvorming. Het roept het beeld op van een proteïne dat 'gezonde soortgenoten' infecteert.

Dergelijke proteïnen worden aangeduid met de term **prionen**. Het woord is afgeleid uit het Engels: *proteinaceous infectious particles*.

---

[146] Indien er eenmaal één ubiquitinemolecuul gekoppeld is aan een eiwit, is dat voor andere ligases het sein om nog meer ubiquitinemoleculen te koppelen aan dat 'label'. Het gevolg is een zogenaamde polyubiquitineketen. Deze keten bindt aan het proteasoom en zorgt er zodoende voor dat het eiwit wordt afgebroken.

[147] Een proteasoom is een groot eiwitcomplex dat als belangrijkste functie heeft andere (daartoe gelabelde) eiwitten af te breken.

Het oorspronkelijke en goed gevouwen proteïne komt normaal voor in de hersenen. Wanneer in de hersenen de misvouwing plaatsvindt manifesteren de prionen zich in het neurale weefsel en zijn daar aanleiding voor meerdere afwijkingen of ziekten. Meer specifiek spreken we dan van **prionziekten**. Bekend zijn onder andere: BSE (Boviene spongiforme encefalopathie of gekkekoeienziekte) bij koeien en *Creutzfeldt-Jacob Disease* (CJD) bij mensen[148].

Prionen zijn overdraagbaar in de zin dat de ziekte van de drager (als een infectie) kan worden overgedragen op een ander individu en zelfs op een andere soort (bijvoorbeeld van dier op mens). Er treedt besmetting op zonder dat er van een bacteriële of virale invloed sprake is. De ontdekking hiervan ('besmettelijke eiwitten') ontmoette in eerste instantie veel onbegrip en ongeloof.

3.4.7 Een veelgebruikte indeling van eiwitten

De proteïnen kunnen worden ingedeeld in de volgende typen:
*   **Vezelachtige proteïnen**: lange taaie moleculen die zijn samengesteld uit achter elkaar gelegen peptiden met een zich herhalende secundaire structuur.
    Deze **fibrillaire eiwitten** zijn het belangrijkste bouwmateriaal (onder andere **collageen**, elastine, keratine, myosine) voor dierlijk weefsel. Ze zijn onoplosbaar in water en betrekkelijk stabiel bij verandering van temperatuur en pH.
*   **Globulaire proteïnen**: meestal compact gevouwen structuren. Ze zijn vaak ellipsvormig en omvatten een mengeling van secundaire structuren. Voorbeeld: **myoglobine**.
    Globulaire eiwitten zijn wateroplosbaar. Zij hebben een regulerende functie (onder andere enzymen, hormonen, antilichamen) en zijn veel gevoeliger voor veranderingen in temperatuur en pH.
*   **Integrale membraan proteïnen**: 'ingegraven' tussen de dubbele laag fosfolipiden van de membranen. Voorbeeld (Figuur 3.73): **ion-kanalen**.

Figuur 3.73. Ion-kanaal. Een in het membraan (blauw met geel) ingebed eiwit (groen) dat een transportfunctie voor opgeloste ionen uitoefent.

---
[148] Prionen komen niet exclusief in dierlijk neuraal weefsel voor, maar zijn ook in andere organismen, zoals gisten en schimmels gevonden.

3.5 Regulatie van genexpressie

Alle cellen binnen een organisme[149] beschikken over hetzelfde en volledige kern-DNA, maar gebruiken daar slechts een fractie van. Per celtype binnen dat organisme wordt er een ander deel van het volledige kern-DNA gebruikt. Welke enzymen en/of andere eiwitten cellen aanmaken is afhankelijk van:

1. de functie en activiteit van het weefsel waartoe die cellen behoren; en
2. de behoefte van het moment.

Verschillen tussen cellen als gevolg van 'functie en activiteit' ontstaan door **celdifferentiatie**, verschillen als gevolg van 'behoefte' ontstaan door **genregulatie**.

3.5.1 Celdifferentiatie

Een voorbeeld maakt veel duidelijk:

* Huidcellen maken veel keratine. Een 'sterk' eiwit dat helpt de huid te verstevigen.
* Hartcellen maken veel actine en myosine om spiersamentrekking (contractie) mogelijk te maken[150].

Het humane genoom is een genenkast met daarin zo'n 25.000 laatjes. Elk laatje staat voor een gen. Elke cel beschikt over dezelfde kast met dezelfde laatjes. Elke cel voor zich bepaalt welke laatjes wanneer open zijn en welke niet. In de huidcel zijn andere laatjes open dan in de hartspiercel. Dit leidt tot celdifferentiatie. Celdifferentiatie ontstaat door **gedifferentieerde genexpressie**: het 'uitzetten' van alle genen die voor het functioneren van een bepaald celtype niet nodig zijn. Dit proces is (als regel) onomkeerbaar.

3.5.2 Genregulatie

In elke gedifferentieerde cel kunnen twee soorten genen (laatjes) worden onderscheiden:

* **Constitutieve genen**. Dit zijn genen die altijd 'aan' staan of althans op een relatief constant niveau actief zijn. Zij bevatten de informatie voor eiwitten die de 'huishouding' van de cel onderhouden. Expressie van deze genen is essentieel voor de cel om te overleven. Zij worden ook wel *house-keeping genes* genoemd.
* **Gereguleerde genen**. Deze genen worden 'aan' of 'uit' gezet indien de cel dat wenst. Zij bevatten de informatie voor specifieke eiwitten die op specifieke momenten gewenst zijn.

---

[149] Met uitzondering van rode bloedcellen, B-cellen en sperma-/eicellen.
[150] Keratine, actine en myosine zijn verschillende eiwitten. Ieder met hun specifieke functie en eigenschappen.

De expressie van deze genen zit als het ware verstopt achter een of meerdere schakelaars. Genregulatie speelt zich af op het niveau van het bedienen van die schakelaars.

3.5.3 Het *lac*-operon

Het mechanisme achter de genregulatie is voor het eerst bestudeerd door Jacob en Monod (1961) bij prokaryoten. Zij stelden zich de vraag waarom, in de bacterie *Escherichia coli*, de enzymen die nodig zijn voor de afbraak van lactose alleen geproduceerd werden bij aanwezigheid van lactose (wat uiteraard heel efficiënt is).

De regulering van bedoelde enzymen vindt plaats in het **lac-operon**. Dit *lac*-operon (Figuur 3.74) zal gebruikt worden als voorbeeld om te laten zien hoe genregulatie werkt.

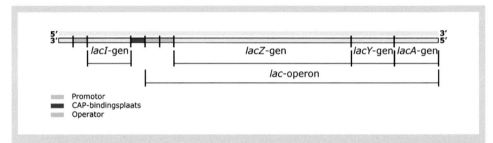

Figuur 3.74. Het *lac*-operon. Het *lacI*-gen (links) heeft een eigen promotor (turkooise) en ligt nog voor het operon dat een promotor (turkoois) en operator (okergeel) gebruikt voor de aansturing van drie genen (*lacZ*, *lacY*, *lacA*). Tussen *lacI* en het *lac*-operon bevindt zich nog een CAP-bindingsplaats (paars) welke ook voor de aansturing belangrijk is.

Het *lac*-operon bestaat onder andere uit een aantal **structurele genen**. In het geval van het *lac*-operon gaat het daarbij om een drietal genen, die coderen voor lactose-afbrekende eiwitten: het *lacZ*-gen, het *lacY*-gen en het *lacA*-gen (Tekstbox 3.15). Deze genen worden voorafgegaan door een regulerend gen[151]. Hieronder aangeduid als het **lacI-gen**.

De coderende delen van het DNA worden voorafgegaan door een **promotor**. Het *lac*-operon zelf beschikt over een promotor evenals het *lacI*-gen. De promotor van het *lac*-operon ligt ingesloten tussen de plaats waar een **activatoreiwit** zich kan binden én de **operator**. Hierover later meer.

---

[151] Niet te verwarren met een gereguleerd gen. De expressie van het gereguleerd gen wordt geschakeld, terwijl het eiwit waarvoor het regulerend gen codeert die schakelaar bedient.

Tekstbox 3.15. De genen van het operon.

Het operon als geheel codeert voor meerdere verwante eiwitten. In dit specifieke voorbeeld van het *lac*-operon gaat het daarbij om:

- *lacZ*-gen: codeert voor het enzym β-galactosidase (splitst lactose in twee monosachariden: glucose en galactose. Beide eindproducten worden verder afgebroken in de glycolyse[1]).
- *lacY*-gen: codeert voor het membraaneiwit *Galactoside permease* (een membraan gebonden transporteiwit dat lactose toelaat/pompt in de cel).
- *lacA*-gen: codeert voor transacetylase (een 'overloop'-enzym dat bepaalde suikers verwijdert uit de cel als de concentratie te hoog wordt).

---

[1] De uitleg en behandeling van de glycolyse volgt later in Paragraaf 5.3.

3.5.3.1 De regulering van het *lac*-operon

Als we ons beperken tot het *lac*-operon, dan spelen er voor de *E. coli* bacterie twee tegenstrijdige belangen:

1. De cel wil de aanwezige lactose bij voorkeur wegwerken. Om een zo laag mogelijke lactose-concentratie te krijgen moet het *lac*-operon worden aangezet. Dit aan- en eventueel uitzetten geschiedt met wat we gemakshalve even **schakelaar I** noemen. **Deze schakelaar I staat van nature aan.**
2. De cel heeft een voorkeur voor glucose boven lactose[152]. Als er voldoende glucose aanwezig is wordt de afbraak van lactose geremd. Daarvoor bestaat een **schakelaar II**, die het *lac*-operon uitzet bij een voldoende hoge glucose-concentratie. **Deze schakelaar II staat van nature uit.**

Schakelaar I: regulatie van het lactose metabolisme

De regulering, dus de beslissing of het operon wel of niet wordt afgelezen, is in handen van twee specifieke stukjes DNA:

1. De **operator**. Deze ligt (in dit operon-model) tussen de promotor en de structurele genen[153] (Figuur 3.75). De operator is een stukje DNA dat geblokkeerd kan worden door een eiwit, de **repressor**, in dit specifieke geval het *lac*-**repressoreiwit** (*lac repressor protein*) genoemd. Als

---

[152] Glucose levert een hogere groeisnelheid en dus voordeel op. Als er geen glucose is, dan is lactose weliswaar een goed alternatief. Het lactose levert immers indirect ook glucose (+galactose). Maar glucose is een betere energie- en koolstofbron voor *E. coli*. Dat is de reden waarom het *lac*-operon zo gereguleerd wordt.
[153] Op basis van deze omschrijving wordt de operator (de *+1-site* bevindt zich direct voorbij de promotor) overgeschreven naar het transcript. Inmiddels zijn er ook operators bekend die een onderdeel blijken te zijn van de promotor. In die gevallen wordt tijdens de transcriptie de operator niet overgeschreven.

dat gebeurt dan kan op dat moment geen koppeling van RNA-polymerase aan de promotor plaatsvinden en kan er dus geen transcriptie plaatsvinden.

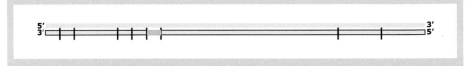

Figuur 3.75. De operator van het *lac* operon. Dit is een specifiek deel in het DNA zoals aangegeven in okergeel.

2. De **regulator**. Dit is het gen dat codeert voor het *lac*-repressoreiwit. In dit specifieke voorbeeld is het *lacI*-**gen** de regulator[154]. Normaalgesproken hoeft de regulator niet bij het operon in de buurt te liggen. Het *lacI*-gen bevat dus de informatie voor de synthese van het *lac*-**repressoreiwit**.

Het *lac*-repressoreiwit heeft twee bindingsplaatsen:
1. een **DNA bindingsplaats** (actieve zijde) waarmee het zich kan binden aan de operator; en
2. een **allosterische bindingsplaats**[155] die zich kan binden met lactose. De vormverandering die het gevolg is van deze koppeling schakelt de actieve zijde van het *lac*-repressoreiwit uit[156]. Dit effect heet **allosterische inhibitie**.

Uiteindelijk fungeert de operator als schakelaar I en het *lac*-repressoreiwit schakelt onder invloed van het lactose zelf. Als er lactose in de cel aanwezig is, bindt dit zich aan de repressormoleculen, wat resulteert in allosterische inhibitie. Geen lactose wil zeggen geen binding aan de repressormoleculen en dus zullen de repressormoleculen de transcriptie blokkeren. Anders gezegd: bij afwezigheid van lactose koppelt het *lac*-repressoreiwit zich aan het DNA op de plaats van de operator en blokkeert daarmee een koppeling van de RNA-polymerase aan de promotor. Er vindt nu geen transciptie plaats, het operon staat 'uit'.

Zoals gezegd codeert het *lacI*-gen voor het *lac*-repressoreiwit, dat zich koppelt aan de operator, waardoor de ervoor gelegen promotor onbereikbaar wordt voor het RNA-polymerase (Figuur 3.76).

---

[154] Het regulerend gen. De toevoeging I staat voor *Inhibitor*.

[155] Een allosterische bindingsplaats is een bindingsplaats anders dan de actieve zijde van het proteïne.

[156] Meer precies: de terugkoppeling wordt gedaan door allolactose. Allolactose is een suiker dat vergelijkbaar is met lactose. Door koppeling van de allolactose aan het *lac* repressor eiwit (*lac repressor protein*) treedt er een vormverandering op van het *lac* repressor eiwit (*lac repressor protein*) waardoor dat molecuul zich niet meer kan binden aan de *operator*. In die gebonden vorm kan het *lac* repressor eiwit (*lac repressor protein*) de operon dus niet meer 'uit' zetten.

Figuur 3.76. Genregulatie door repressie (1). Het *lacI*-gen produceert het *lac*-repressoreiwit (groen) dat de operator (okergeel) blokkeert. De promotor van *lacI* (zie Figuur 3.74) staat altijd 'aan' dus de repressor wordt continu aangemaakt.

In Figuur 3.75 staat het *lac*-operon 'uit'. Er worden dus geen lactose-afbrekende eiwitten geproduceerd. Daardoor neemt de concentratie lactose toe (Figuur 3.77).

Figuur 3.77. Genregulatie door repressie (2). De blokkade van de operator voorkomt de afbraak van lactose. De enzymen die nodig zijn voor de afbraak worden gecodeerd door het *lac*-operon, en deze staat 'uit' doordat de repressor (gecodeerd door *lacI*) de expressie blokkeert.

Uiteindelijk wordt de concentratie lactose zo hoog dat een lactosemolecuul het *lac*-repressoreiwit (*lac repressor protein*) bezet (Figuur 3.78).

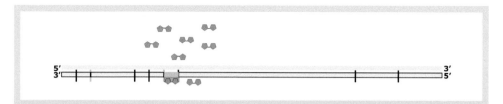

Figuur 3.78. Genregulatie door repressie (3). Het repressoreiwit wordt boven een bepaalde lactoseconcentratie bezet door een lactosemolecuul. Dit heeft consequenties voor de affiniteit van de repressor voor het DNA van de operator.

Door die koppeling wordt de repressor inactief gemaakt en ontkoppelt het *lac*-repressoreiwit (*lac repressor protein*) zich van de operator (Figuur 3.79).

Figuur 3.79. Genregulatie door het opheffen van repressie (1). De repressor met lactose-molecuul laat los en daarmee wordt de blokkade van de operator opgeheven.

Het RNA-polymerase kan zich nu wel aan de promotor binden met als gevolg dat de structurele genen (*structural genes*) worden afgelezen. Het operon staat 'aan' en de transcriptie ervan start. Er wordt nu mRNA gevormd (Figuur 3.80).

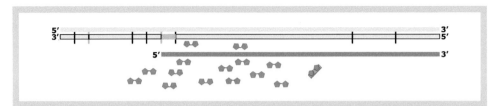

Figuur 3.80. Genregulatie door het opheffen van repressie (2). Na opheffing van de blok-kade van de operator vindt de transcriptie plaats. Het *lac* operon staat 'aan'.

Translatie van dit mRNA leidt tot de vorming van de drie eiwitten die het lactose weer afbreken. Tot zover het 'lactosebeleid'.

Schakelaar II: regulatie van het glucosemetabolisme

Een voldoende hoge glucoseconcentratie maakt het benutten van lactose als brandstof voor de *E. coli* bacterie onwenselijk[157]. Daarom moet glucose kunnen ingrijpen in het hiervoor beschreven lactosebeleid. Deze ingreep moet er zelfs bovengeschikt aan zijn.

Daartoe ligt er een **schakelaar** II direkt vóór de promotor van het *lac* operon: de CAP-bindings-plaats. De CAP-bindingsplaats kan door het **kataboliet-activatoreiwit** [158] (*Catabolite Activator Protein* (CAP)[159]) geactiveerd worden. De CAP-bindingsplaats fungeert zo als schakelaar II waarbij het CAP wordt geschakeld door een eventuele koppeling met **cAMP** (Tekstbox

---

[157] Ter herinnering: glucose levert een hogere groeisnelheid en dus voordeel op. Lactose levert indirect ook glucose (+galactose), maar glucose is een betere energie- en koolstofbron voor *E.coli*. Dat is de reden waarom het *lac*-operon zo gereguleerd wordt.

[158] Een kataboliet is een reactieproduct van een chemische reactie waarbij een groter molecuul wordt gesplitst of afgebroken in kleinere eenheden.

[159] Niet te verwarren met de *cap* aan eukaryoot mRNA.

3.16). Dit klinkt ingewikkeld, maar het werkt als volgt. Als de glucoseconcentratie onder een bepaald niveau daalt, gaat de cAMP-alarmbel af. Het gevolg daarvan is dat de concentratie van het cAMP wordt opgevoerd. De verhoogde cAMP-concentratie activeert het CAP door zich daaraan te binden. Het uiteindelijk gevolg van de cAMP-alarmbel is dus de vorming van het CAP/cAMP complex. Dit complex bezet de CAP-bindingsplaats en beïnvloedt daarmee de genexpressie van het operon.

De CAP-bindingsplaats bevindt zich precies tussen het *lacI*-gen en de promotor van het *lac*-operon (Figuur 3.81).

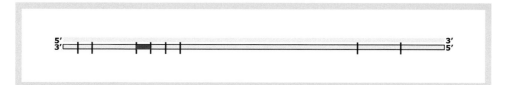

Figuur 3.81. De CAP-bindingsplaats van het *lac*-operon. Dit is een specifiek deel in het DNA zoals aangegeven in paars. Alleen aan cAMP gekoppeld CAP kan zich op die plaats binden aan het DNA.

Bepalend is dus de aan- of afwezigheid van cAMP. Alleen gebonden aan het cAMP is het CAP in staat zich te binden aan het DNA (Figuur 3.82).

Tekstbox 3.16. CAP-cAMP balans.

Voor het kataboliet activator eiwit (CAP) geldt nu:
- Als er voldoende cAMP is (en dus weinig glucose) dan is CAP actief.
- Als er onvoldoende cAMP is (en dus veel glucose) dan is CAP inactief.

CAP wordt actief als het cAMP zich (allosterisch) bindt aan het CAP. Deze actieve vorm bindt zich aan het DNA (precies tussen het *lacI*-gen en de promotor) en zet daarmee de schakelaar (II) op 'aan'. CAP heeft cAMP nodig om zich aan het DNA te kunnen binden en zo de transcriptie op gang te brengen.

CAP en cAMP werken op die manier als een team in het bewaken van de glucose spiegel:
- Als de glucose spiegel hoog is, is de cAMP waarde laag en dus CAP inactief. De afbraak van lactose wordt nu geremd.
- Als het glucose niveau laag is, is de cAMP waarde hoog en dus CAP actief. Nu wordt de afbraak van lactose niet geremd.

Als een cel te weinig glucose krijgt gaat het cAMP-alarm af: cAMP bindt zich massaal aan het CAP en de combinatie koppelt zich aan de CAP-bindingsplaats van het operon en zet daarmee de schakelaar (II) op 'aan'.

Figuur 3.82. Genregulatie door activatie (1). *Catabolite activator protein* (CAP, groen) fungeert, wanneer gebonden aan cyclisch AMP (cAMP, blauw), als activator van de expressie van het *lac*-operon. Wanneer glucose in de cel aanwezig is onderdrukt dat de vorming van cAMP en kan het *lac*-operon dus niet 'aan' gezet worden. Glucoseafbraak gaat voor lactose afbraak.

Door die koppeling (Figuur 3.82) wordt de het *lac*-operon 'aangezet'. Deze schakelaar II staat nu transcriptie van het gen toe en het mRNA wordt gesynthetiseerd (Figuur 3.83).

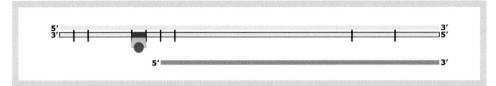

Figuur 3.83. Genregulatie door activatie (2). Wanneer er geen glucose is zou lactose een goede alternatieve energiebron kunnen zijn. Om die te benutten kan cAMP de activator CAP ertoe aanzetten om aan het DNA te binden. Bezetting van de CAP-bindingsplaats stimuleert de transcriptie van het *lac*-operon. Het *lac*-operon staat 'aan'.

Ongebonden CAP is niet in staat zich te binden aan de **CAP bindingsplaats**: het gen staat in dat geval 'uit' (Figuur 3.84).

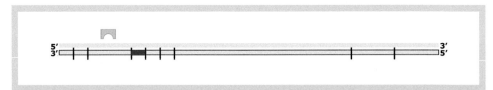

Figuur 3.84. Genregulatie door het opheffen van de activatie. Een vrije CAP-bindingsplaats voorkomt transcriptie (de promotor is nu geen aantrekkelijke opstapplaats voor RNA-polymerase). Het *lac*-operon staat 'uit'.

Beide eiwitten (repressor én activator) worden beïnvloed door de 'target-stoffen' (lactose respectievelijk glucose):
- het *lac*-repressoreiwit kan (zoals aangegeven in het lactosebeleid) gedeactiveerd worden door lactose; en

De bouwstenen van het leven

- het activatoreiwit (CAP) kan gedeactiveerd worden door glucose. Dit laatste gebeurt echter via een eigenaardige omweg: het eiwit (CAP) is van nature inactief, maar wordt geactiveerd door cAMP[160], een signaalmolecuul dat alleen ontstaat bij een lage glucose-spiegel[161].

3.5.3.2 De genregulatie van het *lac*-operon in *E. coli*

Het *lac*-operon wordt uiteindelijke dus gereguleerd door de combinatie van schakelaar I en schakelaar II (Figuur 3.85):
- Lactose is het omgevingssignaal dat het *lac*-repressoreiwit (*lac repressor protein*) inactiveert (loskoppelt van de operator) en daarmee schakelaar I aanzet.
- Glucose is het omgevingssignaal dat de activiteit van het CAP (via het cAMP) remt en schakelaar II uitzet.

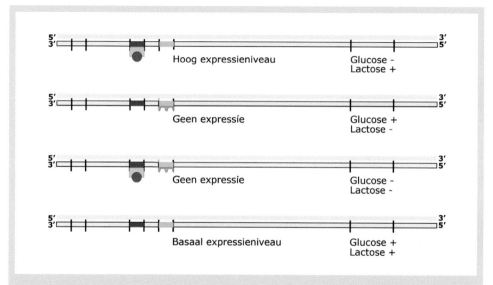

Figuur 3.85. Gecombineerde genregulatie. Het actieve *lac*-repressoreiwit (groen) bindt zich aan de operator (okergeel) en het CAP/cAMP-complex (groen/blauw) koppelt zich aan de CAP-bindingsplaats (paars). Lactose is het omgevingssignaal dat het *lac*-repressoreiwit (groen) deactiveert en daarmee expressie van het operon mogelijk maakt. Glucose is het omgevingssignaal dat de activiteit van het CAP/cAMP (groen/blauw) remt en daarmee de expressie van het operon remt.

---

[160] Cyclisch adenosinemonofosfaat.
[161] cAMP wordt gemaakt uit ATP door het enzym *adenylate cyclase*. De cAMP vorming is daarbij afhankelijk van de af- of aanwezigheid van glucose. Glucose bindt zich op de allosterische bindingsplaats van het *adenylate cyclase* en voorkomt daarmee dat er cAMP wordt gemaakt. De concentratie cAMP is dus omgekeerd evenredig met de glucoseconcentratie.

Let op: alle enzymen die betrokken zijn bij het 'aan' en/of 'uit' zetten van een gen of betrokken zijn bij de transcriptie hebben allemaal hun specifieke bindingsplaats. Met andere woorden: de regulerende sequenties (het aanloopstuk voor het operon) hebben geen universeelstekkers:

- Het **RNA-polymerase** koppelt indien mogelijk aan de **promotor**.
- Het *lac*-**repressoreiwit** (*lac repressor protein*) koppelt indien mogelijk aan de **operator**.
- Het actieve **CAP/cAMP** koppelt aan de **CAP-bindingsplaats**.

3.5.4 Genregulatie in eukaryoten

Regulering van de transcriptie zoals beschreven bij het *lac*-operon van *E. coli*, komt ook bij eukaryoten voor. In eukaryoten zijn er meer typen regulerende eiwitten en (dus) meer typen regulerende sequenties in het DNA dan in bacteriën. De aanvulling op hetgeen hierover verteld is over de genregulatie bij prokaryoten zal hier en nu nader besproken worden.

3.5.4.1 Transcriptionele controle in eukaryoten

Belangrijke regulerende sequenties die een rol spelen bij de genregulatie in eukaryoten zijn:
- *Promoter proximal elements*: zeer dicht bij de promotor gelegen. Bezet door een regulerend eiwit zet het de transcriptieschakelaar op 'aan'. Elk *promoter proximal element* heeft per gen een unieke sequentie. Eukaryotische cellen kunnen dus per gen (en niet per operon) bepalen welk gen geschakeld wordt.
- *Enhancers*. Het betreft regulerende DNA-sequenties waaraan regulerende eiwitten zich kunnen binden om de transcriptie van een structureel gen te versnellen. Bijzonder hieraan is dat de *enhancer* ver (vele duizenden basenparen) verwijderd voor het gen kan liggen. Bezet door een regulerend eiwit zet het de transcriptieknop op 'sneller' (Tekstbox 3.17).
- *Silencers*. Het betreft weer een regulerende DNA-sequentie waaraan regulerende eiwitten zich kunnen binden om de transcriptie van een structureel gen te vertragen. Ook deze silencers liggen ver verwijderd van het gen. Vaak stroomopwaarts (*upstream*) en soms stroomafwaarts van het gen. Bezet door een regulerend eiwit zet het de transcriptieknop op 'trager' (Tekstbox 3.17).

Tekstbox 3.17. *Enhancers* en *silencers*.

De promotoren kunnen ook nog DNA-elementen op afstand bij de regulatie betrekken. Dan wordt gesproken van *enhancers* (versterken de trancriptie) en *silencers* (verminderen of onderdrukken de transcriptie). Deze DNA elementen kunnen op hetzelfde molecuul aanwezig zijn, bijvoorbeeld in hetzelfde chromosoom ergens ver voor of achter het gen. Dan wordt het een cis-element genoemd. Wanneer het op een ander chromosoom ligt wordt het een trans-element genoemd. Ook de eiwitten die eraan binden (en dus andere moleculen zijn dan het DNA van de promotor of *enhancer* zelf) worden wel trans-factoren genoemd, om aan te geven dat het aparte onderdelen zijn van het complex.

Genoemde DNA-sequenties worden 'bespeeld' door een groep regulerende eiwitten met als doel de koppeling van het RNA-polymerase aan de promotor te reguleren. Als deze regulerende eiwitten de intentie hebben de transcriptie te laten starten dan noemen we die eiwitten **transcriptiefactoren**.

Zij zijn te verdelen in een tweetal typen:
- **Algemene transcriptiefactoren** (*general transcription factors*). Zij maken standaard deel uit van het **transcriptie- initiatiecomplex** (*transcription initiation complex*) dat ten dienste staat van de transcriptie van elk gen in elke cel. Het doel van het transcriptie-initiatiecomplex is het aantrekken van het RNA-polymerase en het helpen van hetzelfde RNA-polymerase om zich te binden aan de promotor.
- **Gereguleerde transcriptiefactoren** (*regulatory transcription factors*). Deze eiwitten binden zich aan de regulerende sequenties van specifieke genen om ze 'sneller of trager' te zetten. Deze specifieke toepassing leidt tot celdifferentiatie.

Het zijn **co-activatoren** (*coactivators*) die de algemene- en regulerende transcriptiefactoren bij elkaar brengen in het te vormen transcriptie-initiatiecomplex. Dit transcriptie-initiatiecomplex brengt dan de transcriptie op gang:
- regulerende transcriptiefactoren binden zich aan de *enhancers*;
- het volledige transcriptie-initiatiecomplex bindt zich aan de promotor;
- het RNA-polymerase bindt zich aan dit complex; en
- de transcriptie begint.

Samenvattend

- ► Transcriptiefactoren binden zich aan de regulerende sequenties om de genexpressie in eukaryoten te controle ren/reguleren.
- ► Transcriptiefactoren binden zich aan de *promoter proximal elements* en *enhancers* om de schakelaar op 'aan' te zetten.
- ► Transcriptiefactoren binden zich aan de *silencers* om de schakelaar 'uit' te zetten.
- ► Regulerende transcriptiefactoren kunnen per cel verschillend zijn en brengen de genen die celdifferentiatie veroorzaken tot expressie.

3.5.4.2 Overzicht controle momenten in eukaryoten

Naast de transcriptionele controle (Paragraaf 3.5.4.1) staan de eukaryoten nog meerdere controle systemen ter beschikking. Het pad van DNA tot eiwit is bij eukaryoten veel complexer dan bij prokaryoten. Dat opent de mogelijkheid om op meerdere momenten tijdens het gehele proces van de eiwitsynthese extra controle en dus regulering op genexpressie door te voeren.

Chronologisch geordend zijn de volgende momenten te duiden:
1. **DNA structuur.** Met behulp van het enzym HAT (*histone acetyl transferase*) is er sturing op de structuur/compactheid van het DNA en wordt de toegankelijkheid van het gen gereguleerd.
2. **Transcriptionele controle.** Het betreft de systemen zoals ze hiervoor (Paragraaf 3.5.4.1) werden besproken.
3. **Controle tijdens de RNA-processing.** Er is controle op de mogelijkheid van *alternative splicing* door de spliceosomen waardoor de mate waarin een genproduct wordt gesynthetiseerd kan worden gereguleerd.
4. **Controle tijdens het mRNA-transport.** De levensduur van het mRNA in de cel wordt gecontroleerd door **micro-RNA** of miRNA. De in de cel aanwezige miRNA moleculen kunnen het mRNA voor translatie ongeschikt maken door er zich aan te binden[162].
5. **Controle tijdens de translatie.** Hierover is al het nodige gezegd in Paragraaf 3.3.4. De controle over de concentratie van het genproduct beschikt ook nog eens over drie mogelijkheden:
   – **Regulerende eiwitten kunnen zich binden aan het mRNA** waardoor er geen translatie meer plaats kan vinden. Vergelijkbaar met de werking en de invloed van de DNA-bindende eiwitten zoals besproken tijdens de genregulatie in prokaryoten.
   – De cel kan de **5'-cap** of de **poly-A staart modificeren** waardoor de translatie niet meer kan plaatsvinden.
   – **Fosforylering** (de toevoeging van een fosfaatgroep) van een eiwit in het ribosoom kan de translatie stoppen of vertragen.
6. **Controle tijdens de eiwitmodificatie.** Controle over het proces van de eiwitmodificatie bepaalt of de polypeptide wordt gemodificeerd tot een functioneel eiwit of niet:
   – De concentratie en/of activiteit van enzymen wordt gereguleerd door **competitieve en non-competitieve** *inhibition* (remming):
      a. **Competitieve remming.** Het 'regel'-molecuul neemt op de actieve zijde van het enzym de plaats in van het eigenlijke substraat. De pasvorm is niet exact genoeg om het enzym zijn werk te laten doen, maar voor het eigenlijke substraat is er geen plaats meer. Een dergelijk 'regel'-molecuul wordt genoemd: een **competitieve remmer.**

---

[162] Er ontstaat op de bindingsplaats lokaal een dubbelstrengs structuur waardoor het mRNA ongeschikt wordt voor de translatie.

b. **Non-competitieve** of **allosterische remming**. Het 'regel'-molecuul bindt zich aan een andere receptorplaats (allosterische zijde) dan aan de actieve zijde van het enzym. Het gevolg is een vormverandering van de actieve zijde van het enzym, waardoor het substraat niet meer past. Deze 'regel'-moleculen die zich binden aan de allosterische zijde van het enzym worden **non-competitieve remmers** genoemd.

Meestal is er sprake van een *feedback inhibition* of *end product inhibition*. Het eindproduct van een proces functioneert dan als non-competitieve remmer.

– De activiteit van andere eiwitten (niet enzymen) wordt gereguleerd door een balans tussen **fosforylering of defosforylering**[163].

---

[163] Door een fosfaatgroep toe te voegen aan een eiwit (of aan een aminozuur binnen dat eiwit) wordt de activiteit van het eiwit in dit geval ongedaan gemaakt.

Hoofdstuk 4

4.1 Celdeling: mitose

Groei, vervanging en reproductie zijn kenmerkend voor het leven en bepalend in het leven van de cel. De cel als basiseenheid van het leven kan zich reproduceren, waardoor een nieuw individu wordt gevormd of waardoor het aantal cellen groeit. De cyclus die verloopt tussen 'de geboorte' van een cel (door celdeling van de oudercel) tot het moment dat de cel zichzelf (als oudercel) gesplitst heeft in twee dochtercellen heet de **celcyclus** (Figuur 4.1). Anders gezegd: een celcyclus begint na een celdeling en eindigt na de volgende celdeling.

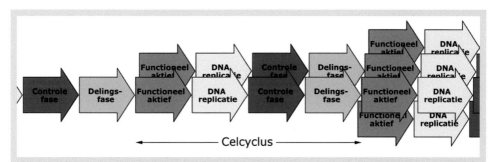

Figuur 4.1. De celcyclus. Er zijn vier stadia aan te wijzen in een celcyclus (controle-, delings-, functioneel actieve- en replicatiefase; resp. rood, groen, blauw en grijs). Elke cyclus begint na een celdeling en eindigt na de volgende celdeling.

4.1.1 Celdeling in prokaryoten

Bij prokaryoten is celdeling de enige vorm van reproductie van het organisme. Dit proces waarbij volledig nieuwe individuen ontstaan door het kopiëren van de cellen is een vorm van **ongeslachtelijke voortplanting** (*asexual reproduction*). Dit type deling wordt **binaire deling** (*binary fission*) genoemd. Binaire deling leidt tot reproductie van de levende cel door splitsing ervan in twee delen, die elk uitgroeien tot de omvang van de oorspronkelijke cel.

De binaire deling van een bacterie (Figuur 4.2) verloopt als volgt:
- De bacteriecel maakt een kopie van het chromosoom. Het proces staat bekend als DNA-replicatie (zie Paragraaf 3.2). De twee DNA-kopieën zitten vast aan de celmembraan, met name aan het **mesosoom**[164].
- De bacteriële cel wordt groter en verdubbelt de 'overige celinhoud'.

---

[164] Het circulair dsDNA is op één specifieke plaats verbonden aan de celmembraan. Dit verankeringspunt wordt een mesosoom genoemd. Zie Paragraaf 2.3.

- Voortzetting van de groei. De gevormde en aangehechte DNA-moleculen worden gescheiden van elkaar door de groei van de cel en er wordt een nieuw stuk celmembraan en celwand gevormd om de cel in tweeën te verdelen (door **invaginatie**).

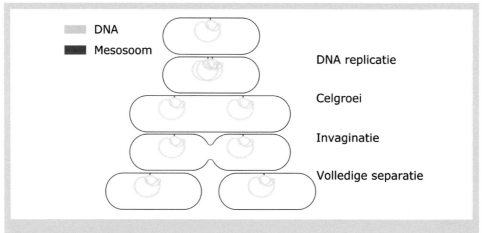

Figuur 4.2. Binaire deling. Een bacterie met chromosoom (grijs) dat via een mesosoom (rood) verankerd is deelt door middel van replicatie, groei, invaginatie en separatie (van boven naar onder).

Organellen binnen een eukaryote cel, zoals mitochondriën, chloroplasten en peroxisomen reproduceren zich binnen de eukaryote cel ook door **binaire deling**.

Binaire deling is een proces dat snel verloopt. Bij de snelst groeiende bacteriën kan een binaire deling zich binnen 20 minuten voltrekken. Binnen een tijdsbestek van 3 uur kunnen zich zo uit één cel 500 cellen hebben gevormd. Het betreft in wezen een continu verlopend proces.

4.1.2 Celdeling in eukaryoten

Celdeling in de eukaryoten maakt de volgende functies[165] mogelijk:
1. groei door celvermeerdering. De ontwikkeling van één cel tot meercellig;
2. herstel na verwonding van het organisme;
3. celvervanging.

---

[165] Tijdens de vorming van een zaadcel of een eicel moet een diploïde cel door middel van een specifieke celdeling worden getransformeerd in een haploïde cel. Deze zogenaamde reductiedeling komt pas ter sprake in de volgende paragraaf en valt daarmee buiten het bestek van de huidige paragraaf.

De bouwstenen van het leven

Uitgangspunt bij de celdeling ten behoeve van groei of herstel is de vorming van twee genetisch identieke dochtercellen. Die dochtercellen beschikken ieder voor zich over exact dezelfde chromosomen als die aanwezig waren in de oudercel. In eukaryoten is de scheiding van het verdubbelde DNA uiteraard ook een onderdeel van de celdeling. De scheiding van het verdubbelde DNA is bij eukaryoten echter niet mogelijk zonder een kern(membraan)deling. Het hele proces van kern(membraan)deling en scheiding van het verdubbelde DNA wordt **mitose** genoemd.

De celdeling in eukaryoten beslaat de volgende deelprocessen:
1. verdubbeling van de inhoud (niet het volume maar de bestanddelen) van de kern (nucleus) met name DNA-replicatie;
2. kerndeling of mitose;
3. deling van het cytoplasma;
4. groei van het cytoplasma.

4.1.2.1 De eukaryote celcyclus

De celcyclus kan worden ingedeeld in de:
- **delingsfase** of **M-fase**, bestaande uit de mitose (deling van de kern) en de cytokinese (deling van het cytoplasma en van de cel); en de
- **interfase** (de periode tussen twee M-fasen in, waarin onder andere de cytoplasmatische groei plaatsvindt).

Elke eukaryote cel bevindt zich dus in de interfase óf in de delingsfase. Hoe snel een cel een interfase doorloopt om over te gaan in de delingsfase is erg wisselend:
- Sommige cellen gaan continue door met delen (bijvoorbeeld huid en slijmvliezen).
- Andere cellen delen alleen als ze daarvoor een signaal ontvangen (bijvoorbeeld levercellen).
- Er zijn zelfs cellen die zelden of nooit delen (bijvoorbeeld zenuwcellen).

De celdeling in eukaryoten is dus duidelijk niet altijd een continu verlopend proces.

De interfase

De interfase kent een rustfase (G_0) en drie subfases (Figuur 4.3):
- **G_0-fase.** Cellen die niet direct gaan delen (zoals neurale cellen) staan als het ware 'geparkeerd' in een zogenaamde G_0-fase. Met een keuze voor de G_0-fase wordt de G_1-fase verlaten. Deze 'parkeerstand' kan permanent zijn of tijdelijk van aard. De cellen in de G_0-fase worden *non-proliferating cells* genoemd.

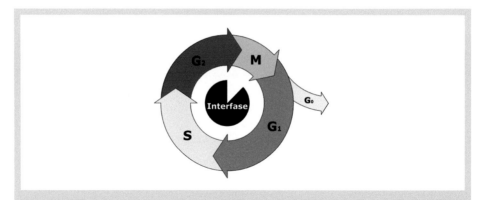

Figuur 4.3. De celcyclus van eukaryoten. De cyclus kent verschillende fasen. De mitose (M, groen) en de interfase (zwart). De interfase is te verdelen in G_0 (geen verdere deling; geel), G_1 (aanloop naar synthese; blauw), S (synthese; grijs) en G_2 (herstel van replicatiefouten; rood).

- **G_1-fase.** Cellen die gaan delen (*proliferating cells*) passeren in deze G_1-fase een *checkpoint* waarbij getest wordt of aan alle voorwaarden is voldaan om de cel door te laten naar de volgende fase. Gecontroleerd wordt daarbij of er:
  - wel een signaal is afgegeven om te delen;
  - voldoende voedingsstoffen aanwezig zijn voor een deling;
  - het DNA in een goede conditie is;
  - de cel groot genoeg is.

  Als een cel niet door deze controle komt vindt **reparatie** plaats (met vervolgens een nieuwe controle) of celdood (**apoptose**).

  De cellen die zich in deze **G_1 fase** bevinden zijn actief functionerende cellen. Zij groeien (worden groter) en verdubbelen de hoeveelheid cytoplasma en de hoeveelheid organellen (behalve de kern).
- **S -fase.** In de S-fase (synthese fase) wordt het **DNA gekopieerd**. Dit proces is bekend als de DNA-replicatie (zie Paragraaf 3.2). De twee identieke kopieën van elk chromosoom worden **zusterchromatiden** genoemd zolang zij aan elkaar vastzitten in het centromeer (Figuur 4.4).

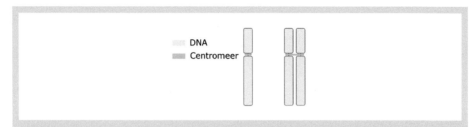

Figuur 4.4. Chromosomen. Een chromosoom bestaat voor replicatie uit 1 chromatide (links) en na replicatie uit twee (rechts). In deze figuur is het centromeer (blauw) en DNA (grijs) weergegeven.

Het niet gedupliceerde chromosoom bevat één chromatide (Figuur 4.4). Een gedupliceerde chromosoom is nog steeds één chromosoom, maar nu met twéé chromatiden.

Op het einde van de S-fase zijn alle chromosomen verdubbeld. In de cellen van diploïde organismen bevinden zich dan 4n chromatiden tegenover 2n chromatiden in de cel vóór de S-fase. De laatstgenoemde 2n chromatiden zijn gelijk aan 2n chromosomen omdat voor de S-fase geldt: 1 chromosoom = 1 chromatide. Met n wordt het aantal chromosomen per haploïde set bedoeld, bij de mens is dat 23.

Het proces waarbij DNA wordt gerepliceerd kent zijn eigen controle- en herstelmechanismen. De S-fase heeft in die zin dus zijn eigen *checkpoint*.

De S-fase eindigt op het moment dat de DNA-replicatie is voltooid.

- G_2-fase. Na voltooiing van de DNA replicatie volgt in de G_2-fase een nieuw *checkpoint*:
  - Is alles in de S-fase goed verlopen? Is het DNA niet beschadigd?
  - Heeft de cel alle chromosomen gekopieerd?
  - Zijn er signalen die aangeven dat de cel door moet gaan naar de mitose?

Als een cel niet door deze controle komt vindt **reparatie** plaats (met vervolgens een nieuwe controle) of celdood (**apoptose**). De G_2-fase eindigt met de start van de delingsfase, de start van de mitose.

De delingsfase of M-fase

Deze fase is in te delen in:
- een subfase waarin de kerndeling (**mitose**) tot stand komt, gevolgd door
- de fase waarin het cytoplasma wordt gedeeld (**cytokinese**). Tijdens de cytokinese komt de uiteindelijke splitsing in twee dochtercellen tot stand.

4.1.3 De kerndeling

4.1.3.1 Mitotische spoel

Een organel dat bij de mitose een belangrijke rol speelt is het **centrosoom**[166] (geel in Figuur 4.5), ook wel **spoellichaampje** genoemd. Het bevindt zich juist buiten de kern in het cytoplasma. Nog vóór de mitose verdubbelt het centrosoom zich (Figuur 4.5).

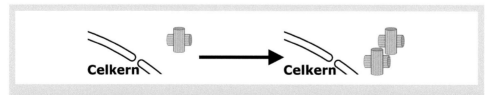

Figuur 4.5. Het centrosoom. Voor de mitose verdubbelt het centrosoom, in de buurt van de kern (kernmembraan is deels zichtbaar).

---

[166] Zie Paragraaf 2.2.11.

Elk centrosoom verplaatst zich vervolgens naar één kant van de kern. Zij vormen daarbij twee polen buiten de celkern (Figuur 4.6).

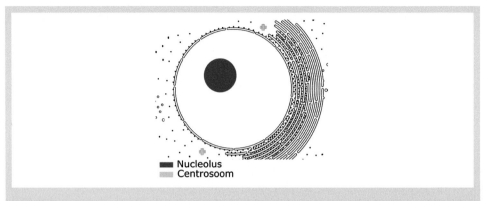

Figuur 4.6. Aanloop naar deling. De centrosomen (geel) nemen diametraal tegenover elkaar een positie in, aan weerszijden van de kern met daarin een kernlichaam (nucleolus, blauw).

Vanuit elke pool ontwikkelen de centrosomen eiwitdraden (microtubuli[167]) die gezamenlijk de kern gaan omvatten. De ontstane structuur heet de **mitotische spoel** (*mitotic spindle*). De draden worden **spoeldraden** genoemd.

4.1.3.2 Mitose

Tijdens de mitose wordt de 'ouderkern' omgebouwd tot twee 'dochterkernen'. Daarbij moet de inhoud van de 'ouderkern' correct verdeeld worden over de twee 'dochterkernen'. Dat wil zeggen: de twee chromatiden van elk chromosoom moeten verdeeld worden over beide dochterkernen.

We onderscheiden in de mitose vier fases:
1. **Profase.** Chromosomen worden opgerold (condensatie of spiralisering). Zie Paragraaf 3.1. Op dit moment vindt de ontwikkeling van eiwitdraden vanuit de mitotische spoel plaats (Figuur 4.7). Deze eerste spoeldraden worden de **steundraden** genoemd.
   De steundraden vormen een directe verbinding tussen beide centrosomen (spoellichaampjes) en beschermen daarmee alle bewegingen en processen die zich binnen de spoel (gaan) afspelen.

---

[167] Polymeren van het eiwit tubuline.

De bouwstenen van het leven

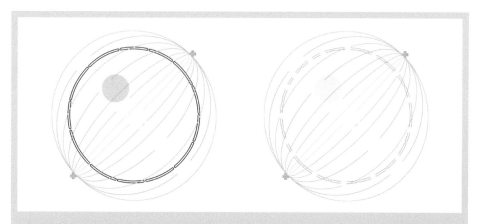

Figuur 4.7. Mitotische spoel in profase. Vanuit de centrosomen wordt een cocon van draden (geel) rondom de celkern gevormd (links). De structuren binnen de cocon verbrokkelen (rechts).

De kernmembraan (*nuclear envelope*) verbrokkelt tot steeds kleinere partikels (Figuur 4.7). Het karyoplasma wordt nu één met het cytoplasma. Door die 'verdunning' (karyoplasma samen met cytoplasma) lost als het ware de nucleolus op en verdwijnt letterlijk uit beeld. De condensatie van de chromosomen wordt langzaam maximaal en zij worden steeds beter zichtbaar binnen de mitotische spoel (Figuur 4.8).

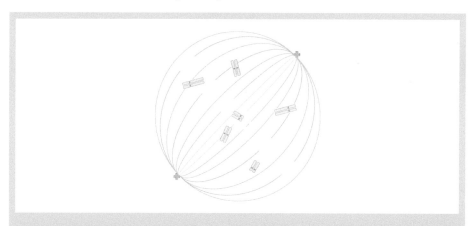

Figuur 4.8. Mitotische spoel in vroege metafase. Binnen de cocon worden de chromosomen (bestaande uit twee chromatiden) zichtbaar.

2. **Metafase.** De chromatiden van de gedupliceerde chromosomen zijn nu maximaal gecondenseerd. Zij komen in beweging, en gaan in één vlak liggen, het 'equatorvlak', waarbij de polen worden gevormd door de twee centrosomen. In Figuur 4.9 zien we de chromatiden

gesitueerd rondom het equatorvlak binnen de spoel van steundraden. De steundraden verlopen van pool naar pool.

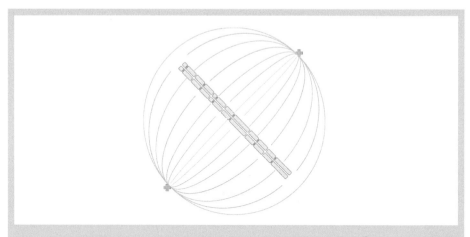

Figuur 4.9. Mitotische spoel in metafase. De chromosomen gaan in het equatorvlak liggen.

Nu kunnen nieuwe eiwitdraden vanuit de mitotische spoel het centrum van de kern bereiken om contact te maken met de chromatiden. Deze spoeldraden worden de **trekdraden** genoemd. In Figuur 4.10 zien we de chromatiden (gesitueerd in het equatorvlak) vastgeklonken aan de trekdraden. De trekdraden verbinden de chromatiden met een pool. Zij verbinden dus geen centrosomen met elkaar (zoals het geval is bij de steundraden).

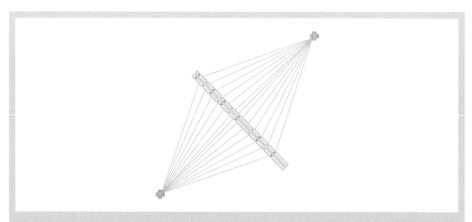

Figuur 4.10. Mitotische spoel in late metafase. Vanuit beide centrosomen maken specifieke trekdraden (geel) contact met alle centromeren (blauwe delen van de grijsgekleurde chromosomen).

De trekdraden verzorgen nu een stevig contact tussen elke pool (het centrosoom) en het gezamenlijk centromeer (Figuur 4.11) van de zusterchromatiden:

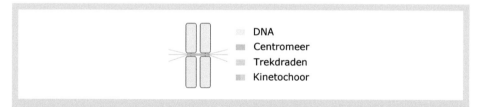

Figuur 4.11. Chromosoom in metafase. De aanhechting van de trekdraad (geel) op het centromeer (blauw) in detail. Het eiwitcomplex dat de aanhechting vormt heet kinetochoor.

De aanhechting van de trekdraad op het centromeer wordt gevormd door een eiwitcomplex dat **kinetochoor** wordt genoemd. Op dat punt aangekomen wordt de cel aan een nieuwe controle, het *spindle checkpoint*, onderworpen: zijn alle chromosomen 'vast gehecht' aan de mitotische spoel?

Als een cel niet door deze controle komt vindt **reparatie** plaats (met vervolgens een nieuwe controle) of celdood (**apoptose**).

3. **Anafase.** De zusterchromatiden, die enkel nog bij het centromeer met elkaar verbonden waren, worden volledig van elkaar gescheiden (Figuur 4.12). We noemen ze vanaf nu chromosomen. De trekdraden (*motor proteins*[168]) trekken de chromosomen naar de twee tegenoverliggende zijden van de cel. Dat gebeurt door de trekdraden. Door deze terugtrekkende beweging worden de trekdraden verder ingekort[169].

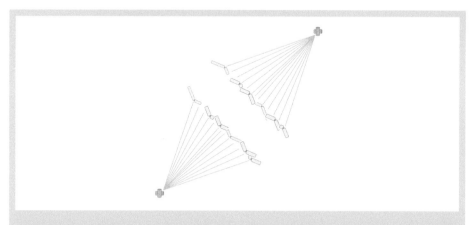

Figuur 4.12. Anafase. De chromatiden worden gesplitst en richting centrosoom getrokken.

[168] *Motor proteins* zijn eiwitten die, in het kader van het intracellulaire transport, daadwerkelijk materie 'op sleeptouw nemen' en verplaatsen.
[169] Die inkorting van de trekdraden is in de hierna volgende illustraties niet verder uitgewerkt, omdat door de sterke convergentie tussen de trekdraden richting pool een goed zicht op het proces verloren gaat.

De scheiding van de chromosomen loopt synchroon met de insnoering van de cel. In Figuur 4.13, waarbij de mitotische spoel is te zien in de cel, is geprobeerd beide processen gelijktijdig uit te tekenen.

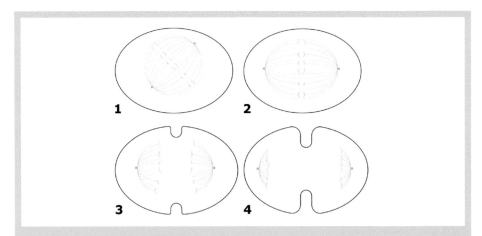

Figuur 4.13. Invaginatie. De scheiding van de chromatiden loopt synchroon met de insnoering van de cel. In de metafase (1) gaat de spoel positioneren, zodat het equatorvlak gelijk loopt (2) met de aankomende insnoering (3 en 4).

4. **Telofase.** Tijdens deze fase (Figuur 4.14) gebeurt het omgekeerde van de profase:
   – chromosomen worden ontrold (decondensatie) en worden daardoor weer onzichtbaar;
   – de kernmembraan wordt weer opgebouwd;
   – de mitotische spoel wordt afgebroken;
   – de nucleolus wordt opnieuw zichtbaar.

De telofase gaat over in de cytokinese.

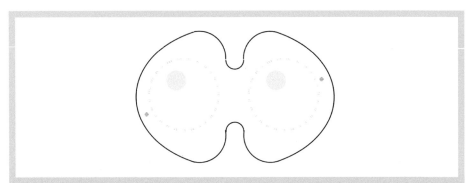

Figuur 4.14. Telofase. De chromosomen worden onzichtbaar en de verschillende celkernstructuren worden weer opgebouwd. De nucleoli in de celkernen doemen op (lichtgrijs).

De bouwstenen van het leven

4.1.3.3 De cytokinese

Cytokinese (Figuur 4.15) is de deling van het cytoplasma (door verdere en volledige insnoering) van de cel na het einde van de telofase.

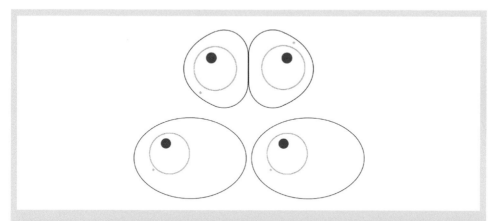

Figuur 4.15. Celvorming. De insnoering wordt compleet (boven) en de gescheiden cellen groeien uit tot het formaat van de oorspronkelijke cel (onder). De DNA inhoud is echter gehalveerd.

Na afloop van de cytokinese zijn er twee cellen. Ieder met een kern met daarin een identieke hoeveelheid erfelijk materiaal. Identiek aan elkaar maar ook aan het erfelijk materiaal van de oudercel. Ook de verschillende celorganellen zijn evenredig verdeeld tussen de twee polen. Na de cytokinese is de celdeling een feit.

Plantencellen en dierlijke cellen hebben verschillende technieken voor cytokinese:
- **Dierlijke cellen.** Een samentrekkende ring van actine microfilamenten[170] trekt de celmembraan naar binnen waardoor de cel ingesnoerd wordt. Er ontstaan twee dochtercellen. Het een en ander zoals hiervoor is beschreven.
- **Plantencellen.** Bij plantencellen bevindt zich ook nog een celwand rond de cel. Die celwand is te stevig om ingesnoerd te worden. De cel maakt een celplaat aan die de cel in twee delen verdeelt (Figuur 4.16). Deze celplaat bestaat uit pectine (middenlamel). Wanneer de celplaat voltooid is (Figuur 4.17), ontwikkelt zich een celmembraan aan beide kanten waardoor twee volledig afzonderlijke dochtercellen gevormd worden. Vanuit de celmembraan wordt de primaire celwand gevormd, en later de secundaire (zie Paragraaf 2.2.1).

---

[170] Zie Paragraaf 2.2.13 – Cytoskelet. Actine is een structureel eiwit en vormt als zodanig de kern van genoemde microfilamenten.

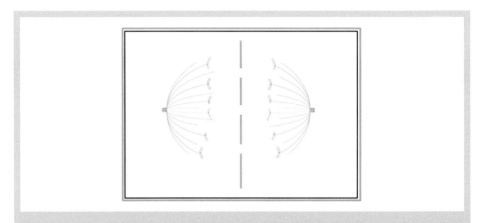

Figuur 4.16. Separatie bij planten (1). Bij plantencellen wordt de insnoeringfase vervangen door een fase waarin de celplaat (groene stippellijn) wordt gevormd. De celmembraan (zwart) ligt dicht tegen de celwand (groen).

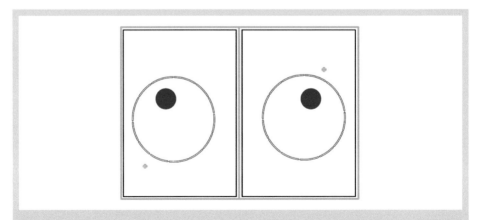

Figuur 4.17. Separatie bij planten (2). Een complete middenlamel vormt de scheiding tussen twee nieuwe plantencellen. We zien per cel een celmembraan (zwart), celwand (groen), kern met nucleolus (blauw) en centrosoom (geel).

4.1.4 Regulering van de celcyclus

Het verloop van de celcyclus wordt op een viertal momenten gecontroleerd (Figuur 4.18):
1. op het einde van de G_1-fase;
2. tijdens de S-fase;
3. op het einde van de G_2-fase; en
4. tijdens de M-fase.

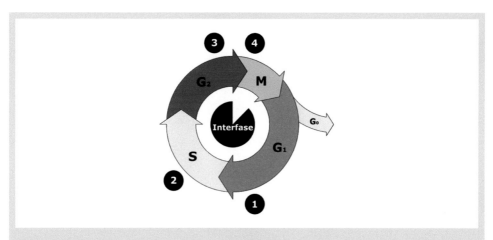

Figuur 4.18. *Checkpoints* in de celcyclus. Tijdens de celcyclus vinden vier controles plaats op de momenten zoals aangegeven. Zie figuur 4.3 voor een uitgebreide legenda.

De controle 2, zoals die plaatsvindt tijdens de S-fase, is beschreven in Paragraaf 3.2.2. Controle op de momenten 1, 3 en 4 geschiedt door zogenaamde *heterodimeric*[171] *protein kinases*. Een **kinase** is een enzym dat de koppeling van een fosfaatgroep aan een molecuul katalyseert. Het koppelen van een fosfaatgroep aan een molecuul wordt **fosforylering** van dat molecuul genoemd.

Deze *heterodimeric protein kinases* zijn opgebouwd uit een cycline én een cycline afhanke-lijke kinase, afgekort tot CDK (*cyclin dependent kinase*). Er zijn verschillende CDK's. Deze kinasen worden pas actief als de koppeling met de bijbehorende cycline tot stand is gekomen. Zij kunnen dus alleen actief worden in de aanwezigheid van de cyclines (de resultante van aanmaak en afbraak).

De eenmaal geactiveerde CDK's reguleren op hun beurt de werking van andere eiwitten die betrokken zijn bij de DNA replicatie en de mitose. Zij doen dat door het fosforyleren[172] van die eiwitten. Door de fosforylering worden die andere eiwitten al dan niet actief gemaakt.

---

[171] Daarmee wordt aangegeven dat het een combinatie is van twee (dimeer) verschillende (hetero) proteïne complexen.
[172] Een molecuul (in dit geval een eiwit) wordt gefosforyleerd door het te koppelen aan een fosfaatgroep.

De bouwstenen van het leven

Zo reguleert het geactiveerde G_1 CDK-cycline het controlepunt 1 (zie de activator bij punt 1 in Figuur 4.19). En het actieve mitotisch CDK-cycline bewaakt de kwaliteit bij de overgang van de G_2 fase naar de mitose (zie de activator bij controlepunt 3 in Figuur 4.19). Dit mitotisch CDK-cycline ziet tevens toe op de overgang van de metafase naar de anafase tijdens de mitose: controlepunt 4 in Figuur 4.19.

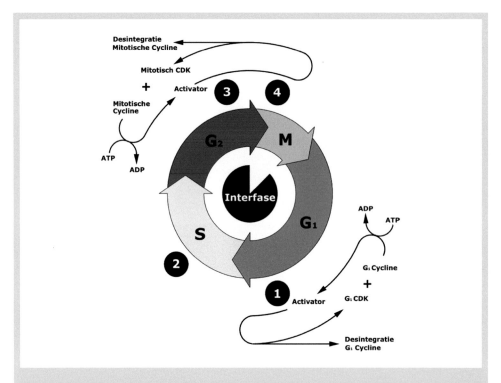

Figuur 4.19. Het reguleringsproces. De controles 1, 3 en 4 van de celcyclus bestaan uit een cyclische activering en deactivering van twee *heterodimeric protein kinases*. Cyclines gaan met *cyclin dependent kinases* (CDK) heterodimeren vormen die als activator fungeren. Deze processen vergen energie (hydrolyse van ATP naar ADP).

De CDK concentraties stijgen telkens voordat de G_1, de S en de G_2 fase beginnen en vallen drastisch terug aan het einde van elke fase. Aangenomen wordt dat een controlepunt bereikt wordt op het moment dat de maximum hoeveelheid van deze CDK's aanwezig is. Nadat de controle is uitgevoerd vindt er weer een snelle afbraak van het actieve CDK en van de cyclines plaats.

Het reguleringsproces van de celcyclus bestaat dus (voor wat betreft de controlepunten 1, 3 en 4) uit een cyclisch opbouw van de twee *heterodimeric protein kinases* in afwisseling met de afbraak van de combinatie en het eventueel uit elkaar vallen van de cyclines dat daarop volgt.

De genoemde cyclisch opbouw en afbraak wordt natuurlijk ook weer gestuurd. De bespreking daarvan is van een andere orde, maar misschien geeft een klein voorbeeld in dit verband toch extra inzicht. Bijvoorbeeld hoe het *anaphase promoting complex* (**APC**) de activiteit van het mitotisch CDK-cycline reguleert tijdens controlepunt 4 in Figuur 4.19.

Dit APC (Figuur 4.20):
- ontkoppelt de binding tussen mitotisch CDK en mitotische cycline;
- labelt[173] het mitotische cycline ten teken voor andere eiwitten dat het moet worden afgebroken; en
- haalt de rem van het enzym *separase* af waardoor het actief wordt. Het gevolg is dat de zusterchromatiden[174] worden gescheiden.

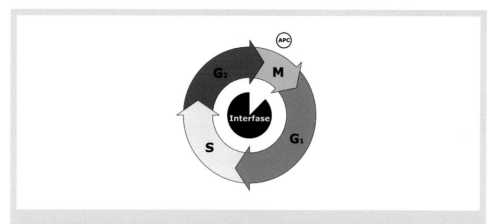

Figuur 4.20. Regulering van mitose. Het moment in de celcyclus waarop het *anaphase promoting complex* (APC) het mitotisch CDK-cycline reguleert. Zie Figuur 4.3 voor uitgebreide legenda.

---

[173] Door het eiwit te koppelen aan ubiquitine. Een universeel merkteken dat een molecuul moet worden opgeruimd.
[174] De zusterchromatiden worden bij elkaar gehouden door het eiwit cohesine. Separase schakelt het cohesine uit waardoor de zusterchromatiden van elkaar worden gescheiden.

4.2 Celdeling: meiose

De voortplanting beschrijft het proces van het voortbrengen van nakomelingen. Daarbij wordt er een onderscheid gemaakt tussen **geslachtelijke-** en **ongeslachtelijke voortplanting**.

4.2.1 Ongeslachtelijke voortplanting

Bij ongeslachtelijke voortplanting ontstaat een nieuw individu uit slechts één ouder individu. Deze levert een individu, waarvan de erfelijke informatie identiek[175] is aan die van het ouder-individu. Bij deze manier van voortplanten onderscheiden we:

- De **binaire deling**, zoals besproken in Paragraaf 4.1.1.
- **Knopvorming**. Een gedeelte van het celmembraan groeit hierbij uit tot een knop. Na de kerndeling verhuist een van de twee ontstane celkernen naar de knop. Deze knop groeit dan uit tot een nieuw individu. Deze manier van voortplanting treffen we bijvoorbeeld aan bij gistcellen.
- **Vegetatieve vermeerdering**. Dit komt veel voor bij planten. Het principe is dat uit een klein deel van de ouderplant of zelfs uit slechts één cel van de ouderplant een volledig nieuw individu[176] kan ontstaan. Bekende voorbeelden hiervan zijn onder andere bollen, knollen en worstelstokken. De mens maakt gebruik van vegetatieve vermeerdering met technieken zoals stekken, enten, oculeren, etc.

4.2.2 Geslachtelijke voortplanting

Vegetatieve vermeerdering wordt niet door alle planten toegepast. Veel planten planten zich geslachtelijk voort. Door (zelf)bestuiving komt de versmelting tussen de zaadcel en de eicel tot stand. Hierbij wordt de erfelijke informatie van twee ouderindividuen gecombineerd in één nieuw individu. Dit wordt bereikt doordat voortplantingscellen (**gameten**) van beide ouders versmelten tot één bevruchte eicel (**zygote**). Deze bevruchting wordt ook wel **zygose** genoemd. Essentieel daarbij is dat de gameten haploïde zijn. Alleen onder die voorwaarde kan de zygote weer diploïde zijn.

Voor een geslachtelijke voortplanting (versmelting van twee gameten tot één zygote) moet een diploïde oudercel (2n) dus eerst worden gereduceerd tot een haploïde (n) (Tekstbox 4.1) gameet. En wel zodanig dat van elk chromosomenpaar er één chromosoom in de gameet terecht komt.

---

[175] Alleen op basis van spontane mutaties zullen er door de tijd heen veranderingen binnen de soort ontstaan.
[176] Hoewel dit individu ontstaat via ongeslachtelijke voortplanting (vegetatieve vermeerdering) ontwikkelt dit individu zich na verloop van tijd tot een geslachtsrijp individu.

De bouwstenen van het leven

Tekstbox 4.1. Het monoploïd getal.

Het haploïd-getal n geeft het aantal chromosomen aan in één gameet. Er bestaat echter ook nog een monoploïd-getal x. Dit monoploïd-getal x staat voor het aantal chromosomen in één enkele set. Voor mensen geldt: x=n=23. Dit kan ook worden geschreven als 2n=2x=46.

Het tarwe biedt meer inzicht in het verschil tussen n en x. Tarwe heeft zes sets van chromosomen, twee sets van elk van de drie verschillende voorouders. In totaal gaat het daarbij om 42 chromosomen. De somatische cellen van tarwe zijn hexaploïde, met zes sets chromosomen. Zes sets vormen samen 42 chromosomen. Dus het aantal chromosomen per set (het monoploïd-getal x) bedraagt (42 : 6 =) 7.

De 42 chromosomen worden eerlijk verdeeld over twee gameten. Het aantal chromosomen per gameet (het haploïd-getal n) bedraagt dus 21. De gameten zijn zowel haploïde en triploïde met drie sets van chromosomen. Voor tarwe geldt dan: het monoploïd-getal x=7 en het haploïd-getal n=21.

Ook tetraploïdie (vier sets van chromosomen, 2n=4x) komt veel voor in planten (bijvoorbeeld tomaat en aardappel).

Zodoende bevat elke gameet één kopie van elk oudergen. Deze omzetting wordt aangeduid als een **reductiedeling** of **meiose**.

In een menselijke gameet bevinden zich dus geen 23 chromosomenparen, maar 23 verschillende chromosomen.

4.2.3 Meiose globaal

Tijdens de G_2 fase wordt beslist of een cel zal beginnen aan een mitose of aan een meiose; dit laatste natuurlijk alleen bij cellen in de voortplantingsorganen. De cel heeft dan (in de G_2 fase) al een S fase achter de rug. Het uitgangspunt is dus bij mitose en meiose gelijk: een diploïde cel, waarvan elk chromosoom is verdubbeld tot twee zusterchromatiden (Figuur 4.21).

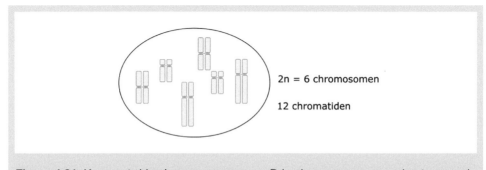

2n = 6 chromosomen

12 chromatiden

Figuur 4.21. Kern met drie chromosomenparen. Drie chromosomenparen bestaan na de DNA-replicatie uit 12 chromatiden (n=3).

Als we het aantal chromosomenparen in een cel aangeven met het symbool n, dan is het aantal chromosomen in een diploïde cel 2n. Na duplicatie (in de S fase) zijn er nog steeds 2n chromosomen. Elk chromosoom bestaat (na duplicatie) uit 2 zusterchromatiden en dus bestaan 2n chromosomen uit 4n chromatiden (Figuur 4.21).

Het uiteindelijke doel van de meiose is om het aantal van 4n chromatiden per cel te reduceren tot vier cellen met daarin n chromatiden, in die fase weer chromosomen genoemd.

De meiose verloopt daartoe in twee fasen; in feite zijn het twee delingen, die na elkaar verlopen. We duiden die aan met **meiose I** en **meiose II.**

4.2.3.1 Meiose I

In meiose I worden de chromosomenparen[177] in de diploïde cel gescheiden, en de twee homologe chromosomen verdeeld over twee haploïde cellen (Figuur 4.22).

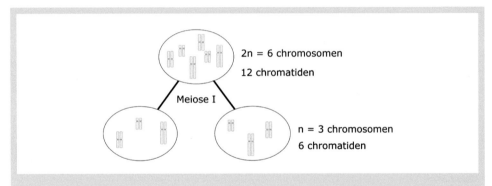

Figuur 4.22. Meiose I. De drie chromosomenparen worden verdeeld over twee cellen. Elke cel bevat nu n=3 chromosomen, elk bestaande uit twee chromatiden. Oudercel boven en dochtercellen onder.

Het aantal chromosomen per gevormde cel wordt door die scheiding teruggebracht tot n en het aantal chromatiden tot 2n: elk chromosoom bestaat in deze fase nog uit twee zusterchromatiden.

4.2.3.2 Meiose II

In meiose II worden de chromatiden (2n) van beide haploïde cellen gesplitst. Elk over twee (haploïde) cellen met daarin n chromatiden (Figuur 4.23).

---

[177] Bij de mens vormen de geslachtschromosomen van de man geen homoloog paar maar bestaan uit een zogenaamd X en Y chromosoom. Tijdens de meiose worden deze twee verschillende chromosomen gescheiden als waren zij een homoloog chromosomenpaar.

De bouwstenen van het leven

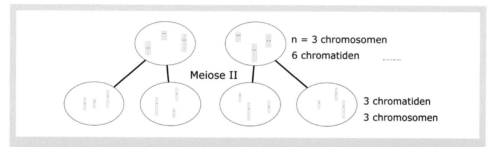

Figuur 4.23. Meiose II. Deze tweede deling is vergelijkbaar met de mitose. De twee chromatiden worden verdeeld over twee cellen. Elke cel bevat nu n=3 chromatiden, nu weer chromosomen genoemd. Oudercellen boven en dochtercellen onder.

De chromatiden heten na scheiding van elkaar weer chromosomen. De cellen die tijdens de meiose II worden gevormd heten voortplantingscellen of gameten. Elke gameet bevat dus uiteindelijk n chromosomen, elk bestaande uit één chromatide.

4.2.4 Meiose in detail

4.2.4.1 De meiotische spoel

De spoellichaampjes spelen bij de splitsing weer (zoals besproken bij de mitose) een sturende rol. Maar tijdens de meiose is hun bijdrage toch anders. We spreken tijdens de meiose over een **meiotische spoel** (*meiotic spindle*). Deze zorgt (vergelijkbaar met de situatie tijdens de mitose) voor 'de opvang' van de chromosomen nadat de kernmembraan verdwenen is.

Tijdens meiose I komt de **splitsing der chromosomen** tot stand doordat de centromeren van een homoloog chromosomenpaar wordt vastgemaakt aan de **microtubuli van verschillende polen**. Tijdens meiose II kan de **splitsing der zusterchromatiden** plaatsvinden, omdat nu elk gezamenlijk centromeer van twee zusterchromatiden wordt vastgemaakt aan de **microtubuli van beide polen**.

Tijdens de splitsing der homologe chromosomen (in de meiose I) treedt er dus nog geen splitsing op van het centromeer. Dit in tegenstelling tot de meiose II waarbij de zusterchromatiden worden gescheiden. Hierbij wordt elk centromeer wel gesplitst. Dit maakt de meiose II in zekere zin vergelijkbaar met de mitose.

De aanhechting van de microtubuli van de meiotische spoel tijdens de splitsing der zusterchromatiden komt volledig overeen met het proces zoals het zich afspeelt tijdens de mitose. De meiose II is om die reden helemaal vergelijkbaar met een mitose, zij het dat het uitgangspunt anders is (een haploïde in plaats van een diploïde cel).

4.2.4.2 Meiose I in fases

- **Profase I**. De kernmembraan wordt afgebroken, de nucleolus verdwijnt (Figuur 4.24) (Tekstbox 4.2). Hetzelfde beeld als bij de mitotische profase. Maar daar houdt dan elke gelijkenis verder ook mee op. Vanaf nu blijkt een groot verschil tussen de mitose en de meiose I.

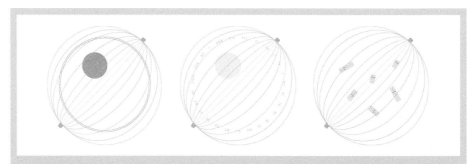

Figuur 4.24. Profase I. De centrosomen vormen een cocon rondom de celkern (links) waarna binnen die cocon de verschillende celkernstructuren verbrokkelen (midden) en uiteindelijk de chromosomen zichtbaar worden (rechts).

De homologe chromosomen zoeken elkaar op en 'paren' (Figuur 4.25). De gepaarde chromosomen worden als **bivalenten** aangeduid. De bivalenten condenseren verder en worden goed zichtbaar.

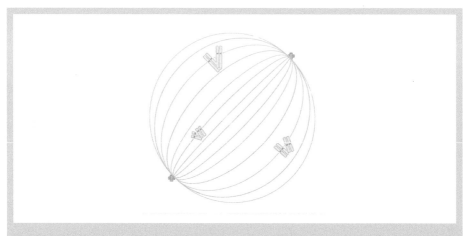

Figuur 4.25. Bivalenten (1). De homologe chromosomen gaan gepaard liggen en vormen nu bivalenten.

Microtubuli van de meiotische spoel maken contact met de chromosomen. **De trekdraden maken nu slechts aan één zijde contact met elk centromeer** (Figuur 4.26).

Tekstbox 4.2. Profase I.

De profase I wordt onderverdeeld in een aantal subfases:

- **Leptoteen**: in deze fase worden door condensatie de chromosomen juist zichtbaar, maar de chromatiden zijn nog niet te onderscheiden.
- **Zygoteen**: de homologe chromosomen zoeken elkaar op en gaan zij-aan-zij liggen. Synapsis of paring. De verstrengeling van de homologe chromosomen wordt in stand gehouden door eiwitten (synaptomaal complex). Er is nu alle gelegenheid voor het ontstaan van crossing-overs.
- **Pachyteen**: verdere spiralisatie. De chromosomen worden korter en dikker.
- **Diploteen**: de zusterchromatiden kunnen nu onderscheiden worden: vier chromatiden in een bivalent chromosoom (verstrengeld koppel homologen). De paring wordt verbroken en de chiasmata worden zichtbaar.
- **Diakinesis**: de homologe chromosomen bewegen uit elkaar. Chiasmata worden nog beter zichtbaar. Het verkorten en verdichten van de chromosomen gaat nog steeds door.

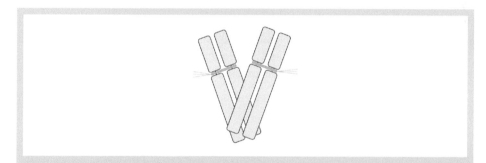

Figuur 4.26. Bivalenten (2). Vanuit elk centrosoom maken de trekdraden (geel) contact met slechts één centromeer (blauw) van een chromosoom (grijs) binnen een chromosomenpaar.

- **Metafase I.** Chromosomenparen (de bivalenten) stellen zich op in het equatoriale vlak van de cel (Figuur 4.27).

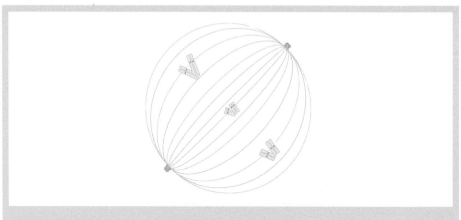

Figuur 4.27. Bivalenten (3). De chromosomenparen stellen zich op in het equatorvlak.

- **Anafase I.** De homologe chromosomen van elk paar worden ieder naar een pool getrokken (Figuur 4.28). Dat gebeurt door de trekdraden (*motor proteins*[178]). Meer specifiek: door de krimp van die trekdraden[179]. **De centromeren worden niet gescheiden.**

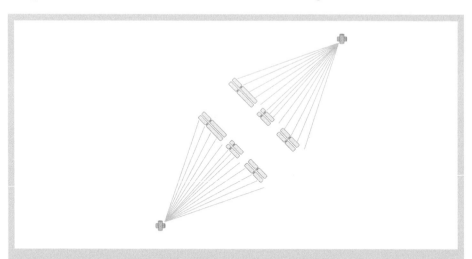

Figuur 4.28. Anafase I. De chromosomen van elk chromosomenpaar worden gescheiden. Omdat het aantal chromosomen nu per dochtercel halveert noemt men de meiose ook wel van reductiedeling.

---

[178] *Motor proteins* zijn eiwitten, die in het kader van het intracellulaire transport daadwerkelijk materie 'op sleeptouw nemen' en verplaatsen.
[179] Die krimp van de trekdraden is in de hierna volgende illustraties niet verder uitgewerkt, omdat door de sterke convergentie tussen de trekdraden richting pool een goed zicht op het proces verloren gaat.

De bouwstenen van het leven

De scheiding van de chromosomenparen loopt synchroon met de insnoering van de cel. In Figuur 4.29, waarbij de meiotische spoel (*meiotic spindle*) is 'teruggeplaatst' in de cel, is geprobeerd beide processen gelijktijdig te 'beschrijven'.

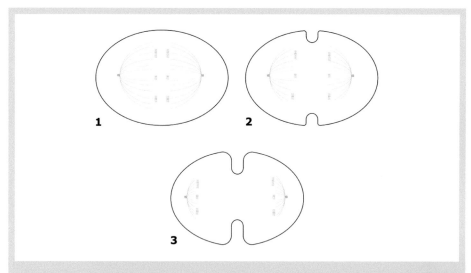

Figuur 4.29. Invaginatie bij meiose I. De scheiding van de chromosomen loopt synchroon met de insnoering van de cel. Het equatorvlak positioneert zich zodanig (1) dat het gelijk loopt met de aankomende insnoering (2 en 3).

- **Telofase I.** Kernmembranen worden gevormd, de chromosomen despiraliseren en de meiotische spoel wordt afgebroken (Figuur 4.30).

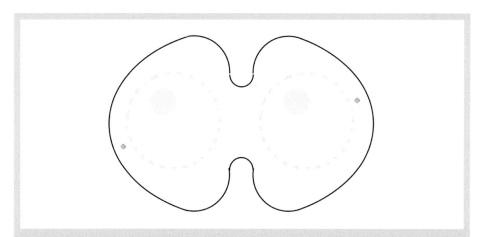

Figuur 4.30. Telofase I. De chromosomen worden onzichtbaar en de verschillende celkernstructuren worden weer opgebouwd. De nucleoli in de celkernen doemen op (lichtgrijs).

- **Cytokinese.** Twee haploïde cellen worden gevormd (Figuur 4.31).

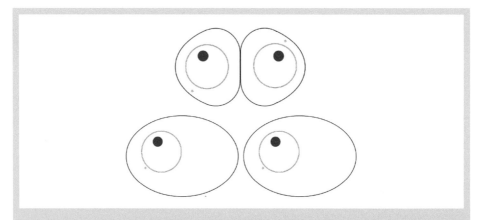

Figuur 4.31. Celvorming na meiose I. De insnoering wordt compleet (boven) en de gescheiden cellen groeien uit tot het formaat van de oorspronkelijke cel (onder). Niet alleen de DNA inhoud is gehalveerd, ook het aantal (in dit stadium onzichtbare) chromosomen is gehalveerd.

4.2.4.3 Meiose II in fases

Meiose II volgt direct op meiose I. Deze delingsfase is identiek aan de mitose:
- **Profase II.** De kernmembranen verdwijnen. Microtubuli van de meiotische spoel maken weer contact met de chromosomen en de chromosomen condenseren.
- **Metafase II.** Chromosomen stellen zich op in het equatoriale vlak.
- **Anafase II.** Zusterchromatiden worden elk naar een tegenoverliggende pool getrokken. **Het gezamenlijke centromeer splitst nu wel.**
- **Telofase II.** De kernmembraan wordt gevormd en de nucleus wordt weer zichtbaar. De meiotische spoel wordt afgebroken en de chromosomen ontrollen.
- **Cytokinese.** Er zijn nu vier haploïde cellen gevormd, die zich vervolgens specialiseren tot mannelijke of vrouwelijke gameten.

4.2.5 *Crossing-over*

Tijdens de meiose I treedt er *crossing-over* en **recombinatie** op, op het moment dat de homologe chromosomen (een paar zusterchromatiden, met een gezamenlijk centromeer, van vaders kant en een paar zusterchromatiden, met een gezamenlijk centromeer, van moederskant) elkaar opzoeken en 'gepaard gaan liggen' tijdens de profase I (Figuur 4.32). Het 'parallel nauwkeurig naast elkaar liggen' van homologe chromosomen wordt aangeduid met de term **synapsis**[180]. Door de synapsis ontstaat het zogenaamd **bivalent.**

Afkomstig van ene ouder
Afkomstig van andere ouder

Figuur 4.32. Bivalenten (4). Een homoloog chromosomenpaar (lichtgrijs en donkergrijs). De chromosomen zijn afkomstig van de beide ouders. Centromeren in blauw.

Tijdens de *crossing-over* worden stukjes chromosoom uitgewisseld. *Crossing-over* doet zich voor tijdens de profase I voordat de bivalenten spiraliseren. Als de bivalenten spiraliseren worden de *crossing-overs* zichtbaar (Figuur 4.33) als zogenaamde **chiasmata.**

Figuur 4.33. De vorming van een chiasma. De chromosoomarmen zijn homoloog en kunnen overkruisen (*crossing-over*).

Een **chiasma** is de overkruising die zichtbaar wordt tijdens de spiralisatie (condensatie) in de late profase I. Overkruising leidt vaak tot een breuk in beide chromosomen. Zoals altijd na een breuk in het DNA-molecuul worden de ontstane breuken gerepareerd. Bij breuken 'op gelijke hoogte in gepaarde homologe chromosomen' of anders gezegd bij breuken op gelijke plaatsen in niet-zusterchromatiden worden tijdens reparatie vaak verkeerde eindjes aan elkaar geknoopt. Een gevolg hiervan is dan dat stukken chromatiden van de homologe chromosomen

---

[180] De synapsis (paarvorming) van homologe chromosomen houdt de vier homologe chromatiden bij elkaar tijdens de profase van de meiose I en het maakt *crossing-overs* mogelijk en draagt daardoor bij aan de vergroting van de genetische variabiliteit.

De bouwstenen van het leven

met elkaar worden uitgewisseld (Figuur 4.34). Deze uitwisseling leidt tot een recombinatie van erfelijk materiaal.

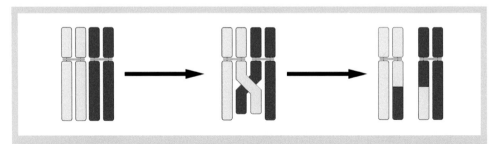

Figuur 4.34. Uitwisseling van DNA. Het moment tijdens de meiose I waarop de chromosomenparen gepaard gaan liggen leidt vaak tot *crossing-overs*. In dit voorbeeld is één *crossing-over* getoond. Het is een natuurlijke vorm van homologe recombinatie (uitwisseling van DNA op basis van homologie).

Die breuken ontstaan tijdens de meiose zo vaak (wel 1000× vaker dan tijdens de mitose) dat we moeten aannemen dat het vaak optreden van breukvorming niet op toeval kan berusten en een onderdeel moet zijn van het meioseproces.

Na *crossing-over* bevatten de homologe chromosomen dan nog wel hetzelfde soort genen maar de oorsprong is veranderd (Figuur 4.34). De zusterchromatiden zijn niet meer twee-aan-twee identiek. *Crossing-over* verhoogt de genetische variabiliteit van de gameten (Figuur 4.35).

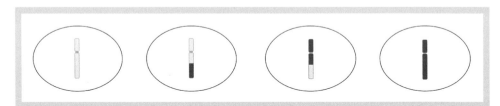

Figuur 4.35. Situatie na meiose II. *Crossing-over* leidt tot genetische variabiliteit van de gameten. De vier chromatiden van de profase I chromosomen van Figuur 4.34 vormen na meiose II vier chromosomen, verdeeld over vier gameten.

De geslachtelijke voortplanting (ook wel **generatieve vermeerdering** genoemd) levert genetische variabiliteit op waardoor voor de soort de kans op overleving[181] toeneemt. De genetische variabiliteit neemt toe als gevolg van:

---

[181] Indien alle individuen van een soort identiek erfelijk materiaal hebben zullen zij allen hetzelfde reageren op een gewijzigde omstandigheid. Dit maakt de soort bijzonder kwetsbaar. Eén verandering van een omgevingsfactor kan het einde betekenen van de soort. Genetisch variabiliteit maakt het mogelijk dat een aantal individuen een dergelijke verandering wel kunnen overleven.

- Het feit dat tijdens de meiose I de ouderlijke chromosomen *at random* verdeeld worden over de dochtercellen.
- De *crossing-overs*. Elke gameet ontvangt één complete set chromosomen maar die chromosomen zijn afkomstig van chromatiden die niet meer twee-aan-twee identiek waren. Dus ontstaan er 4 gameten met elk een verschillend assortiment.
- Het feit dat de bevruchting (afgezien van selectie van spermacellen) *at random* is.

4.2.6 Abnormaliteiten en meiose

Er kunnen fouten optreden tijdens de koppeling van het centromeer aan de spoeldraden in anafase I of anafase II. Er kunnen bijvoorbeeld twee chromosomen van een chromosomenpaar naar dezelfde pool getrokken worden (non-disjunctie). Als gevolg daarvan zullen er gameten ontstaan met een verkeerd aantal chromosomen. Non-disjunctie tijdens meiose I leidt tot 2 (van de vier) gameten met een extra kopie van een chromosoom en 2 gameten die het betreffende chromosoom missen. Gebeurt het tijdens meiose II, dan zal maar één gameet (van de vier) een extra chromosoom hebben, en één gameet een chromosoom te weinig.

Als een gameet met een afwijkend aantal chromosomen wordt bevrucht, is het resultaat de vorming van een **aneuploïde** individu: een individu met een verkeerd aantal chromosomen in de cellen. Een van de meest bekende aneuploïde situaties bij mensen is **trisomie**[182] **21**: het **Down Syndroom**.

4.2.7 Geslachtelijke voortplanting bij dieren

Gametenvorming staat in het teken van de geslachtelijke voortplanting. De geslachtelijke voortplanting komt tot stand door de versmelting van een voortplantingscel van de ene ouder met de voortplantingscel van de andere ouder. We hebben in dit verband te maken met twee geslachten met specifieke geslachtsorganen. Bij dieren spreken we over het algemeen over 'het mannelijke en het vrouwelijke' geslacht[183].

Het mannelijke geslacht produceert de voortplantingscellen in de testes. Hierin vindt de meiose plaats en worden uit een voorloper vier haploïde cellen gevormd (Figuur 4.36). Het meiose proces in de testes staat bekend als de spermatogenese. De meiose wordt bij mannen **hormonaal gereguleerd**.

---

[182] Het woord 'trisomie' geeft aan dat er van één chromosoom een drietal is. Niet te verwarren met het woord 'triploïde' dat aangeeft dat er van één set chromosomen een drietal is.
[183] Een van de bekende uitzonderingen zijn slakken die tweeslachtig (hermafrodiet) zijn. Ze hebben beide geslachtsorganen. Bijen en termieten bezitten een niet voortplantingsgericht geslacht (de werkers, ontstaan uit onbevruchte, haploïde eicellen). Bij sommige insecten zorgt een bacterie (*Wolbachia*) er voor dat er alleen vrouwtjes ontstaan (mannetjes worden ook vrouwtjes) of dat vrouwtjes zich alleen ongeslachtelijk voortplanten. En zo zijn er nog meer eigenaardigheden en uitzonderingen te noemen. Opsomming daarvan valt buiten het kader van dit boek.

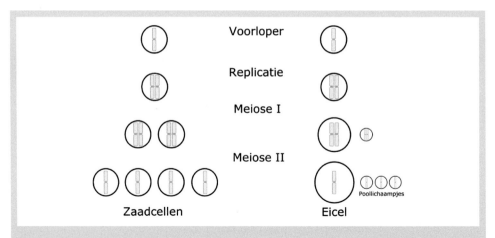

Figuur 4.36. Gametenvorming bij de mens. De gameten die na meiose II ontstaan (onder) worden in het geval van de zaadcellen allemaal ingezet voor de bevruchting. Bij de eicel-vorminig gaat één van de vier cellen door als eicel, de andere drie fungeren als poollichaam-pjes (rechts).

Het vrouwelijk geslacht produceert voortplantingscellen in de ovaria of eierstokken. In tegenstelling tot de meiose in de testes van het mannelijke dier verloopt de meiose in de ovaria via asymmetrische delingen. Het effect daarvan is dat bijna alle cytoplasma in slechts één van de gameten komt te liggen. Deze extra grote cel wordt nu de eicel en de andere afsplitsingen fungeren als 'poollichaampjes' (Figuur 4.36). Ook de vorming van een eicel wordt **hormonaal geregeleerd**.

De levenscyclus van een dier of mens verloopt nu als volgt:
• versmelting van een haploïde mannelijke geslachtscel met een haploïde vrouwelijke geslachtscel levert na bevruchting een diploïde zygote;
• de zygote groeit via mitotische delingen uit tot een embryo of foetus;
• het nieuwe individu groeit uit tot een volwassen individu;
• de geslachtsorganen van het volwassen individu produceren weer geslachtscellen (spermacel of eicel). Hiermee is de kring gesloten.

De haploïde mannelijke geslachtscel bestaat bij de mens uit een kop met een staart. De kop is te beschouwen als een 'verpakte' kern. De overige celorganellen waaronder de mitochondriën bevinden zich in de staart. De staart wordt tijdens de bevruchting gescheiden van de kop. Het gevolg is dat het cytoplasma van de diploïde zygote praktisch in zijn geheel afkomstig is van de eicel. Van de vrouwelijke ouder dus. Met andere woorden: de mitochondriën (met het daarin aanwezige mitochondriale DNA) worden via de vrouwelijke lijn overgeërfd[184]. Forensisch rechercheurs maken gebruik van dit gegeven.

---

[184] Ongeveer één op de tienduizend bevruchtingen vormt een uitzondering en neemt een mitochondrium van de vader mee.

4.2.8 Geslachtelijke voortplanting bij sporenplanten

De levenscyclus van evolutionair gezien oude ('lagere') planten zoals sporenplanten (bijvoorbeeld varens) loopt wezenlijk anders. Zowel bij dieren als bij planten vormen de geslachtsorganen haploïde geslachtscellen. Bij dieren en 'hogere' planten versmelten die, en vormen zo de volgende diploïde generatie. Bij sporenplanten ontstaat er eerst een soort haploïde 'tussengeneratie'. De haploïde cellen (door meiose ontstaan) worden sporen genoemd, en ontwikkelen zich door mitose tot haploïde plantjes. Deze produceren na verloop van tijd (door mitose!) de geslachtscellen. Die versmelten met elkaar en vormen de volgende diploïde generatie (Figuur 4.37).

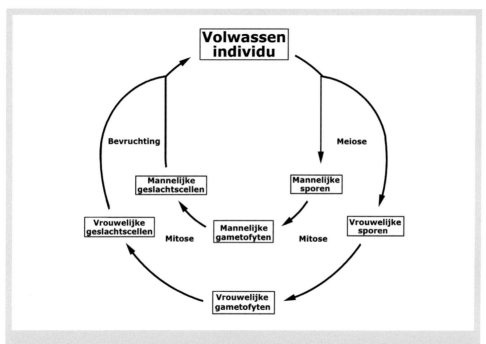

Figuur 4.37. De levenscyclus van sporenplanten. Het volwassen individu (boven) is een sporofyt en maakt sporen door middel van meiose (rechts). De sporen groeien als haploïde organismen uit tot gametofyten die door middel van mitose de gameten (links) leveren voor de bevruchting.

De haploïde (gametenproducerende, dus geslachtelijke) generatie wordt gametofyt genoemd, de diploïde (sporenvormende, dus ongeslachtelijke) generatie heet sporofyt. De afwisseling van een geslachtelijke en ongeslachtelijke generatie wordt **generatiewisseling** genoemd.

4.2.9 Mitose versus meiose

Het verloop en het resultaat van de mitose en de meiose zijn verschillend (Tekstbox 4.3). Het resultaat van de mitose is de vorming na van twee genetische identieke dochtercellen. De dochtercellen zijn onderling identiek, maar zijn ook genetisch identiek aan de oudercel. Deze celdeling staat in het teken van de groei, de vernieuwing en/of het herstel van weefsel.

Het resultaat van een meiose is een totaal andere. De meiose vindt plaats ten behoeve van de geslachtelijke voortplanting. Daarvoor zijn haploïde cellen nodig die door versmelting met elkaar weer een diploïd individu kunnen vormen. Beide ouders (diploïde) moeten dus voor de voortplanting haploïde cellen produceren. Dit proces heeft juist tot gevolg dat de gevormde gameten onderling genetisch niet identiek zijn. Ook bestaat er geen gelijkenis met de somatische cel waaruit de gameten zijn ontstaan.

De mitose is een conservatief proces: handhaving van het genotype (oudercel en dochtercellen zijn genetisch identiek). De meioseproducten zijn daarentegen genetisch verschillend. Door het optreden van *crossing-overs* wordt de genetische variatie van de gameten nog extra vergroot. De meiose resulteert dus in een halvering (vandaar de naam reductiedeling) en een 'dooreen husseling' (door *crossing-over* en bevruchting) van de genetische lading.

Tekstbox 4.3. Verdere verschillen tussen mitose en meiose.

1. Om te beginnen is de cel die een meiose ondergaat altijd diploïd. Dat hoeft niet te gelden voor een mitotische oudercel. Een mitotische oudercel kan zowel haploïd als diploïd zijn.
2. Voor elke mitose wordt een volledige celcyclus doorlopen. Dus voor elke mitose wordt opnieuw de S fase doorlopen. Tijdens de meiose wordt alleen voorafgaand aan de meiose I de S-fase doorlopen.
3. Tijdens de profase I vindt synapsisvorming plaats. De betekenis daarvan is tweeledig. Allereerst is de paring nodig voor een correcte verdeling van de chromosomen tijdens anafase I. Chromosomen die (door een defect) niet in staat zijn tot synapsisvorming worden at random verdeeld over de twee polen. Verder is de paring van belang omdat daardoor *crossing-overs* mogelijk worden.
4. Tijdens de mitotische anafase worden de zusterchromatiden gescheiden. Tijdens de anafase I van de meiose I zijn het de homologe chromosomen die gescheiden worden. Scheiding van de zusterchromatiden vindt pas plaats in de metafase II.
5. Dat hangt samen met verschillen in aanhechting van de spoeldraden. Tijdens de mitose en de meiose II hechten microtubuli altijd vanuit beide polen aan de centromeren. Tijdens meiose I hechten de trekdraden van elke pool zich aan een ander centromeer.

4.3 Genetica

Bespreking van de Genetica valt strikt genomen buiten het bestek van de Moleculaire Celbiologie. Er zijn echter veel raakvlakken die een summiere inkijk op deze plaats en over dit onderwerp rechtvaardigen.

4.3.1 Genotype en fenotype

Geslachtelijke voortplanting bij diploïde eukaryoten komt tot stand na een versmelting van een (vrouwelijke) eicel en een (mannelijke) zaadcel (beide haploïd). Het nieuwe individu (diploïd) ontvangt daarmee van elke ouder een set chromosomen. Met uitzondering van de geslachtschromosomen bestaat het totaal aan genetische informatie van een cel uit paren homologe chromosomen. De totale verzameling genen van het individu wordt aangeduid met de term **genotype**. Hoe dat genotype zich aan de buitenwereld presenteert of manifesteert duiden we aan met het **fenotype** (de 'uiterlijke', zichtbare en/of meetbare verschijningsvorm[185]). Het genotype komt als het fenotype tot uiting. Anders gezegd: het fenotype is de expressie van het genotype.

4.3.1.1 Genen en allelen[186]

De chromosomen van een paar (één van vader en één van moeder) vertonen onderling een gelijke vorm en een gelijke opbouw. Een gelijke opbouw impliceert dezelfde genen in dezelfde rangschikking of volgorde.

De genen van de chromosomen van een paar zijn identiek aan elkaar als ze nucleotide voor nucleotide identiek zijn. Dat is lang niet altijd het geval. Vaak is er sprake van een veranderde nucleotidevolgorde (**polymorfie**). Van elk gen kunnen er daardoor meerdere varianten (**allelen**) bestaan. De chromosomen van een paar zijn dan ook niet identiek, maar wel homoloog.

Een gen is een deel van een chromosoom, dat een bepaalde erfelijke eigenschap bepaalt, en dat een vaste locatie op het chromosoom heeft. Een allel daarentegen is een bepaalde variant, die er van dat gen op die locatie bestaat. De plaats van het gen op het chromosoom wordt ook wel **locus** (meervoud **loci**) genoemd. De volgorde van de loci is bij homologe chromosomen dus wel gelijk, maar de allelen op die loci kunnen verschillen.

---

[185] Het fenotype omvat ook al hetgeen dat traceerbaar is: zowel exterieur als anatomie, inwendige bouw/vorm.
[186] Termen als genen en allelen hebben betrekking op het genotype van het individu.

4.3.1.2 Homozygoot en heterozygoot[187]

Ieder diploïd individu draagt dus twee kopieën van eenzelfde gen: één van de vrouwelijke ouder en één van de mannelijke ouder. Alleen als de allelen identiek zijn aan elkaar (identieke nucleotidevolgorde) noemen we dat individu **homozygoot** voor dat gen.

Een individu is **heterozygoot** voor een gen als de allelen onderling verschillen en er dus sprake is van polymorfie.

Gameten (haploïd) bevatten slechts één allel van elk gen. Een individu dat heterozygoot is voor een bepaald gen zal wat betreft dat gen verschillende gameten vormen.

4.3.1.3 Dominant en recessief[188]

Bij een bepaalde eigenschap (bijvoorbeeld de kleur van een bloem) kan een heterozygoot[189] individu fenotypisch gelijk zijn aan een van beide homozygoten[190]. In dat geval drukt de genetische boodschap van het ene allel de genetische boodschap van het andere allel weg. Het overheersende allel toont zich **dominant** ten opzichte van het andere, dat **recessief** wordt genoemd.

Laten we het gegeven voorbeeld over de kleur van een bloem aanhouden. Allelen worden gerepresenteerd door een letter, die in relatie staat tot de eigenschap. Deze eigenschap is in dit voorbeeld de KLEUR van de bloem. Het ligt voor de hand de allelen aan te duiden met de beginletter 'k'. De afspraak is: we gebruiken een hoofdletter K voor het dominante allel en de kleine letter k voor het recessieve allel. Omdat elke bloem beschikt over twee allelen, kunnen de volgende genotypen voorkomen: KK, kk en Kk. De eerste twee homozygoot, het derde genotype is heterozygoot.

Om het minder abstract te maken nemen we een concreet voorbeeld: een bloemsoort waarbij de eigenschap om de bloem rood te kleuren dominant is ten opzichte van de eigenschap om de bloem wit te kleuren[191]. We noteren dan een K voor rood (dominant) en een k voor de eigenschap wit (recessief).

Zoals gezegd is een individu homozygoot voor een gen als de twee allelen identiek zijn.

De KK-bloem (homozygoot) zal rood zijn en de kk-bloem (homozygoot) wit. Zoveel is duidelijk. De Kk-bloem (heterozygoot) wordt echter een probleem. Hoe zal die eruit zien? Het antwoord is: rood! Omdat bij deze plantensoort K (rood) 100% dominant is over k (wit) recessief.

---

[187] Termen als homozygoot en heterozygoot hebben betrekking op het genotype van het individu.
[188] Termen als dominant en recessief hebben betrekking op het fenotype van het individu.
[189] Een individu dat heterozygoot is voor een bepaald gen.
[190] Een individu dat homozygoot is voor een bepaald gen.
[191] Dit kan bij verschillende plantensoorten anders zijn.

De notatievorm KK, Kk of kk is een verwijzing naar het genotype van de bloem. Als het gaat om hoe de plant er uitziet dan hebben we het over het fenotype. De genotypes KK (homozygoot) en Kk (heterozygoot) zijn verschillend als combinatie, maar brengen eenzelfde fenotype (een rode bloem) voort. De heterozygoot Kk is in dit geval fenotypisch gelijk aan de homozygoot KK. Alleen het genotype kk brengt bij deze plantensoort een witte bloem voort.

4.3.1.4 Partiële dominantie

Er zijn echter ook genen waarbij de dominantie van een van beide allelen niet 100% is. In een heterozygoot komen dan beide allelen in het fenotype tot uiting. Zo zijn er bloemen waarbij de bloemkleur bepaald wordt door een gen met twee allelen, rood en wit. Tot zover lijkt dit op bovenstaand voorbeeld. Maar: de heterozygoot is nu rose! Op het eerste gezicht lijken de twee voorbeelden dus identiek, maar het genetisch mechanisme en de onderliggende biochemische processen zijn anders!

Ook in dit geval geven we één van beide allelen aan met een hoofdletter (bijvoorbeeld K), het andere met dezelfde kleine letter (bijvoorbeeld k), en dus de heterozygoot, in dit geval, met Kk. Aan de letters is dus niet te zien of er sprake is van totale of partiële dominantie. Dat moet erbij gegeven worden, of het moet blijken uit het resultaat van een kruising.

Zoals hierboven met een voorbeeld is aangegeven kan partiële dominantie fenotypisch tot uiting komen als een mengvorm (rood met wit maakt rose) van de onderliggende eigenschappen.

Het kan echter ook voorkomen bij partiële dominantie dat beide eigenschappen tot uiting komen. Naar analogie van het bovenstaande voorbeeld ontstaat er in dat geval een roodwit gevlekte bloem.

In het eerste geval (de mengvorm) zijn de genetische eigenschappen **intermediair** aanwezig en in het tweede geval (beide eigenschappen worden naast elkaar zichtbaar in het fenotype) spreken we van **codominante overerving**.

4.3.2 De wetten van Mendel

Genetica of **erfelijkheidsleer** is een onderdeel van de biologie dat zich bezighoudt met de erfelijke eigenschappen en de manier waarop ze aan de volgende generatie worden doorgegeven.

De studie van de erfelijkheid steunt op het werk van **Gregor Mendel**. Een monnik die in het midden van de 19ᵉ eeuw zijn onderzoeken opzette door het systematisch kruisen van verschillende variëteiten van een erwtensoort. De variatie betrof onder andere de bloemkleur, de vorm en de kleur van de peul, de vorm en de kleur van de erwt en de hoogte van de plant.

Hoewel er in de tijd van Mendel nog niets bekend was over DNA, chromosomen en genen zal voor een beter begrip bij de uitleg toch gebruik worden gemaakt worden van deze moderne begrippen.

Mendel 'zuiverde' vooraf de planten waarmee hij uiteindelijk zijn onderzoek startte. Hij produceerde door zelfbestuiving nakomelingen, verwijderde daaruit systematisch de ongewenste variant (bijvoorbeeld planten met witte bloemen als hij rode bloemen wilde hebben) en herhaalde dit proces net zo vaak als nodig was om alleen nog maar nakomelingen met de gewenste eigenschap te produceren. Elke verdere zelfbestuiving met die plant leidde tot uniforme nakomelingen. Dergelijke planten noemen we: **raszuiver** (*pure-breeding*). Wij zouden nu zeggen: door selectie hield Mendel alleen planten over die homozygoot waren voor dat allel.

Mendel werkte met homozygote planten, uiteraard zonder de term nog te hebben bedacht, maar hij wist wel dat hij elk experiment begon met een plant die slechts één genetische variant (waarin hij geïnteresseerd was) vertoonde. Hij wist zijn onderzoek dus te beperken tot een onderzoek met slechts één parameter.

4.3.2.1 Monohybride kruisingen

In het voorbeeld (met de allelen K en k) is gekeken naar slechts één paar allelen. Namelijk de allelen, die samen verantwoordelijk zijn voor de uiteindelijke kleur van de bloem. Een genetisch onderzoek dat zich beperkt tot de bestudering van slechts één gen noemt men een **monogeen onderzoek**. Een kruising tussen twee heterozygoten waarbij gelet wordt op slechts één gen noemt men een **monohybride kruising**[192] (deze heterozygote individuen worden ook wel **monohybriden** genoemd).

Mendel kruiste dus twee homozygoten. De homozygote 'ouders' die gebruikt worden bij de 'startkruising' worden aangeduid als de oudergeneratie (*parental generation*) of **P**.

De nakomelingen uit zo'n kruising vormen de eerste generatie nakomelingen (*first generation*) of F_1-generatie. Vervolgens kruiste Mendel door zelfbestuiving de leden van de F_1-generatie. De nakomelingen daarvan noemen we de tweede generatie nakomelingen (*second generation*) of F_2-generatie. Aan de hand van zijn bevindingen stelde Mendel de volgende wetten op:
- De **uniformiteitswet**. Uitgaande van de kruising van twee homozygoten, die onderling slechts in één kenmerk verschillen, zijn alle individuen in de F_1-generatie fenotypisch identiek.
- De **splitsingswet** of de **wet der segregatie**. Uitgaande van de kruising van twee leden van de F_1-generatie, ontstaan er verschillen in de F_2-generatie. Die verschillen presenteren

---

[192] De Nederlandse geneticus Hugo de Vries heeft in 1900 in zijn publicatie rondom de herontdekking van de wetten van Mendel de term 'monohybride' voor het eerst gebruikt. Hij schaarde alle kruisingen die op een enkel gen zijn gericht onder deze term. Later wordt het gebruik van het begrip 'monohybride kruising' vaak beperkt tot kruisingen tussen individuen die heterozygoot zijn voor wat betreft een enkel gen waarnaar wordt gekeken.

zich in een constante getalsverhouding, die bepaald wordt door het al of niet dominant
zijn van een eigenschap:
– Bij een dominant-recessieve overerving is die verhouding **3:1**
– Bij een partiële dominantie is de getalsverhouding **1:2:1**.

Uniformiteitswet

Mendel gebruikte in de oudergeneratie alleen raszuivere individuen. Hij kruiste dus alleen
homozygote ouders. Het genotype van die ouders kennen we al als KK (rood) en kk (wit). De
gameten (nodig voor de kruising) bevatten maar één allel: K **óf** k. Versmelting van de genoemde
gameten kan alleen de combinatie Kk opleveren. Alle nakomelingen van de eerste generatie
zijn daardoor allemaal genotypisch gelijk (Figuur 4.38).

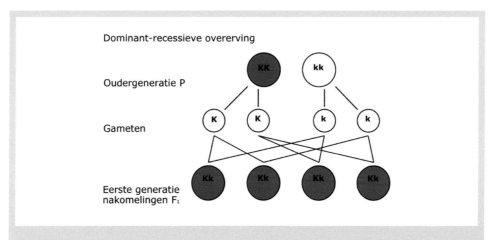

Figuur 4.38. Kruising met een dominant-recessieve overerving. We volgen één gen (monogeen onderzoek). De homozygote (KK en kk) ouders (boven) leveren gameten die na de
kruising uitsluitend heterozygoten opleveren (F_1, onder). Door de 100% dominantie van K
over k zijn deze allemaal rood.

Tot welke fenotype dit genotype (Kk) leidt is afhankelijk van het type overerving. Als er sprake
is van dominant-recessieve overerving (met een 100% dominantie) dan zullen de nakomelingen
van de eerste generatie rood zijn (Figuur 4.38).

In het geval van partieel dominante overerving (waarbij de genetische eigenschappen intermediair aanwezig zijn) zullen de bloemen van de F_1 generatie allemaal een kleur hebben die
ergens tussen rood en wit in zit. Bijvoorbeeld rose (Figuur 4.39).

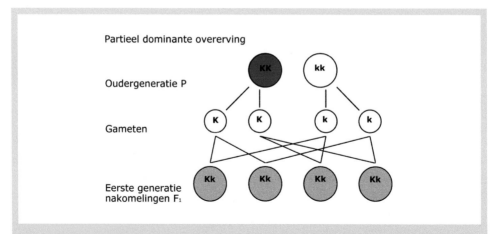

Figuur 4.39. Kruising met een partieel dominante overerving. Weer een monogeen onder-zoek. De homozygote (KK en kk) ouders (boven) leveren gameten die na de kruising uitslui-tend heterozygoten opleveren (F$_1$, onder). Door de partiele dominantie zal zowel K als k tot uiting komen en zijn deze F$_1$ nakomelingen allemaal rose.

Het is duidelijk dat bij een monogene kruising van homozygoten de nakomelingen (de generatie F$_1$) allemaal genotypisch én fenotypisch gelijk zijn. Deze uitkomst is onafhankelijk van het type overerving. Het een en ander in overeenstemming met de uniformiteitswet van Mendel.

De mate van dominantie (intermediair of codominant) doet aan het principe van de overerving niets af. Het schema van Figuur 4.39 blijft in beide gevallen volledig van toepassing. De mate van dominantie (intermediair of codominant) heeft wel invloed op het fenotype van de eerste generatie nakomelingen F$_1$. Een overerving van genetische eigenschappen die intermediair aanwezig zijn zal (zoals is aangegeven in Figuur 4.39) bij de nakomelingen van de eerste gene-ratie F$_1$ een mengkleur tot gevolg hebben.

In het geval van een codominante overerving zullen alle nakomelingen van de eerste generatie F$_1$ roodwit gevlekt zijn.

Splitsingswet

De eerste generatie nakomelingen F$_1$ zal weer gameten vormen. Elk F$_1$ individu produceert nu twee verschillende gameten: K **én** k (Figuur 4.40). Dat is essentieel anders dan tijdens de kruising van de twee homozygote ouders en dat heeft zo zijn gevolgen. Met de kennis die opgedaan is bij de uitleg over de uniformiteitswet van Mendel zullen de volgende schema's (Figuur 4.40 en Figuur 4.41) duidelijk zijn.

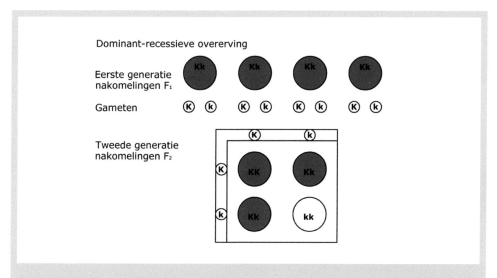

Figuur 4.40. Monohybride kruising met een dominant-recessieve overerving. De monohybriden van Figuur 4.38 (boven) leveren een F2 (onder) die fenotypisch uitsplitst in een verhouding 3:1 (rood : wit).

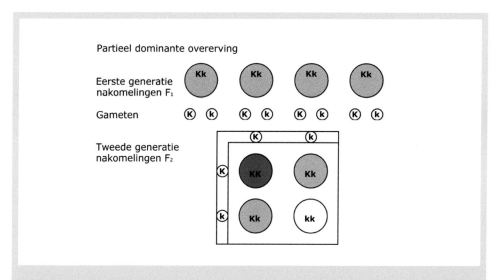

Figuur 4.41. Monohybride kruising met een partieel dominante overerving. De monohybriden van Figuur 4.39 (boven) leveren een F2 (onder) die fenotypisch uitsplitst in een verhouding 1:2:1 (rood : rose : wit).

De heterozygoten uit de tweede generatie nakomelingen F_2 vertonen, afhankelijk van de mate van dominantie, een mengkleur (intermediair) of zijn roodwit gevlekt (codominantie).

Duidelijk is dat de nakomelingen in de tweede generatie F$_2$ niet meer identiek zijn en dat het type overerving (dominant-recessief of partieel dominant) bepalend is voor de verhouding waarin de verschillen optreden. Het een en ander overeenkomstig hetgeen door Mendel geformuleerd werd in zijn splitsingswet of wet der segregatie. Ook is duidelijk dat, los van het type overerving, bij onderlinge kruising van de eerste generatie nakomelingen de helft van de nakomelingen weer homozygoot zal zijn.

4.3.2.2 Dihybride kruisingen

Mendel kruiste ook twee erwtenrassen, die verschilden in:
- de vorm van de vrucht (bol glad of gerimpeld); en
- de kleur van de vrucht (groen of geel).

Aan de hand van die kruising lette Mendel nu dus op twee genen. Een kruising waarbij gelet wordt op twee genen levert in de F$_1$ **dihybriden** op.

De onderzoeken van Mendel hebben aangetoond dat de gladde vorm en de kleur geel dominant zijn. Dit brengt ons tot de volgende afspraken:
- R staat voor het dominante allel dat de vorm van de vrucht Rond bepaalt.
- r staat dan voor het recessieve allel dat bepaalt dat de vrucht gerimpeld is.
- G staat voor het dominante allel dat de kleur van vrucht Geel bepaalt.
- g staat dan voor het recessieve allel dat bepaalt dat de vrucht groen wordt.

De oudergeneratie bestaat, zoals altijd in de onderzoeken van Mendel, weer uit twee homozygote individuen: RRGG (rond van vorm en geel van kleur) en rrgg (gerimpeld en groen). In elke gameet komt van elk gen slechts één allel terecht. Het genotype van de gameten van ouder 1 is dus RG, en van ouder 2 is dat rg. Net als bij de monogene kruisingen bestaat de eerste generatie nakomelingen (F$_1$) dan alleen uit heterozygoten: RrGg.

Het tot stand komen van de tweede generatie (F$_2$) is aanzienlijk complexer dan bij de monohybride kruising. Kijken we naar het gen voor de vruchtvorm, dan produceert elk individu van de F1 gameten met R en gameten met r, net als bij de monohybride kruising. Kijken we naar het gen voor de vruchtkleur, dan geldt hetzelfde: elk individu produceert gameten met G en gameten met g. Omdat beide genen op verschillende chromosoomparen liggen, die onafhankelijk van elkaar over de gameten verdeeld worden, produceert elke ouder vier typen gameten: met G en R, met G en r, met g en R en met g en r. Bij een bevruchting zijn er dan $4 \times 4 = 16$ combinatie mogelijkheden. Maar, zoals zal blijken, niet allemaal met verschillend resultaat.

Per individu worden door de nakomelingen van de eerste generatie dus de volgende gameten: 25% RG, 25% Rg, 25% rG en 25% rg geproduceerd (Figuur 4.42). Dit leidt tot de volgende combinatiemogelijkheden:

	RG	Rg	rG	rg
RG	RRGG ○	RRGg ○	RrGG ○	RrGg ○
Rg	RRGg ○	RRgg ●	RrGg ○	Rrgg ●
rG	RrGG ○	RrGg ○	rrGG ☐	rrGg ☐
rg	RrGg ○	Rrgg ●	rrGg ☐	rrgg ▨

Figuur 4.42. Dihybride kruising met dominant-recessieve overerving. De 100% dominantie geldt voor beide genen. R = ongerimpeld (rond); r = gerimpeld (vierkant), G = geel, g = groen. Per gen geldt een fenotypische uitsplitsing in de verhouding 3:1, maar als dihybride is de verhouding 9:3:3:1 (ongerimpeld geel : ongerimpeld groen : gerimpeld geel : gerimpeld groen).

In de F2 komen de volgende fenotypen voor (Figuur 4.42), in de verhouding:
- 9 van de 16 nakomelingen zijn rond en geel (genotype **R.G.**). Op de plaats van de punt kan een hoofdletter of een kleine letter staan.
- 3 van de 16 nakomelingen zijn rond en groen (genotype **R.gg**).
- 3 van de 16 nakomelingen zijn gerimpeld en geel (genotype **rrG.**).
- Slechts 1 van de 16 nakomelingen is gerimpeld en groen (genotype **rrgg**).

De genotypes zoals we die zagen bij de oudergeneratie (RRGG en rrgg) vormen ieder voor zich slechts één zestiende deel van de F2.

Gekoppelde overerving

Er is sprake van gekoppelde of **afhankelijke** overerving als beide genen vlakbij elkaar op hetzelfde chromosoom liggen. De overerving is in dat geval eenvoudiger dan in het hiervoor beschreven voorbeeld. Omdat er maar één chromosomenpaar bij betrokken is, zullen er maar twee verschillende gameten gevormd worden. Daardoor zal de overerving verlopen als ware het een monogene kruising.

Gekoppelde overerving is een belemmering voor het bereiken van een maximale genetische variatie. Deze beperking wordt teniet gedaan door het optreden van *crossing-overs*.

Crossing-overs zullen bij gekoppelde genen immers leiden tot meer variatie in genotypen, in een verhouding die afhangt van de frequentie waarmee die *crossing-overs* optreden. Deze frequentie is recht evenredig met de afstand tussen de twee genen waardoor genen die ver uitelkaar liggen op weliswaar hetzelfde chromosomenpaar, als onafhankelijke genen overerven (Tekstbox 4.4).

Tekstbox 4.4. De Morgan kaart.

Lange tijd was de 'Thomas Hunt Morgan methode' de enige manier om zicht op genvolgorde te krijgen. De chromosoomverdeling wordt nog steeds uitgedrukt in cM = centiMorgan en bij fruitvliegjes (*Drosophila*) is zo de eerste genetische kaart gemaakt. Thomas Hunt Morgan heeft voor dit werk een Nobelprijs ontvangen.

Uiteindelijk is de genenkaart niet één op één op een dna-streng te leggen. De volgorde klopt wel, maar de daadwerkelijke fysieke afstand kan verschillen doordat er stukken zijn waarbij een overkruising geblokkeerd wordt. Bij de schimmel *Podospora anserina* is dit bijvoorbeeld een veel voorkomend verschijnsel; met resultaat dat de Morgan-kaart afwijkt van de (fysieke) gesequencede kaart.

Geslachtsgebonden overerving

Een speciale vorm van **gekoppelde overerving** verloopt **geslachtsgebonden**. Het betreft een overerving van een eigenschap waarvan het gen gelokaliseerd is op een geslachtschromosoom (X of Y). Hierbij hebben beide geslachten niet dezelfde kans om de eigenschap te ontvangen:

- Mannelijke individuen krijgen hun X-chromosoom altijd van de moeder en hun Y-chromosoom altijd van de vader. Daarentegen krijgen vrouwelijke individuen een X-chromosoom van beide ouders.
- X-gebonden dominante eigenschappen komen zowel bij mannelijke individuen als bij vrouwelijke individuen tot uiting, terwijl Y-gebonden eigenschappen alleen bij mannelijke individuen fenotypisch zichtbaar worden.
- Het X en Y chromosomen bevatten geen homologe genen. Mannelijke individuen zijn daarom **hemizygoot** ten aanzien van alle genen die gelegen zijn op de geslachtschromosomen. Er is bij een man dus altijd een fenotypische uiting van de eigenschap die behoort bij een dergelijk gen.

In Figuur 4.43 volgt een schema betreffende de X-gebonden recessieve overerving (voorbeeld: kleurenblindheid).

Aan de hand van het schema in Figuur 4.43 kan het volgende vastgesteld worden:

- Een mannelijke drager (in het voorbeeld, de vader) van een X-gebonden chromosoom is **hemizygoot** voor dat allel. Er is bij hem dus geen 'homologe' tegenhanger van het allel. De eigenschap van een X-gebonden gen komt bij een man dus altijd tot uiting.
- Zoals altijd, geeft de vader 'zijn' X-chromosoom door aan zijn dochters en het Y-chromosoom aan zijn zonen.
- Dus alleen de dochters krijgen de eigenschap van kleurenblindheid van de vader. Omdat het gen daarvan recessief is, komt de eigenschap in het fenotype van de dochters niet tot uiting. Zij zijn **draagster** van het allel, zonder merkbare verschijnselen te vertonen. De zonen van de dochters hebben vervolgens 50% kans kleurenblind te zijn.

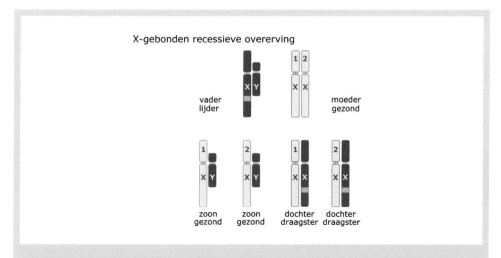

X-gebonden recessieve overerving

vader
lijder

moeder
gezond

zoon
gezond

zoon
gezond

dochter
draagster

dochter
draagster

Figuur 4.43. X-gebonden recessieve overerving. Een recessief allel (geel) op het X-chromosoom van de vader (donkergrijs) leidt tot kleurenblindheid bij de vader omdat er geen ander allel tegenover staat (hemizygotie). De moeder heeft twee dominante allelen. Van de nakomelingen (onder) zullen alle jongens 'gezond' zijn (niet kleurenblind) en alle meisjes draagster.

X-gebonden afwijkingen komen veel meer voor dan Y-gebonden afwijkingen. Simpelweg omdat het X-chromosoom veel groter is dan het Y-chromosoom[193]. X-gebonden afwijkingen komen bij een man (hemizygoot) altijd tot uiting.

4.3.2.3 Trihybride kruisingen

Analoog aan wat is verteld over de dihybride kruisingen kunnen kruisingen uitgewerkt worden waarbij gekeken wordt naar drie of meer genen (trihybride kruising, etc.). De schema's worden dan al snel zo groot, dat andere methoden nodig zijn om een zicht te krijgen op de combinatie-mogelijkheden. Dit valt buiten het bestek van dit boek.

4.3.2.4 Multipele allelen

Hierboven zijn steeds voorbeelden aangehaald van genen waarvan twee allelen bestaan. Er zijn echter ook genen waarvan drie of meer allelen bestaan. We spreken dan van multipele allelen. Een bekend voorbeeld bij de mens is het gen dat verantwoordelijk is voor de bloedgroepen van het ABO-systeem.

---

[193] Op het Y-chromosoom liggen tussen de 70 en 200 genen, veelal betrokken bij de ontwikkeling van het lichaam van de man. Op het X-chromosoom liggen rond de 1000 genen.

Het ABO-bloedgroepensysteem

In de celmembraan van de erythrocyten (rode bloedcellen) bevinden zich net als bij andere cellen glycoproteïnen. Deze stoffen kunnen bij bloedtransfusies (evenals bij andere weefsel- en orgaantransplantaties) afstotingsreacties veroorzaken. De stoffen in de celmembraan van de erythrocyten (van de donor), die bij een bloedtransfusie lichaamsvreemd zijn voor de ontvanger noemt men **antigenen**[194].

Er worden bij de erythrocyten twee typen antigenen onderscheiden:
- **antigeen A**; en
- **antigeen B**.

We spreken van bloedgroep A indien de erythrocyt in de celmembraan het antigeen A bevat. En van bloedgroep B als de rode bloedcel het antigeen B heeft. Het komt ook voor dat rode bloedcellen zijn voorzien van beide antigenen (bloedgroep AB) of dat ze geen enkel antigeen bevatten (bloedgroep O[195]).

Welke bloedgroep een individu heeft wordt bepaald door het **gen I**. Dat gen I komt voor in drie allelen (varianten):
- Het **allel I^A** dat de aanmaak van antigeen A regelt.
- Het **allel I^B** dat de aanmaak van antigeen B regelt.
- Het **recessieve allel i** dat niet in staat is om een eiwit te laten aanmaken.

De bloedgroep van een persoon wordt dus bepaald door een drietal allelen: I^A, I^B en i. Hierbij gedraagt i zich recessief ten opzichte van I^A en I^B, terwijl I^A en I^B 'even sterk' zijn.

Ieder individu heeft twee kopieën van het gen: één van de vader een één van de moeder. Door het combineren van de verschillende 'ouder' allelen ontstaan er echter méér verschillende genotypen, en daardoor méér verschillende fenotypen (bloedgroepen):
- Genotype $I^A I^A$ levert het fenotype bloedgroep A op.
- Genotype $I^A I^B$ levert het fenotype bloedgroep AB op.
- Genotype $I^A i$ levert het fenotype bloedgroep A op.
- Genotype $I^B I^B$ levert het fenotype bloedgroep B op.
- Genotype $I^B i$ levert het fenotype bloedgroep B op.
- Genotype ii levert het fenotype bloedgroep O op.

[194] Een antigeen heeft niets met 'genen' te maken. Het zijn geen 'tegengenen' of iets dergelijks. Zij hebben een antigene werking en roepen daarom een afweerreactie op. De antigenen zijn in dit geval wel genproducten: antigeen A en B zijn eiwitten.
[195] De O stond aanvankelijk voor het cijfer 0 (nul) maar wordt tegenwoordig uitgesproken als de letter 'O' en ook als zodanig geschreven.

Bloedgroep A (met antigeen A) 'verdedigt zichzelf' met een **IgM**[196] **antistof b** dat zo genoemd wordt, omdat het een antistof (of **antilichaam**) is tegen het antigeen B.

IgM antistof b (ook wel anti-B genoemd) past als het ware op het antigeen B en kan zo meerdere bloedcellen waarin het antigeen B voorkomt (bloedgroep B en AB) aan elkaar koppelen (en doen klonteren). Dit leidt op den duur tot afbraak van de erythrocyten.

Zo past op antigeen A **IgM antistof a**. Dus in de aanwezigheid van IgM antistof a (ook wel anti-A genoemd) zullen bloedcellen met het antigeen A in de membraan (bloedgroep A en AB) samenklonteren.

Iedereen die antigeen A niet heeft in de celmembraan van de erythrocyten, heeft wel anti-A in zijn bloed. En evenzo heeft iedereen waarbij antigeen B niet aanwezig is in de celmembraan van de erythrocyten, anti-B in het bloed. Het moge duidelijk zijn dat bloed van bloedgroep AB (bevat antigeen A en antigeen B) geen antistoffen a of b kan bevatten.

Nog eens voor alle duidelijkheid:
• De antigenen bevinden zich (als ze er zijn) in de celmembraan van de erythrocyten.
• De antistoffen (of antilichamen) bevinden zich als immunoglobuline in het bloed.

Dit leidt tot het volgende overzicht (Tabel 4.1).

Tabel 4.1. De ABO bloedgroepen met de bijbehorende antigenen en antistoffen.

Bloedgroep	Antigeen A	Antigeen B	Antistof a	Antistof b
O			x	x
A	x			x
B		x	x	
AB	x	x		

Deze natuurlijke antistoffen zijn er de oorzaak van dat niet iedereen bloed van ieder ander kan ontvangen. Als iemand met bloedgroep O (met anti-A en anti-B in zijn bloed) bloed ontvangt met bloedgroep A, dan zullen de anti-A antistoffen van de ontvanger aan de rode bloedcellen gaan plakken en ontstaat er klontering. Dit heeft tot gevolg dat bloedgroep 0 geen bloed kan krijgen van iemand met een andere bloedgroep. Hij kan daarentegen aan iedereen bloed *geven*, omdat zijn bloed *geen antigenen* bevat (universele donor). Iemand met bloedgroep AB kan dus van iedereen bloed *ontvangen*, omdat diegene *geen antistoffen* in zijn bloed heeft (universele

---

[196] IgM is een speciaal type (M) antilichaam/antistof (immunoglobuline). Het antilichaam/de antistof koppelt zich aan het antigeen en schakelt het antigeen daarmee uit.

ontvanger). Iemand met bloedgroep A kan enkel bloed geven aan A en AB, bloedgroep B aan B en AB en bloedgroep AB enkel aan AB. **AB is universeel ontvanger en O is universeel donor.**

Dit alles staat, kort samengevat, in Figuur 4.44, waarbij de pijlen steeds van donor naar ontvanger lopen. Transfusies zijn uitsluitend mogelijk volgens de getekende pijlen.

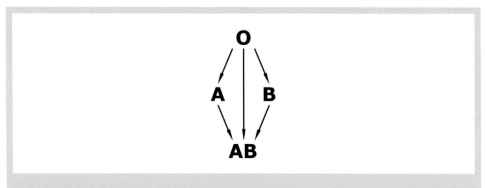

Figuur 4.44. Het bloeddonor schema. De pijlen geven de transfusiemogelijkheden aan. Transfusie van O bloed kan naar alle ontvangers en een AB ontvanger kan alle bloedgroepen ontvangen.

De drager van een bepaalde bloedgroep kan altijd als donor optreden voor iemand met dezelfde bloedgroep. Een drager van de bloedgroep AB kan daarom alléén bloed doneren aan een andere drager van bloedgroep AB.

Er bestaat een groot verschil voor wat betreft het voorkomen van de bloedgroepen. Voor Nederland geldt dat bloedgroep O in 47% van de bevolking voorkomt. Bloedgroep A in 42%, bloedgroep B in 8% en bloedgroep AB in slechts 3%. In andere landen zijn die percentages weer anders.

Hoofdstuk 5

5.1 Metabolisme

Het **celmetabolisme** is een verzamelnaam voor alle processen van afbraak (**katabolisme**) en van aanmaak (**anabolisme**) van moleculen. Katabolisme en anabolisme zijn voortdurend in een dynamisch evenwicht met elkaar.

1. Moleculen van voedingsstoffen worden afgebroken tot hun bouwstenen, die op hun beurt weer nodig zijn voor de biosynthese van andere stoffen. Door de afbraak van moleculen wordt energie, die is opgeslagen in de onderlinge bindingen der atomen (binnen dat molecuul) en energie, die is opgeslagen in de elektronen, vrijgemaakt. Katabole processen voltrekken zich altijd in vele kleine stappen, waarbij per stap slechts een kleine verandering in het bestaande molecuul wordt doorgevoerd. Daardoor komt per stap slechts weinig energie vrij, en kan deze efficiënt worden 'opgevangen'. Katabolisme is dus: het vrijmaken van energie en van materie, onder andere ten behoeve van de opbouw.
2. Omgekeerd wordt bij de opbouw energie opgeslagen in de onderlinge bindingen van de atomen (binnen dat molecuul) en in de elektronen.

Een stof bestaat binnen het milieu van de cel maar kort. Modificatie en/of beschadiging bedreigen, binnen de kleine cellulaire ruimte vol chemisch actieve elementen, continu elk molecuul. Een molecuul dat chemisch niet actief is, en daardoor het risico van modificatie en/of beschadiging loopt, komt al snel in aanmerking voor afbraak, al was het alleen maar om de erin opgeslagen materie en energie ter beschikking te stellen van het groter geheel. Het celmetabolisme lijkt op een kringloop van materie en energie.

Inderdaad 'lijkt', want er gaat steeds veel energie verloren[197] in de vorm van warmte, beweging, etc. Dat verlies aan energie moet continu aangevuld worden van buiten de cel of van buiten het organisme. Een gesloten kringloop van energie is er dus niet. En ook de kringloop van materie, binnen een organisme, is beperkt. Er is steeds sprake van opname en afgifte. En die twee bepalen de flux: wanneer er meer opname dan afgifte is spreekt men van **influx**, bij meer afgifte dan opname spreekt men van **efflux**[198].

5.1.1 Opname van energie en materie

Ten aanzien van de opname van energie en materie is er een onderscheid te maken tussen:
*   autotrofe organismen; en
*   heterotrofe organismen.

---

[197] De energie die uit de kringloop lekt mag niet letterlijk als verloren worden beschouwd. Deze energie kan nuttig worden aangewend. Bijvoorbeeld ter handhaving van een bepaalde lichaamstemperatuur.
[198] Ook wel outflux genoemd.

5.1.1.1 Autotrofe organismen

Een organisme wordt **autotroof** genoemd als het in staat is zelf organische stoffen te maken uit anorganisch materiaal. Hét voorbeeld daarvan, de **fotosynthese**, zal in Paragraaf 5.2 worden uitgewerkt. Daar wordt duidelijk gemaakt hoe, uitgaande van het zonlicht, CO_2 en H_2O, organische stoffen worden gebouwd. Cellen die zelf organische stoffen kunnen maken uit anorganisch materiaal zijn zelfvoorzienend. Ofwel autotroof.

Fotosynthese is niet het enige proces aan de hand waarvan een organisme zelf organische stoffen kan maken uit anorganisch materiaal. Sommige bacteriën maken gebruik van **chemosynthese**.

Tijdens de chemosynthese komt de energie, die nodig is voor de productie van organische stoffen, vrij uit oxidatie van anorganische stoffen. In grote lijnen verloopt dat proces als volgt:

a.   verbinding⁻ + O_2 → geoxideerde verbinding + H_2O + energie

b. $6\ CO_2 + 12\ H_2X + energie → C_6H_{12}O_6 + 6\ H_2O + 12\ X$

Autotrofe organismen kunnen we dan ook onderverdelen in **fotoautotrofen** (met fotosynthese) en **chemoautotrofen** (met chemosynthese).

De koolhydraten die door deze autotrofen worden geproduceerd vormen de basis voor alle leven op aarde. De autotrofen bevinden zich aan het begin van elke voedselketen.

5.1.1.2 Heterotrofe organismen

De **heterotrofe organismen** zijn niet in staat zelf organische stoffen te maken uit anorganisch materiaal. Heterotrofen krijgen hun materie en energie, die nodig is om te kunnen bestaan, om te kunnen groeien en om zich te kunnen ontwikkelen, door autotrofen te eten. Heterotrofen ontvangen behalve die energie dus ook het ruwe materiaal: de organische stoffen, de atomen en elektronen. Elke voedselketen kent dus een energiestroom, met het zonlicht of een anorganische energiebron als startpunt, én een materiestroom van organisch (koolstofverbindingen, anders dan CO_2) materiaal. Kortweg: elk organisme heeft een koolstof- en energiebron nodig (een C- en E-bron).

5.1.2 Energiebeheer

De energie zit (in alle organismen) opgeslagen in de chemische verbindingen en in de elektronen binnen de moleculen. De structuur van de moleculen verandert nagenoeg continu door afbraak en/of opbouw. Tijdens die processen moet de vrijkomende en/of gevraagde energie beheerd worden. Opslag (van vrijgekomen bindingsenergie) en/of afgifte (van gevraagde bindingsenergie) wordt beheerd binnen de zogenaamde ATP^{199}/ADP cyclus. Opslag en/of afgifte van de energie die zit opgeslagen in elektronen wordt beheerd door de cycli van speciale elektronendragers.

5.1.2.1 ATP/ADP-cyclus

De energie, die vrijkomt bij een **energie-opleverende**[200] **reactie**, wordt in de cel opgeslagen door de synthese van ATP-moleculen. De energie die nodig is voor een **energiegebruikende reactie** wordt verkregen door ATP-hydrolyse[201], waarbij een fosfaatgroep wordt afgekoppeld en dus een difosfaat (ADP) overblijft.

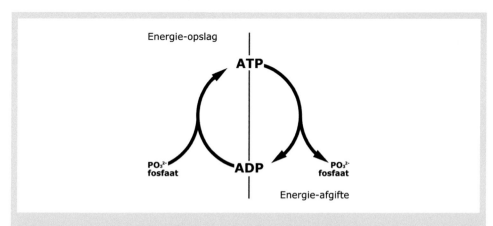

Figuur 5.1. ATP/ADP-cyclus. Energie kan worden opgeslagen (links) in de vorm van ATP dat gehydrolyseerd wordt tot ADP bij de afgifte ervan (rechts).

Deze **ATP/ADP-cyclus** (Figuur 5.1) wordt gebruikt om energie-opleverende en -gebruikende reacties met elkaar te linken in een systeem: de **energiekoppeling**. Een cel koppelt een energiegebruikende endergone reactie aan een ATP-hydrolyse[202]. Het tijdelijk gefosforyleerde reactieproduct wordt daarna weer afgebroken op een manier waarbij weer energie vrijkomt voor een vervolgstap.

Het ATP, maar ook het GTP, zijn energiedragers. In de zin van moleculaire batterijtjes die als trifosfaten de opgeslagen bindingsenergie tot nader order kunnen vasthouden en transporteren. De capaciteit van het totaal aan moleculaire batterijtjes is beperkt. Een teveel aan ATP blijft niet lijdzaam wachten op een moment van energiebehoefte, maar wordt direct ingezet voor

---

[199] Het ATP-molecuul is een energiedrager. Voor verdere informatie hierover wordt verwezen naar Paragraaf 1.4.4.
[200] Hiervoor worden ook wel de termen exergoon en endergoon gebruikt. Deze zijn gerelateerd aan energieverandering. In welke vorm dan ook. De termen exotherm en endotherm verwijzen specifiek naar energieverandering in de vorm van warmte.
[201] Onder toevoeging van een watermolecuul wordt de fosfaatgroep weer los gekoppeld van het ATP.
[202] De fosfaatgroep die tijdens de hydrolyse van het ATP vrijkomt wordt tijdelijk gekoppeld aan een van de reactieproducten. De koppeling aan een fosfaatgroep staat bekend als fosforylering.

De bouwstenen van het leven **289**

de synthese van een lange termijn energievoorraad in de vorm van vetten en koolhydraten (zie Paragraaf 5.7 en 5.8).

5.1.2.2 Elektronendragers

Bij veel biologisch belangrijke reacties is sprake van reductie en/of oxidatie. Uitwisseling dus van elektronen. Beide reacties zijn meestal gekoppeld. De elektronen worden dan direct gebruikt in de biosynthese (vorming van grotere moleculen).

Het beheer van de elektronen kan echter ook geregeld ('gebufferd') worden door het inzetten van de zogenoemde elektronendragers. Elektronen zijn niet (zoals protonen[203]) 'in water oplosbaar' en moeten dus (als ze niet direct gebruikt worden voor de verdere biosynthese) 'gedragen' vervoerd worden (zij kunnen niet zonder drager). **NAD+**, **NADP+** en **FAD** (Figuur 5.2) fungeren als transporteurs. Zij worden ook wel energiedragers genoemd. Maar nu (in tegenstelling tot de trifosfaat batterijtjes) in de zin van elektronen**transporteurs**. Zij zijn te beschouwen als *shuttles*, die leeg kunnen zijn (de geoxideerde vorm) of die met extra elektronen gevuld kunnen zijn (de gereduceerde vorm).

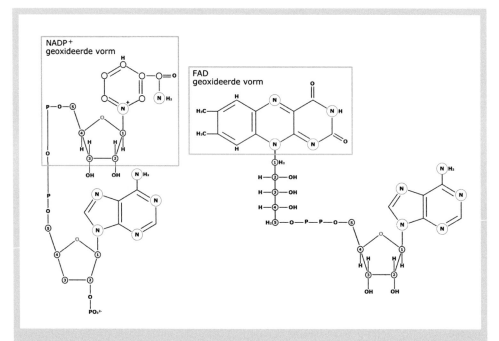

Figuur 5.2. Elektronendragers. Belangrijk zijn onder andere nicotinamide adenine dinucleotidefosfaat (NADPH, in geoxideerde vorm NADP+, links) en flavine adenine dinucleotide (FADH$_2$, in geoxideerde vorm FAD, rechts). De molecuuldelen in de lichtgrijze kaders komen in de volgende figuren terug.

---

[203] Waterstofionen: H+.

De bouwstenen van het leven

De lege NAD$^+$ (**nicotinamide adenine dinucleotide**) *shuttle* kan gevuld (gereduceerd) worden met twee elektronen tot **NADH**[204], net als NADP$^+$ tot NADPH. Tijdens de genoemde reductie (Figuur 5.3) wordt de positieve lading van het stikstofatoom van het NADP$^+$ door een elektron geneutraliseerd.

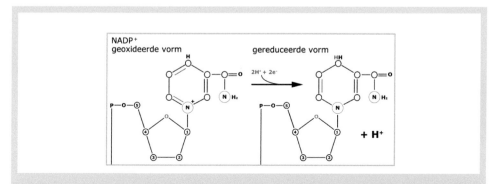

Figuur 5.3. Opname van elektronen door NADP$^+$. De reductie van NADP$^+$ (links) tot NADPH plus H$^+$ (rechts) gaat gepaard met de opname van twee protonen en twee elektronen en het verminderen van het aantal dubbele bindingen (rood).

De lege FAD (**flavine adenine dinucleotide**) *shuttle* kan ook gevuld (gereduceerd) worden met twee elektronen tot **FADH$_2$**. De gereduceerde (met elektronen gevulde) vorm van deze **coënzymen**[205] kan protonen (H$^+$) en elektronen (e$^-$) vervoeren en overdragen van het ene naar het andere molecuul (Figuur 5.4).

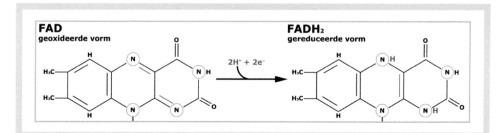

Figuur 5.4. Opname van elektronen door FAD. De reductie van FAD (links) tot FADH$_2$ (rechts) gaat ook hier gepaard met de opname van twee protonen en twee elektronen en het verminderen van het aantal dubbele bindingen (rood).

---

[204] Het verschil tussen NAD$^+$ (*nicotinamide adenine dinucleotide*) en NADP$^+$ (*nicotinamide adenine dinucleotide phosphate*) is die ene fosfaatgroep op plaats 2' van het onderste ribose in Figuur 5.2. In bovenstaande uitleg zijn de notaties van beide molecuulvormen uitwisselbaar. NAD$^+$ Is meer betrokken bij katabole reacties, terwijl NADP$^+$ meer bij anabole reacties een rol speelt.

[205] Een coënzym is een klein molecuul waarvan de aanwezigheid is vereist voor het functioneren van een enzym. Het onderscheidt zich van een activator (anorganisch molecuul) doordat het een organische verbinding is.

Door het vullen van de *shuttles* produceert een cel reducerend vermogen (een voorraad elektronen) in de vorm van NADPH, NADH en FADH$_2$ dat ingezet kan worden voor energieproductie (vorming van ATP uit ADP) of bij de biosynthese (synthese van grotere moleculen). Een groot deel van het metabolisme is in feite gebaseerd op deze redoxreacties.

5.1.2.3 Energievoorraden

Terwijl aanmaak en afbraak overal en gelijktijdig plaatsvinden is de nuttige energie binnen de cel opgeslagen in chemische bindingen en in de elektronen binnen het molecuul. De 'wisseleenheid' aan energie wordt gebufferd binnen de genoemde systemen (ATP, NAD(P)H en FADH$_2$).

Bij een te groot aanbod van energierijke moleculen ontstaat er een teveel aan ATP-moleculen. Het overschot aan ATP-moleculen 'loopt' dan uit de ATP/ADP-cyclus en zal de synthese van een lange termijn energievoorraad op gang gaan brengen. Deze voorraad bestaat uit vetten[206] of koolhydraten[207]. Meer specifiek bestaat de voorraad uit:

- Triacylglycerolen (**triglyceriden**). Esters van glycerol en vetzuren met als algemene formule zoals aangegeven in Figuur 5.5. De triglyceriden (Paragraaf 1.5.3) bevinden zich bij dieren en mensen vooral in het cytoplasma van vetcellen (**adipocyten**). Bij planten met name in het reservevoedsel (**endosperm**) van zaden.

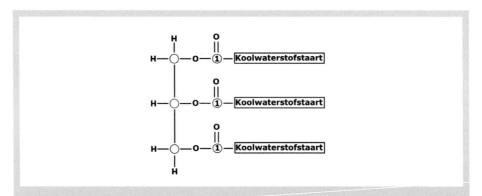

Figuur 5.5. Triacylglyceride. Een glycerolmolecuul veresterd met drie vetzuren.

- **Glycogeen** (Figuur 5.6) bij dieren. Grote, wijdvertakte polysachariden (Paragraaf 1.2.2.2), die zijn opgebouwd uit glucose eenheden (monomeren). Het glycogeen bevindt zich in korrels in het cytoplasma van vele dierlijke cellen, waaronder die van lever en spieren. De synthese en de afbraak van het glycogeen vindt snel plaats, al naar de behoefte van de cel. Het komt in dieren, schimmels, gisten en bacteriën voor.

---

[206] Zie Paragraaf 1.5.
[207] Zie Paragraaf 1.2.

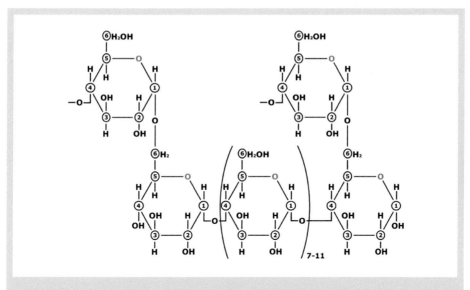

Figuur 5.6. Glycogeen. Een polymeer van glucose eenheden met daartussen α-1,4 en α-1,6 bindingen.

- **Zetmeel**. Een verzamelnaam voor reservevoedsel bij planten. Het zijn complexe polymeren van glucose en andere koolhydraten (zie Paragraaf 1.2.2.2 onder het kopje Polysacchariden). We onderscheiden **amylose** (Figuur 5.7) en **amylopectine**. Zij onderscheiden zich van elkaar door hun structuur. De amylose is onvertakt in tegenstelling tot amylopectine.

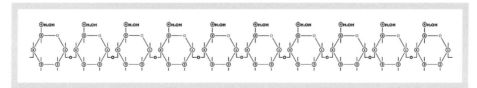

Figuur 5.7. Amylose. Deze vorm van zetmeel bevat tussen de glucose eenheden uitsluitend α-1,4 bindingen.

Een overschot aan energie wordt dus 'gehamsterd'. Planten en dieren beschikken zo over energievoorraden, die zijn aangelegd om langere perioden van energietekort te kunnen opvangen.

Als op een moment cellen weer meer energie (ATP-moleculen) nodig hebben zullen zij in eerste instantie de energie rechtstreeks uit de reguliere katabole processen benutten. Pas als die bron van energie onvoldoende blijkt te zijn zullen de energievoorraden worden aangesproken.

5.2 Fotosynthese

Tijdens de fotosynthese wordt onder invloed van lichtenergie uit anorganisch materiaal (CO_2 en H_2O) organisch materiaal (glucose) en zuurstof (O_2) gevormd. Hier wordt het element koolstof, dat in alle organische verbindingen aanwezig is, uit een anorganische koolstofverbinding ingebouwd in organische koolstofverbindingen. We spreken daarom van **koolstofassimilatie**. Het proces speelt zich af in de cel in daartoe gespecialiseerde organellen: de **bladgroenkorrels** of **chloroplasten.** Deze chloroplasten komen voor in de cellen van planten en verschillende eukaryote algen.

Omdat de chloroplast over eigen DNA en eigen ribosomen beschikt, veronderstelt men dat er sprake is van **endosymbiose** (in dit geval is een autotrofe prokaryoot opgeslokt door een eukaryoot).

Het vermogen om lichtenergie in te vangen en aan te wenden voor de bouw van organische stoffen vormt de basis van het leven op aarde.

Chemisch gezien bestaat het proces uit de *overall*-reactie tussen water en koolzuur, waarbij zuurstof en glucose worden gevormd met behulp van energie uit zonlicht:

$$6\ CO_2 + 6\ H_2O + \text{lichtenergie} \rightarrow C_6H_{12}O_6 + 6\ O_2$$

5.2.1 Chloroplasten

De chloroplasten (Figuur 5.8) worden begrensd door twee membranen (*outer-* en *inner-membrane*). Tussen die twee membranen bevindt zich de *intermembrane space*.

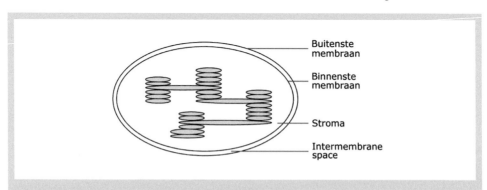

Figuur 5.8. Doorsnede van een chloroplast. Een buiten- en binnenmembraan omsluiten het stroma met daarin grana van thylakoïden (groen).

In de chloroplast bevinden zich grana (korrels). Elk **granum** bestaat uit een stapeling thylako-iden (Figuur 5.9). De verschillende thylakoïden en grana zijn met elkaar en met de binnenste membraan verbonden door lamellen om nog maar eens te benadrukken dat het geheel een onderdeel is van een uitgebreid intern membranensysteem.

De thylakoïden (Figuur 5.9) bestaan uit een **thylakoïdlumen** dat is omgeven door een **thyla-koïdmembraan**. Het thylakoidmembraan omhult een holte (het lumen) en scheidt die holte van de rest van de ruimte in de chloroplast (het stroma).

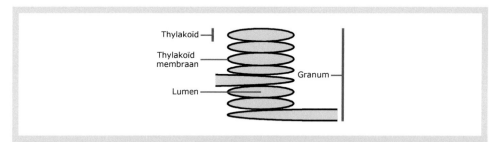

Figuur 5.9. Granum van een chloroplast. Een uitvergroot beeld van een granum in een chloroplast toont de thylakoïden, met thylakoïdmembranen die elk een lumen omsluiten.

De eerste reactiestappen van de fotosynthese vinden plaats in de thylakoïdmembraan[208]. Dat bestaat zoals alle membranen van een cel uit fosfolipiden met daartussen onder andere een aantal (voor de fotosynthese) wezenlijke membraaneiwitten waaraan **chlorofyl**moleculen zijn verbonden. Deze chlorofylmoleculen zijn in staat om de lichtenergie 'in te vangen'.

5.2.2 Fotosynthese stap-voor-stap

De fotosynthese verloopt in vier stappen:
1. absorptie van licht waarbij elektronen en zuurstof worden vrijgemaakt;
2. energie en elektronenopname in $NADP^+$ (Paragraaf 5.1.2);
3. de vorming van ATP;
4. de omzetting van CO_2 in koolhydraten: de **koolstoffixering** (*carbon fixation*).

Alleen de laatste stap is niet aan membranen gebonden en vindt plaats in het stroma van de chloroplast.

---

[208] Fotosynthetische bacteriën bevatten geen chloroplasten. In deze bacteriën vindt de fotosynthese direct in de cel plaats.

5.2.2.1 Absorptie van licht

Absorptie van lichtenergie vindt plaats in een multiproteïnecomplex PSII (*photosystem II*)[209] in de thylakoïdmembraan. In het PSII (Figuur 5.10) onderscheiden we een centraal gelegen reactiecentrum dat is omgeven door een **lichtinvangendcomplex** (*light-harvesting complex*).

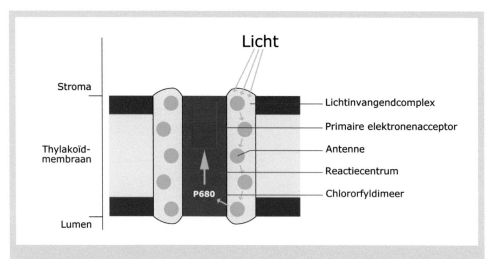

Figuur 5.10. Fotosysteem II (PSII). Dit multiproteïnecomplex vangt licht in om de energie via het chlorofyl dimeer P680 over te brengen naar de primaire elektronenacceptor (rood vierkant). Stromazijde boven en lumenzijde onder de thylakoïdmembraan (blauw met geel).

Het licht wordt geabsorbeerd:
- direct door het chlorofyl in het reactiecentrum in PSII; en
- indirect door het licht invangend complex in PSII, door de zogenaamde **antennes**. Deze indirect geabsorbeerde energie wordt geleid naar het chlorofyl in de reactiecentra.

In het reactiecentrum bevindt zich een **chlorofyl a dimeer**: een dubbel molecuul dat reageert als één eenheid. Door de toegevoegde lichtenergie raken een aantal elektronen in het chlorofyl in 'extase', ze treden buiten de orbitalen (zie Paragraaf 1.1), komen verder van de kern en zijn dus losser gebonden. Deze 'lossere elektronen' worden makkelijker afgestaan. Het 'aangeslagen chlorofyl' gedraagt zich op dat moment als een elektronendonor (reductor). En omdat het chlorofyl de eerste elektronendonor in een reeks is, wordt het 'aangeslagen chlorofyl' de **primaire elektronendonor** genoemd.

Deze primaire elektronendonor in het PSII wordt ook wel aangeduid als **P680**: een pigment met een absorptiemaximum bij licht met een golflengte van 680 nm.

---

[209] De nummering van de *photosystems* is op basis van volgorde van ontdekking, en niet op volgorde van actie.

Door het vrijgeven van een of meerdere elektronen ontstaat de gereduceerde vorm van het P680 met een onderbezetting aan elektronen in de orbitalen. Die gereduceerde vorm wordt als P680$^+$ weergegeven. Het P680$^+$ is in de biologie de sterkst bekende oxidant en is als zodanig in staat elektronen te onttrekken aan watermoleculen (Figuur 5.11).

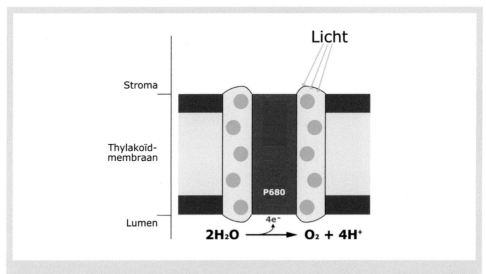

Figuur 5.11. Het P680$^+$ onttrekt elektronen aan water. Zuurstof (O_2) en protonen (H^+) worden gevormd in het lumen van het thylakoïd.

De elektronen die worden onttrokken aan de watermoleculen worden gebruikt om het tekort in de orbitalen van het chlorofyl (dat ontstaan is door het vrijgeven van elektronen van het P680) weer aan te vullen[210]. Het gevolg van deze oxidatie van het water is behalve de afgifte van elektronen, de vorming van moleculaire zuurstof en van protonen:

$$2\ H_2O + Licht \rightarrow O_2 + 4\ H^+ + 4\ e^-$$

5.2.2.2 Elektronentransport en de vorming van een *proton-motive force*

De elektronen afkomstig van het P680 worden gebonden aan een zogenaamde primaire elektronenacceptor (Figuur 5.12).

---

[210] Het proces herhaalt zich nu: de toegevoegde lichtenergie brengt weer een aantal elektronen in het chlorofyl in 'extase', etc. Het 'aangeslagen chlorofyl' gedraagt zich weer als een reductor wat (na afgifte van elektronen) weer leidt tot een onderbezetting aan elektronen in de orbitalen. Het chlorofyl wordt weer een oxidator. Etc.

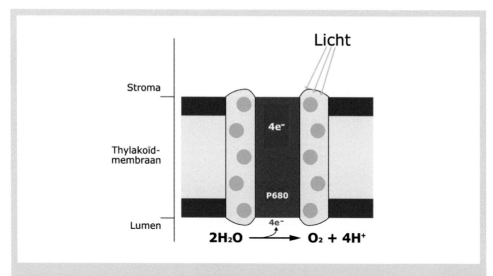

Figuur 5.12. Elektronentransport (1). De primaire elektronenacceptor neemt de elektronen (4e⁻) van het P680 over.

De elektronen verdwijnen daarmee in een **elektronentransportketen** (ETK) (*electron transport chain*). De elektronentransportketen bestaat uit een serie eiwitcomplexen (paarse bollen in Figuur 5.13), waarvan de ontvangende eiwitten een oplopende elektronegativiteit[211] vertonen.

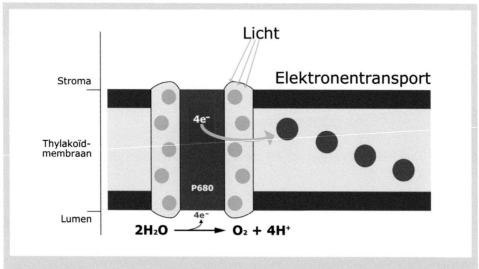

Figuur 5.13. Elektronentransport (2). De elektronen verdwijnen in de elektronentransport-keten (paars).

---

[211] Zie Paragraaf 1.1.1.2.

De bouwstenen van het leven

Er volgt nu een cascade van redoxreacties (zie Paragraaf 1.1) waarbij de elektronen telkens worden doorgegeven[212]. Bij elke overdacht in de keten (Figuur 5.14) komt er energie vrij doordat het elektron een deel van zijn energie verliest[213].

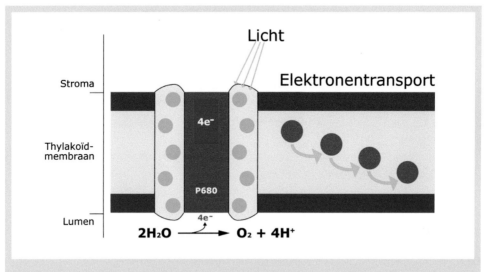

Figuur 5.14. Elektronentransport (3). De elektronen verliezen bij elke overdracht (blauwe pijl) in de elektronentransportketen (paars) energie.

De vrijgekomen energie wordt gebruikt om H^+-ionen of wel **protonen** te pompen naar het thylakoïdlumen (Figuur 5.15). Er wordt daardoor een extra[214] protonenconcentratieverschil tussen het stroma en het lumen opgebouwd.

---

[212] Elk elektron wordt als een estafettestokje doorgegeven op basis van oplopende elektronegativiteit van de ontvangende eiwitten.

[213] In werkelijkheid ondergaan de elektronen zelf eigenlijk geen energieverandering, maar dit wordt voor het gemak zo genoemd, om het te kunnen uitleggen.

[214] Er was al sprake van een protonenconcentratieverschil door de oxidatie van het water in stap 1.

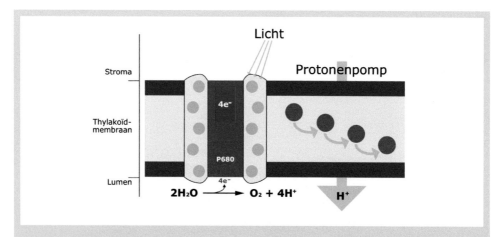

Figuur 5.15. Opbouw *proton-motive force*. De vrijgekomen energie wordt gebruikt om extra protonen uit het stroma te transporteren naar het lumen van het thylakoïd. De overmaat aan protonen in het lumen van het thylakoïd is een vorm van opslag van energie.

Deze protonengradiënt (concentratieverschil) veroorzaakt een ***proton-motive force***: een toenemende neiging van de protonen om door de thylakoïdmembraan naar het stroma te willen terugstromen. De inmiddels 'energetisch verzwakte' elektronen worden in het *Photosystem I* of PSI (Figuur 5.16) van nieuwe energie voorzien.

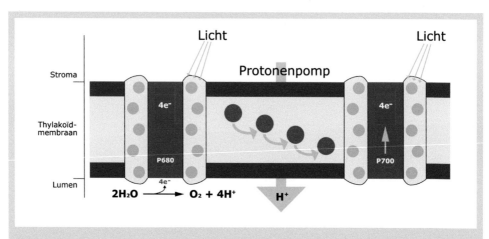

Figuur 5.16. Fotosysteem I (PSI). De verzwakte elektronen ondergaan in PSI (met daarin P700 chlorofyl) een energetische opknapbeurt.

Voor PSI geldt hetzelfde verhaal als voor PSII met dit verschil dat het chlorofyl in PSI wordt aangeduid met P700[215]. Een pigment dat vooral licht met een golflengte van 700 nm absorbeert. Een tweede verschil met PSII is dat het tekort aan elektronen dat ontstaat in het chlorofyl nu wordt aangevuld door de elektronen uit de zojuist doorlopen elektronen-transportketen en niet door oxidatie van het water uit het thylakoïdlumen.

Na de energetische 'opkikker' in PSI, doorlopen de elektronen een tweede (korter) deel van de elektronentransportketen (Figuur 5.17).

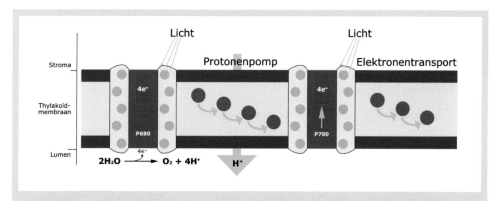

Figuur 5.17. Elektronentransport (4). De energetisch aangesterkte elektronen verdwijnen in een tweede elektronentransportketen en verliezen ook nu weer bij elke overdracht energie.

Bij elke overdracht in de keten verliest het elektron opnieuw wat energie. De energie die nu vrijkomt wordt aangewend om NADPH te vormen (uit $NADP^+$) in het stroma (Figuur 5.18).

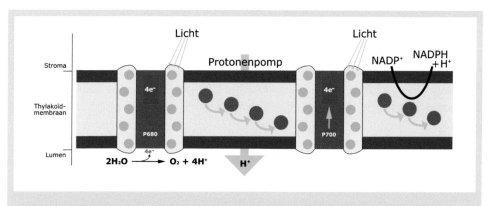

Figuur 5.18. Reductie van $NADP^+$. De vrijgekomen energie wordt aangewend om $NADP^+$ in het stroma te reduceren. Er ontstaat een overmaat aan NADPH in het stroma.

---

[215] Het 'opgewonden' P700 duiden we aan als $P700^+$ en is net als $P680^+$ een sterke oxidator (elektronenacceptor), zodat het de elektronen uit de voorliggende ETK goed kan opnemen.

De totaalreactie na stap 1 en 2 wordt:

$$2 \text{ H}_2\text{O} + 2 \text{ NADP}^+ + \text{Licht} \rightarrow 2 \text{ H}^+ + 2 \text{ NADPH} + \text{O}_2$$

Na stap 1 en 2 is er een overmaat aan protonen (H^+ ionen) in het thylakoïdlumen en zijn er veel NADPH moleculen in het stroma van de chloroplast. Door de overmaat aan protonen in het thylakoïdlumen is de *proton-motive force* 'gevoed'.

5.2.2.3 Synthese van ATP

Door de protonengradiënt (de *proton-motive force*) vindt er uiteindelijk een terugstroom plaats van protonen (H^+-ionen) uit het thylakoïdlumen naar het stroma van de chloroplast. Deze uitstroom is alléén mogelijk via een enzymcomplex: het **ATP-synthetiserend complex** of **ATP-synthase** (lichtblauwe structuur in Figuur 5.19).

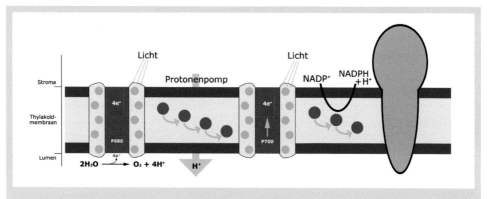

Figuur 5.19. ATP-synthase. In het thylakoidmembraan bevindt zich ATP-synthase (blauw, rechts) met een kop (boven) die kan roteren.

De 'kop' van dit enzymcomplex (ATP-synthase) maakt tijdens elke passage van één proton één deelrotatie (Figuur 5.20) en bouwt met elke deelrotatie energie op in het synthasemolecuul. Uiteindelijk is het energieniveau in de ATP-synthase zo hoog dat daarmee ATP kan worden gevormd.

De bouwstenen van het leven

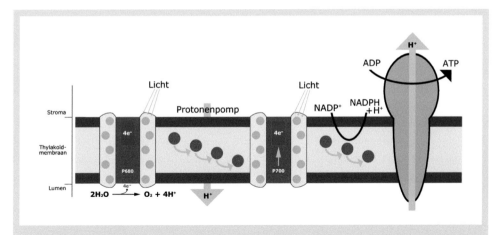

Figuur 5.20. Benutting van de *proton-motive force*. Het ATP-synthase (rechts) in de thyla-koidmembraan gebruikt de energie van de *proton-motive force* (groene pijl) voor de vorming van ATP uit ADP en anorganisch fosfaat. De (overmaat) protonen stromen zo terug naar het stroma.

Het totale proces van protonenpomp, de opbouw van de proton-motive force, de terugstroom van de protonen (H^+) tot en met de ATP-synthese wordt geduid met de term **chemiosmose**.

Stap 1 tot en met 3 van de fotosynthese vormen gezamenlijk **de lichtreacties**[216]. Zij kunnen niet plaatsvinden zonder de inbreng van het licht. Tijdens de lichtreacties van de fotosynthese wordt lichtenergie omgezet in chemische energie (opgeslagen in het ATP) plus elektronen (opgeslagen in het NADPH).

$$2\ H_2O + 2\ NADP^+ + energie + ADP + P_i \rightarrow 2H^+ + 2\ NADPH + O_2 + ATP$$

Bovenstaande reactie maakt aannemelijk dat er op het einde van de lichtreacties een vaste verhouding is tussen het aantal NADPH- en ATP-moleculen. Het blijkt echter dat er altijd meer ATP-moleculen zijn dan op basis van het aantal NADHP-moleculen zou mogen worden verwacht. Dat verschil kan verklaard worden met het feit dat een aantal elektronen de eerste elektronentransportketen tussen PSII en PSI meerdere malen doorloopt alvorens de energie ter beschikking te stellen van de NADPH-vorming. Door die **cyclische elektronenstroom** worden er meer protonen (H^+) overgepompt dan dat er NADPH-moleculen worden gevormd.

Afhankelijk van de elektronenstroom (niet-cyclisch of cyclisch) is er bij de ATP-synthese sprake van een **niet-cyclische fosforylering** of een **cyclische fosforylering** (Tekstbox 5.1).

---

[216] De lichtreacties behoren evolutionair gezien waarschijnlijk tot een van de oudste processen waarmee energie uit licht wordt omgezet in chemische energie.

Tekstbox 5.1. Cyclische fotofosforylering (cyclische elektronenstroom).

De beschreven fosforylering van het ADP tot ATP is een gevolg van de 'rechtstreekse' elektronenstroom van het P680 chlorofyl in PSII naar het $NADP^+$ en komt uiteindelijk tot stand door de uitstroom van de protonen door de ATP-synthase. Deze manier van fosforylering zou inhouden dat de vorming van ATP en NADPH in onderling vaste verhoudingen zou plaatsvinden (zie bovenstaande chemische reactie). Dat blijkt echter niet zo te zijn. Er wordt in verhouding meer ATP gegenereerd. Dat kan als volgt worden begrepen:

Eerder is gesteld dat na de energetische 'opkikker' in PSI, de elektronen een tweede (kortere) elektronen transportketen doorlopen om uiteindelijk NADPH te vormen. Dit is maar ten dele waar. Een aantal van die elektronen keert terug in de eerste elektronen transportketen. Meer specifiek: zij keren terug naar het **cytochroom B_6f complex**. Dit cytochroom B_6f complex is het tussenstation tussen PSII en PSI dat een actieve bijdrage levert aan de opbouw van een protonengradiënt door protonen vanuit het stroma binnen te halen in het thylakoidlumen. Het cytochroom B_6f complex is te beschouwen als verantwoordelijk voor de **protonenpomp**.

Eenmaal terug in het cytochroom B_6f complex vervolgen de elektronen nogmaals de weg naar het PSI. En in die route wordt door het elektron opnieuw energie vrijgegeven voor de ATP-synthese.

Deze fosforylering (op basis van het terugkeren van elektronen van het PSI naar het cytochroom B_6f complex) staat bekend als de **cyclische fotofosforylering** of **cyclische elektronenstroom** (de eerder beschreven fosforylering op basis van de 'rechtstreekse' elektronenstroom van het P680 chlorofyl in PSII naar het $NADP^+$ wordt de niet-cyclische fotofosforylering genoemd).

Of de uiteindelijke fotofosforylering tot stand komt na een cyclische- of een niet-cyclische elektronenstroom maakt voor het mechanisme van ATP-synthese (**chemiosmose**) niet uit. Het bestaan van de cyclische fotofosforylering verklaart waarom er tijdens de lichtreacties in verhouding (met het aantal gevormde NADPH-moleculen) meer ATP-moleculen worden gevormd.

5.2.2.4 Koolstoffixering (*carbon fixation*)

De eerste drie stappen betroffen het foto-deel van de fotosynthese. Nu zijn we aangekomen bij het synthese-deel van de fotosynthese. Uitgangspunt bij deze fase is de aanwezigheid van ATP (stap 3) en NADPH (stap 2) in het stroma van de chloroplast. Hiermee zijn de energie (opgeslagen in het ATP) en de elektronen (opgenomen in het NADPH) voor handen om de synthese van glucose uit CO_2 en H_2O te kunnen laten plaatsvinden.

Stap 4 wordt **de Calvincyclus**, ook wel **donkerreactie** genoemd. Die laatste naam kan verwarring scheppen. Als regel vindt deze stap niet plaats in het donker. Er is alleen geen licht voor nodig. Deze donkerreactie is sterk **temperatuurafhankelijk**. Tijdens de donkerreactie wordt anorganisch materiaal (CO_2 en H_2O) omgezet in glucose. Omgezet dus in energetisch hoogwaardige organische moleculen. De Calvincyclus vindt plaats in het stroma van de chloroplast en wordt gevoed door het ATP en de NADPH van de lichtreacties.

De Calvincyclus

De Calvincyclus kan onderverdeeld worden in de volgende drie stappen:
1. In de Calvincyclus wordt CO_2 'ingevangen' in een organisch molecuul **ribulose-1,5-difos-faat** wat leidt tot de vorming van 2 moleculen **3-fosfoglyceraat** (*3-phosphoglycerate*). Een glyceraat met op plaats 3' een fosfaatgroep. Deze reactie (CO_2 inbouw in een organisch molecuul) wordt gekatalyseerd door het enzym **rubisco**[217] (Figuur 5.21).

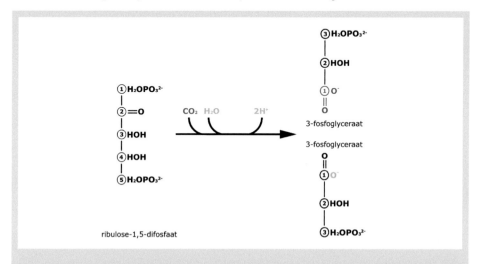

Figuur 5.21. De rubisco reactie. Opname van koolzuur (rood) en water (groen) door een molecuul ribulose-1,5-difosfaat (links) leidt tot de vorming van twee moleculen 3-fosfogly-ceraat (rechts). Het enzym dat dit katalyseert is rubisco (ribulose-1,5-difosfaat carboxy-lase oxygenase).

Op dit niveau speelt zich een competitie af tussen het CO_2 en O_2. Het rubisco kan zich namelijk ook binden aan het zuurstof. Daarmee is het rubisco tijdelijk uitgeschakeld. We spreken dan van **fotorespiratie**[218].
2. De volgende stap is de fosforylering (ATP hydrolyse) van de twee 3-fosfoglyceraat-mole-culen tot **1,3-difosfoglyceraat**. Vervolgens worden die twee moleculen gereduceerd (met elektronen geleverd door het NADPH) terwijl één fosfaatgroep wordt verwijderd. Na wat interne omzettingen ontstaan op die manier twee moleculen **glyceraldehyde-3-fosfaat** (Tekstbox 5.2) zoals aangegeven in Figuur 5.22.

---

[217] Rubisco is wereldwijd het meest voorkomende eiwit. Het is een afkorting voor ribulose-1,5-difosfaat carboxy-lase oxygenase.
[218] Fotorespiratie treedt op als het ribulose 1,5-difosfaat (Calvincyclus) zich bindt aan O_2 in plaats van aan CO_2. De efficiëntie van de fotosynthese wordt vaak bepaald door de concurrentie tussen O_2 en CO_2. Bij zonnig weer is er meer O_2 en zal het blad de huidmondjes verder open moeten zetten om aan voldoende CO_2 te kunnen komen. Het openen van de huidmondjes leidt echter tot meer verdamping en dus minder H_2O.

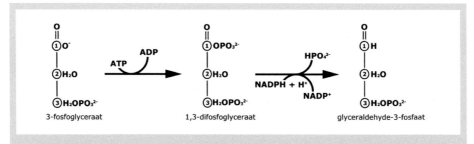

Figuur 5.22. Vorming van glyceraldehyde-3-fosfaat. Het 3-fosfoglyceraat wordt met een tussenstap omgezet in glyceraldehyde-3-fosfaat.

3. Uitgaande van het glyceraldehyde-3-fosfaat kan nu de volgende (Figuur 5.23) uitsplitsing plaatsvinden (Tekstbox 5.3):
   a. vorming van **glucose** en andere organische stoffen; of
   b. terugvorming van de CO_2 receptor **ribulose-1,5-difosfaat**.

Optie a is een keuze voor energierijke koolstofverbindingen als eindprodukt van de Calvin-cyclus en dus als eindprodukt van de fotosynthese. Optie b sluit de cirkel en is dus een keuze voor nieuwe CO_2-inname.

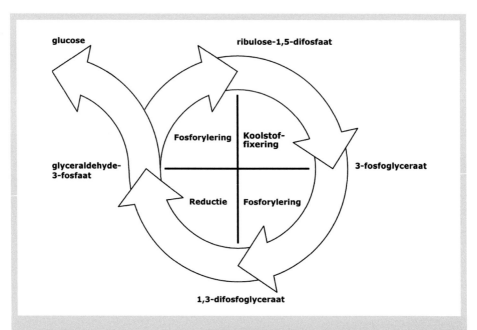

Figuur 5.23. De Calvincyclus. De opeenvolging van koolstoffixering, fosforylering, reductie en de omzetting van glyceraldehyde-3-fosfaat in glucose (links) of ribulose-1,5-difosfaat (fosforylering maakt de cirkel rond).

Tekstbox 5.2. Glyceraldehyde-3-fosfaat.

Het glyceraldehyde-3-fosfaat kan in het stroma door condensatie met het isomeer dihydroxyacetonfosfaat uiteindelijk worden omgevormd tot fructose-6-fosfaat. Dit suiker kan worden omgezet in zetmeel en als zodanig worden opgeslagen in het stroma.

Het glyceraldehyde-3-fosfaat kan ook de chloroplast verlaten. In het cytosol zijn dan allerlei omzettingen richting sachariden, vetzuren of aminozuren mogelijk.

Eigenlijk is het glyceraldehyde-3-fosfaat te beschouwen als het eindproduct van de Calvincyclus. Slechts voor het gemak wordt in alle eindreacties van de fotosynthese glucose ($C_6H_{12}O_6$) vermeld als eindproduct. Het is echter duidelijk dat met glyceraldehyde-3-fosfaat als basis meerdere producten (dan alleen glucose) gevormd kunnen worden.

Tekstbox 5.3. Uitsplitsing in de Calvincyclus.

De uitsplitsing in de Calvincyclus gaat als volgt:
- drie moleculen CO_2 worden gebonden aan drie moleculen ribulose-1,5-difosfaat. Er ontstaan nu zes moleculen 3-fosfoglyceraat.
- fosforylering gevolgd door reductie met afsplitsing van een fosfaatgroep leidt dan uiteindelijk tot de vorming van zes moleculen glyceraldehyde-3-fosfaat.
- van die zes moleculen blijven er vijf in de cyclus en slechts één molecuul glyceraldehyde-3-fosfaat wordt gebruikt voor de vorming van sachariden, vetzuren en aminozuren.

Voor de vorming van één molecuul glucose zijn twéé glyceraldehyde-3-fosfaat-moleculen nodig. En uit het bovenstaande blijkt dat voor die twee glyceraldehyde-3-fosfaat-moleculen zes moleculen CO_2 nodig zijn. De Calvincyclus moet uiteindelijk dus **zesmaal** doorlopen worden voor één molecuul glucose[219]:

$$6\ CO_2 + 18\ ATP + 12\ NADPH + 12\ H^+ + 12 H_2O \rightarrow C_6H_{12}O_6 + 18\ ADP + 18\ P_i + 12\ NADP^+$$

Het doorlopen van de Calvincyclus levert uiteindelijk behalve energierijke organische verbindingen ook ADP- en $NADP^+$-moleculen op. Deze worden weer teruggevoerd naar de lichtreacties en kunnen dan weer 'aangevuld' worden.

---

[219] P_i is een afkorting voor anorganisch fosfaat en dat staat in de praktijk voor PO_4^{3-}, HPO_4^{2-} of $H_2PO_4^-$.

5.2.3 Samenvatting fotosynthese

De totale fotosynthese is in Figuur 5.24 weergeven in een sterk vereenvoudigd overzicht.

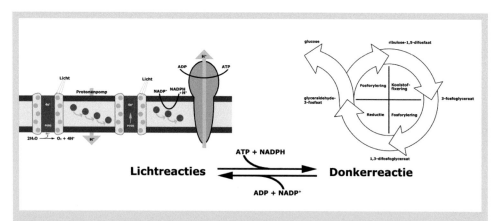

Figuur 5.24. De lichtreacties en de donkerreactie. Er is sprake van een evenwicht (twee pijlen) tussen de lichtreacties en de donkerreactie.

De lichtreacties komen op gang door de opname van lichtenergie. De donkerreactie komt op gang door de opname van koolzuur door het ribulose-1,5-difosfaat.

De eindproducten van de lichtreacties zijn zuurstof, ATP en NADPH. ATP is de (opgeladen) energiedrager en NADPH is een (bezette) elektronendrager die zorgt voor 'reducerend vermogen'. De eindproducten van de donkerreactie zijn glucose, het (ontladen/lege) ADP en (lege) NADP⁺.

5.3 Glycolyse

In Paragraaf 5.2 is de assimilatie (opbouw) van koolstofverbindingen besproken. De dissimilatie (afbraak) van organische moleculen is de manier voor de cel om de energie die is opgeslagen in die moleculen (brandstof) vrij te maken. Een stof die veel als brandstof wordt gebruikt is glucose. We nemen de afbraak van glucose als voorbeeld[220].

De dissimilatie van glucose kent vier deelprocessen:
1. De **glycolyse**. Tijdens de glycolyse wordt één molecuul glucose (zes koolstofatomen) omgezet in twee moleculen pyrodruivenzuur of **pyruvaat**[221] (drie koolstofatomen). De glycolyse vindt plaats in het cytosol.
   Tijdens de glycolyse wordt ATP gevormd op basis van *substrate-level* fosforylering[222].
2. De **citroenzuurcyclus**. In de eukaryote cellen speelt deze cyclus zich af in de **mitochondriën**.
3. De elektronentransportketen of **ademhalingsketen**. Een cascade van redoxreacties waarbij de elektronen telkens worden doorgegeven (zie Paragraaf 5.2.2.2 voor het principe). De vrijgekomen energie wordt gebruikt om een protonengradiënt en daarmee een *proton-motive force* op te bouwen. Volledig vergelijkbaar met hetgeen hierover gezegd is bij de fotosynthese, met dat verschil dat in chloroplasten de *proton-motive force* van thylakoïd-lumen naar stroma gaat (van binnen naar 'buiten'), en in mitochondriën van *intermembrane space* naar matrix (van 'buiten' naar binnen).
4. De ATP-synthese op basis van **oxidatieve fosforylering**.

In deze paragraaf wordt de aandacht speciaal gericht op het eerstgenoemde deelproces: de glycolyse. In Paragraaf 5.4.2 zal de citroenzuurcyclus aan de orde komen.

De glycolyse verloopt overeenkomstig de volgende 'nettoformule':

$$C_6H_{12}O_6 + 2\ NAD^+ + 2\ ADP + 2\ P_i \rightarrow 2\ C_3H_4O_3 + 2\ NADH + 2\ H^+ + 2\ ATP$$

---

[220] Andere moleculen zoals vetzuren kunnen bij afbraak veel meer energie opleveren. De verbranding daarvan wordt later behandeld.

[221] Pyruvaat is eigenlijk het zout van pyrodruivenzuur. De zuurgraad van de oplossing en de evenwichtsconstante van de reactie bepalen of het pyrodruivenzuur ter plekke als zuur of als zout voorkomt. De termen kunnen in dat geval naast elkaar gebruikt worden. Om verwarring te voorkomen, rust te brengen in de tekst en om voeling te houden met de Engelstalige vakliteratuur, verdient tegenwoordig een naamgeving op basis van het zout de voorkeur. Deze redenering wordt in dit boek consequent gevolgd.

[222] Met de tussenkomst van enzymen wordt tijdens de glycolyse soms een fosfaatgroep van de tussenproducten (1,3-*bisphosphoglycerate* en *phosphoenolpyruvate*) naar het ADP verplaatst. Om die koppeling tot stand te laten komen, worden het tussenproduct en het ADP gebonden aan een actieve zijde van het enzym. Moleculen die gebonden worden aan de actieve zijde van een enzym noemen we een substraat en het koppelen van een fosfaatgroep aan een molecuul heet fosforylering. De hierboven beschreven methode wordt daarom een *substrate-level* fosforylering genoemd.

In hoofdlijnen kunnen tijdens de glycolyse drie fases worden onderscheiden:

- **Fase 1.** Fosforylering van het glucose tot fructose-1,6-difosfaat. Genoemde fosforylering 'kost' per glucosemolecuul twee ATP-moleculen. Deze fase wordt daarom ook wel aangeduid als de *energy investment phase*.
- **Fase 2.** De **splitsing** van één suikermolecuul met zes koolstofatomen (fructose-1,6-difosfaat) in twéé suikermoleculen met ieder drie koolstofatomen (glyceraldehyde-3-fosfaat).
- **Fase 3.** De omvorming van het glyceraldehyde-3-fosfaat tot pyruvaat. Deze omvorming levert in totaal per twee moleculen glyceraldehyde-3-fosfaat, twee NADH-moleculen en vier ATP-moleculen op. Deze fase wordt daarom ook wel de *energy payoff phase* genoemd.

5.3.1 *Energy investment phase*

Deze eerste fase bestaat uit drie stappen:

1. Het glucosemolecuul wordt gefosforyleerd tot **glucose-6-fosfaat** (Figuur 5.25). Er is sprake van een evenwichtsreactie waarvan de voorwaartse reactie gefaciliteerd wordt door het enzym **hexokinase**. Dit evenwicht vertoont een sterke rechtsverschuiving. Er bestaat dus binnen het evenwicht een sterke voorkeur voor de voorwaartse reactie. De reactie heeft veel weg van een éénrichtingsverkeer maar is het strikt genomen niet.

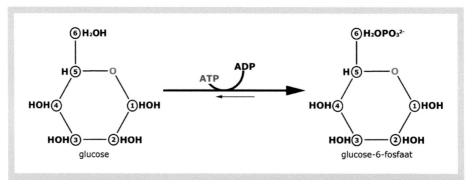

Figuur 5.25. Fosforylering van glucose. Glucose (links) is een hexose welke geactiveerd moet worden voordat er energie uit gehaald kan worden. Het enzym hexokinase katalyseert deze reactie, waarbij ATP voor de fosfaatgroep en de energie zorgt. De producten zijn ADP en glucose-6-fosfaat (rechts).

2. Omvorming van het glucose-6-fosfaat tot **fructose-6-fosfaat** (Figuur 5.26). Hier is sprake van een evenwichtsreactie. Het begeleidend enzym is **fosfogluco-isomerase**.

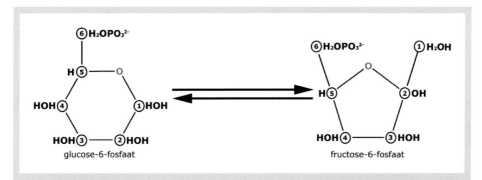

glucose-6-fosfaat   fructose-6-fosfaat

Figuur 5.26. Vorming van fructose-6-fosfaat. De verbinding van O (rood) met C1 wordt omgezet naar C2 door het enzym fosfogluco-isomerase (ook wel genoemd: glucose-6-fosfaat isomerase). De richting van het reactieverloop is afhankelijk van de concentratie van de reactieproducten.

3. Fosforylering van het fructose-6-fosfaat tot **fructose-1,6-difosfaat** (Figuur 5.27). Voor deze reactie geldt een éénrichtingsverkeer. Het begeleidend enzym is **fosfofructokinase**.

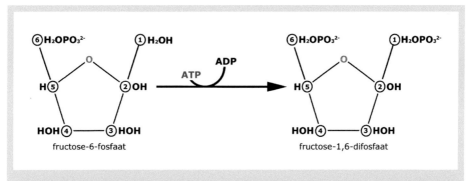

fructose-6-fosfaat   fructose-1,6-difosfaat

Figuur 5.27. Fosforylering van fructose-6-fosfaat. Een tweede energie-investering wordt uitgevoerd door het enzym fosfofructokinase dat ATP en fructose-6-fosfaat (links) omzet in ADP en fructose-1,6-difosfaat (rechts).

5.3.2. Splitsing fructose-1,6-difosfaat

Aldolase is het enzym dat de splitsing faciliteert en dat versnelt dat de keten van het fructose-1,6-difosfaat (bestaande uit 6 koolstofatomen) wordt gesplitst in twee suikers met een keten van drie koolstofatomen elk. Zo ontstaan de isomeren:
- dihydroxyacetonfosfaat; en
- glyceraldehyde-3-fosfaat.

Uit het dihydroxyacetonfosfaat wordt dan met behulp van het enzym **triosefosfaatisomerase** weer glyceraldehyde-3-fosfaat gevormd. Per saldo splitst één molecuul fructose-1,6-difosfaat zich dus op in twéé moleculen **glyceraldehyde-3-fosfaat**[223] (Figuur 5.28).

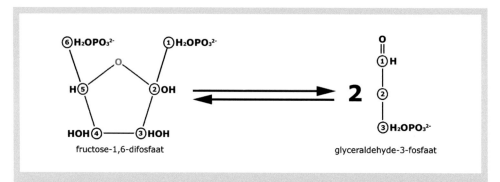

Figuur 5.28. Splitsing van fructose-1,6-difosfaat in glyceraldehyde-3-fosfaat. De enzymen aldolase en triosefosfaatisomerase zorgen netto voor de splitsing van fructose-1,6-difosfaat (links) in twee moleculen glyceraldehyde-3-fosfaat (rechts).

Vanaf nu gaat de glycolyse verder met twéé moleculen! Dit is een belangrijk gegeven in verband met de berekening van de hoeveelheid te oogsten energie (ATP en NADH) per molecuul glucose.

5.3.3 *Energy payoff phase*

Deze laatste fase bestaat uit vijf stappen:
1. De oxidatie én fosforylering van het glyceraldehyde-3-fosfaat tot **1,3-difosfoglyceraat**[224] (Figuur 5.29). De aldehydegroep van het glyceraldehyde-3-fosfaat wordt geoxideerd tot een carboxylgroep. De carboxylgroep wordt veresterd met de vrije fosfaatgroep.

---

[223] Dit molecuul kwam ook naar voren als een belangrijk tussenproduct van de Calvincyclus tijdens de fotosynthese.
[224] In de Calvincyclus vond deze omzetting in precies de omgekeerde richting plaats.

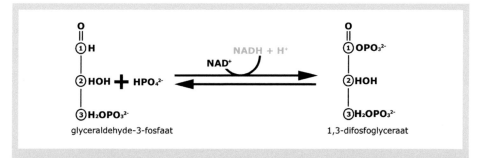

Figuur 5.29. Vorming van 1,3-difosfoglyceraat. Glyceraldehyde-3-fosfaat (links) en anorganisch fosfaat wordt met behulp van glyceraldehyde-3-fosfaatdehydrogenase omgezet in 1,3-difosfoglyceraat. Deze oxidatie gaat gepaard met de reductie van NAD$^+$ tot NADH + H$^+$ (groen).

2. Defosforylering van het 1,3-difosfoglyceraat tot **3-fosfoglyceraat**[225] (Figuur 5.30).

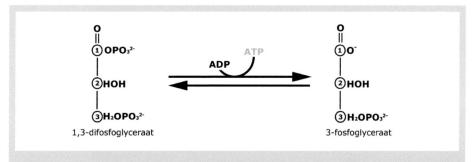

Figuur 5.30. Vorming van 3-fosfoglyceraat. 1,3-difosfoglyceraat (links) en ADP levert, gekatalyseerd door fosfoglycerokinase, ATP (groen) en 3-fosfoglyceraat (rechts).

3. Het 3-fosfoglyceraat wordt omgezet tot **2-fosfoglyceraat** (Figuur 5.31).

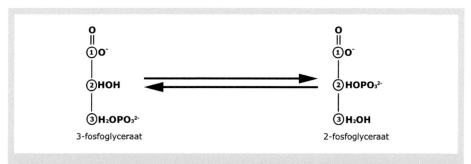

Figuur 5.31. Vorming van 2-fosfoglyceraat. Fosfoglyceromutase katalyseert vervolgens de omzetting van 3-fosfoglyceraat (links) naar 2-fosfoglyceraat (rechts).

---

[225] Ook deze reactie is een omkering van een gedeelte van de Calvincyclus.

4. Tijdens de volgende stap wordt er water onttrokken aan het 2-fosfoglyceraat met de vorming van **fosfo-enolpyruvaat** (PEP) tot gevolg (Figuur 5.32).

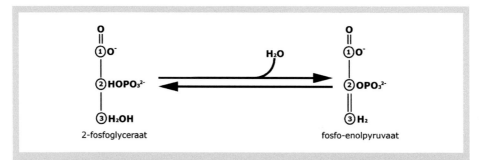

Figuur 5.32. Vorming van fosfo-enolpyruvaat (PEP). Het enzym enolase zet onder afsplitsing van water het 2-fosfoglyceraat (links) om in fosfoenolpyruvaat (rechts). Op zich een evenwichtsreactie waarbij door de waterafsplitsing de fosfaatbinding een hoge energiestatus heeft verkregen. In werkelijkheid verloopt het evenwicht naar rechts door de trekkende kracht van de volgende reactie.

5. Defosforylering van het fosfo-enolpyruvaat (PEP). Hierbij worden ATP en **pyruvaat** gevormd (Figuur 5.33).

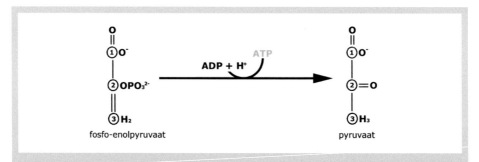

Figuur 5.33. Vorming van pyruvaat. Pyruvaatkinase verzorgt deze laatste stap van de glycolyse, die feitelijk slechts één kant op kan: van links (fosfoenolpyruvaat; PEP) naar rechts (pyruvaat). Daarbij wordt ADP omgezet in ATP (groen).

5.3.4 Het energetisch totaalresultaat van de glycolyse

De energieopbrengst (Figuur 5.34) wordt bepaald aan de hand van het aantal geproduceerde ATP-moleculen en het aantal gevormde NADH-moleculen. Immers door fosforylering van ADP wordt er energie opgeslagen in het ATP-molecuul. De reductie van NAD^+ is ook een reactie waarbij energie[226] wordt opgeslagen. Twee hoog energetische elektronen worden opgenomen in het NADH-molecuul (het reducerend vermogen van NADH is te vertalen naar 2,5 moleculen ATP).

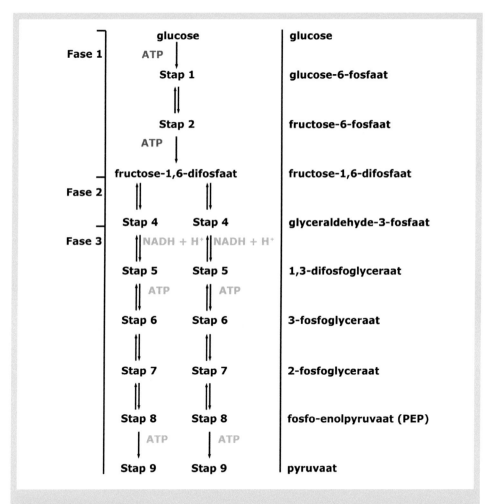

Figuur 5.34. Energetische winst- en verliesschema. De glycolyse gaat gepaard met een investering (rood) voordat de afbraak tot pyruvaat zijn winst opbrengt in de vorm van ATP en reducerend vermogen (groen).

---

[226] Energie in de vorm van twee elektronen met een hoog potentiaal.

Met behulp van het aldolase wordt fructose-1,6-difosfaat (zes koolstofatomen) gesplitst in twee moleculen met drie koolstofatomen. Het glycolysetraject na die splitsing wordt daarom (uitgaande van één glucosemolecuul) door 2 moleculen doorlopen. De energie, die vrij gegeven wordt in dat traject, telt daarom dubbel.

Aldus ontstaat de volgende redenering: in Fase 1 worden 2 ATP-moleculen verbruikt en in Fase 3 worden 2× 2 ATP-moleculen en 2× 1 NADH-moleculen gegenereerd. De netto opbrengst (nuttige energie) uit de glycolyse (uitgaande van één molecuul glucose) bedraagt dan **2 ATP-** en **2 NADH**-moleculen (en dat is equivalent aan **7 ATP** wanneer later voor elke NADH er 2,5 ATP-moleculen opgeleverd worden).

5.3.5 Regulering van de glycolyse

Het gehele proces van glycolyse wordt allosterisch gereguleerd om de balans te zoeken tussen ATP-productie en de ATP-behoefte van de cel.

Drie enzymen spelen een sleutelrol:
- **Hexokinase** wordt geremd door het eigen product glucose-6-fosfaat.
- **Pyruvaatkinase** wordt geremd door een teveel aan ATP. De glycolyse remt dus af op het moment dat er te veel ATP wordt gevormd. Het pyruvaatkinase wordt geactiveerd door de aanwezigheid van fructose-1,6-difosfaat.
- **Fosfofructokinase** (Tekstbox 5.4)[227].

Het zijn de enzymen die een (nagenoeg) éénrichtingsverkeer faciliteren. Door de regulering van deze enzymen wordt uiteindelijk de volledige glycolyse gereguleerd.

[227] De Engelse benaming is *phosphofructokinase* en dat wordt vaak afgekort tot PFK.

Tekstbox 5.4. Het regeleiwit fosfofructokinase.

Van het fosfofructokinase zijn twee vormen bekend:
- PFK1.
- PFK2.

Fosfofructokinase is in de glycolyse het belangrijkste regel-eiwit. Het is actief bij de omzetting van fructose-6-fosfaat, zoals is beschreven tijdens de derde stap van de eerste fase van de glycolyse.

Uitgaande van het fructose-6-fosfaat zijn er twee mogelijkheden:
- (gekatalyseerd door PFK1) fosforylering tot **fructose-1,6-difosfaat**; of
- (gekatalyseerd door PFK2) fosforylering tot **fructose-2,6-difosfaat**.

De gedachte is nu als volgt:
- Normaal gesproken is het PFK1 actief en wordt het fructose-6 fosfaat direct omgevormd tot fructose-1,6-difosfaat (zie de derde stap van de eerste fase van de glycolyse). Dit katabole pad leidt tot de vorming van ATP en pyruvaat. Het pyruvaat wordt verder gemetaboliseerd, en een mogelijk metaboliet dat daarbij ontstaat is citroenzuur.
- Ontstaat er een te veel aan ATP of aan citroenzuur dan wordt de vorming van fructose-1,6-difosfaat uit fructose-6-fosfaat geremd en uiteindelijk stop gezet, door remming van de fosfofructokinase.
- Vanaf dit moment wordt de glucosespiegel bepalend:
  - Bij een teveel aan glucose wordt het overtollige fructose-6-fosfaat omgevormd tot fructose-2,6-difosfaat door de activering (defosforylering) van het PFK2. Het aldus gevormde fructose-2,6-difosfaat activeert vervolgens het PFK1 en probeert zo de stop op het PFK1 ongedaan te maken om de glycolyse weer vlot te trekken. We spreken van *feed-forward activation*: de oplopende concentratie van het fructose-6-fosfaat activeert met een omweg het PFK1 om het fructose-6-fosfaat weg te werken en om te zetten in fructose-1,6-difosfaat.
  - Bij een tekort aan glucose wordt het fructose-2,6-difosfaat omgevormd (gedefosforyleerd) tot fructose-6-fosfaat door deactivering (fosforylering) van het PFK2. De fosfaatgroep om het PFK2 te deactiveren (fosforyleren) is afkomstig van het fructose-2,6-difosfaat.
- De potentiele energie die aanwezig is in elk glucosemolecuul, wordt voor een deel vrijgemaakt tijdens de afbraak van dat molecuul tot twee moleculen pyruvaat, met als belangrijke tussenstap de vorming van fructose-6-fosfaat. De potentiele energie die zit opgeslagen in een **overmaat** aan glucose wordt tijdelijk opgeslagen in de vorm van fructose-2,6-difosfaat om later weer gebruikt te kunnen worden door een omzetting terug naar fructose-6-fosfaat.
- Het beheer over deze opslag wordt geregeld door de hormonen insuline (opslag aanvullen) en glucagon (opslag gebruiken). Beide stoffen worden door de alvleesklier geproduceerd. Het insuline grijpt in als de glucoseconcentratie te hoog dreigt te worden en de glucagon grijpt juist in als de glucoseconcentratie te laag dreigt te worden.

Ook het fructose-1,6-difosfaat kan indien gewenst worden gedefosforyleerd tot fructose-6-fosfaat. 'Het centrale vuurtje' van het fructose-6-fosfaat (centraal in de glycolyse) wordt dus altijd brandend gehouden door productie vanuit:

- glucose (via glucose-6-fosfaat);
- fructose-2,6-difosfaat met behulp van het enzym **fructose-2,6-fosfatase** (in de figuur aangeduid met **fructose-2,6-Pase**);
- fructose-1,6-difosfaat met behulp van het enzym **fructose-1,6-fosfatase** (in de figuur aangeduid met **fructose-1,6-Pase**).

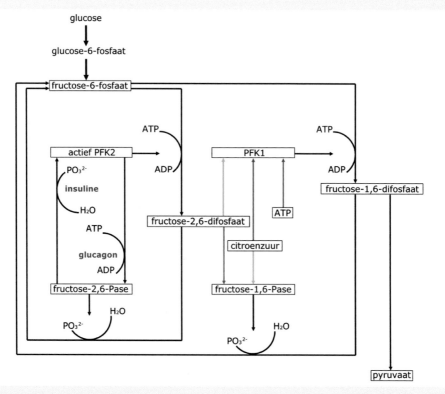

Regulering van de glycolyse. De twee vormen van fosfofructokinase (PFK1 en PFK2) worden verschillend gereguleerd. PFK1 (rechts) door metabolieten positief en negatief (groene en rode pijlen) en PFK2 (links) door de hormonen insuline en glucagon (blauw).

De bouwstenen van het leven

5.4 Aerobe dissimilatie

Op het einde van de glycolyse zijn er twee moleculen pyruvaat gevormd uit elk glucosemolecuul. Wat er hierna gebeurt met het gevormde pyruvaat hangt onder andere af van de **aanwezigheid** of **afwezigheid** van zuurstof. We spreken van **aerobe** danwel **anaerobe** omstandigheden.

Onder aerobe omstandigheden zal de verdere afbraak van het gevormde pyruvaat plaatsvinden via de volgende deelprocessen:
1. de **citroenzuurcyclus**; en
2. de **oxidatieve fosforylering**, waaronder de **ademhalingsketen** (AHK) of mitochondriale elektronentransportketen[228].

In tegenstelling tot de glycolyse verlopen de citroenzuurcyclus en de AHK (*respiratory chain*) niet in het cytosol maar in de mitochondriën. Om de genoemde deelprocessen op gang te krijgen, zullen het pyruvaat én de elektronen die zijn opgeslagen in de NADH-moleculen[229] vervoerd moeten worden van het cytosol naar de mitochondriale matrix (Figuur 5.35 en Tekstbox 5.5).

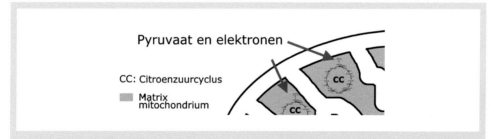

Figuur 5.35. Metabolisme en compartimenten. De citroenzuurcyclus (CC) verloopt in de matrix (grijs) van het mitochondrium. Pyruvaat en elektronen zullen dus vanuit het cytosol daarnaartoe gesluisd moeten worden.

---

[228] De ademhalingsketen (*respiratory chain*) is een elektronentransportketen zoals we die hebben leren kennen in Paragraaf 5.2 over de fotosynthese. In het kader van de aerobe dissimilatie gebruiken we de term 'ademhalingsketen' om te onderstrepen dat de aerobe dissimilatie als een mitochondriaal proces niet verward moet worden met een vergelijkbaar proces tijdens de fotosynthese, dat zich afspeelt in het thylakoïd.

[229] Het gevormde ATP mag en kan als energieleverancier in het cytosol ter beschikking blijven.

Tekstbox 5.5. De malaat-aspartaat shuttle.

In tegenstelling tot de glycolyse verlopen de citroenzuurcyclus en de AHK niet in het cytosol maar in de mitochondriën. Om de genoemde deelprocessen op gang te krijgen, zullen het pyruvaat én de elektronen die zijn opgeslagen in de NADH-moleculen vervoerd moeten worden van het cytosol naar de mitochondriale matrix. Het gaat daarbij om de passage van twee membranen.

Voor de passage van het pyruvaat en de NADH levert de buitenmembraan geen problemen op. De binnenmembraan beschikt over speciale transporteiwitten om de import van het pyruvaat in de matrix mogelijk te maken.

Er doet zich echter een probleem voor bij de import van NADH-moleculen: de binnenmembraan is in beide richtingen ondoorgankelijk voor zowel NADH- als NAD⁺-moleculen.

Dit probleem wordt opgelost door de **malaat-aspartaat** *shuttle* (soms ook **malaat** *shuttle* genoemd). De elektronen (afkomstig van de glycolyse) worden in het cytosol overgedragen aan een molecuul **oxaalacetaat**, dat door de opname van de elektronen gereduceerd wordt tot **malaat**. Het malaat kan de binnenmembraan wel passeren en de elektronen zijn nu binnengekomen in de matrix van het mitochondrium.

In die matrix vindt de omgekeerde reactie plaats: het malaat wordt geoxideerd tot oxaalacetaat. Maar wederom veroorzaakt de binnenmembraan de nodige problemen: het gevormde oxaalacetaat kan de binnenmembraan niet in de omgekeerde richting passeren! Het oxaalacetaat kan niet meer de matrix uit.

Dit tweede probleem wordt opgelost door aan het oxaalacetaat een aminogroep toe te voegen, waardoor **aspartaat** ontstaat. Het aspartaat kan de matrix wel verlaten.

De aminogroep komt (binnen de matrix van het mitochondrium) vrij bij de omzetting van **glutaminaat** in **α-ketoglutaraat**. Glutaminaat en α-ketoglutaraat kunnen de membranen wel passeren. Eenmaal buiten de matrix van het mitochondrium (in het cytosol) neemt het α-ketoglutaraat de aminogroep weer over van het aspartaat. Het aspartaat vormt daarbij weer oxaalacetaat; het α-ketoglutaraat vormt dan glutaminaat. Het glutamaat verdwijnt weer in de matrix van het mitochondrium en de cirkels zijn nu rond.

Samenvattend komt de malaat-aspartaat *shuttle* erop neer dat:
1. malaat door de binnenmembraan wordt uitgewisseld tegen α-ketoglutaraat; en dat
2. aspartaat wordt uitgewisseld tegen het glutaminaat.

Beide uitwisselingen komen tot stand door twee verschillende en zeer speciale membraaneiwitten in de binnenmembraan.

>>>

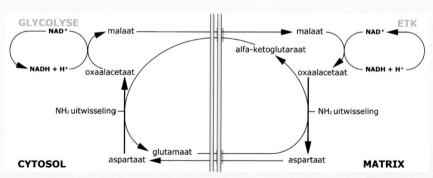

Malaat-aspartaat *shuttle*. De mitochondriale buitenmembraan (midden links) is doorlaatbaar maar de binnenmembraan (midden rechts) heeft transporteiwitten (groen) voor de doorlating van metabolieten zoal pyruvaat,
maar niet voor NADH. De getoonde omzettingen levert de mogelijkheid malaat tegen α-ketoglutaraat uit te
wisselen, en glutamaat tegen aspartaat. Oxaalacetaat wordt tijdelijk gereduceerd tot malaat. Zo kunnen indirect de elektronen verkregen uit de glycolyse naar de matrix geïmporteerd worden, alwaar ze de elektronentransportketen (ETK) kunnen voeden.

5.4.1 Acetyl-CoA

We gaan dus uit van het feit dat het pyruvaat en de elektronen zich in de mitochondriale matrix
bevinden. Het pyruvaat zal in de citroenzuurcyclus verdwijnen, terwijl de elektronen aan de
AHK worden toegevoegd.

Om het pyruvaat in de citroenzuurcyclus te kunnen opnemen moeten de twee pyruvaat-
moleculen in de matrix van het mitochondrium eerst worden omgezet in **acetyl-Coenzym A**[230]
ofwel **acetyl-CoA**. Dat gaat als volgt (Figuur 5.36): het pyruvaat wordt (via oxidatie) gedecarboxyleerd[231] door het coenzym A.

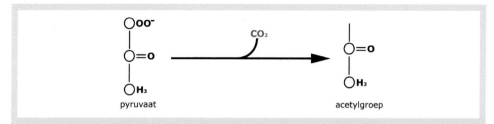

Figuur 5.36. Decarboxylering van pyruvaat. Bij de decarboxylering van pyruvaat (links) tot
een acetylgroep (rechts) komt CO_2 (rood) vrij.

---

[230] Ook wel afgekort als CoA, CoASH of SHCoA. In de literatuur vind je dus verschillende notatievormen voor
de term Coenzym A. Laat je niet verrassen. In dit boek zal in de tekst vrij coenzym A worden gebruikt. In de
reactievergelijkingen is gekozen voor de afkorting HSCoA.
[231] Er wordt CO_2 onttrokken.

Er wordt nu **acetyl-CoA**, **CO_2** (Figuur 5.36) en **NADH** (Figuur 5.37) gevormd. Het acetyl-CoA ('geactiveerd azijnzuur') is een **thioester**: een functionele groep, die gekenmerkt wordt door de binding tussen een zwavelatoom en een acylgroep. Dat zwavelatoom is verder gebonden aan een koolwaterstofgroep (R'). De algemene formule van een thioester is R-S-CO-R'.

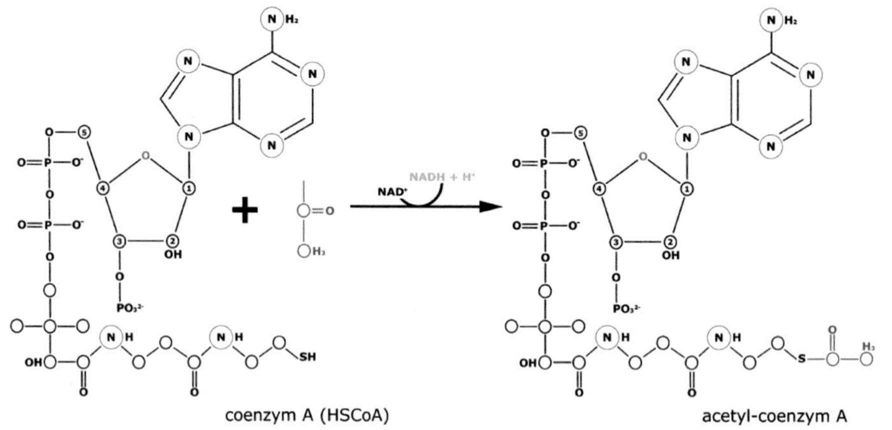

Figuur 5.37. Vorming van acetyl-CoA. Met coenzym A (links) vormt de acetylgroep (rood), onder reductie van NAD+ tot NADH en H+ (groen), een thioester (rechts): acetyl-coenzym A (acetyl-CoA).

De keten van drie koolstofatomen van het pyruvaat is door de decarboxylering ingekort tot een keten van twee koolstofatomen en als zodanig opgenomen in het acetyl-CoA. Het acetyl-CoA[232] is een tijdelijk 'draagmolecuul' voor het pyruvaatrestant dat is overgebleven na de decarboxylering.

Samengevat verloopt de omzetting, zoals in Figuur 5.38 is weergegeven.

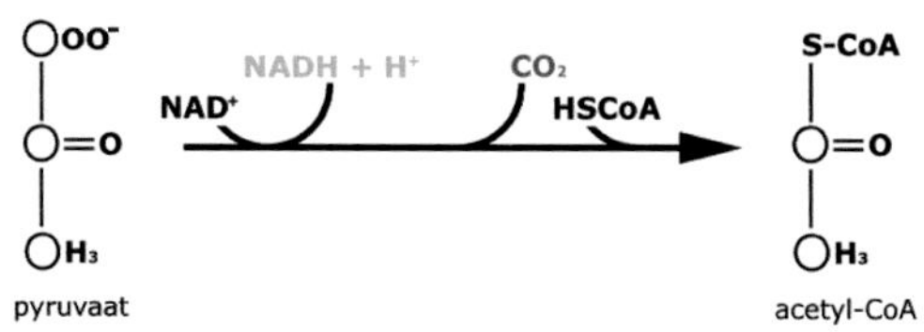

Figuur 5.38. Vorming van acetyl CoA uit pyruvaat en coenzym A. Beide voorgaande figuren samengevat toont de decarboxylering en oxidatie van pyruvaat tot acetyl-CoA.

---

[232] Acetyl-CoA is te beschouwen als een geactiveerd acetaat. Het is een energierijk draagmolecuul dat ook bij afbraak van andere energierijke verbindingen (vetten en eiwitten) vrijkomt, en de rol is enigszins vergelijkbaar met die van ATP en de coenzymen NADH, NADPH, $FADH_2$, etc. Daarnaast is acetyl-CoA ook een bouwsteen van bijvoorbeeld vetzuren, cholesterol en steroïden.

Het acetyl-CoA wordt in de citroenzuurcyclus verder geoxideerd. Tijdens dit proces worden NADH, FADH$_2$, GTP en CO$_2$ geproduceerd. De citroenzuurcyclus maakt vervolgens de AHK en de opbouw van een *proton-motive force* mogelijk. Met uiteindelijk ATP synthese tot gevolg.

5.4.2 De citroenzuurcyclus

De citroenzuurcyclus[233] in grote lijnen:
- intermediairs[234] worden geoxideerd (er worden elektronen aan onttrokken). Die elektronen worden gekoppeld aan elektronendragers[235], zoals NAD$^+$ en FAD. De elektronendragers worden dus gereduceerd (er worden elektronen aan toegevoegd);
- in bepaalde intermediairs worden chemische bindingen verbroken en atomen opnieuw geschikt onder afgifte van koolzuur (CO$_2$);
- de vrijgemaakte bindingsenergie wordt omgezet in GTP (vergelijkbaar met ATP).

Het acetyl-CoA gaat de citroenzuurcyclus in om samen met **oxaalacetaat** (*oxaloacetate*) **citraat** te vormen (Figuur 5.39). **Met deze reactie, die alleen naar rechts verloopt, start de citroencyclus**. Deze reactie wordt geholpen door het enzym citraatsynthase.

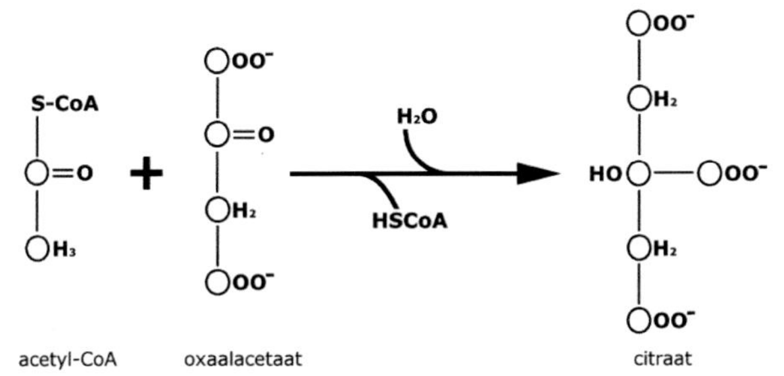

Figuur 5.39. Vorming van citraat. Acetyl-CoA komt de citroenzuurcyclus binnen en vormt met water en oxaalacetaat (links van de pijl) citraat (rechts) waarbij vrij coenzym A (HSCoA) vrijkomt. De reactie verloopt één kant op en wordt gekatalyseerd door citraatsynthase.

Aan het **citraat** wordt nu een watermolecuul onttrokken waardoor **cis-aconitaat** ontstaat (Figuur 5.40). Deze reactie wordt mogelijk gemaakt door de tussenkomst van het enzym **aconitase**.

---

[233] Ook Krebscyclus genoemd.

[234] Tussenproducten.

[235] Niet alle oxidaties (processen waarbij elektronen worden onttrokken) in de citroenzuurcyclus leveren voldoende energie om NAD$^+$ te reduceren (elektronen te laten ontvangen). In dat geval worden de reacties gekoppeld aan de reductie van (het proces waarbij elektronen worden ontvangen door) FAD wat minder energie kost. Dat verschil in benodigde reductie-energie (52,6 kcal/mol voor de reductie van NAD$^+$ tegenover 43,4 kcal/mol voor de reductie van FAD) bepaalt waarom soms gekozen wordt voor de reductie van FAD boven die van NAD$^+$.

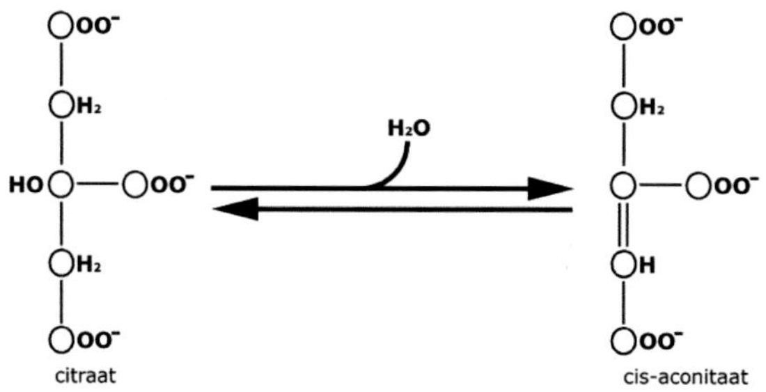

Figuur 5.40. Vorming van cis-aconitaat. Het enzym aconitase faciliteert de omzetting van citraat (links) in cis-aconitaat (rechts), waarbij water vrijkomt. De reactie kan beide kanten op.

Hetzelfde enzym aconitase bouwt in het **cis-aconitaat** weer een watermolecuul in. Het betreft geen omkering van de vorige stap. De dehydratie (Figuur 5.40) gevolgd door een hydratatie (Figuur 5.41) hebben als uiteindelijk doel de isomerisatie van het citraat danwel de vorming van **isocitraat**[236]. De hydroxylgroep (-OH) in het citraat zit op een ongunstige plaats voor de gewenste decarboxylatie. Met de vorming van isocitraat is dat probleem opgelost. Met cis-aconitaat als tussenstap wordt nu dus eerst isocitraat gevormd (Figuur 5.41).

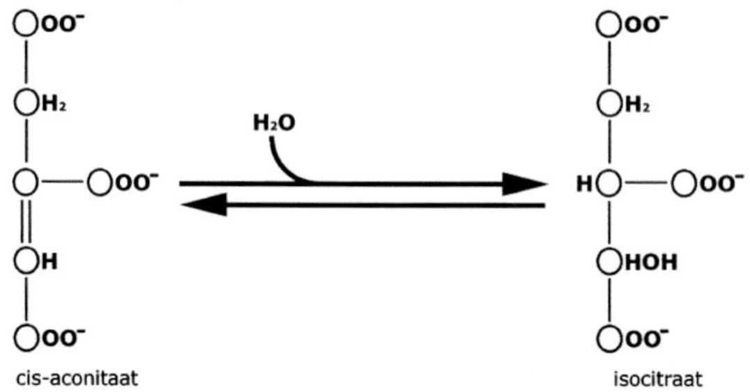

Figuur 5.41. Vorming van isocitraat. Cis-aconitaat (links) kan met toevoeging van water citraat vormen (Figuur 5.40) of, zoals hier, isocitraat (rechts), eveneens met behulp van aconitase.

Heel subtiel is het citraat uiteindelijk via een omweg omgevormd tot isocitraat. Vervolgens wordt het isocitraat gedecarboxyleerd (er wordt CO_2 aan onttrokken) en worden elektronen overgedragen aan een NADH-molecuul (Figuur 5.42). Er ontstaat **α-ketoglutaraat**. Bovengenoemde reactie verloopt door tussenkomst van het enzym **isocitraatdehydrogenase**.

---

[236] Isocitraat is een isomeer van citraat. Zelfde atomen maar anders gerangschikt.

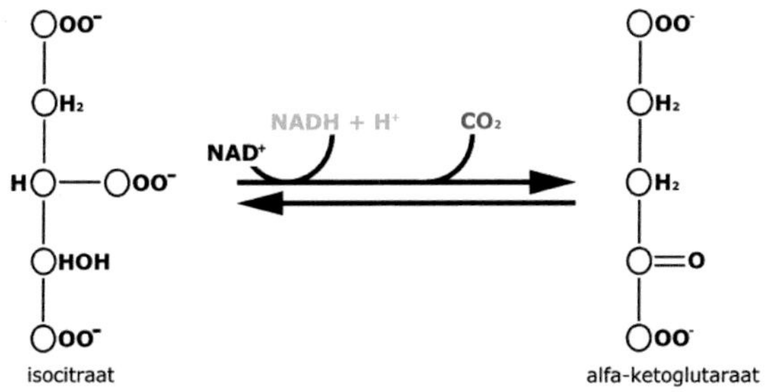

Figuur 5.42. Vorming van α-ketoglutaraat. De decarboxylering van isocitraat (links) tot α-ketoglutaraat (rechts) door het enzym isocitraatdehydrogenase levert naast CO$_2$ (rood) reducerend vermogen op (groen).

Het α-ketoglutaraat wordt weer verder gedecarboxyleerd. Het **α-ketoglutaraatdehydrogenase** fungeert als enzym bij deze reactie. Er worden weer elektronen overgedragen aan een NADH-molecuul en het geheel wordt gekoppeld aan de SH groep van acetyl (zie Figuur 5.37)[237]. Er heeft zich **succinyl-CoA** gevormd (Figuur 5.43).

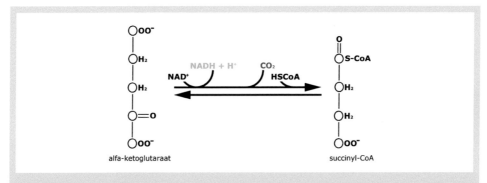

Figuur 5.43. Vorming van succinyl-CoA. Decarboxylering van α-ketoglutaraat (links), onder invloed van α-ketoglutaraatdehydrogenase, levert met input van vrij coenzym A (HSCoA) naast CO$_2$ (rood) reducerend vermogen (groen) het molecuul succinyl-coenzym A (rechts).

In de volgende stap (Figuur 5.44) wordt **succinaat** uit het succinyl-CoA gevormd. Het CoA wordt weer ontkoppeld. Hierbij komt energie vrij die wordt opgeslagen in een GTP-molecuul[238]. Het enzym **succinyl-CoA synthase** begeleidt deze reactie.

---

[237] Je kunt ook zeggen: het geheel wordt gekoppeld aan vrij coenzym A (zie Figuur 5.37).
[238] Dit levert evenveel energie als ATP. In de berekeningen wordt GTP als ATP meegeteld.

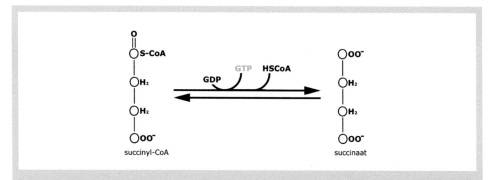

Figuur 5.44. Vorming van succinaat. Het succinyl-coenzym A (links) levert GTP (groen) en vrij coenzym A (HSCoA) bij de vorming van succinaat (rechts). Het enzym succinyl-CoA synthase katalyseert deze evenwichtsreactie.

Ook de omzetting van succinaat in **fumaraat** (Figuur 5.45) levert weer wat energie op. Deze keer wordt de energie 'afgevangen' met de vorming van een $FADH_2$-molecuul. Het verantwoordelijke enzym is hier **succinaatdehydrogenase**.

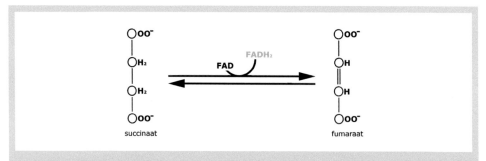

Figuur 5.45. Vorming van fumaraat. Succinaatdehydrogenase bevordert de omzetting van succinaat (links) in fumaraat. Hierbij wordt FAD gereduceerd tot $FADH_2$ (groen).

Vervolgens (Figuur 5.46) wordt het fumaraat omgebouwd tot **malaat** (appelzuur). De toevoeging van een watermolecuul vult de dubbele binding aan. De reactie wordt gekatalyseerd door het enzym **fumarase**.

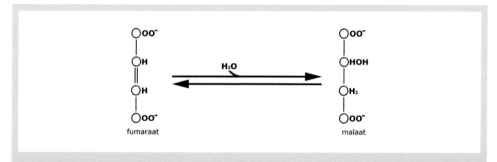

Figuur 5.46. Vorming van malaat. Fumaraat (links) wordt met behulp van fumarase omgezet in malaat (rechts) onder opname van water.

Tijdens de reactie waarbij uit het malaat het **oxaalacetaat** wordt gevormd (Figuur 5.47) komt weer energie vrij, die wordt opgeslagen door de vorming van een NADH-molecuul. Het enzym **malaatdehydrogenase** katalyseert deze omzetting.

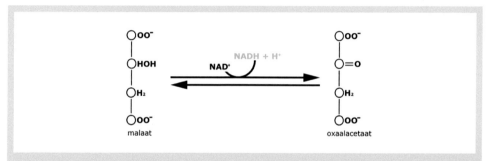

Figuur 5.47. Vorming van oxaalacetaat. Malaat levert met behulp van malaatdehydrogenase oxaalacetaat (rechts) en reducerend vermogen in de vorm van NADH en H$^+$ (groen).

Met de omvorming van malaat in oxaalacetaat zijn we weer terug waar de cyclus begon met de vorming van citraat uit een reactie tussen oxaalacetaat en acetyl-CoA. Hiermee is de cyclus rond[239]. De citroenzuurcyclus is weergegeven in schema in Figuur 5.48[240]. De cyclus start bij het acetyl-CoA.

---

[239] In menig Nederlandstalig leerboek kun je binnen het schema van de citroenzuurcyclus andere begrippen tegenkomen: citroenzuur in plaats van citraat, cis-aconietzuur in plaats van cis-aconitaat, isocitroenzuur in plaats van isocitraat, α-ketoglutaarzuur in plaats van α-ketoglutaraat, barnsteenzuur CoA in plaats van succinyl CoA, barnsteenzuur in plaats van succinaat, fumaarzuur in plaats van fumaraat, appelzuur in plaats van malaat en oxaalazijnzuur in plaats van oxaalacetaat. Het betreft steevast de naam van het zuur versus de naam van het zout. De reden om te kiezen voor een benaming op basis van de zouten is eerder gegeven.
[240] Om het schema enigszins overzichtelijk te houden zijn de retourpijlen niet ingetekend. Het een en ander neemt niet weg dat de citroenzuurcyclus, op de citraatsynthese stap na, beide kanten op kan.

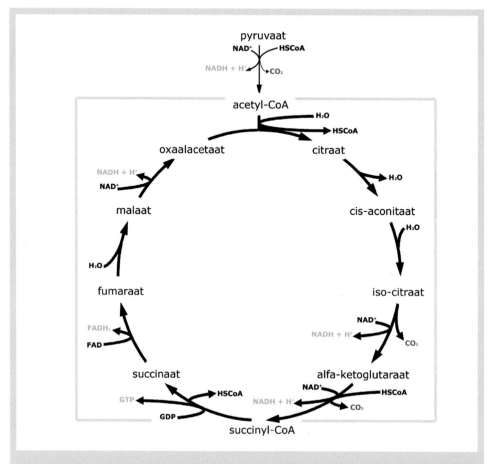

Figuur 5.48. Citroenzuurcyclus in schema. Alle stappen op een rij maken duidelijk dat het een cyclus betreft die, gevoed door pyruvaat dan wel acetyl-CoA, energie en reducerend vermogen oplevert (groen) onder vorming van CO_2 (rood), een bekend bijproduct van aerobe oxidatie.

In het overzicht wordt duidelijk gemaakt dat het pyruvaat (een keten met drie koolstofatomen) na een volledige rondgang (inclusief de omzetting naar acetyl-CoA) volledig is afgebroken:
- in drie koolstofatomen (in de vorm van CO_2);
- vijf elektronendragers (**NADH en FADH$_2$**); en
- één energiedrager (**GTP**).

Per glucosemolecuul (start glycolyse) wordt uitgegaan van een opbrengst van **2 GTP**-moleculen en **8 NADH- en 2 FADH$_2$-moleculen**. De ATP-moleculen bufferen de chemische bindings-energie. De NADH- en FADH$_2$-moleculen binden de energie, die ligt opgeslagen in de elektronen. Deze elektronen zullen worden afgeleverd aan de **ademhalingsketen** (AHK).

5.4.3 Ademhalingsketen[241]

Alle elektronen die verkregen zijn uit de glycolyse (twee stuks uitgaande van één glucosemolecuul) en de citroenzuurcyclus (tien stuks uitgaande van twee pyruvaatmoleculen) verdwijnen in de AHK. Dat proces (Figuur 5.49) speelt zich af in de binnenmembraan van de mitochondriën en is vergelijkbaar met de elektronentransportketen, zoals die is beschreven bij de fotosynthese.

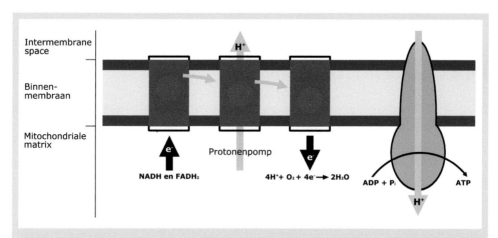

Figuur 5.49. Ademhalingsketen in schema. In de binnenmembraan van de mitochondriën bevinden zich de eiwitcomplexen (grijs met paars) die de ademhalingsketen faciliteren. Elektronen (e⁻) worden aangeleverd door NADH en FADH2 en doorlopen drie complexen (blauwe pijl) waarbij een *proton-motive force* wordt opgebouwd (H⁺ in groene pijl) die door ATP-synthase (rechts, met kop onder) wordt benut voor de vorming van ATP. De oxidatie van waterstof door zuurstof levert water, een bekend bijproduct van aerobe oxidatie.

In de binnenmembraan van de mitochondriën zijn eiwitcomplexen ingebed (Tekstbox 5.6). Zij accepteren de elektronen (aangeleverd door de NADH- en $FADH_2$-moleculen) en geven die als een estafettestokje door van complex naar complex[242]. Bij elke overdracht komt er een deel van de energie vrij. De AHK eindigt met de overdracht van elektronen aan het zuurstofmolecuul[243].

De vrijgekomen energie wordt gebruikt om H⁺-ionen (**protonen**) door de membraan te transporteren uit de mitochondriële matrix naar de *intermembrane space*. En precies zoals bij de fotosynthese ontstaat er zo een *proton-motive force* op grond waarvan de protonen de neiging krijgen om weer terug te willen stromen naar de matrix.

---

[241] De ademhalingsketen is een elektronentransportketen.
[242] Op basis van een oplopende elektronegativiteit per complex.
[243] Zuurstof (O_2) heeft de hoogste elektronegativiteit (is het 'meest elektronegatief'). Zeer sterke oxidant.

Op het moment dat **zuurstof** de elektronen accepteert, wordt het gereduceerd (het aannemen van elektronen) en bindt het ook enkele protonen (H^+ ionen) tot **water**. Zo ontstaat water als een van de eindproducten van het celkatabolisme. Het binden van deze protonen verhoogt de *proton-motive force*.

Als de zuurstof wordt gereduceerd, worden NADH of $FADH_2$ geoxideerd tot NAD^+ en FAD. Deze moleculen keren als 'lege *electron shuttles*' (transporteurs) weer terug naar de glycolyse en de citroenzuurcyclus.

5.4.4 Oxidatieve fosforylering

Door deze elektronentransportketen is er een *proton-motive force* opgebouwd. Door het verschil tussen de concentratie van de protonen in de *intermembrane space* en de concentratie van de protonen in de matrix krijgen de protonen de neiging terug te willen stromen vanuit de *intermembrane space* naar de matrix van het mitochondrium. De binnenmembraan is echter in die richting niet doorgankelijk voor protonen. Alleen het ATP-synthase complex biedt die mogelijkheid.

De protonen gaan uiteindelijk één voor één door de ATP-synthase richting matrix. Tijdens die doorgang bindt het proton zich aan de ATP-synthase. Op dat moment roteert de kop van de ATP-synthase. De basis van de ATP-synthase bevat bindingsplaatsen voor ADP en voor anorganisch fosfaat (P_i is een afkorting voor de anorganische PO_4^{3-}-groep). De passage van drie protonen levert voldoende energie voor de aanmaak van één molecuul ATP uit ADP en anorganische fosfaat.

Oxidatieve fosforylering koppelt een elektronenstroom (afkomstig uit de AHK) aan chemiosmose[244]: een transport van protonen door een membraan om daarmee energie te genereren voor ATP-synthese. Anders gezegd: met de term **oxidatieve fosforylering** (Tekstbox 5.7) wordt het totale proces beginnende bij het elektronentransport via de NADH en $FADH_2$ tot en met de synthese van ATP bedoeld. De chemiosmose is meer bepaald het eindstuk van dat proces. De AHK vormt samen met de chemiosmose de oxidatieve fosforylering.

En dan nog eens anders gezegd: de elektronen uit de AHK reduceren O_2 en creëren daarmee een protonengradiënt, die wordt gebruikt voor de synthese van ATP-moleculen. De reductie van O_2 en de ATP-synthese vormen samen de oxidatieve fosforylering.

---

[244] Chemiosmose is elk proces waarbij een osmotisch druk (in dit geval veroorzaakt door protonen) wordt omgezet in chemische energie.

Tekstbox 5.6. Het elektronentransport in detail.

Er zijn 4 grote multiproteïne complexen in de binnenmembraan van de mitochondriën betrokken bij de AHK:
1. NADH-CoQ reductase of Complex I;
2. *succinate*-CoQ reductase of Complex II;
3. $CoQH_2$-cytochrome c oxidase of Complex III;
4. cytochrome c oxidase of Complex IV.

De elektronen die afkomstig zijn van NADH-moleculen verplaatsen zich van Complex I naar Complex III en Complex IV. Zij gaan dus voorbij aan Complex II.

De elektronen die afkomstig zijn van $FADH_2$-moleculen verplaatsen zich van Complex II naar Complex III en Complex IV. Zij passeren dus Complex I.

Tekstbox 5.7. Substrate-level fosforylering versus oxidatieve fosforylering.

Met behulp van enzymen wordt tijdens de glycolyse soms een fosfaatgroep van de reactie-intermediairs (1,3-*bisphosphoglycerate* en *phosphoenolpyruvate*) naar het ADP verplaatst. Om die koppeling tot stand te laten komen worden het reactie-intermediair en het ADP gebonden aan een **actieve zijde** van het enzym. Moleculen die gebonden worden aan de actieve zijde van een enzym noemen we een **substraat** en het koppelen van een fosfaatgroep aan een molecuul heet **fosforylering**. De hierboven beschreven methode wordt daarom een *substrate-level* **fosforylering** genoemd.

Vergeleken met het feit dat ATP toch beschouwd moet worden als de brandstof voor het celmetabolisme worden er door de glycolyse en citroenzuurcyclus relatief weinig ATP-moleculen geproduceerd: slechts 4 ATP-moleculen per glucosemolecuul, gevormd op basis van *substrate-level* fosforylatie.

Gelukkig voor de energiehuishouding binnen de cel bestaat er nog de oxidatieve fosforylering. Dat proces verloopt via de elektronentransportketen. Er is dus een onderscheid tussen *substrate-level* **fosforylering** en **oxidatieve fosforylering** of chemiosmose.

5.4.5 Samenvatting ATP-synthese

In de glycolyse en de citroenzuurcyclus worden NAD^+ en FAD gereduceerd (er worden elektronen aan toegevoegd). Deze 'gevulde' elektronendragers (NADH en $FADH_2$) brengen de elektronen naar de AHK (in het mitochondrium).

De eiwitcomplexen in de AHK geven de elektronen (op basis van de oplopende elektronegativiteit van de eiwitten) door (Figuur 5.49). De energie die daarbij vrijkomt wordt aangewend om een actief transport van protonen op gang te brengen. Daardoor ontstaat een *proton-motive force.*

De ATP-synthase staat de protonen toe terug te keren naar de matrix van de mitochondriën. Elke protondoorgang verhoogt de energie in de ATP-synthase. Na de derde doorgang is er zoveel energie opgebouwd dat één molecuul ATP gevormd kan worden.

5.4.6 ATP transport

De ATP-moleculen die via oxidatieve fosforylering gevormd zijn komen uiteindelijk terecht in de matrix van de mitochondrium. Om ze ter beschikking van de cel te krijgen moeten de ATP-moleculen naar het cytosol gebracht worden. Een eiwit (*ADP/ATP carrier*) brengt het gevormde ATP door de binnenmembraan van de matrix naar de *intermembrane space* en van daaruit door de buitenmembraan naar het cytosol in een uitwisseling met de ADP-moleculen uit het cytosol. Zonder deze *ADP/ATP carrier* zou de (via de oxidatieve fosforylering) vrijgemaakte energie niet ter beschikking komen van de cel.

5.4.7 Energetisch eindresultaat van de aerobe dissimilatie

Voor een correcte omrekening gelden de volgende **drie regels**:
- elke keer als de 2 elektronen van het **NADH** door de AHK gaan, geeft dat de ATP-synthase voldoende energie voor de vorming van **2,5 ATP-moleculen**;
- elke keer als de 2 elektronen van het **FADH$_2$** door de AHK gaan, geeft dat de ATP-synthase voldoende energie voor de vorming van **1,5 ATP-moleculen**;
- in **eukaryoten** kost het **transport van NADH** naar de AHK 1 ATP-molecuul.

In de glycolyse:
- worden (netto) **2 ATP-moleculen** gevormd, direct in het cytoplasma middels *substrate-level* fosforylering;
- worden **2 NADH**-moleculen gevormd. Goed voor 2× 2,5 ATP-moleculen minus 2 ATP-moleculen voor het transport. Per saldo levert dat 5 – 2 = **3 ATP-moleculen** op basis van oxidatieve fosforylering;
- in **totaal** levert de **glycolyse** dus 5 ATP-moleculen op.

In de citroenzuurcyclus plus de AHK:

- worden (per glucosemolecuul) **2 GTP**-moleculen[245] gevormd rechtstreeks middels *substrate-level* fosforylering;
- per glucosemolecuul worden 2 $FADH_2$-moleculen gevormd. Dit levert $2 \times 1,5 = 3$ **ATP**-moleculen op basis van oxidatieve fosforylering;
- per glucosemolecuul worden 8 NADH-moleculen geproduceerd. Dit levert **20 ATP**-moleculen ($8 \times 2,5$) op, op basis van oxidatieve fosforylering;
- in **totaal** levert de **citroenzuurcyclus plus de AHK** dus **25 ATP**-moleculen op.

Glycolyse, citroenzuurcyclus en AHK leveren gezamenlijk 30 ATP-moleculen. Voor bacteriën komen daar nog eens 2 ATP-moleculen bij, omdat in bacteriën geen ATP wordt ingeleverd voor het transport van het NADH naar de elektronen transport keten.

Er worden via de oxidatieve fosforylering dus veel meer ATP-moleculen geproduceerd dan via de *substrate-level* fosforylering.

---

[245] Worden berekend als ATP-moleculen.

5.5 Anaerobe dissimilatie

Onder anaerobe omstandigheden zal de verdere afbraak van het (in de glycolyse) gevormde pyruvaat plaatsvinden in een proces dat bekend staat als anaerobe dissimilatie, gisting of **fermentatie.**

5.5.1 Fermentatie of gisting

Vele cellen kunnen voor de celhuishouding volstaan met alleen 'de opbrengst' van de glycolyse. Zij halen dus lang niet álle energie uit de glucose, maar daar staat tegenover dat ze kunnen overleven in een zuurstofarm milieu. Zij combineren de glycolyse met een fermentatie-stap om de door de glycolyse gevormde NADH-moleculen te recyclen (tot NAD^+) en op die manier de glycolyse gaande te houden. We onderscheiden daarbij twee belangrijke fermentatiepaden:

- **melkzuurgisting** (*lactic acid fermentation*); en
- **alcoholgisting** (*alcohol/ethanol fermentation*).

5.5.1.1 Melkzuurgisting

Zoals inmiddels bekend eindigt de glycolyse met twee pyruvaat-moleculen, twee NADH-moleculen (met twee opgeslagen elektronen per molecuul) en twee ATP-moleculen. Tijdens de melkzuurgisting worden elektronen van NADH verplaatst naar het pyruvaat. Er worden daarbij (Figuur 5.50) NAD^+ en **melkzuur (lactaat)** gevormd.

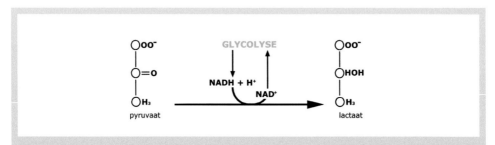

Figuur 5.50. Melkzuurgisting. Pyruvaat (links) vormt met behulp van lactaatdehydrogenase lactaat (rechts) ten koste van reducerend vermogen dat door de glycolyse (groen) geleverd wordt.

Door de aanvulling van de NAD^+ voorraad kan de glycolyse blijven verdergaan. De ATP-moleculen zijn de winst en het lactaat is het eindproduct.

De bouwstenen van het leven

Ook eukaryote cellen kunnen melkzuurgisting hebben, maar in dat geval is het een noodsprong als gevolg van (een tijdelijk) zuurstofgebrek. Als er weinig of geen zuurstof is (en er haast is geboden bij de vorming van ATP-moleculen) dan gaat ook de menselijke spiercel deze fermentatie uitvoeren.

$$C_6H_{12}O_6 + 2\ ADP + 2P_i \rightarrow 2\ C_3H_6O_3 + 2\ ATP + 2\ H_2O$$

Het melkzuur (twee moleculen per glucosemolecuul) wordt hierbij gesplitst in:
- negatief geladen lactaationen; en
- positief geladen waterstofionen (oftewel protonen).

De 'verzuring' in de spieren is niet het gevolg van de aanwezigheid van het lactaat, maar van een ophoping van zoveel protonen dat deze niet meer gebufferd kunnen worden door het waterstofcarbonaat (zie Paragraaf 2.1.2.2).

Het lactaat zelf wordt in de lever omgevormd tot pyruvaat en komt aldus in de **gluconeogenese** (nieuwvorming van glucose) terecht.

5.5.1.2 Alcoholgisting

De glycolyse eindigt ook hier met twee moleculen pyruvaat, twee NADH-moleculen (met twee opgeslagen elektronen per molecuul) en twee ATP-moleculen. Nu wordt het pyruvaat gedecarboxyleerd. Er wordt daarbij dus CO_2 en **acetaldehyde** gevormd (linker reactie in Figuur 5.51). NADH (afkomstig uit de glycolyse) levert een elektron (oxidatie) waardoor ethanol (rechter reactie in Figuur 5.51) ontstaat. De glycolyse kan nu weer verder.

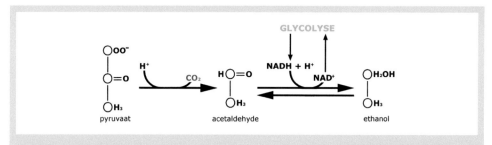

Figuur 5.51. Alcoholgisting. Pyruvaat (links) vormt door decarboxylering acetaldehyde (ethanal, midden) dat met behulp van alcoholdehydrogenase wordt omgezet in ethanol (rechts). Het reducerend vermogen wordt weer door de glycolyse (groen) geleverd.

De ATP-moleculen zijn de winst en de ethanol is het eindproduct.

$$C_6H_{12}O_6 + 2\ ADP + 2\ P_i \rightarrow 2\ C_2H_5OH\ (ethanol) + 2\ CO_2 + 2\ ATP + 2\ H_2O$$

Ethanol wordt ook wel 'de minst giftige der alcoholen' genoemd. Het menselijk lichaam beschouwt het als een gifstof welke met voorrang afgebroken dient te worden. De afbraak van andere energierijke verbindingen (zoals vetten) laat dan op zich wachten, waardoor vetophoping in vetweefsel het gevolg kan zijn (het 'bierbuikje' is daar een voorbeeld van).

De ethanol wordt enzymatisch (**alcoholdehydrogenase**) geoxideerd tot **ethanal** (acetaldehyde). De elektronen reduceren NAD$^+$ en hierbij wordt dus NADH gevormd. Het acetaldehyde (CH_3CHO) wordt enzymatisch (door **aldehydedehydrogenase**) omgevormd tot **acetaat**[246] (CH_3COO^-). Ook nu weer onder de vorming van een NADH-molecuul. De afbraak van elke ethanolmolecuul levert aldus twee **NADH-moleculen**.

Het acetaat wordt uiteindelijk (indien zuurstof beschikbaar is) afgebroken tot CO_2 en H_2O via de citroenzuurcyclus (acetyl-CoA is te beschouwen als geactiveerd acetaat).

5.5.1.3 Fermentatie onder aerobe omstandigheden

Fermentatie vindt plaats bij afwezigheid van zuurstof (O_2). Dus onder anaerobe omstandigheden. Echter, als er onder aerobe omstandigheden grote haast geboden[247] is met de productie van ATP-moleculen, kan een cel ook kiezen voor fermentatie. De keuze voor fermentatie is dan een keuze voor de directe oxidatie van de NADH-moleculen[248]. Met als gevolg dat de gevormde NAD$^+$-moleculen 'per kerende post' ter beschikking komen van de glycolyse. Het een en ander om de glycolyse gaande te houden en aldus te kunnen voldoen aan de verhoogde vraag.

---

[246] Dit proces is ook relevant bij de productie van azijn in de vorm van bijvoorbeeld wijnazijn, en bij bederf van wijn onder aerobe omstandigheden.
[247] Atleten en met name de sprinters gebruiken gelijktijdig anaerobe en aerobe verbranding.
[248] De NADH-moleculen worden door de keuze voor de fermentatie onttrokken aan het proces van de AHK en de uiteindelijke oxidatieve fosforylering.

5.6 Afbraak van macromoleculen

Het betreft hier de afbraak van:
- koolhydraten;
- vetten; en
- eiwitten.

Doel van de afbraak van deze complexe macromoleculen is dat de enzymen deze moleculen 'ombouwen' tot intermediairs van de glycolyse of de citroenzuurcyclus.

5.6.1 Afbraak van koolhydraten

Complexe koolhydraten worden in het cytosol (of reeds buiten de cel in het speeksel bijvoorbeeld) door enzymen (onder andere **amylasen**) in de samenstellende componenten (de monomeren) 'geknipt'. Andere enzymen bouwen deze **enkelvoudige suikers** om tot intermediairs van de **glycolyse**.

5.6.2 Afbraak van vetten

Enzymen (**lipasen**) 'knippen' de vetten (in het cytosol) in de componenten: **glycerol** en **vetzuren**:
- Het **glycerol** wordt door een enzym omgebouwd tot **glyceraldehyde-3-fosfaat** en verdwijnt in die vorm in de **glycolyse**.
- De **vetzuren** (*free fatty acids* of **FFA**'s) worden in het cytosol (met behulp van ATP hydrolyse) geactiveerd door ze te koppelen aan CoA volgens de reactie zoals aangegeven in Figuur 5.52 en aldus omgevormd tot **acyl-CoA**. Deze reactie wordt gefaciliteerd door het enzym acyl-CoA synthetase.

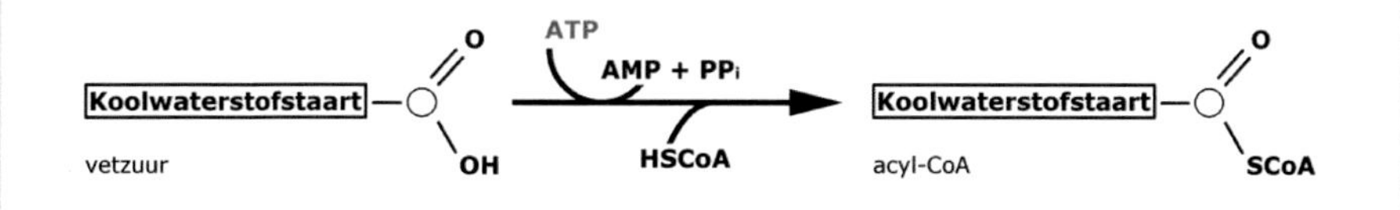

Figuur 5.52. Activering van vetzuren. Een vetzuur kan, met behulp van acyl-CoA synthetase en de energie geleverd door de hydrolyse van ATP (rood), een thioester vormen met coenzym A (HSCoA) zodat acyl-CoA (rechts) ontstaat.

Het acyl-CoA wordt nu verder afgebroken. De afbraak vindt plaats op basis van oxidatie. Dit proces kan via twee verschillende routes gebeuren:

1. **mitochondriale oxidatie** in de matrix van het mitochondrium; of
2. **peroxisomale oxidatie** in de matrix van het **peroxisoom** (zie Paragraaf 2.2.8).

In de peroxisomale matrix worden vooral zeer lange vetzuurketens ($>C_{20}$) en sommige lange vetzuurketens geoxideerd, inclusief vetzuren met vertakte ketens, terwijl in de mitochondriën de korte- en middenlange- tot lange vetzuurketens worden geoxideerd.

5.6.2.1 Transport van het acyl-CoA

Er is een groep enzymen, die zorg draagt voor het transport van het acyl-CoA vanuit het cytosol naar de matrix van het mitochondrium of de matrix van het peroxisoom. Zij behoren tot de groep van de **carnitine/choline transferases**. We onderscheiden daarbij:

* (mitochondriaal) **carnitine-palmitoyltransferase** (CPT);
* (peroxisomaal) **carnitine-octanoyltransferase** (COT); en
* (mitochondriaal en peroxisomaal) **carnitine-acetyltransferase** (CrAT).

Elk peroxisoom is omgeven door slechts één membraan. Zoals bekend beschikt elk mitochondrium over een buiten- en een binnenmembraan. Met betrekking tot de mitochondriale CPT's maken we om die reden een onderscheid tussen:

* **carnitine-palmitoyltransferase I** (integraal membraaneiwit van de buiten-membraan) of CPT-1; en
* **carnitine-palmitoyltransferase II** (integraal membraaneiwit van de binnen-membraan) of CPT-2.

Ieder met hun specifieke functie, zoals hieronder zal blijken.

Voor de mitochondriale oxidatie moet het gevormde **acyl-CoA** naar de matrix van het mitochondrium. Het acyl-CoA wordt (Figuur 5.53) in het cytosol omgezet in **acylcarnitine**. Deze omzetting wordt gefaciliteerd door het **carnitine-palmitoyltransferase I** of CPT-1. Hierbij wordt het CoA verwijderd en wordt de gevormde acyl-rest gekoppeld aan het carnitine. Aldus ontstaat het acylcarnitine waarbij het CoA weer vrijkomt in het cytosol.

Passage van het acylcarnitine door de buitenmembraan daarna is geen probleem. Het acylcarnitine bevindt zich (na die passage) in de mitochondriale *intermembrane space* en moet dan nog door de binnenmembraan om de mitochondriale matrix te kunnen bereiken. Die tweede passage wordt mogelijk gemaakt door de 'transporteur' **carnitine-acylcarnitinetranslocase** of CACT.

Eenmaal aangekomen in de matrix wordt de koppeling (tussen de acyl-rest en het carnitine) weer ongedaan gemaakt door het enzym **carnitine-palmitoyltransferase II** of CPT-2. Het carnitine wordt weer uitgewisseld voor CoA, waarna het acyl-CoA en het carnitine in de matrix van het mitochondrium vrijkomen. Het carnitine vloeit weer terug naar de *intermembrane* *space* met behulp van het **carnitine-acylcarnitinetranslocase** of CACT, en diffundeert daarna moeiteloos door de mitochondriale buitenmembraan terug naar het cytosol.

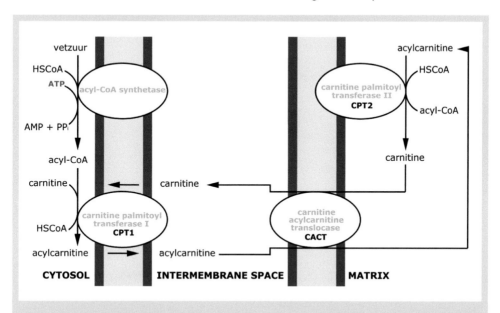

Figuur 5.53. De carnitine *shuttle*. De membranen van mitochondriën zijn niet doorlaatbaar voor coenzym A (HSCoA en acyl-CoA). Wanneer vetzuren buiten de mitochondriën geactiveerd zijn (linksboven) kan carnitine tijdelijk de CoA groep vervangen zodat de vetzuurstaart als acylcarnitine van cytosol naar matrix wordt vervoerd. De vervanging van CoA-groep door carnitine wordt uitgevoerd door CPT-1 (linksonder) en na transport door CACT (rechtsonder) wordt het HSCoA weer teruggezet door CPT-2 (rechtsboven). Het mitochondrium heeft een eigen HSCoA voorraad. Omdat de *shuttle* energieneutraal is gaat de door ATP (rood) geleverde energie niet verloren.

Eindconclusie van dit verhaal (Figuur 5.53): het carnitine haalt buiten het mitochondrium telkens weer een acyl-rest op om die in de matrix van het mitochondrium te brengen. De CPT's maken daarbij de energie-neutrale uitwisseling van de acylgroep tussen de CoA-groep en het carnitine mogelijk.

5.6.2.2 Mitochondriale oxidatie

Even aantal koolstofatomen in de keten

In de matrix van het mitochondrium vindt dan de oxidatie van het acyl-CoA plaats. Elk acyl-CoA-molecuul wordt geoxideerd in een cyclische volgorde van vier reacties, waarbij **acetyl-CoA** wordt gevormd evenals $FADH_2$- en NADH-moleculen en een 'rest acyl-CoA'.

Elke keer als deze vier reacties worden doorlopen wordt de keten van het oorspronkelijke acyl-CoA met twee koolstofatomen (in de vorm van acetyl-CoA) ingekort. Dit proces staat bekend als de β-**oxidatie** (Figuur 5.54):

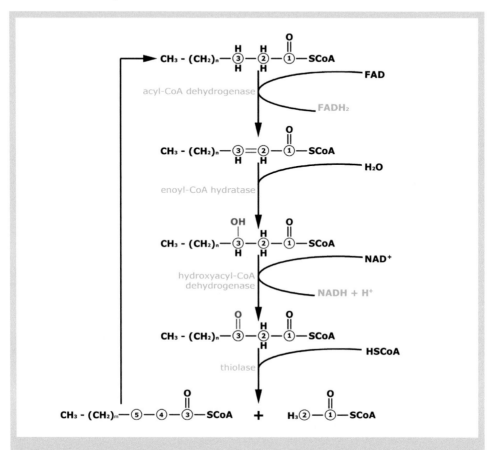

Figuur 5.54. β-oxidatie. Elke ronde van de β-oxidatie beslaat vier stappen (van boven naar beneden een dehydrogenase, hydratase, dehydrogenase en thiolase stap) waarbij een acetyl-CoA van de β positie (C2) van het vetzuur wordt afgehaald.

Die 'rest acyl-CoA' (waarbij m=n-2) doorloopt opnieuw de β-oxidatie en opnieuw worden acetyl-CoA en een (nieuw) 'rest acyl-CoA' gevormd met een keten die twee koolstofatomen minder telt dan de vorige 'rest acyl-CoA'. Dit herhaalt zich tot alle acyl-CoA is omgezet in acetyl-CoA. De aldus ontstane acetyl-CoA-moleculen verdwijnen in de citroenzuurcyclus en worden daar uiteindelijk geoxideerd tot CO_2. De gevormde $FADH_2$- en NADH-moleculen vervolgen hun weg richting ademhalingsketen (AHK).

Bij elke doorgang door de β-oxidatie worden twee koolstofatomen van de koolwaterstofstaart verwijderd. De winst daarbij is de vorming van twee elektronendragers.

Grofweg zou je kunnen stellen dat:
- Het aantal elektronendragers dat tijdens de afbraak van vetzuren wordt gevormd gelijk is aan het aantal koolstofatomen in de oorspronkelijke koolwaterstofstaart. Een geweldige extra input voor de ademhalingsketen en ATP-vorming.
- Het aantal acetyl-CoA-moleculen dat tijdens de afbraak wordt gevormd gelijk is aan ongeveer de helft van het aantal koolstofatomen in de oorspronkelijke koolwaterstofstaart. Het aantal geproduceerde acetyl-CoA-moleculen bepaalt hoe vaak de citroenzuurcyclus doorlopen wordt als gevolg van de afbraak van het oorspronkelijke vetzuur.

Het is daarom dat de verbranding van vetten meer energie oplevert dan de oxidatie van glucose. Vergelijk bijvoorbeeld de hoeveelheid ATP uit volledige oxidatie van 1 molecuul glucose (30 ATP-moleculen) met die van 1 molecuul **palmitinezuur** (106 ATP-moleculen). De reden is dat vetzuren veel meer gereduceerd zijn dan glucose, en daarmee meer geoxideerd kunnen worden dan glucose, en zo meer energie kunnen leveren.

Oneven aantal koolstofatomen in de keten

Palmitinezuur is het meest voorkomende vetzuur. Het bevat 16 C-atomen. De meeste vetzuren bevatten een even aantal C-atomen maar er komen ook vetzuren voor met een keten van een **oneven aantal koolstofatomen**. Bij de afbraak van dié vetzuren eindigt de voorlaatste stap met het **3-ketopentanoyl-CoA** met 5 koolstofatomen. Er vindt een laatste acetyl-CoA afsplitsing plaats, waarna **propionyl-CoA** (3 koolstofatomen) overblijft. Dit propionyl-CoA wordt uiteindelijk met een paar tussenstappen omgezet in **succinyl-CoA** en vindt zijn pad daarmee in de citroenzuurcyclus.

5.6.2.3 Peroxisomale oxidatie

Met name de langketenvetzuren worden in het peroxisoom afgebroken. Het peroxisoom is omsloten door een enkele membraan. Daarin zijn speciale transporteiwitten aanwezig die fungeren als de toegangspoort voor de langketenvetzuren.

Peroxisomale oxidatie verloopt eveneens in een cyclische volgorde van de beschreven vier reacties. Ook in het peroxisoom bestaan de uiteindelijke eindproducten uit acetyl-CoA, $FADH_2$- en NADH-moleculen.

Er zijn echter een paar essentiële verschillen met hoe het proces verloopt in de mitochondriën:
1. In het mitochondrium wordt het gevormde acetyl-CoA verder geoxideerd in de citroenzuurcyclus en levert op die manier zijn bijdrage aan de ATP-synthese.
2. Het peroxisoom daarentegen kent geen citroenzuurcyclus. De acetyl-CoA-moleculen worden transporteerbaar over membranen gemaakt door het enzym **carnitine-acetyltransferase** (CrAT) dat in peroxisomen voorkomt én in mitochondriën. CrAT komt niét voor in het cytosol. Tussen peroxisoom en mitochondrium is dus een *shuttle* mogelijk van

acetyl-CoA via een tijdelijke vervanging (tijdens de transporten over de membranen) van de CoA-groep door carnitine (vergelijkbaar met het CPT systeem voor langketen acyl-CoA).

3. De peroxisomale β-oxidatie levert elke ronde een acetyl-CoA, maar eindigt bij een keten van 8 koolstofatomen. Voor kortere ketens ontbreken de enzymen. Het C8-molecuul, **octanoyl-CoA**, wordt geëxporteerd (naar het mitochondrium voor verdere afbraak) als **octanoylcarnitine** door de tussenkomst van **carnitine-octanoyltransferase** (COT), dat uitsluitend in peroxisomen voorkomt.

    Octanoylcarnitine is een substraat voor CPT-2 in de mitochondriale binnenmembraan. Eenmaal in de matrix van het mitochondrium wordt het octanoylcarnitine teruggevormd tot octanoyl-CoA om daar verder geoxideerd te kunnen worden.

4. De in het mitochondrium gevormde $FADH_2$- en NADH-moleculen (verkregen uit het octanoyl) leveren via de ademhalingsketen een bijdrage aan de oxidatieve fosforylering (ATP-synthese).

    Het peroxisoom beschikt niet over systemen die vergelijkbaar zijn met de citroenzuurcyclus en de ademhalingsketen (AHK). De gevormde $FADH_2$-moleculen (gevulde elektronen-*shuttles*) worden daarom direct geoxideerd (van de extra elektronen ontdaan) door het zuurstof (O_2), waarbij FAD-moleculen (lege elektronen-*shuttles*) én waterstofperoxide (H_2O_2) ontstaan. Het waterstofperoxide is giftig en wordt door het **katalase** (enzym dat in het peroxisoom aanwezig is) gesplitst in H_2O en O_2. De elektronen die zijn opgenomen in de gevormde NADH-moleculen worden evenals het acetyl-CoA vanuit het peroxisoom naar het cytosol geëxporteerd. De NADH-moleculen (gevulde elektronen-*shuttles*) worden in het cytosol gebruikt voor de opbouw van grotere moleculen en een overschot aan gevulde *shuttles* volgt (via de malaat-aspartaat *shuttle*) het pad naar de (ademhalingsketen) ATP productie.

5. Verwijzend naar wat hierover hierboven onder punt 4 is gezegd, blijkt dat de eerste stap in de peroxisomale oxidatie in afwijking op de eerste stap in de mitochondriale oxidatie niet door een dehydrogenase, maar door een oxidase wordt gefaciliteerd: het **acyl-CoA-oxidase 1** (ACOX1) betrekt immers moleculair zuurstof bij de reactie en heet daarom oxidase.

Figuur 5.55 verduidelijkt hetgeen hierboven is geformuleerd.

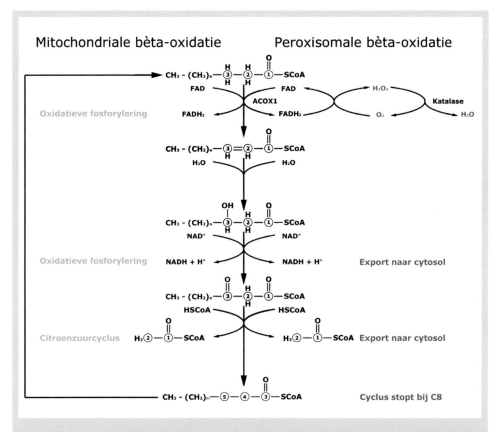

Figuur 5.55. Verschillen tussen mitochondriale en peroxisomale β-oxidatie. De β-oxidatie (midden) is in beide organellen vergelijkbaar maar elektronen en eindproducten kennen verschillende bestemmingen gezien vanuit het mitochondrium (groen, links) ten opzichte van het peroxisoom (rood, rechts).

5.6.3 Afbraak van eiwitten

Eiwitten die afgebroken moeten worden, worden gekoppeld aan een proteasoom (zie Paragraaf 3.4.5). Het **proteasoom** is een groot eiwitcomplex bestaande uit **proteasen**. Deze enzymen (proteasen of **peptidasen**) 'knippen' (door hydrolyse) de eiwitten (in het cytosol) in de samenstellende **aminozuren**. Vervolgens vindt er **deaminatie** (het verwijderen van de aminogroep) plaats. Er ontstaan ammonia[249] en carbonzuren. De overblijvende carbonzuren worden door enzymen omgebouwd tot allerlei producten:

---

[249] Ammonia kan worden omgevormd tot bijvoorbeeld ureum of urinezuur en wordt in die vorm uitgescheiden.

- Pyruvaat, oxaalacetaat, fumaraat, succinaat of α-ketoglutaraat. De aminozuren die zich laten ombouwen tot deze tussenproducten van glycolyse of citroenzuurcyclus worden **glucogene aminozuren** genoemd.
- **Ketolichamen** (ook wel **ketonlichamen**). Ketolichamen (er zijn er drie die van nature in ons lichaam voorkomen) zijn stoffen die we kennen als wateroplosbare bijproducten van de vetzuuroxidatie: aceton, β-hydroxybutyraat en acetoacetaat. Geactiveerd acetoacetaat is acetoacetyl-CoA (ontstaan uit de samenvoeging van twee moleculen acetyl-CoA). De aminozuren die (net als vetzuren) kunnen worden omgezet in acetyl-CoA of acetoacetyl-CoA zijn de **ketogene aminozuren**. Zij kunnen niet in glucose worden omgevormd, op enkele uitzonderingen na.
- Vier aminozuren zijn zowel ketogeen als glucogeen: isoleucine, fenylalanine, tryptofaan en tyrosine.

5.6.4 Samenvatting afbraak macromoleculen

Het onderstaand schema (Figuur 5.56) geeft een totaaloverzicht van de afbraak van de hier besproken macromoleculen.

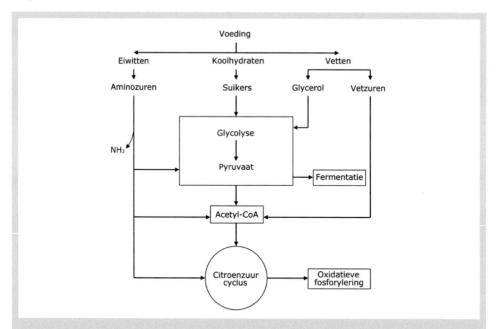

Figuur 5.56. Schema afbraak macromoleculen. De macronutriënten (eiwitten, koolhydraten, vetten) leveren koolstof en energie die via verschillende routes worden benut. Anaeroob lopen de routes via glycolyse en fermentatie (midden). Aeroob lopen ze via onder andere acetyl-CoA naar de citroenzuurcyclus en oxidatieve fosforylering (onder). Dit levert bij zoogdieren bijvoorbeeld de energie voor essentiële processen als hersenactiviteit, spierbeweging en verwarming.

5.6.5 Overmaat aan energierijke moleculen

Als er geen behoefte bestaat aan energie terwijl glucose of vetzuren wel beschikbaar zijn, dan kan er voor gekozen worden beide stoffen op te slaan. Bij dieren wordt het glucose dan omgezet in glycogeen (een polymeer van glucose). De opslag van het glycogeen vindt vooral plaats in de spieren en in de lever. Bij planten vooral in zetmeel (ook een polyglucose). Die opslag in planten vindt plaats in zetmeelkorrels die veel in zaden en knollen aanwezig zijn. De vetzuren worden opgeslagen als vetten (**triacylglycerolen** oftewel **triglyceriden**).

Een teveel aan ATP, dat niet voor energielevering wordt aangewend, werkt als een 'aanjager' voor de omkering van afbraak:
* het zet enzymen aan om **glycerol** te maken uit glyceraldehyde-3-fosfaat; en
* andere enzymen worden gestimuleerd om **vetzuren te maken** uit de vele acetyl-CoA-moleculen.

De conclusie moet dan ook zijn dat een **teveel aan ATP**, dat niet elders voor energielevering wordt aangewend, **wordt aangewend voor de vetsynthese**.

Een overmaat aan glucose wordt dus omgezet in vetzuren en triglyceriden. De omgekeerde omzetting (van vetzuren in glucose) is (anders dan bij microorganismen) bij dieren niet mogelijk.

We zagen eerder al dat vetzuren meer dan twee keer zoveel energie opleveren als koolhydraten. De oxidatie van een gram vet (triglyceriden) tot CO_2 genereert zes keer zoveel ATP-moleculen als de verbranding van een gram glycogeen. Voor de vorming van vet geldt het omgekeerde: het vraagt zes keer zoveel energie als de vorming van een gelijke hoeveelheid glycogeen. Voor de opslag van energie zijn de triglyceriden dus veel efficiënter dan de koolhydraten.

5.6.6 Tot slot

Zoals eerder gezegd is het biologisch voordeel van het katabolisme het vrijmaken van energie ten behoeve van de energiehuishouding van de cel. Echter tijdens de katabole reactie ontstaan er allerlei reactie-intermediairs. Deze tussenproducten kunnen ook worden ingezet voor de synthese van koolhydraten, eiwitten, vetten en nucleïnezuur. Anabolisme dus ...

Het systeem kan twee kanten op. Het geheel balanceert tussen afbraak en opbouw. Het zijn de enzymen die de snelheid van de processen bepalen. En die enzymen worden meestal gereguleerd door een *feedback inhibition*: de geproduceerde stof remt de productie van zichzelf.

ATP is zo'n remmer:
- **fosfofructokinase** wordt geremd door overtollig ATP en geactiveerd door AMP;
- **pyruvaatdehydrogenase**[250] wordt geremd door overtollig ATP;
- **citraatsynthase**[251] wordt geremd door overtollig ATP;

dus een teveel aan ATP remt de glycolyse en de citroenzuurcyclus.

Voor meerdere enzymen (waaronder **pyruvaatdehydrogenase** en **citraatsynthase**) werkt ook NADH als een *feedback* remmer. Een teveel aan NADH remt dus ook de citroenzuurcyclus.

Alles overziend valt het op hoe vaak bepaalde verbindingen in allerlei situaties terug te vinden zijn. Sterker nog: de malaat-aspartaat *shuttle* vertoont een grote gelijkenis met een gedeelte uit de citroenzuurcyclus. Slechts zelden verloopt een bepaald '*pathway*' of een cyclus binnen de beslotenheid van zichzelf. Het systeem beschikt over allerlei nooduitgangen om een bepaald proces niet te hoeven blokkeren. Het principe is dat alles met alles te maken heeft en functioneel is omwille van het groter geheel: het voortbestaan van de cel.

---

[250] Katalyseert de oxidatie van pyruvaat waardoor acetyl-CoA ontstaat.
[251] Katalyseert de koppeling van acetyl-CoA (2 koolstofatomen) aan oxaalacetaat (4 koolstofatomen) waardoor citraat wordt gevormd.

5.7 Gluconeogenese

Het menselijk lichaam heeft onder normale condities (geen uitzonderlijke inspanning) behoefte aan ongeveer 160 gram glucose per dag. Het neurale weefsel (hersenen en zenuwstelsel) gebruikt daarvan 120 gram per dag. Het neurale weefsel is dus een grootverbruiker in dit verband. En dat niet alleen ... het goed functioneren van de neurale cellen is voor een heel groot deel afhankelijk van de continue aanwezigheid van voldoende glucose.

Er is altijd (ook op momenten waarbij sprake is van glucoseschaarste terwijl de melkzuurspiegel stijgt) een minimale concentratie glucose in met name de neurale cellen vereist. Het lichaam kan extra glucose genereren aan de hand van de **gluconeogenese**. De gluconeogenese is het proces waarbij glucose wordt gevormd uit niet-koolhydraatbronnen, zoals eiwitten in de skeletspieren en glycerol uit de triglyceriden van het vetweefsel, maar vooral uit pyruvaat.

5.7.1 Bronnen van de gluconeogenese

De gluconeogenese voltrekt zich onder invloed van het hormoon **cortisol**[252], dat geproduceerd wordt door de bijnierschors. Het cortisol stuurt de afbraak van bepaalde eiwitten in de skelet-spieren en zorgt op die manier dat **aminozuren** worden vrijgemaakt.

Om de aminozuren te kunnen gebruiken in de gluconeogenese worden ze in de lever door **transaminatie** (het overplaatsen van een aminogroep van de ene stof op de andere) omgebouwd tot intermediairs die voorkomen in het glucosemetabolisme. Als voorbeeld nemen we het aminozuur analine. Het analine (en andere glucogene aminozuren) wordt door de tussenkomst van het enzym **analinetransaminase** direct omgezet in **pyruvaat**.

Om het glycerol te kunnen gebruiken in de gluconeogenese wordt het in eerste instantie omgevormd tot **glycerol-3-fosfaat**. Deze fosforylering komt tot stand door de aanwezigheid van het enzym **glycerolkinase**. Het gevormde glycerol-3-fosfaat wordt omgezet in **dihydroxy-acetonfosfaat** (DHAP). Het begeleidend enzym is **glycerol-fosfaatdehydrogenase**. Het dihy-droxyacetonfosfaat kennen we inmiddels als een isomeer van het **glyceraldehyde-3-fosfaat**.

Een derde bron voor de gluconeogenese is het **lactaat** dat ontstaat bij de anaerobe dissimilatie van glucose. Het lactaat kan met behulp van het enzym **lactaatdehydrogenase** direct terug worden omgezet in **pyruvaat**. Het pyruvaat kan gevormd worden uit melkzuur overeenkom-stig een omkering van de reactie zoals die gegeven is in Paragraaf 5.5.1.1 in het kader van de melkzuurgisting.

---

[252] Ook wel het stresshormoon genoemd. Het komt vrij bij elke vorm van stress. Het maakt daarbij niet uit of het nu om een psychische of fysieke stress gaat.

5.7.2 Gluconeogenese versus glycolyse

Uitgaande van het pyruvaat lijkt de gluconeogenese veel op een omkering van de glycolyse, maar is het niet! De glycolyse kent immers drie reactiestappen, die slechts in één richting verlopen[253]. De drie onomkeerbare reactiestappen worden, tijdens de gluconeogenese, omzeild met behulp van de volgende enzymen:

- pyruvaatcarboxylase en PEP-carboxykinase;
- fructo-1,6-difosfatase; en
- glucose-6-fosfatase.

Deze enzymen zijn bepalend voor het verloop en het tempo van de gluconeogenese.

De glycolyse vindt in zijn geheel plaats in het cytosol. Het pyruvaatcarboxylase en het glucose-6-fosfatase (onmisbaar voor een goed verloop van de gluconeogenese) zijn in het cytosol echter niet aanwezig:

- Het **pyruvaatcarboxylase** bevindt zich in het **mitochondrium**.
- Het **glucose-6-fosfatase** komt alleen voor in de cellen van de **lever** en de **nieren**. Het is een membraangebonden enzym dat zich ophoudt in het **lumen van het endoplasmatisch reticulum** (zie Paragraaf 2.2.5). Dit impliceert dat de gluconeogenese alleen in die organen (lever en nieren) en op die locaties (lumen van het endoplasmatisch reticulum) kan plaatsvinden. Dit gebeurt dan vooral in de lever en in mindere mate in de nieren.

De gluconeogenese verloopt dus zeker niet in zijn geheel in het cytosol.

5.7.3 Gluconeogenese in schema

De gluconeogenese vindt plaats in de volgende stappen:
1. Het pyruvaat[254] wordt in het mitochondrium van de cel van de lever en/of de nier getransporteerd.
2. In dat mitochondrium wordt het **pyruvaat** door carboxylering omgezet in **oxaalacetaat**. De reactie wordt mogelijk gemaakt door het enzym **pyruvaatcarboxylase**. Hydrolyse van een ATP-molecuul levert de energie voor die reactie.
3. Het oxaalacetaat wordt met behulp van de malaat-*shuttle* teruggevoerd in het cytoplasma. De gluconeogenese verloopt vanaf hier dus weer in het cytoplasma. Eenmaal in het cytoplasma wordt het **oxaalacetaat** omgezet in **PEP** (*phosphoenolpyruvate*). Hierbij komt een CO_2-molecuul vrij.
4. Het begeleidend enzym is **PEP-carboxykinase** (PEP-CK) en tijdens de reactie wordt een GTP-molecuul gehydrolyseerd tot GDP. Vanaf de vorming van PEP wordt de glycolyse in

---

[253] Het zijn de in Paragraaf 5.3 genoemde enzymen hexokinase, pyruvaat kinase en fosfofructokinase die de glycolyse richting pyruvaat dwingen. Zij werken slechts in één richting.
[254] Het pyruvaat kan de mitochondriale membranen passeren. Elektronen kunnen dat niet (zie Tekstbox 5.5 – de malaat shuttle).

omgekeerde richting doorlopen tot en met de vorming van het **fructose-1,6-difosfaat**. De omkering van de glycolyse loopt hier vast vanwege het enzym fosfofructokinase dat alleen werkt in een richting die leidt tot de vorming van alleen fructose-1,6-difosfaat.

5. Deze horde wordt genomen door het enzym **fructose-1,6-difosfatase** dat het **fructose-1,6-difosfaat** defosforyleert tot **fructose-6-fosfaat**.
6. Vanaf het fructose-6-fosfaat kan er weer een stap in omgekeerde richting gezet worden op het pad van de glycolyse. Die stap leidt tot de vorming van **glucose-6-fosfaat**.
7. Nu is tussenkomst van het enzym **glucose-6-fosfatase** nodig om het **glucose-6-fosfaat** te defosforyleren tot **glucose**. Deze laatste reactie is weer een omkering van de glycolyse. Het enzym **glucose-6-fosfatase** splitst hierbij het **glucose-6-fosfaat** in glucose en **fosfaat** (P_i).

In het schema van Figuur 5.57 zijn de glycolyse (links) en de gluconeogenese (rechts) nog eens naast elkaar geplaatst. De glycolyse (links) loopt van boven naar beneden (via de zwarte route). De gluconeogenese (rechts) moet van beneden naar boven (via de rode route) worden gelezen.

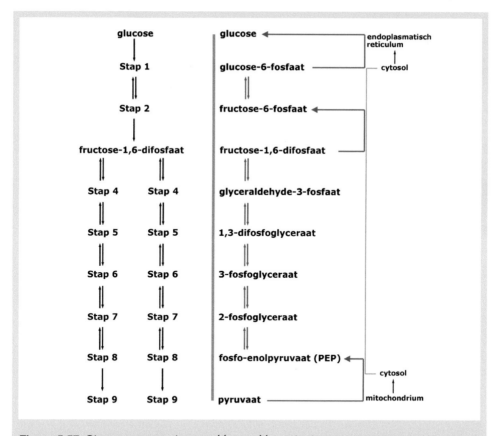

Figuur 5.57. Gluconeogenese is geen één-op-één omkering van de glycolyse. De eenrichtingsstappen van de glycolyse vragen bypasses in de weg omhoog (gluconeogenese, rechts). Dit is mede mogelijk door uitvoering in andere compartimenten (mitochondrium, endoplasmatisch reticulum).

Duidelijk is tijdens welke drie stappen de gluconeogenese voor een alternatieve route moet kiezen. In twee gevallen houdt dit alternatief zelfs een 'locatie-wisseling' in naar respectievelijk de matrix van het mitochondrium en het lumen van het ER. Deze 'locatie-wisselingen' zijn van tijdelijke aard. Het eindproduct glucose komt dan ook weer ter beschikking van het cytosol.

Tijdens de gluconeogenese worden intermediairs van de glycolyse gevormd. Er is daardoor voor het lichaam steeds de mogelijkheid om een intermediair te gebruiken voor de glycolyse of voor de gluconeogenese. Deze keuze is zeer belangrijk en wordt bepaald door het hormoon **glucagon**. Bij een te laag glucosegehalte in het bloed zet dit glucagon de glycolyse stop[255] en start het de gluconeogenese.

5.7.4 Glucose-6-fosfatase

Het enzym **glucose-6-fosfatase** is verantwoordelijk voor de laatste stap in de gluconeogenese: de splitsing van het glucose-6-fosfaat in glucose en fosfaat (P_i). Het enzym is een integraal membraaneiwit van de membraan van het endoplasmatisch reticulum (ER). De actieve zijde van het enzym ligt in het lumen van het ER. Om de genoemde splitsing tot stand te laten komen én om het gevormde glucose en fosfaat weer ter beschikking te kunnen krijgen van het cytosol, moeten de drie stoffen het membraan van het ER kunnen passeren.

Deze passage wordt mogelijk gemaakt door de aanwezigheid van drie specifieke transportkanalen in het membraan van het ER. Specifiek in de zin dat elke stof (het glucose-6-fosfaat, het glucose en het fosfaat) zijn eigen transportkanaal heeft. De verplaatsing door de transportkanalen komt tot stand op basis van diffusie.

5.7.5 Tot slot

De overall-reactie tijdens de gluconeogenese ziet er als volgt uit[256]:

$$2 \text{ pyruvaat} + 6 \text{ ATP} + 2 \text{ NADH} + 2 \text{ H}^+ \rightarrow \text{glucose} + 6 \text{ ADP} + 2 \text{ NAD}^+ + 6 \text{ P}_i$$

De opbrengst (uitgaande van één glucosemolecuul) tijdens de glycolyse bedraagt (zie Paragraaf 5.3.4) twee ATP-moleculen en nog eens twee NADH-moleculen. De nieuwvorming van eenzelfde glucosemolecuul kost op basis van de gluconeogenese echter zes ATP-moleculen en twee NADH-moleculen.

---

[255] Zie ook Tekstbox 5.4 – het regeleiwit fosfofructokinase in Paragraaf 5.3.
[256] P_i is een afkorting voor de anorganische PO_4^{3-} groep.

5.8 Vetzuursynthese

De vetzuursynthese vindt plaats op basis van een systeem van ketenverlenging, waarbij de bestaande keten telkens (door middel van het doorlopen van een verlengingscyclus) met twee koolstofatomen wordt verlengd. Het systeem van een 'cyclische' ketenverlenging doet vermoeden dat de vetzuursynthese een omkering is van de β-oxidatie (zie Paragraaf 5.6.2.2). Het anabole proces (van vetzuursynthese) is ook vergelijkbaar met het katabole proces (de β-oxidatie). Het gaat om dezelfde bouwstenen, echter ... 'de metselaar gebruikt ander gereedschap dan de sloper' in een andere omgeving:

1. De β-**oxidatie** vindt bij zoogdieren plaats in peroxisomen en in de matrix van het **mito-chondrium**. De **vetzuursynthese** verloopt in het **cytosol** en in het **glad endoplasmatisch reticulum**.
2. De enzymen van de β-oxidatie zijn 'afzonderlijke entiteiten', die gecodeerd worden door 'afzonderlijke genen'. De vetzuursynthese daarentegen wordt gefaciliteerd door één groot multifunctioneel enzym, de **vetzuursynthase**.
3. Tijdens de synthese blijft de groeiende vetzuurketen steeds covalent gekoppeld aan de vetzuursynthase. Tijdens de β-oxidatie diffunderen de intermediairs direct in de matrix van het mitochondrium.
4. Tijdens de β-oxidatie worden $FADH_2$ en NADH gevormd. Tijdens de vetzuursynthese wordt NADPH verbruikt (zoals bij alle anabole processen[257]). Zo ook wordt de functie van CoA tijdens de verbranding, overgenomen door **ACP** (zie verderop) in de opbouw van vetzuren.
5. De ketenverlenging tijdens de vetzuursynthese stopt op het moment dat de keten zestien koolstofatomen lang is. Het C16-vetzuur dat dan gevormd is heet **palmitaat**. Een verdere ketenverlenging (vetzuurelongatie) en/of het invoegen van dubbele bindingen (**desaturatie**: verlaging van de verzadigingsgraad) kan niet in het cytosol gebeuren. Elongatie en desaturatie vinden plaats in glad endoplasmatisch reticulum.

5.8.1 Het opstarten van de synthese

De vetzuursynthese begint met de vorming van **malonyl-CoA**. Dat klinkt eenvoudiger dan het is, want aan de vorming van malonyl-CoA gaat nog heel wat vooraf. Aan het begin van de citroenzuurcyclus (zie Paragraaf 5.4.2) wordt het pyruvaat in de matrix van het mitochondrium gekoppeld aan het CoA. Tijdens deze reactie wordt het **acetyl-CoA** gevormd.

Het acetyl-CoA vormt dan, op basis van condensatie met oxaalacetaat, **citraat**. Als de concentratie van het citraat hoog wordt diffundeert het citraat via een zogenoemde **citraattransporter** naar het cytosol. In het cytosol vindt dan de volgende reactie plaats, gefaciliteerd door het enzym **ATP-citraatlyase**:

---

[257] We spreken daarbij ook wel over 'reductieve biosynthese'.

$$\text{citraat} + \text{ATP} + \text{CoA} + H_2O \rightarrow \text{acetyl-CoA} + \text{ADP} + P_i + \text{oxaalacetaat}$$

Er worden in het cytosol **acetyl-CoA** en **oxaalacetaat** gevormd. Gelijktijdige hydrolyse van een ATP-molecuul levert de benodigde energie. Het **ATP-citraatlyase** wordt aangestuurd door het hormoon insuline en vormt een schakel tussen het koolhydraatmetabolisme en de biosynthese van vetzuren.

Het gevormde oxaalacetaat wordt vervolgens gereduceerd tot **malaat** (Figuur 5.58).

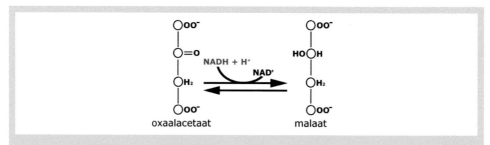

Figuur 5.58. Omzetting van oxaalacetaat in malaat. Zie ook Figuur 5.47. Oxaalacetaat (links) wordt met behulp van NADH en H+ (rood) en het enzym malaatdehydrogenase gereduceerd tot malaat (rechts).

Het malaat wordt op zijn beurt weer oxidatief gedecarboxyleerd tot **pyruvaat** (Figuur 5.59). Dit pyruvaat verdwijnt weer in de matrix van het mitochondrium[258].

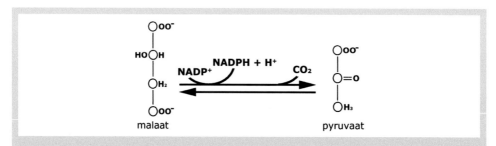

Figuur 5.59. Omzetting van malaat in pyruvaat. Oxidatieve decarboxylering van malaat (links) wordt uitgevoerd door *malic enzyme* (een andere malaatdehydrogenase dan Figuur 5.47 en 5.58) en levert NADPH en H+, CO_2 en pyruvaat (rechts).

Het transportmechanisme waarbij het citraat uit de matrix van het mitochondrium diffundeert naar het cytosol en het pyruvaat uiteindelijk weer wordt teruggevoerd in de matrix van

---

[258] Het pyruvaat wordt daar gecarboxyleerd tot oxaalacetaat.

het mitochondrium, staat bekend als de **citraat-pyruvaat** *shuttle*. Het netto resultaat van de citraat-pyruvaat *shuttle* is de vorming van cytosolisch acetyl-CoA[259].

Het cytosolisch acetyl-CoA wordt uiteindelijk geactiveerd door carboxylering tot **malonyl-CoA**. Deze irreversibele reactie wordt gefaciliteerd door het enzym **acetyl-CoA carboxylase** met ondersteuning van het coënzym **biotine**. Het biotine-coënzym bindt het CO_2 aan zich en bewerkstelligt op die manier dat er een reactieve CO_2-groep ontstaat. Daarna pas kan de vorming van malonyl-CoA plaatsvinden:

$$CO_2\text{-biotine-enzym} + \text{acetyl-CoA} \rightarrow \text{Malonyl-CoA} + \text{biotine-enzym}$$

Bovenstaande reactie is te beschouwen als de start van de vetzuursynthese. Het acetyl-CoA en het malonyl-CoA zijn beide de eerste bouwstenen in de synthese van de vetzuren. De bouwstenen worden op sleeptouw genomen door het zogenaamde **ACP** (*acyl carrier protein*), of in gewoon Nederlands: een **acyl-transporteiwit**. Die koppeling aan het ACP komt tot stand doordat ACP en CoA van plaats verwisselen:

$$\text{acetyl-CoA} + \text{ACP} \rightarrow \text{acetyl-ACP} + \text{CoA}$$

$$\text{malonyl-CoA} + \text{ACP} \rightarrow \text{malonyl-ACP} + \text{CoA}$$

5.8.2 De vetzuursynthese in schema

De vetzuursynthese bestaat uit de volgende stappen:
1. De eerste stap (Figuur 5.60) is, zoals eerder aangegeven, de **carboxylering** van het **acetyl-CoA** tot **malonyl-CoA**. De reactie is onomkeerbaar en bepaalt zowel de start als de snelheid van de vetzuursynthese.

Figuur 5.60. Vorming van malonyl-CoA. De omzetting van acetyl-CoA (links) in malonyl-CoA (rechts) door acetyl-CoA carboxylase is de eerste 'verplichte' stap in de vorming van vetzuren. De carboxylering gaat ten koste van ATP en het product is niet alleen bouwsteen van vetzuren, maar tevens remmer van de carnitine *shuttle* (Figuur 5.53) zodat vetzuurafbraak niet tegelijk met de opbouw plaatsvindt.

[259] Het mitochondriaal acetyl-CoA is op een slimme manier vanuit de matrix van het mitochondrium naar het cytosol getransporteerd.

2. Vervolgens (Figuur 5.61) vindt bij beide de omwisseling plaats van het CoA en het ACP. Deze reacties worden mogelijk gemaakt door respectievelijk **acetyl transacylase** en **malonyl transacylase**.

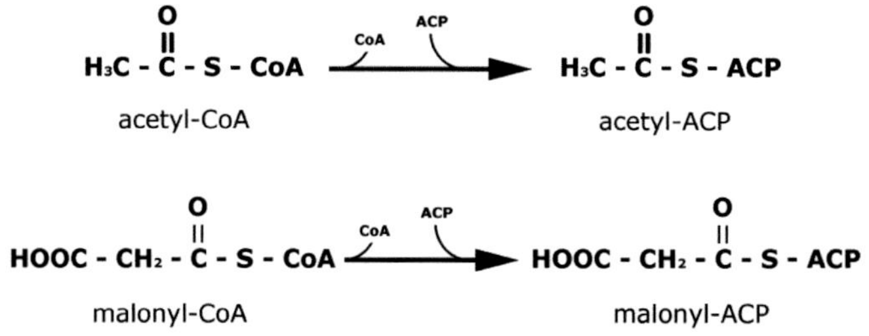

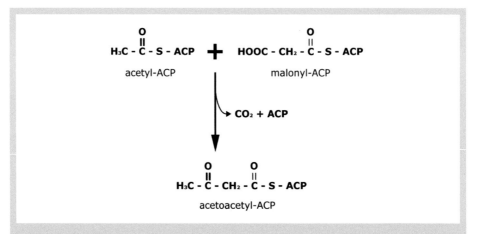

Figuur 5.61. Vorming acetyl-ACP en malony-ACP. ACP staat voor *acyl carrier protein*. Deze drager neemt de acylgroepen over van de CoA thioesters met behulp van de enzymen acetyl-transacylase (bovenste reactie) en malonyl-transacylase (onderste reactie).

3. Met de samenvoeging van het acetyl-ACP en het malonyl-ACP (Figuur 5.62) start een **cyclus** van vier reacties die verantwoordelijk zijn voor de ketenverlenging in de vetzuursynthese. De eerste van de vier reacties betreft de genoemde samenvoeging ofwel **condensatie**:

Figuur 5.62. Vorming acetoacetyl-ACP. De vier stappen van de ketenverlenging zijn te beschouwen als β-oxidatie in omgekeerde richting. Waar in de oxidatie een acetylgroep eruit rolt, gaat deze er hier in. Het resultaat van de eerste condensatie is acetoacetyl-ACP, een C4 eenheid (onder).

De bouwstenen van het leven

4. Vervolgens (Figuur 5.63) vindt er **reductie** plaats van het ontstane intermediair. Hierbij wordt NADPH verbruikt.

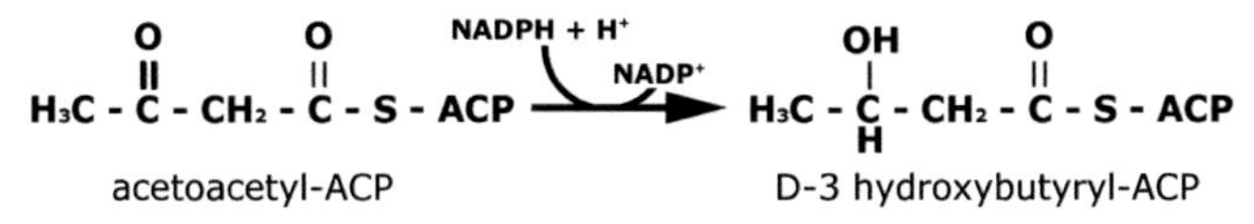

Figuur 5.63. Vorming van D-3-hydroxybutyryl-ACP. Niet alleen de stappen zijn omgekeerd ten opzichte van de β-oxidatie, ook de stereoisomerie is anders. Waar in de β-oxidatie de L-vorm voorkomt (hydroxyacyl-CoA, het product van de hydratase stap in Figuur 5.54) is dat in de vetzuursynthese de D-vorm. Zo ook D-3-hydroxybutyryl-ACP (rechts).

5. De reductie wordt direct gevolgd door een **dehydratie** (Figuur 5.64) van het intermediair.

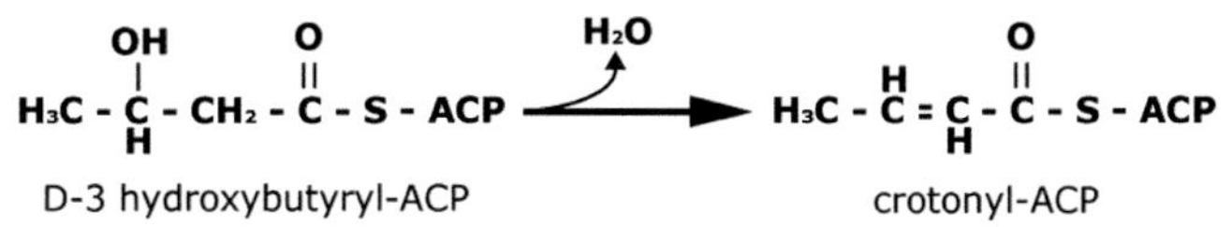

Figuur 5.64. Vorming van crotonyl-ACP. Onder afsplitsing van water vormt zich crotonyl-ACP (rechts).

6. De cyclus eindigt (Figuur 5.65) met opnieuw een **reductie**, waarbij NADPH wordt verbruikt.

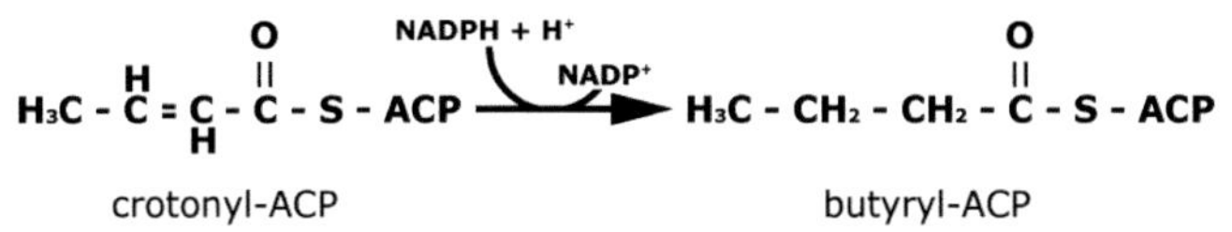

Figuur 5.65. Vorming van butyryl-ACP. De voltooiing van een syntheseronde, zoals gekatalyseerd door vetzuursynthase, levert butyryl-ACP (rechts) onder oxidatie van NADPH en H+ tot NADP+.

Het butyryl-ACP (met een keten die twee koolstofatomen langer is dan de keten van het oorspronkelijke acetyl-ACP) kan weer worden samengevoegd met een malonyl-ACP-molecuul. Daarmee start een nieuwe cyclus van ketenverlenging en keert het proces weer terug naar stap 3 (Figuur 5.62) in het schema. De condensatie in stap 3 wordt telkens weer gevolgd door een reductie, een dehydratie en weer een reductie (de stappen 4, 5 en 6). Dit cyclisch proces stopt zodra het **palmitaat** (C16) is gevormd.

Voor de synthese van vetzuren met een **oneven** aantal koolstofatomen in de keten wordt begonnen met de vorming van **propionyl-ACP** (Figuur 5.66) in plaats van acetyl-ACP. Het propionyl-ACP beschikt in de keten over één koolstofatoom meer dan het acetyl-ACP.

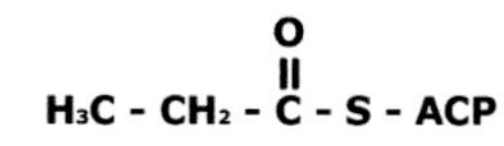

$$H_3C - CH_2 - \overset{\overset{\displaystyle O}{\|}}{C} - S - ACP$$

Figuur 5.66. Propionyl-ACP. Bouwsteen voor vetzuren met oneven aantal koolstofatomen.

5.8.3 Vetzuurmetabolisme

Vetzuren worden veresterd aan glycerol en vormen aldus een belangrijk bestanddeel van de biologische membranen (fosfolipiden). Tijdens de interfase van een cel worden de membraan-lipiden voortdurend vervangen en tijdens de delingsfase en tijdens de groei moeten zelfs lipiden extra worden bijgemaakt.

De vetzuursynthese komt ook op gang indien er een teveel is aan ATP-moleculen. De gevormde vetten worden opgeslagen als triglyceriden in de vorm van kleine intracellulaire vetdruppeltjes. Zij vormen gezamenlijk een energievoorraad, die naar behoefte kan worden aangesproken. De opgeslagen energie komt dan weer vrij via de β-oxidatie en verdere verbranding in de citroenzuurcyclus, gevolgd door de oxidatieve fosforylering.

De rol van het malonyl-CoA in het kader van de vetzuursynthese mag op het einde van deze paragraaf als bekend worden verondersteld. Hetzelfde malonyl-CoA speelt ook een rol als allosterische remmer van de β-oxidatie. Het malonyl-CoA is dus een belangrijk sturend mole-cuul in het vetzuurmetabolisme.

5.8.4 Vetzuurelongatie en desaturatie

De uitkomst van de vetzuursynthese (Paragraaf 5.8.2) is palmitaat met een keten van 16 kool-stofatomen. Dit is natuurlijk in lang niet alle gevallen een gewenste uitkomst. Ten eerste zal er soms behoefte zijn aan vetzuren met een langere keten dan die van palmitaat en ten tweede kan het gewenst zijn om op sommige plaatsen de vetzuurstaart te voorzien van 'onverzadigde' dubbele bindingen.

De verlenging van palmitaat vindt plaats in het glad endoplasmatisch reticulum. Malonyl-CoA is ook hier de bouwsteen. Het draagt er toe bij dat de verlenging of elongatie met telkens twee koolstofatomen kan doorgaan. Deze elongatie wordt mogelijk gemaakt door de aanwezigheid van zogenaamde elongerende enzymen. De belangrijkste hiervan is **langeketenvetzuurelongase 6**.

Deze enzymen, evenals de enzymen die verantwoordelijk zijn voor de desaturatie, bevinden zich in de membraan van het glad endoplasmatisch reticulum. Het **stearoyl-CoA-desaturase 1** is wel het belangrijkste enzym dat betrokken is bij de desaturatie.

Bij de mens is de mogelijkheid van desaturatie beperkt. De mens heeft geen enzymen om dubbele bindingen op plaatsen meer dan negen koolstofatomen verwijderd vanaf de COO⁻-terminus te maken. Dat is precies de reden waarom het **linolzuur** (linoleaat) en het **linoleenzuur** (linolenaat) **essentiële vetzuren** worden genoemd. De mens kan ze zelf niet maken. De dubbele bindingen die worden aangebracht zijn allemaal cis-dubbele bindingen (zie Paragraaf 1.5.1.1).

5.8.5 Omega-vetzuren

Over de nomenclatuur van de vetten is het nodige gezegd in Paragraaf 1.5.1.2. Bepaald is op die plaats dat de nummering van de koolstofatomen van een vetzuur start bij het koolstofatoom van de carboxylgroep. Er bestaat ook een omega-indeling voor de vetten. Vanwege de populariteit van deze indeling wordt hier wat aandacht aan die indeling geschonken.

Bij de omega-indeling wordt uitgegaan van een telling vanaf de -CH₃-terminus. Juist andersom dus in vergelijk wat hierover verteld is in Paragraaf 1.5.1.2. De omega-vetten worden ingedeeld op basis van de positie van de eerste dubbele binding -C=C-.

Als voorbeeld geldt het omega-3-vetzuur. Dat heeft zijn eerste dubbele binding -C=C- op een afstand van drie koolstofatomen uitgaande van de -CH₃-terminus. Het omega-6-vetzuur heeft zijn eerste dubbele binding -C=C- op een afstand van zes koolstofatomen uitgaande van de -CH₃-terminus, etc.

Van de omega-3-vetten is bekend dat zij de beweeglijkheid van de membranen verhogen (vloeibaarder maken) en dat zij in die zin goed zijn voor hart en bloedvaten. De positieve effecten van het gebruik van omega-6-vetten raken (op basis van recente onderzoeken) steeds meer omstreden.

Hoofdstuk 6

6.1 Materiaaluitwisseling

6.2 Celcommunicatie

6.1 Materiaaluitwisseling

Voor een goed functioneren van de cel is de uitwisseling van materie (atomen, ionen en molecuIen[260]) van levensbelang. De uitwisseling van materie kan gezien worden als een eenvoudige vorm van 'communicatie met de omgeving'. Die uitwisseling impliceert een passage door de celmembraan. Een passage door een membraan dat er juist is om allerlei zaken gescheiden te houden! Het gevolg is dat de celmembraan eerder een barrière dan een doorgang zal bieden.

De celmembraan, een voorbeeld van een *lipid bilayer*, bestaat uit een dubbele laag fosfolipiden. De dubbele laag wordt gekenmerkt door aan weerszijden een buitenkant van hydrofiele fosfaatgroepen en een tussenruimte van in elkaar geschoven hydrofobe vetzuurstaarten of koolwaterstofstaarten, zoals aangegeven in Figuur 6.1.

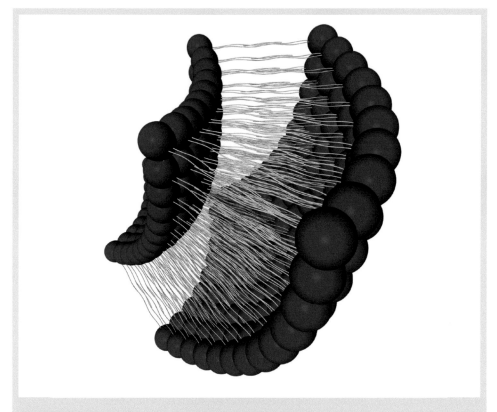

Figuur 6.1. Fragment uit een membraan. Een dubbellaag fosfolipiden, elk met een hydrofiele kop (blauwe bollen) en hydrofobe vetzuurstaarten (gele sliertjes).

---

[260] Denk hierbij aan suikers, aminozuren, nucleotiden en de vele tussenproducten als gevolg van het celmetabolisme (celmetabolieten).

Of een atoom, een ion of een molecuul de *lipid bilayer* kan passeren en in welk tempo dat geschiedt, wordt bepaald door:
- de grootte ervan; en
- de 'aantrekkingskracht' tot water:
  - non-polaire hydrofobe stoffen passeren[261] via de hydrofobe tussenruimte van de membraan;
  - polaire hydrofiele ionen en moleculen kunnen de celmembraan niet zonder meer passeren.

De *lipid bilayer* is dus **selectief permeabel**.

Een voorlopige grove indeling laat zien dat het transport op moleculair niveau kan plaatsvinden op de volgende manieren:
- dwars door de celmembraan heen tussen de fosfolipiden door;
- via speciale **integrale membraaneiwitten** of **transporteiwitten**;
- en op basis van membraanfusie.

Daarbij verdienen met name de transporteiwitten een introductie alvorens bovenstaande grove indeling nader uit te werken.

6.1.1 Transporteiwitten

Integrale transporteiwitten zijn membraanbrede eiwitten, die een fysieke doorgang door de membraan mogelijk maken. Sommigen vormen daarbij een open tunnel. Anderen kunnen de tunnel naar wens openen of sluiten met behulp van een klepje. En weer andere verplaatsen de materie door een vormverandering, een soort 'peristaltiek': het idee van een 'hap-slik-weg' beweging na opname in het inwendige van het eiwit.

De membraangeïntegreerde transporteiwitten kunnen op basis van beschreven verschillen worden ingedeeld in:
- *channel proteins* (de 'tunnel-achtigen' al of niet met afsluitklepje); en
- de **transporters** (de 'hap-slik-weg' typen).

6.1.1.1 *Channels*

Channels zijn buisvormig, in de vorm van een rietje/tunnel. Ze vormen als het ware poriën in de celmembraan. Deze poriën staan ionen toe de celmembraan te passeren.

---

[261] De passage is wel afhankelijk van de mate van hydrofobie. Als ze té hydrofoob zijn lossen ze niet op in water en kunnen ze de membraan niet meer verlaten.

De bouwstenen van het leven

Een concentratieverschil van ionen levert behalve een concentratiegradiënt ook een elektrische gradiënt op. De samengestelde gradiënt wordt aangeduid als de **elektrochemische gradiënt**. Voor ionen is de elektrochemische gradiënt de drijvende kracht voor transport.

Kleine hydrofiele moleculen kunnen door die tunnel de membraan passeren. Sommige *channel proteins* (*water channels* of *aqueous pores* genoemd) hebben de tunnel altijd open (Figuur 6.2).

Figuur 6.2. Een *channel protein*. Het eiwit (groen) vormt een tunnel door de membraan (blauw en geel).

Andere *channel proteins* (*gated channels*) openen en sluiten de tunnel op 'commando' met behulp van een afsluitklepje (Figuur 6.3).

Figuur 6.3. Een transmembrane tunnel met afsluitklepje. Het kanaal (groen) kan open (links) en dicht (rechts) voor het transport van moleculen (rood).

6.1.1.2 Transporters

Transporters (ook *carriers, translocases* of *permeases* genoemd) verplaatsen selectief bepaalde moleculen door de membraan. Het molecuul dat versleept kan worden past exact op de **bindingsplaats** van het *carrier protein*. Na hechting van het molecuul aan het eiwit **verandert de vorm van het eiwit** (de 'hap-slik-weg' beweging[262]) en als gevolg daarvan wordt het molecuul verplaatst naar de andere kant van de membraan (Figuur 6.4).

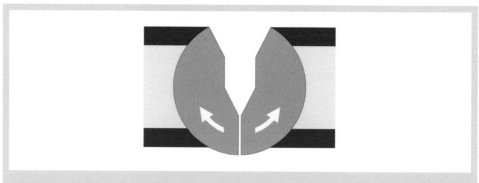

Figuur 6.4. Een *carrier*. Transporteiwit waarbij het transport plaatsvindt door vormverandering van het eiwit.

Met deze introductie van de membraantransporteiwitten wil niets anders gezegd zijn dan dat de celmembraan beschikt over meerdere mogelijkheden (tunnels, 'draaideuren', 'sluizen', etc.) voor passage van atomen, ionen en/of moleculen. Met die informatie vooraf is de volgende (en nu meer uitgewerkte) indeling met betrekking tot het transport door de celmembraan beter te volgen.

6.1.2 Het transport door de celmembraan

Ten aanzien van het transport van moleculen door de celmembraan onderscheiden we:
1. Een **passief transport** met de **concentratie gradiënt** als drijvende kracht (Figuur 6.5):
   - **eenvoudige diffusie** rechtstreeks en dwars door de *lipid bilayer*;
   - **gefaciliteerde diffusie** door de *channels (pores)*. Transport dus via de genoemde eiwitten en niet dwars door de *lipid bilayer*.

---

[262] Het molecuul dat getransporteerd gaat worden begeeft zich in het open centrum van de transporter (Figuur 6.4), waarna de transporter een vormverandering vertoont overeenkomstig de richting van de twee pijlen. Vervolgens kan het molecuul het centrum van de transporter aan de andere zijde van de membraan verlaten.

De bouwstenen van het leven

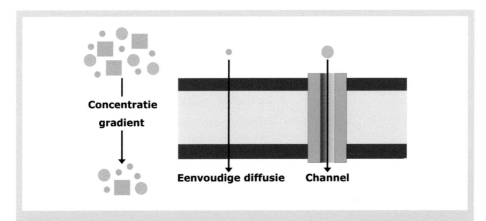

Figuur 6.5. Passief transport. Op basis van een concentratie gradiënt (links) zal transport plaatsvinden. Sommige moleculen (lichtgroen) diffunderen rechtstreeks door de membraan, andere (oranje) doen dat door een *channel protein* (rechts).

2. Soms moet een transport van materie plaatsvinden tegen de concentratie-gradiënt in (Figuur 6.6). Bijvoorbeeld om bepaalde voorraden in een cel op te bouwen. Het transport kan dan niet passief verlopen en kost dus **energie**. Gefaciliteerde verplaatsing tegen de concentratiegradiënt in is om die reden een **actief transport**. Een dergelijke transporter noemen we een *carrier*. Ook als er 'met de stroom (gradiënt) mee' getransporteerd wordt door een *carrier* spreekt men van actief transport.

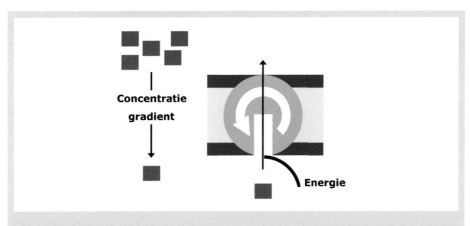

Figuur 6.6. Actief transport. Het molecuul (roze vierkantje) moet door de transporter (groen) tegen de concentratie gradiënt in gepompt worden. Dit kost energie.

3. Op basis van **membraanfusie** (Figuur 6.7). Hierbij worden tijdelijk blaasjes gevormd. Er is sprake van **endocytose** als materiaal op basis van membraanfusie binnen de cel wordt opgenomen (links in Figuur 6.7) en van **exocytose** als het omgekeerde plaatsvindt (rechts in Figuur 6.7).

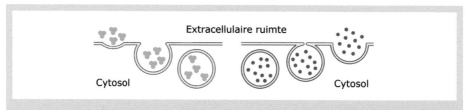

Figuur 6.7. Uitwisseling van moleculen via membraanfusie. Blaasjes (*vesicles*) kunnen worden gevormd (links, endocytose) of opgaan in de membraan (rechts, exocytose).

6.1.2.1 Het passieve transport

Diffusie

Op dit punt verwijzen we naar wat in Paragraaf 2.1.2.3 hierover is vermeld onder het kopje 'Diffusie'. Als er diffusie plaatsvindt tussen twee oplossingen die zich aan weerszijden van een celmembraan bevinden, kan het diffusieproces vertraagd worden, doordat niet alle moleculen even gemakkelijk de membraan kunnen passeren. Hydrofobe moleculen, zoals steroïde hormonen en sommige antibiotica, diffunderen **eenvoudig** en direct door de *lipid bilayer*. Echter, de meeste moleculen passeren **gefaciliteerd** door *channels* of *transporters* de celmembraan. Water bijvoorbeeld diffundeert door speciale waterporiën, de zogenoemde **aquaporines**.

Osmose[263]

Tijdens de osmose verplaatsten watermoleculen zich van de omgeving met de hogere waterconcentratie naar de omgeving met de lagere waterconcentratie. Anders gezegd: de watermoleculen verplaatsen zich van een hypotone omgeving naar een hypertone omgeving. De watermoleculen maken ook hierbij weer gebruik van de aquaporines.

---

[263] Ook hier verwijzen we naar Paragraaf 2.1.2.3.

6.1.2.2 Het actieve transport

Tijdens het actieve transport kunnen atomen, ionen of moleculen verplaatst worden tegen de elektrochemische gradiënt (van die stoffen) in. Dit transport kost energie en kan alleen gefaciliteerd worden door speciale *transporters* die gekoppeld zijn aan een energiebron:

- *Coupled transporters*. De energie die vrijkomt bij een gefaciliteerde passief transport wordt direct ingezet om een actief transport (tegen de elektrochemische gradiënt in, bijvoorbeeld) mogelijk te maken. De *coupled transporters* zijn in te delen in twee typen:
  - *Symporter*. Het ion (vaak een Na^+ ion of een proton) dat gefacilteerd passief de celmembraan passeert, verplaatst zich gelijktijdig en in **dezelfde richting** als het molecuul (bijvoorbeeld glucose) dat actief de celmembraan passeert (bijvoorbeeld tegen de concentratiegradiënt in).
  - *Antiporter*. Het ion (vaak een Na^+ ion of een proton) dat gefacilteerd passief de celmembraan passeert, verplaatst zich gelijktijdig maar in **tegengestelde richting** als het molecuul of ion (bijvoorbeeld Ca^{2+}) dat de celmembraan passeert (bijvoorbeeld tegen de concentratiegradiënt in).
- *ATP-driven pumps*. Hydrolyse van het ATP (waarbij $ADP+P_i$ gevormd worden) levert de energie voor het actieve transport.
- *Light-driven pumps*. De benodigde energie wordt geleverd door licht. Deze vorm van actief transport komt hoofdzakelijk voor bij bacteriën en archaea. Het betreffende eiwit is in staat lichtenergie om te zetten in de energie die nodig is om een bepaald transport te faciliteren.

De permease of transporter (*carrier protein*), die met behulp van ATP actieve transporten verzorgt wordt een **pomp** (*pump*) genoemd. Een heel belangrijk 'actief transport eiwit' in dierlijke cellen is de **kalium/natrium-pomp.**

Symporter

Kleine moleculen zoals glucose of aminozuren kunnen actief (tegen de concentratie-gradiënt in) verplaatst worden van buiten naar binnen de cel. Soms is dat actief transport nodig om voorraden op te bouwen.

Bij dit actieve transport wordt elk molecuul glucose 'vergezeld' door een zogenaamde *counterion* (een ion dat meereist ter handhaving van het elektrochemisch evenwicht). In dit voorbeeld is dat het Na^+ ion. Dit *counterion* wordt gefaciliteerd passief (op basis van de bestaande concentratiegradiënt) verplaatst.

Het glucose (blauw in Figuur 6.8) en het *counterion* (rood Figuur 6.8) verplaatsen zich gelijktijdig en in dezelfde richting van buiten de cel naar binnen door hetzelfde membraanbrede eiwit: de *symporter*. Dit transport vereist een lage Na^+ concentratie in de cel.

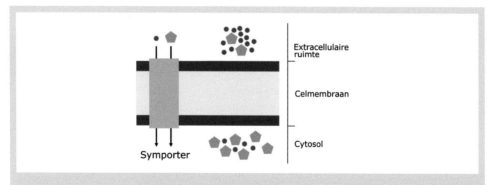

Figuur 6.8. *Symporter.* Transport op basis van een concentratiegradiënt faciliteert een ander transport, tegen de concentratiegradiënt in, in dezelfde transportrichting.

De benodigde lagere Na^+ concentratie wordt bewerkstelligd door de kalium/natrium-pomp (zie verderop).

Antiporter

Calcium (Ca^{2+} ion) moet actief (tegen de concentratiegradiënt in) verplaatst worden van binnen naar buiten de cel. Ook tijdens dit actieve transport treedt het Na^+ ion op als het *counterion*. Het Na^+ ion wordt ook nu weer gefaciliteerd passief (op basis van de bestaande concentratiegradiënt) verplaatst.

Het Ca^{2+} ion (groen in Figuur 6.9) en het *counterion* (rood in Figuur 6.9) verplaatsen zich nu gelijktijdig maar in tegengestelde richting door hetzelfde transmembrane eiwit: de *antiporter*.

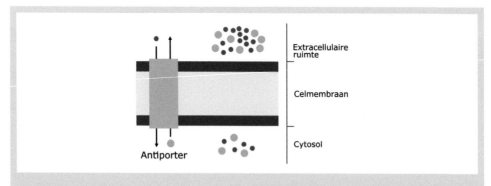

Figuur 6.9. *Antiporter.* Transport op basis van een concentratie gradiënt faciliteert een ander transport, tegen de concentratie gradiënt in, in de tegenovergestelde transportrichting.

Het principe wordt verduidelijkt aan de hand van een voorbeeld: de **carbonaat-buffer**, zoals besproken in Paragraaf 2.1.2.2. Waar de carbonaat-buffer in zijn volle omvang actief is bij de handhaving van de pH waarde in het bloed (**arteriële pH**), daar beperkt een cel zich voor de handhaving van de **cytosolische pH** tot een uitwisseling van het waterstofcarbonaation (HCO_3^-). Speciaal voor die uitwisseling zitten in de celmembraan een tweetal antiporters:

- Een antiporter kan een Na^+ ion samen met een HCO_3^- ion binnenlaten onder afgifte van een Cl^- ion. Dit eiwit heet de **Na^+ HCO_3^-/Cl^- antiporter**. Ionenuitwisseling via deze antiporter verhoogt de H^+ concentratie en verlaagt dus de cytosolische pH. Deze uitwisseling komt op gang als de cytosolische pH de waarde 7,5 of hoger bereikt.
- Een andere antiporter exporteert een HCO_3^- ion in ruil voor een Cl^- ion. De activiteit van deze **anion-antiporter** verlaagt de cytosolische H^+ concentratie en verhoogt dus de cytosolische pH. De anion-antiporter wordt actief zodra de cytosolische pH 7,2 of lager wordt.

De kalium/natrium-pomp

Het is duidelijk dat het Na^+ ion vaak dient als *counterion*. Het transport van het *counterion* is vaak de energetische tegenprestatie om het actieve transport van een ander molecuul of ion mogelijk te maken.

Door de veelvuldige inzet van het Na^+ ion als *counterion* zal de concentratie van het Na^+ ion in de cel toenemen. Het gefaciliteerd passief verplaatsen van een *counterion* vereist daarentegen juist een lage concentratie van het Na^+ ion in de cel. De balans tussen deze tegenstrijdigheden wordt gereguleerd door de kalium/natrium-pomp.

De kalium/natrium-pomp is een **membraanoverbruggend eiwit** of transmembraaneiwit, dat werkt op basis van een enzym-substraat reactie. In dit geval leidt de koppeling van het substraat aan het enzym ertoe dat een gebonden stof (ion of molecuul) naar de andere zijde van het eiwit (en dus naar de ander zijde van het membraan) wordt verplaatst. De genoemde koppeling van het substraat aan het enzym veroorzaakt namelijk een vormverandering (conformatie verandering) met de genoemde verplaatsing als gevolg.

Het substraat is in dit geval de fosfaatgroep die vrijkomt tijdens de hydrolyse van het ATP.

De werking van de kalium/natrium-pomp (Figuur 6.10) is dan als volgt:
1. De kalium/natrium-pomp pikt (bij een stijgende concentratie) in de cel **drie Na^+** ionen op.
2. ATP splits een fosfaatgroep af. De fosfaatgroep koppelt zich aan het eiwit (de kalium/natrium-pomp). Deze koppeling van het substraat aan het enzym levert energie op.
3. Het eiwit (kalium/natrium-pomp) verandert daardoor van vorm wat leidt tot het vrijgeven (*release*) van de Na^+-ionen buiten de cel.
4. Buiten de cel pikt de kalium/natrium-pomp **twee K^+** ionen op.
5. De fosfaatgroep wordt ontkoppeld van het eiwit (de kalium/natrium-pomp).
6. Het eiwit (de kalium/natrium-pomp) krijgt weer zijn oorspronkelijke vorm en de K^+-ionen worden in de cel vrijgegeven.

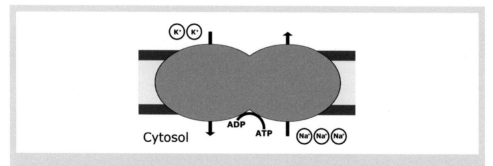

Figuur 6.10. De kalium/natrium-pomp. Een transporteiwit dat ATP gebruikt voor de sequentiele *shuttle* ('ping pong') van 3Na⁺ naar buiten en 2K⁺ naar binnen.

Hoewel Figuur 6.10 dat misschien suggereert verlopen de twee transporten niet gelijktijdig, maar zoals in de tekst is aangegeven, na elkaar (ook wel aangeduid met 'ping-pong mechanisme').

De kalium/natrium-pomp veroorzaakt uiteindelijk een hogere Na^+-concentratie buiten de cel, een hogere K^+-concentratie binnen de cel en een grotere elektrische positiviteit[264] buiten de cel. Dit verschil in ionconcentraties en elektrische lading, het **elektrisch potentiaal**[265] (verschil) is belangrijk voor het functioneren van **zenuw- en spiercellen** bij dieren.

6.1.2.3 Membraanfusie

Een bijzondere vorm van materie-uitwisseling vindt plaats op basis van fusie van of fusie met het celmembraan. Er is sprake van *endocytosis* indien materie op deze wijze naar binnen wordt gehaald. Export van materie op basis van fusie met het celmembraan staat bekend als *exocytosis* (zie Figuur 6.7).

Vesikel transport

Door middel van *endocytosis* (Tekstbox 6.1) halen cellen macromoleculen, vreemde partikels en zelfs andere cellen binnen. Daartoe wordt het betreffende materiaal omsloten door een klein gedeelte van de celmembraan, dat steeds verder 'de buit' omsluit om uiteindelijk zichzelf 'af te binden' waarbij een **endocytosevesikel** of **endosoom** (blaasje) wordt gevormd. Hierin bevindt zich dan de macromolecuul of het vreemde partikel.

---

[264] Er gaan telkens anderhalve keer zoveel positieve ionen naar buiten als positieve ionen naar binnen.
[265] Bedraagt normaal -70 mVolt.

De bouwstenen van het leven

Tekstbox 6.1. Endocytose.

Twee typen *endocytosis* worden onderscheiden:
- *phagocytosis*; en
- *pinocytosis*.

In het geval van fagocytose worden grote deeltjes opgenomen in grote vesikels. Deze grote vesikels worden *phagosomes* genoemd. Zij zijn over het algemeen groter dan 250 nm in doorsnede. In het kader van de fagocytose wordt er gesproken over cellulair 'eten'.

Hiermee vergeleken gaat het bij *pinocytosis* eerder om cellulair 'drinken'. Vloeistoffen en daarin opgeloste stoffen worden naar binnen gehaald met *pinocytic vesicles*. Zij zijn ongeveer 100 nm in doorsnede. Niet om te onthouden (die getallen), maar om een idee omtrent de grootte te hebben.

Pinocytosis vindt vaak plaats. Een macrofaag bijvoorbeeld neemt per uur 25% van het cytosolvolume op aan vloeistof.

Het materiaal dat door endocytose in de cel wordt opgenomen wordt uiteindelijk afgevoerd naar de **lysosomen**[266]. De route daarheen verloopt via het verplaatsen van **endosomen**.

Een endosoom is dus een klein cellulair compartiment ('blaasje') begrensd door een membraan. Dit membraan is afkomstig van het celmembraan. We onderscheiden twee typen endosomen:
- *Early endosomes* of *endocytic vesicles* overeenkomstig de hierboven gegeven omschrijving.
- *Late endosomes* die zich van de *early endosomes* onderscheiden door een lage interne pH.

De *early endosomes* fuseren met de *late endosomes* en storten met de fusie de inhoud over. Hetzelfde gebeurt daarna tussen het *late endosome* en het lysosoom. In de lysosomen wordt alles verteerd[267]. Wat eventueel resteert wordt door middel van *exocytosis* weer buiten de cel gebracht. Bij dit **vesikeltransport** (Figuur 6.11) zijn alle 'membraan-organellen' betrokken. Vooral het endoplasmatisch reticulum en het Golgi apparaat spelen daarbij een cruciale rol.

---

[266] Lysosomen zijn gespecialiseerd in het afbreken van macromoleculen. De lysosomen bevatten unieke membraaneiwitten en een breed scala aan oplosbare hydrolytische enzymen, die optimaal functioneren bij een pH van 5. Het membraan van elk lysosoom beschikt over een H^+ pomp om die zuurgraad te krijgen en vast te houden. De wegen die leiden vanaf het celmembraan naar de lysosomen beginnen met het proces endocytose.
[267] Door de aanwezige verteringsenzymen. Het lysosoom is te beschouwen als de 'celmaag'. Door de controle over de pH in het lysosoom wordt voorkomen dat het lysosoom zichzelf opeet.

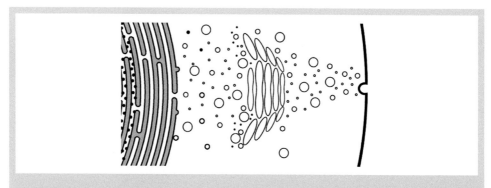

Figuur 6.11 Vesikeltransport. De uitwisseling van membraanblaasjes tussen het endoplasmatisch reticulum (links), het Golgi apparaat (midden) en de celmembraan (rechts). Het
transport van moleculen op deze manier kan beide kanten op.

Het vesikeltransport geeft op die manier gestalte aan de *biosynthetic-secretory pathways* en
endocytic pathways (Figuur 6.12)[268]:

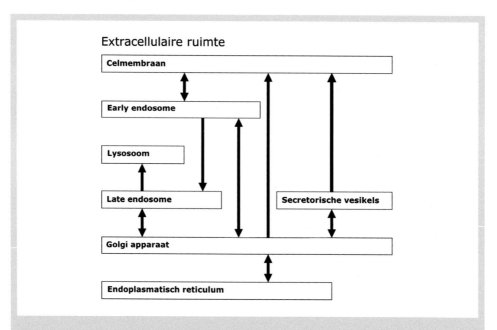

Figuur 6.12. De mogelijke routes tijdens de endocytose. *Early endosome* en *late endosome*
zijn vesikelstadia die kunnen eindigen als lysosoom, welke is te beschouwen als een dierlijk equivalent van vacuoles in planten.

---

[268] Deze figuur is ontleend aan 'Molecular Biology of the Cell', 5th edition van B. Alberts, A. Johnson, J. Lewis,
M. Raff, K. Roberts en P. Walter (2007).

Gelet op de endocytose (Figuur 6.12) is het lysosoom een duidelijk eindstation, maar voor de rest is er sprake van een dynamisch systeem van vesikelvorming van de celmembraan naar binnen en van binnenuit naar buiten de cel. Een beetje het idee van dansende gasbelletjes in de frisdrank. Maar dan op een speciale manier. Bruisend in twee richtingen tussen de verschillende membraanorganellen. Elke uitwisseling komt tot stand door membraanfusie.

Elke keer dat er een vesikel wordt gevormd, verdwijnt er een stukje membraan. Een macrofaag bijvoorbeeld neemt per uur 25% van het cytosol op aan vloeistof. Dat houdt in dat per minuut 3% van de celmembraan naar het inwendige van de cel verdwijnt. In ruim een half uur is dan de volledige celmembraan verdwenen!

Dit verlies wordt gecompenseerd door het omgekeerde proces: de fusie van een vesikel aan dezelfde membraan. Endocytose en exocytose kunnen met elkaar in evenwicht worden beschouwd. Er is sprake van een **endocytose/exocytose-cyclus**. Het tempo binnen die cyclus is opmerkelijk hoog (zie bovenstaand voorbeeld). Waarachtig een 'bruisend' geheel.

Coated pits

Sommige delen van de membranen zijn voorbestemd voor de inname van specifieke macromoleculen met behulp van endocytose. Zulke speciale delen van de membranen zijn aan de binnenzijde voorzien van een soort *coating* (proteïnen). De proteïnen (*coatings*) bevinden zich in het cytosol (donkergroene structuren in Figuur 6.13) en zijn middels een membraanoverbruggendeiwit gekoppeld aan extracellulaire receptoren. De extracellulaire receptoren selecteren de macromoleculen en vangen ze in voor transport. De macromoleculen koppelen zich aan de receptoreiwitten (lichtgroen in Figuur 6.13) die complementair van vorm zijn en worden met receptor en al de cel binnengehaald.

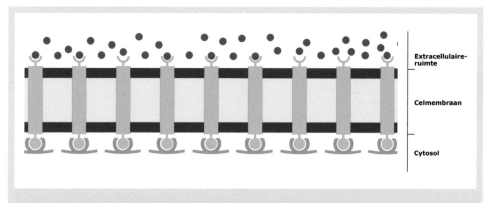

Figuur 6.13. *Coated* membraan. Een fragment van de celmembraan met receptoreiwitten (lichtgroen) waarvan het intracellulaire deel is voorzien van een *coating* (donkergroen). Te vervoeren moleculen (rood) worden herkend door de receptoren.

Het geheel (de celmembraan met macromoleculen en complementaire receptoren) wordt verpakt in een *coated vesicle* (Figuur 6.14).

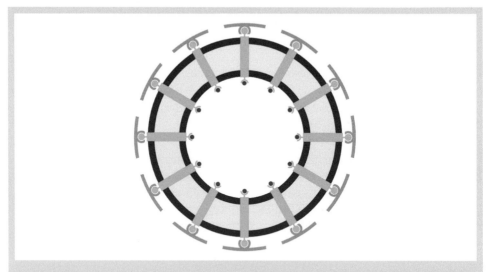

Figuur 6.14. *Coated pit.* Door endocytose (van de celmembraan met receptoreiwitten waarvan het intracellulaire deel is voorzien van een *coating*) ontstaat een *coated pit*.

In het cytosol wordt de vesikel ontdaan van de *coating* (de donkergroene structuur in Figuur 6.15) om membraanfusie mogelijk te maken. Na deze *uncoating* keren de *coatings* weer terug naar het celmembraan.

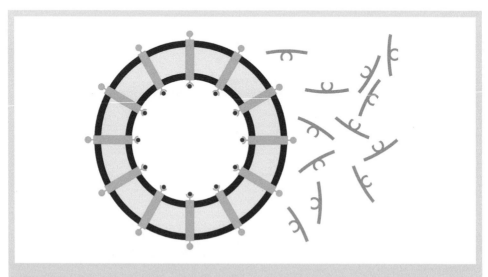

Figuur 6.15. *Uncoated vesicle.* De *coated pit* is ontdaan van de *coating*. De *coating* eiwitten (donkergroen) gaan weer naar de celmembraan.

De bouwstenen van het leven

De *uncoated vesicle* (Figuur 6.15) inclusief het receptor/molecuul-complex gaan richting endosoom. De ontkoppeling tussen de receptor en het molecuul vindt plaats in dat endosoom. Pas nu keert ook de receptor voor hergebruik terug naar de celmembraan terwijl het endosoom de macromoleculen aflevert bij het lysosoom.

Uiteindelijk bieden de *coatings* bescherming en vorm aan de vesikel. We spreken in dit geval van **vesikels met een coating** of *coated pits*. Op basis van de aanwezige proteïnen (*coatings*) worden drie typen *coated pits* of *coated vesicles* onderscheiden:
- clathrin-coated;
- *COPI coated;* en
- *COPII coated.*

De verschillende *coating*-typen hebben zo allemaal hun voorkeursplaatsen (Figuur 6.16) en eigen 'pendeldienst'. De *clathrin-coated vesicles* pendelen tussen het Golgi apparaat en de celmembraan. De *COPI* en *COPII coated vesicles* verzorgen het transport vanaf het endoplasmatisch reticulum en vanaf het Golgi apparaat.

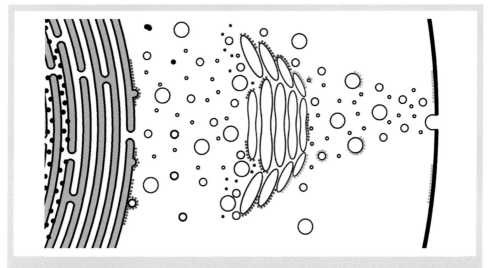

Figuur 6.16. Verschillende *coatings* op verschillende plaatsen. De coating eiwitten *clathrin* (groen), COP I (blauw) en COP II (rood) coaten de blaasjes op verschillende locaties.

De eiwitten (de verschillende *coating*-typen) zijn verbonden met (of gekoppeld aan) een receptor in de ruimte waar 'gevist' moet worden. De *clathrin-coated vesicles* bijvoorbeeld nemen specifieke macromoleculen op uit de extracellulaire vloeistof. Dit proces wordt aangeduid als *receptor mediated endocytosis.*

6.1.3 Materie-uitwisseling binnen meercellige organismen

Onder verwijzing naar hetgeen hierover geschreven is in Paragraaf 2.2.15 onder de kop 'Multi-cellulaire organismen', worden hier de *channel-forming junctions* in herinnering gebracht. Zij verzorgen in dierlijk cellen membraandoorgangen die de cytoplasma's van aangrenzende cellen met elkaar verbinden (Figuur 6.17). Deze *channels* maken de uitwisseling van kleine wateroplosbare moleculen mogelijk tussen twee aangrenzende cellen.

Figuur 6.17. *Channel-forming junction.* Een kanaal (groen) dat twee membranen overspant maakt rechtstreeks contact tussen de twee cytosolen (cytoplasma's) mogelijk.

Bij **plantencellen** zitten de cellen extra stevig en strak aan elkaar vast als gevolg van de aanwezige **celwand**. Ook hier treffen we tussen de cellen tunnels aan (zie Figuur 2.6). Door kleine openingen loopt het cytoplasma van de ene cel door in dat van de andere cel en omgekeerd. Deze cytoplasmabruggen worden **plasmodesmata** genoemd. Via de plasmodesmata vindt uitwisseling plaats van materiaal en zelfs van kleine organellen!!

6.2 Celcommunicatie

Alle cellen van alle organismen (eencelligen en meercelligen) zijn in staat te communiceren met de omgeving. Dit vermogen moet zich al zeer vroeg in de ontwikkeling van de oercel hebben gevormd. De meest basale uitwisseling is waarschijnlijk ontstaan als een reactie van de cel op de omgeving. Is er voedsel aanwezig? Veranderen de omgevingsfactoren? Is er een partner in de buurt? Een adequate reactie op dit soort signalen kan voor een cel het verschil maken tussen leven en dood.

Voor meercellige organismen is intercellulaire communicatie een absolute voorwaarde. Zonder 'onderling overleg' is het immers onmogelijk gezamenlijk op te trekken en complexe taken gecoördineerd uit te voeren (dergelijke taken zijn voor de ontwikkeling en overleving vaak van levensbelang).

In de communicatie tussen cellen is er altijd een cel die een signaal uitzendt, en een doelcel, die op het signaal reageert. De cel die een signaal uitzendt produceert een specifiek signaal-molecuul[269]. Het signaalmolecuul wordt een **ligand** genoemd. De 'doelcel' beschikt over een **receptorproteïne**.

Ten aanzien van de receptorproteïne maken we een onderscheid tussen:
1. een **intracellulaire receptor**; en
2. een *cell-surface receptor*.

6.2.1 Intracellulaire receptor

De intracellulaire receptorproteïne bevindt zich in het cytosol van de cel. Om een intracellu-laire receptorproteïne te kunnen activeren zal het ligand (de boodschapper) de celmembraan moeten passeren om zich in de cel te kunnen hechten aan de antenne van de receptorproteïne. Genoemde activering heeft een (vorm)verandering (Figuur 6.18) van het receptorproteïne tot gevolg.

Om de celmembraan te kunnen passeren komen bij dit type signaaloverdracht alleen liganden voor die **klein** genoeg zijn en **hydrofoob**.

---

[269] Cellen in meercellige organismen communiceren met behulp van honderden soorten signaalmoleculen: eiwitten, kleine peptiden, aminozuren, nucleotiden, steroïden (cholesterol-achtige lipiden), retinoïden (vitamine A verwante verbindingen), afgeleiden van vetzuren en zelfs gassen zoals NO (stikstof monoxide) en CO (koolstof monoxide).

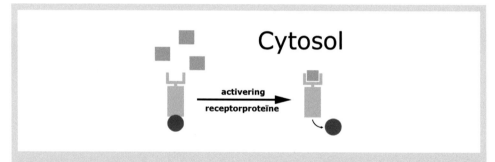

Figuur 6.18. Receptorwerking. Activering van de antenne van de receptor (groen) door een ligand (blauw) veroorzaakt een vormverandering van het receptoreiwit waardoor een ander molecuul (rood) kan worden vrijgegeven.

6.2.2 Cell-surface receptor

De hechting (tussen ligand en receptor) zal nu buiten de cel plaatsvinden en het ligand blijft[270] ook buiten de doelcel. De *cell-surface receptor* 'geleidt' het signaal door de celmembraan naar binnen. Het is het idee van: buiten druk je op de knop, dan gaat binnen de bel.

Het receptorproteïne (van het type *cell-surface receptor*) is een membraanbreed (integraal) eiwit (Figuur 6.19). Het verbindt als het ware de intracellulaire ruimte (het cytosol) met de extracellulaire ruimte. Het gedeelte dat in contact staat met de extracellulaire ruimte noemen we het **extracellulaire domein**. Het gedeelte van het receptorproteïne dat in contact staat met de intracellulaire ruimte noemen we het **intracellulair domein**.

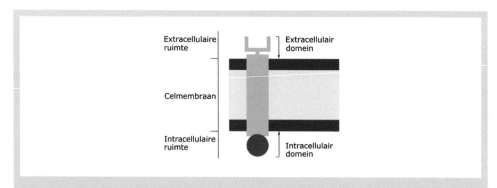

Figuur 6.19. Transmembraan receptoreiwit. De signaalverbinding tussen een extracellulair- en een intracellulair domein wordt verzorgd door een transmembraan receptoreiwit (groen), al dan niet met een gebonden *second messenger* molecuul (rood).

---

[270] Verwar dit dus niet met wat er geschreven is over de *coated pits*. Hier vindt geen endocytose plaats en het ligand wordt dus niet binnengehaald.

Het extracellulaire domein van het receptoreiwit bevat de antenne die complementair van vorm is met het ligand. De antenne vangt het signaal buiten de cel op en het receptorproteïne wordt geactiveerd door de koppeling tussen de antenne en het ligand. Door de activering van het receptorproteïne treedt er een verandering op van het intracellulaire domein van het receptorproteïne. Vaak betreft het een vormverandering. Met deze vormverandering is het signaal 'binnen' (Figuur 6.20).

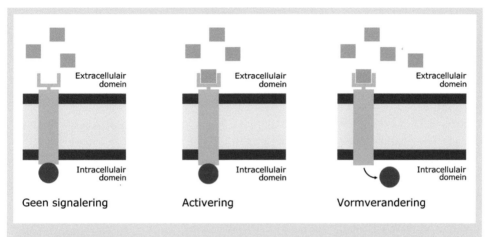

Figuur 6.20. Signaaltransductie. Een signaal aan de buitenkant (*first messenger*, blauw) zorgt via de vormverandering van het intracellulaire domein voor de afgifte van een signaal binnenin (rood).

Bij signalering door tussenkomst van een *cell-surface receptor* gaat het om liganden die zelf het celmembraan niet kunnen passeren, zoals **hydrofiele liganden**.

Binnen de groep van *cell-surface receptors* onderscheiden we drie types:
- **ionkanaalgekoppelde receptoren**;
- **G-eiwitgekoppelde receptoren**;
- **enzymgekoppelde receptoren**.

Ieder met hun eigen *transduction mechanism*[271] of **signal transduction pathway**.

6.2.2.1 Ionkanaalgekoppelde receptoren

Deze manier van signalering wordt bemiddeld door neurotransmitters (weergegeven als groene driehoekjes in Figuur 6.21) die kortstondig en snel een ionkanaal openen of sluiten. Hiermee wordt tijdelijk de iondoorgankelijkheid van het celmembraan ter plaatse veranderd en uiteinde-

---
[271] Systeem van signaal-omzetting.

lijk de 'prikkelbaarheid' van de doelcel. Dit type receptor is betrokken bij snelle *synaptic signaling* tussen zenuwcellen en andere elektrisch gevoelige doelcellen zoals zenuw- en spiercellen.

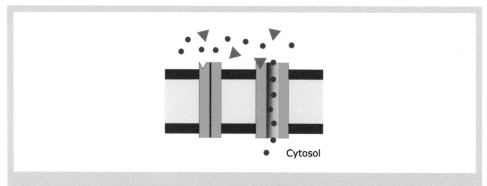

Cytosol

Figuur 6.21. Ionkanaalgekoppelde receptoren. Het algemene principe is beschreven bij Figuur 1.47. Voor *synaptic signaling* geldt dat de groene driehoekjes de neurotransimtters zijn, de rode bolletjes de ionen. Afhankelijk van de transmitter is het receptorkanaal inactief (links) of actief (rechts).

6.2.2.2 G-eiwitgekoppelde receptoren

De G-eiwitgekoppelde receptoren zijn de meest voorkomende *cell-surface* receptoren. De G-proteïnen[272] liggen, intracellulair, verankerd (covalent verbonden met lipidemoleculen) in de celmembraan, vlak naast de receptor waar ze mee samenwerken. De G-proteïnen worden door het intracellulaire domein van de receptor geactiveerd[273]. Het G-proteïne schakelt tussen de actieve en de inactieve vorm. Het geactiveerde G-proteïne triggert een **doelproteïne**. Dit doelproteïne is:
- een **enzym**; óf
- een **ionkanaal**.

Afhankelijk van het doelproteïne zijn er nu de volgende twee mogelijkheden:
1. Als het doelproteïne een enzym is, zal het geactiveerde enzym concentratie-veranderingen van kleine intracellulaire signaalmoleculen, zoals Ca^{2+} ionen en cyclisch AMP of **cAMP**[274], veroorzaken. Deze intracellulaire signaalmoleculen fungeren als *second messengers*.
2. ls het doelproteïne een ionkanaal is dan zal activering daarvan veranderingen in de ionpermeabiliteit van de celmembraan tot gevolg hebben.

---

[272] Drie proteïnen (waaronder een α subunit) gebonden tot een GDP-bevattend complex.
[273] Bij activatie wordt het GDP ingewisseld voor GTP. Het α-subunit/GTP-complex komt daarna vrij. Na 'gedane arbeid' wordt het GTP gehydrolyseerd tot GDP en begeven de α-subunit en het GDP-molecuul zich weer naar de inactieve G-proteïnen.
[274] Zie Paragraaf 3.5.3.1 Schakelaar II: regulatie van het glucose metabolisme.

De bouwstenen van het leven

Verderop wordt een voorbeeld uitgewerkt waarbij het doelproteïne een enzym is. In dit voorbeeld wordt de cel door de *first messenger* getriggerd om cAMP, de *second messenger* te produceren.

Het G-eiwit is schematisch als volgt opgebouwd. Het G-eiwit bevat een α-subunit met daaraan gekoppeld een GDP-molecuul. Het geheel zit (zoals gezegd) covalent verbonden aan de lipiden in de celmembraan (Figuur 6.22).

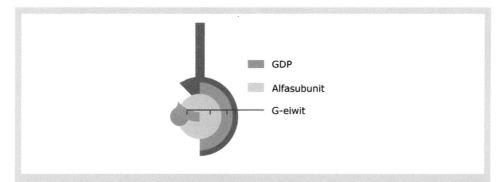

Figuur 6.22. Schematische weergave van het G-eiwit. Het G-eiwit bestaat uit verschillende subunits (grijs), waaronder de α-subunit welke GDP (blauw) kan binden. De uitloper naar boven dient voor de verankering in de membraan.

In situ, vlak naast het receptorproteïne geeft (in schema) dat het volgende beeld (Figuur 6.23).

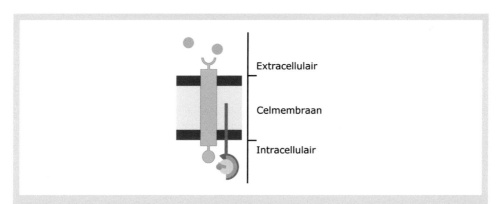

Figuur 6.23. Receptor en G-eiwit in de celmembraan. De receptor (lichtgroen) is een transmembraaneiwit, en het G-eiwit is aan de binnenzijde van de cel in de membraan verankerd, vlakbij de receptor. Donkergroene bolletjes zijn de liganden (extracellulair) ofwel *first messengers*.

In Figuur 6.24 komen in de extracellulaire ruimte de *first messengers* (donkergroen) voorbij (1). Doordat de *first messenger* zich koppelt aan de 'antenne' van de receptor (activering van de receptor) treedt er een vormverandering op van het intracellulaire domein (2).

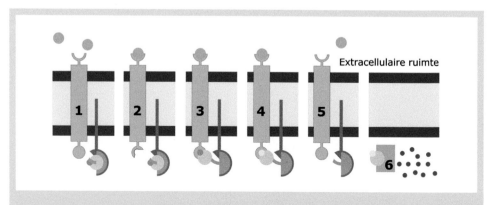

Figuur 6.24. G-eiwitgekoppelde signaaltransductie. Activering van de antenne (**1**) veroorzaakt een vormverandering van het receptoreiwit (**2**) en deze maakt een koppeling mogelijk tussen de receptor en het α-subunit/GDP-complex (**3**). Het GDP (blauw) wordt gefosforyleerd tot GTP (geel) (**4**) en het ligand (extracellulair) en het α-subunit/GTP-complex (intracellulair) komen vrij (**5**). Het α-subunit/GTP-complex activeert een enzym (groen) (**6**) tot de vorming van een *second messenger*, die de uiteindelijke celverandering tot stand brengt. Een voorbeeld van een intracellulaire signaaltransductie.

Door die vormverandering kan een deel van het G-eiwit (het **α-subunit/GDP-complex**) zich hechten aan dat intracellulaire domein (3). Na deze koppeling wordt het GDP-molecuul (blauw) gefosforyleerd tot een GTP-molecuul (geel; situatie 4 in Figuur 6.24). Op dat moment worden het ligand (*first messenger*) en het gevormde **α-subunit/GTP-complex** vrijgegeven. Er blijven een onbezette receptor en een inactief G-eiwit achter (5).

In het cytosol koppelt het α-subunit/GTP-complex met het enzym (6) dat (in dit voorbeeld) cAMP (rode bolletjes) synthetiseert. Het cAMP is de *second messenger*, die de verdere celveranderingen op gang brengt. De wisselwerking tussen het α-subunit/GTP-complex en het enzym eindigt met de hydrolyse van het GTP. Er ontstaat weer een α-subunit/GDP-complex dat terugkeert naar het inactieve G-eiwit. Daardoor ontstaat weer de situatie zoals aangeven in situatie (1).

De G-eiwitgekoppelde-receptoren maken altijd gebruik van de tussenkomst van *second messengers*.

6.2.2.3 Enzymgekoppelde receptoren

Ook de enzymgekoppelde receptoren maken gebruik van de hulp van *second messengers*. Dit type receptor functioneert echter nu zelf direct als een enzym óf activeert een enzym waar het mee samenwerkt. Met andere woorden: het intracellulair domein van het receptorproteïne zal, indien geactiveerd:
1. zelf enzymatisch actief worden; óf
2. het samenwerkend (doel)enzym aan zich binden en het op die manier activeren.

Verreweg de grote meerderheid van dit type receptoren bevat zelf **proteïnekinasen** of werkt nauw samen met proteïnekinasen. Proteïnekinasen katalyseren de fosforylering van proteïnen. Een *signal transduction pathway* op basis van enzym gekoppelde receptoren kenmerkt zich dan ook vaak door een cascade aan fosforyleringen.

6.2.3 Intracellulair signaleringspad

Met de (vorm)verandering van het receptorproteïne is het signaal intracellulair afgegeven. Dat geldt voor beide typen receptor en vanaf dit punt (signaal is 'binnen') maakt het ook niet meer uit waar de activering van het receptorproteïne tot stand is gekomen. Uitgangspunt is nu de (vorm)verandering.

In Figuur 6.18 en Figuur 6.20 (links) is de verandering aangegeven door het vrijgeven van een deel van het proteïne. Het vrijgegeven deel van het proteïne fungeert in deze voorbeelden als de eerste dominosteen die valt en waardoor het **intracellulaire signaleringspad** (Figuur 6.25) start.

Het intracellulair signaleringspad kan gezien worden als een 'activeringsestafette' van de verschillende *intracellular signaling proteins*. Indirect (via **effectorproteïnen**) wordt uiteindelijk het gedrag van de doelcel beïnvloed. En daar draait het om bij signaaldoorgifte.

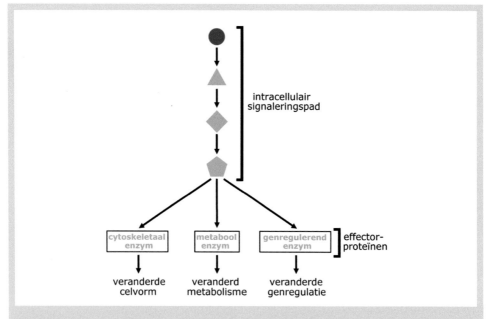

Figuur 6.25. Intracellulaire cascades. Het intracellulair signaleringspad in schema. Een cascade aan reacties geeft het signaal door, met verschillende eindbestemmingen als mogelijkheid (onder).

6.2.4 Manieren van intercellulair communiceren

Er worden vier verschillende manieren van communicatie onderscheiden:
1. De meest simpele en kortste manier van communiceren is direct van cel-tot-cel. We spreken van *contact depending signaling*. Dit vereist direct membraan/membraan-contact.
2. De lokaal werkende *paracrine signaling*. De liganden (*local mediators*) verspreiden zich in de directe omgeving van de cellen waardoor ze geproduceerd zijn. Zij verspreiden zich door de extracellulaire ruimte. Dit communicatiesysteem zien we in gebieden waar sprake is van een ontsteking en/of wondgenezing.
3. Signalering op afstand via de bloedbaan (bij dieren) en de sapstroom (bij planten). Dit levert een signaal op dat alle cellen bereikt. De betrokken liganden worden **hormonen** genoemd. Hormonen werken over grotere afstanden en bestrijken het volledige organisme. De hormoonproducerende cellen duiden we met de term **endocriene cellen**.
    Niet alle hormonen[275] zijn goed oplosbaar in water. Om transport via de bloedbaan mogelijk te maken worden de hormonen gekoppeld aan *carrier proteins*, zoals is aangegeven in Figuur 6.26.

---

[275] Met name de hormonen die hydrofoob zijn.

Figuur 6.26. Dragereiwitten. *Carrier proteins* (groen) nemen moleculen (oranjebruin), die niet goed oplosbaar zijn in water, op sleeptouw.

Het *carrier protein* fungeert als een 'transportmolecuul'. Aangekomen bij de celmembraan wordt het hormoon (ligand) vrijgegeven. Het ligand kan nu het receptorproteïne activeren waarmee het intracellulaire signaleringspad wordt opgestart. Deze vorm van signalering werkt langzaam over langere tijd.

4. Signalering op afstand via de zenuwbanen en synapsen: *neural signaling* of *synaptic signaling*. Deze 'elektrochemische' manier van signalering werkt zeer gericht en over grotere afstanden. De betrokken liganden worden **neurotransmitters** genoemd. De signalering is snel en kort.

6.2.5 Receptoractivering

De receptorproteïnen beschikken over een antenne waarop de liganden exact (complementariteit van vorm) passen. Na koppeling van het ligand aan de antenne (het ligand is de *first messenger*) **verandert** veelal **de vorm** van het receptorproteïne.

Deze vorm- of **conformatieverandering** is het begin van een serie gebeurtenissen, die er toe leiden, dat de cel **verandert van gedrag**:

1. Allereerst leidt de vormverandering ertoe dat er meer bindingsplaatsen op de receptor worden aangeboden. Vervolgens zet deze vormverandering ook aan tot de productie van de zogenaamde *second messengers*. De *second messenger* is te beschouwen als het intracellulaire signaal als reactie op het extracellulaire signaal (een hormoon of een neurotransmitter).
2. Eén geactiveerde receptor stimuleert de productie van vele *second messenger* moleculen. De concentratie van die moleculen neemt snel toe en ze verspreiden daardoor, in een verhoogd tempo, het signaal door de cel. Het uiteindelijke effect is dat het oorspronkelijke signaal wordt versterkt (*amplifying the signal*).
3. De *second messengers* veroorzaken de verandering(en) in het gedrag van de cel. Zij stimuleren of remmen de productie van proteïnen (vooral enzymen) door veranderingen op het niveau van de genexpressie door te voeren. De gedragsverandering van de cel die daardoor ontstaat is het antwoord van de cel op het ontvangen signaal.

Hoofdstuk 7

7.1 Recombinant-DNA: basistechnieken

De technologie om te werken met stukjes DNA heeft zich inmiddels krachtig ontwikkeld. Aan de hand van 'knip-en-plak' technieken is het isoleren van specifieke delen van DNA (bijvoorbeeld een gen) bijna een routinehandeling geworden.

De mogelijkheid om afzonderlijke DNA-fragmenten daarna tot welhaast in het oneindige te vermenigvuldigen biedt vele opties voor onderzoek. Wanneer daarbij bijvoorbeeld bacteriën worden ingezet die gerichte erfelijke veranderingen ondergaan, worden de bijbehorende technieken aangeduid als **genetische manipulatie** of **genetische modificatie** (*genetic engineering*).

Een gen kan ingebouwd worden in het genoom van een ander soort organisme dan waaruit het afkomstig is. Men spreekt dan van **transgenese**. Naast transgenese kennen we **cisgenese**, waarbij DNA binnen dezelfde soort op een snelle wijze wordt overgebracht (zo worden bijvoorbeeld ziekteresistentiegenen van niet-veredelde aardappelplanten ingebracht in productierassen). Dit zijn voorbeelden van **recombinant-DNA-technologie**.

Recombinant-DNA is een DNA-molecuul dat ontstaat als DNA-fragmenten kunstmatig (in het laboratorium) worden samengevoegd. Zo kan een stukje menselijk DNA (bijvoorbeeld een eiwitproducerend gen) worden samengevoegd met het DNA van de *E. coli* bacterie. Het ingebouwde DNA-fragment noemen we een **transgen**. Het DNA van de *E. coli* bacterie is voor het transgen het dragermolecuul en wordt de **vector** genoemd. Eenmaal teruggeplaatst in de bacterie zal het transgen bij elke deling worden gekopieerd (Figuur 7.1). In Figuur 7.1 is het transgen geïntegreerd in het chromosomale DNA van een bacterie, maar dikwijls worden extrachromosomale vectoren gebruikt (zie Paragraaf 7.3).

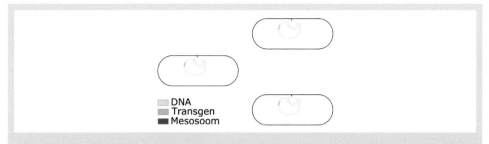

Figuur 7.1. Genetische modificatie. Een transgen (groen) is door middel van gentechnologie in een gastheercel gebracht en daarna in het genoom van die cel geïntegreerd. Het chromosomale DNA (grijs) van deze bacterie neemt bij elke deling het transgen mee. Het chromosoom wordt door een mesosoom (rood) op haar plek gehouden. De genetisch identieke cellen zijn klonen (een kolonie van bacteriën bestaat uit klonen) en het transgen noemen we 'gekloneerd'.

Onder gunstige omstandigheden kan de bacterie zelfs menselijke eiwitten gaan produceren. Deze eiwitten kunnen therapeutisch worden aangewend (een voorbeeld is de productie van insuline[276], zodat geen slachtmateriaal van varkens meer nodig is om in de wereldwijde behoefte bij suikerziektepatiënten te voorzien).

Als van een organisme verschillende stukken DNA zijn geïsoleerd en in vectoren zijn geplaatst verkrijgt men een verzameling gastheercellen met elk een verschillend fragment. Een dergelijke verzameling gastheercellen met gekloneerd DNA kan worden uitgeplaat[277] en systematisch worden opgeslagen in diepvriezers. De eigenschappen van elke kloon kan in kaart worden gebracht en het geheel noemen we een **genenbank** (*gene library*). Dit kunnen genoombanken zijn (elke kloon vertegenwoordigt een stuk genomisch DNA) maar het kunnen ook cDNA-banken zijn (met daarin DNA-kopieën van RNA-moleculen zoals verderop wordt uitgelegd) die representatief zijn voor alle genen die in een bepaald monster tot expressie kwamen. Dit zijn dus fysieke verzamelingen van levende bacteriën of gisten, die eindeloos bronmateriaal kunnen vormen voor wereldwijd onderzoek.

Daarnaast zijn er veel banken *in silico*[278] gemaakt: **databanken** met informatie. Vaak is dit sequentie-informatie over DNA, RNA en eiwitten, en door dit soort informatie te koppelen aan functie (het annoteren van genen) krijgen we een steeds beter beeld waar en wanneer bepaalde genen een bepaalde functie uitoefenen. Bekende databanken zijn bijvoorbeeld Genbank (DNA, zowel genomisch als cDNA), dbEST (bevat cDNA-gegevens over alle genen die in een bepaald experiment actief waren) en SWISSPROT (eiwitsequenties die veelal afgeleid zijn van DNA- en RNA-info).

Er is ook nog een tussenvorm tussen een genenbank van levende organismen en de databank met uitsluitend informatie. Synthetisch DNA kan betrouwbaar worden gemaakt tot een lengte van circa 130 basen. Vanaf 17 basen kan een stuk DNA al heel specifiek voor een bepaald gen zijn. Door dergelijke synthetische oligonucleotiden gerobotiseerd te verdelen over kleine spots kan men **micro-arrays** (Paragraaf 7.6.4) verkrijgen. Dergelijke micro-arrays of **DNA-chips** zijn handig om bijvoorbeeld te testen op genexpressie, of om te kijken of bij patiënten afwijkingen in het genoom voorkomen. Voor dergelijke tests moeten hybridisaties van ssDNA (Paragraaf 7.1.1.1) uitgevoerd worden.

Deze technologie heeft het inzicht van de wetenschappers omtrent het functioneren van genen, en dus van cellen, enorm vooruit geholpen. Wetenschappers hebben nu, behalve de kans om een onderdeel van het DNA-molecuul te bekijken, ook de mogelijkheid om de totale samenhang

---

[276] Insuline wordt nu gemaakt door een een gist (een gemodificeerde stam van de bakkersgist *Saccharomyces cerevisiae*). Ook een genetisch gemodificeerde *Escherichia coli* maakt insuline. Hiermee is de overstap van varkensinsuline via gehumaniseerde varkensinsuline naar humane insuline naar verbeterde humane insuline (sneller reagerende en stabielere vormen die beter geschikt zijn voor toediening) gerealiseerd.

[277] Uitsmeren op een steriele plaat met voedingsbodem voor bacteriën/gisten.

[278] Digitaal. De term is bedacht naar analogie van termen als *in vivo*, *in vitro*, *in situ*, etc.

binnen het volledige genoom van een organisme te bestuderen, en zelfs hele genomen van alle bacteriën van de darmflora te inventariseren.

7.1.1 Denaturatie en hybridisatie

Als een waterige oplossing met daarin DNA wordt verwarmd tot 90-100 °C of wordt blootgesteld aan een extreem hoge pH van >13, dan zullen de waterstofbruggen van de dubbelstrengsstructuur van het DNA loslaten. Het dsDNA splitst dan in twee strengen ssDNA. Dit proces van 'uiteensmelten' heet **DNA-denaturatie**.

Bij blootstelling gedurende enkele minuten aan een temperatuur van 55 à 65 °C zullen complementaire ssDNA-fragmenten zich weer samenvoegen tot een dsDNA-structuur. Het omgekeerde dus van denaturatie. We spreken van **hybridisatie** of **DNA-renaturatie**.

Hybridisatie kan plaatsvinden tussen alle complementaire ss-nucleïnezuurketens, zowel RNA als DNA. Aldus zijn met behulp van hybridisatie allerlei ds-combinaties (DNA/DNA, RNA/RNA en RNA/DNA) mogelijk. Bij een hybridisatie spreekt men van een *probe* (een bekend nucleïnezuurfragment) dat hecht aan een *target*-sequentie binnen een complex monster of *sample*.

Wanneer het om hybridisatie van korte stukjes DNA of RNA gaat in aanloop van ketenverlenging (bijvoorbeeld synthetische oligonucleotiden die gebruikt worden als zogenaamde *primers* in de PCR-reactie, zie verderop, of bij de vorming van Okazaki-fragmenten, zie Figuur 3.21) heet de hybridisatie: *annealing*.

7.1.2 DNA knippen met restrictienucleasen

Een tweede basistechniek wordt gebruikt om DNA-moleculen in fragmenten te knippen. Dat gebeurt met behulp van speciale (bacteriële) enzymen: **restrictie-enzymen** (*restriction nucleases*). Er zijn inmiddels vele nucleasen bekend[279]. Ze zijn er zelfs in verschillende 'soorten'. In deze subparagraaf beperken we ons tot de bespreking van de groep van nucleasen die een eigen 'knippatroon' hebben.

Een dergelijk 'knippatroon' onderscheidt zich door:
* een individuele voorkeur voor een specifieke restrictieplaats (plaats van knippen); en
* de wijze waarop geknipt wordt.

---

[279] De namen van restrictieënzymen zijn afgeleid van het organisme waarin ze voor het eerst zijn ontdekt (bijv. *Eco*RI en *Bam*HI uit stammen van *E. coli* resp. *Bacillus amyloliquefaciens*; *Hin*DIII is het derde enzym dat geïdentificeerd was in een stam van *Haemophilus influenzae*). De genen die coderen voor deze enzymen zijn tegenwoordig allemaal met recombinant technieken in hoogproducerende cellen geplaatst, waardoor ze relatief makkelijk te zuiveren zijn en goedkoop op de markt kunnen worden gebracht.

7.1.2.1 Restrictieplaatsen (*restriction sites*)

De restrictieplaatsen onderscheiden zich door de aanwezigheid van een palindroom. Met het palindroom wordt in dit verband een stukje dsDNA bedoeld waarvan sequenties in de complementaire strengen precies dezelfde zijn. Enkele voorbeelden van zo'n palindroom zijn:

$$5'GGCC3'$$
$$3'CCGG5'$$

Of:

$$5'GGATCC3'$$
$$3'CCTAGG5'$$

Of:

$$5'AAGCTT3'$$
$$3'TTCGAA5'$$

Of:

$$5'GGCCGGCC3'$$
$$3'CCGGCCGG5'$$

De 'knip' loopt symmetrisch door het palindroom. Ieder restrictie-enzym heeft zijn eigen palindroom en zijn eigen knippatroon binnen dat palindroom. Als het DNA gemengd wordt met een bepaald restrictie-enzym dan zal dat enzym al zijn eigen, passende restrictieplaatsen opzoeken en het DNA op die plaatsen doorknippen.

7.1.2.2 Knippatroon

De 'knip' door het palindroom kan recht of 'zigzag' zijn:
*   als de 'knip' recht is ontstaan er stompe uiteinden (Figuur 7.2), de zogenaamde *blunt ends*.

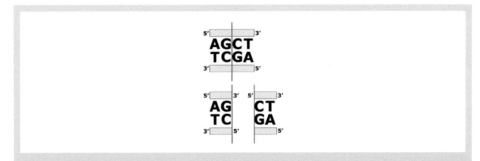

Figuur 7.2. Knippen van DNA (1). Met restrictie-endonucleasen kan DNA geknipt worden, dat wil zeggen de covalente binding van beide strengen van dsDNA wordt verbroken. Als dat DNA-uiteinden oplevert zonder overhangende enkele streng, dan noemt men dat *blunt ends* ('stompe' uiteinden).

- als de 'knip' zigzag verloopt (Figuur 7.3) spreken we van *sticky ends*:

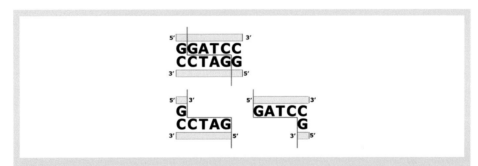

Figuur 7.3. Knippen van DNA (2). Wanneer het knippen overhangende uiteinden oplevert in plaats van 'stompe' dan heten die *sticky ends*. In dit voorbeeld is sprake van 5'-overhangende *sticky ends*.

De *sticky ends* zijn de overhangende stukjes ssDNA aan het eind van een dsDNA-fragment. Het '*sticky*' (kleverig) slaat op het feit dat het zal hechten aan een ander fragment met een complementaire ss-staart. Het zijn deze *sticky ends* waarmee in het laboratorium bij voorkeur gewerkt wordt om DNA-fragmenten aan elkaar te koppelen: dat gaat veel sneller dan het aan elkaar koppelen van *blunt ends*. *Blunt ends* hebben echter als voordeel dat beide uiteinden van een DNA-fragment gebruikt kunnen worden, zowel kop als staart.

Inmiddels is van allerlei restrictie-enzymen bekend op welke plaats zij welk type 'knip' maken. De onderzoeker kan erover beschikken als een kok over zijn kruidenrek. Deze methode maakt het mogelijk specifieke genen 'los te knippen' uit een DNA-molecuul.

7.1.3 Gelelektroforese

Om vervolgens isolatie van een specifiek DNA-fragment voor elkaar te krijgen zullen alle losse DNA-fragmenten, die verkregen zijn na de toevoeging van het restrictie-enzym, moeten worden gescheiden.

Die sortering vindt plaats met behulp van de **gelelektroforese**. Dit is een scheidingstechniek waarbij moleculen onder invloed van een elektrisch veld (E) bewegen door een gel. De richting waarin de verplaatsing plaatsvindt wordt bepaald door de lading (z) van het molecuul[280]. De vorm en de grootte van de DNA fragmenten bepalen de weerstand (f) die de fragmenten tijdens hun tocht door de gel ondervinden en dus de snelheid (v) waarmee de fragmenten zich verplaatsen. Het een en ander volgens de formule:

$$v=Ez/f$$

Kleinere DNA fragmenten (de waarde van f is kleiner) verplaatsen zich dan ook sneller door de gel dan grotere fragmenten (grotere f-waarde). Op grond hiervan vindt de scheiding plaats van fragmenten met een verschillende lengte.

Bovenin de elektroforesebak bevinden zich (in Figuur 7.4) naast elkaar zes bemonsterings-vakken. In het meest linkse vakje wordt een mengsel van verschillende DNA-fragmenten aangebracht. De lengten van de verschillende fragmenten uit dit mengsel zijn bekend. Dit mengsel heeft na afloop van de scheiding (na circa 20 minuten) in het 'linker laantje' een ladder geproduceerd. De sporten van de ladder representeren de verschillende (bekende) lengten uit het mengsel en fungeren als referentie voor de scores uit de andere 'laantjes'. Die 'laantjes' worden geproduceerd door de DNA-monsters (waarvan de lengten niet bekend zijn) uit de overige bemonsteringsvakken.

De gel kan bestaan uit een netwerk van polysachariden in het geval van **agarose** (gezuiverde agar-agar uit zeewier), of van **poly-acrylamide** (PAA) wanneer een synthetische basis wordt gebruikt.

Zoals gezegd: de lading en de grootte van het molecuul bepalen de richting én de lengte van de afgelegde weg door de gel:
- De richting wordt bepaald door de lading van het molecuul. Negatief geladen moleculen (zoals DNA) bewegen naar de positieve pool (anode).
- De snelheid hangt af van de grootte van de molecuul. Hoe groter hoe trager en omgekeerd: hoe kleiner hoe sneller.

---

[280] Door de aanwezigheid van de vele geïoniseerde fosfaatgroepen is DNA negatief geladen. De DNA-fragmenten zullen zich dus in de richting van de positieve pool verplaatsen.

De bouwstenen van het leven

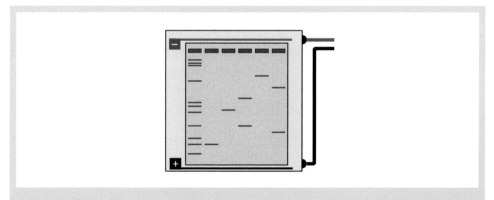

Figuur 7.4. Gelelektroforese. Van boven bekeken is een horizontale agarosegel (geel) voorzien van zes opbrengplaatsen (blauw omkaderd) bij de negatieve pool (rood). Het DNA dat daarin is gepipetteerd wordt getrokken naar de positieve pool (zwart) omdat DNA negatief geladen is. De scheiding van fragmenten (blauwe streepjes) gebeurt op grootte: de kleinste fragmenten lopen het makkelijkst en dus het snelst door de gel. Links een 'ladder' met meerdere fragmenten van bekende grootte.

Op deze manier kunnen zowel eiwitten, aminozuren als DNA-fragmenten worden gesorteerd. Agarose wordt daarbij vooral gebruikt om DNA-fragmenten vanaf enkele honderden basenparen te scheiden, terwijl PAA (met een scheidend vermogen tot op één baseverschil) meer geschikt is voor eiwitten en om kleine verschillen in DNA-lengte aan te tonen. Gelelektroforese roept het beeld op van een moleculenrace door een gel.

7.1.4 Capillaire elektroforese

Evenals de gelelektroforese is de capillaire elektroforese een scheidingstechniek. De capillaire elektroforese heeft als grote voordeel dat monsters met een klein volume kunnen worden gescheiden. We praten dan over volumes in de orde van een picoliter ofwel 1×10^{-12} liter. Het gaat dan om volumes ter grootte van de inhoud van een enkele bacteriecel.

Voor een goed begrip van de werking van de capillaire elektroforese zal nu eerst in Figuur 7.5 de standaardopstelling tijdens deze techniek worden geïllustreerd. In die standaardopstelling treffen we drie bakjes aan:
• een bronbad;
• een monsterbad; en
• een doelbad.

Bij de capillaire elektroforese wordt het te scheiden mengsel door een capillair geleid.

In het bron- en in het doelbad is een elektrode geplaatst. De elektroden zijn onderling verbonden en tussen de elektroden bestaat een zeer groot (15-50kV) spanningsverschil. De twee baden (1 en 3) zijn tijdens de uiteindelijke scheiding met elkaar verbonden door een capillair (heel dun slangetje) met daarin opgenomen een meetinstrument (detector) dat aangeeft als er een component van het te scheiden mengsel (uit het bronbad) passeert.

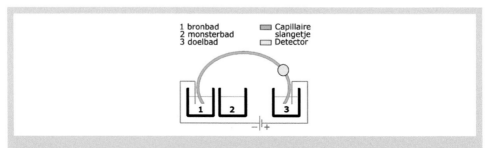

Figuur 7.5. Capillaire elektroforese (1). De capillair (blauw) loopt langs een detector (geel) en levert een heel snelle mogelijkheid tot scheiden. Het bronbad (**1**) levert de dragervloeistof, het monsterbad (**2**) levert het monster (volgende Figuur) en de bestemming vormt het doelbad (**3**).

Een luchtbel in het ondergedompeld uiteinde van het capillair kan het transport van stoffen door het capillair blokkeren. Daarom wordt er voorafgaande aan de uiteindelijke scheiding eerst een zogenaamd monster genomen. Het begin van het capillair wordt eerst 'bemonsterd' (gevuld met de oplossing in het monsterbad) door het enige tijd in het monsterbad te plaatsen (Figuur 7.6). Op basis van de capillaire werking vult het capillair zich meestal spontaan. Soms kan het nodig zijn om in het capillair een onderdruk op te bouwen.

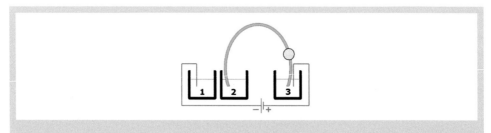

Figuur 7.6. Capillaire elektroforese (2). Zelfde opstelling maar nu met capillair in monsterbad om het monster op te nemen. Hierna kan het weer naar het bronbad en kan de electroforese starten.

Na de 'bemonstering' of monstername wordt het capillair geplaatst in het bronbad (1) waarna het transport van het te scheiden mengsel kan plaatsvinden.

Door het opgebouwde spanningsverschil gaan de geladen deeltjes in het mengsel bewegen. De lading, de grootte en de vorm van een deeltje bepalen diens **elektroforetische mobiliteit**: de snelheid waarmee een geladen deeltje kan bewegen door een vloeistof onder invloed van een elektrisch veld. Op basis van het verschil in elektroforetische mobiliteit passeren de geladen deeltjes gescheiden de detector.

7.1.5 Fluorescent 'kleuren' van DNA

Om in een gel DNA te kunnen zien worden kleurstoffen gebruikt die specifiek oplichten wanneer zij worden aangestraald met licht. **Ethidiumbromide** (Figuur 7.7) is zo'n kleurstof[281], die goed zichtbaar gemaakt kan worden met UV-licht (254 nm) op een 'UV-bak' (een lichtbak met UV-lampen).

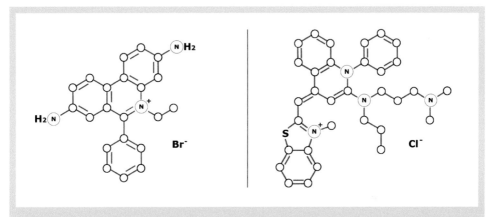

Figuur 7.7. Twee fluorescente DNA-kleurstoffen. Ethidiumbromide (links) en Sybr Green (rechts) zijn verbindingen die extra goed fluoresceren wanneer ze zich tussen de strengen van dsDNA bevinden.

Toegevoegd aan de gel schuift ethidiumbromide tijdens de elektroforese tussen de basen van het DNA in. Anders gezegd: het **intercaleert** in het DNA (Figuur 7.8). Het ethidiumbromide vestigt zich in de (hydrofobe) ruimtes tussen de basenparen. Watermoleculen (dempen fluorescentie) worden op die plaatsen afgestoten waardoor het ethidiumbromide extra oplicht.

---

[281] Feitelijk bestaan er erg veel fluorescerende kleurstoffen (*fluorescent dyes*). We onderscheiden daarbij drie grote groepen: cyanine kleurstoffen (*cyanine dyes*), fluoronen en rhodaminen.

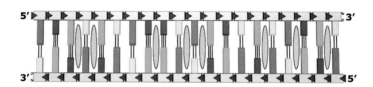

Figuur 7.8. Intercalatie: toegevoegd aan de gel schuift ethidiumbromide tijdens de elektroforese tussen de basen van het DNA in. Belichting met UV-licht geeft een oranje fluorescentie.

Het geïntercaleerde ethidiumbromide blijft in positie en de gel wordt nu met UV-licht bekeken. Het resultaat is een fel oranje fluorescentie. Daarmee wordt exact zichtbaar waar het DNA zich bevindt.

Omdat ethidiumbromide zich tussen de strengen nestelt (intercaleert), is het daarmee een veroorzaker van potentiële schade: het is carcinogeen (een kankerverwekkende stof). Een alternatief voor ethidiumbromide is **SYBR Green** (Figuur 7.7). Sybr Green is niet minder carcinogeen, maar omdat het efficiënter oplicht heb je er minder van nodig. SYBR Green is 'gevoeliger' dan ethidiumbromide: het geeft relatief iets eerder iets meer signaal[282].

Ook aan enkelstrengs DNA en RNA binden deze stoffen enigszins, en lichten dan ook fluorescent op, maar minder efficiënt. De fluorescentie van ongebonden ethidiumbromide en SYBR Green is te verwaarlozen.

Een derde veelgebruikte stof, ook fluorescent, is propidiumjodide. Dit wordt veel gebruikt om chromosomen te kleuren (zie Paragraaf 7.6).

7.1.6 *Blotting*

Blotting is een techniek, waarbij fragmenten van nucleïnezuren of eiwitten vanuit de gel (na elektroforese) worden overgebracht op een vaste drager zoals een membraan.

Voor de beschrijving van de methode gaan we uit van DNA. Door gebruik te maken van restrictie-endonucleasen wordt het DNA in kleinere fragmenten geknipt. De fragmenten hebben verschillende lengten, afhankelijk van de afstanden tussen de restrictieplaatsen.

---

[282] Gebonden aan DNA absorbeert Sybr Green het blauwlicht terwijl het groenlicht uitzendt. Het is dus al zichtbaar te maken met eenvoudig blauwlicht.

De bouwstenen van het leven

Op basis van de verschillende lengten worden deze DNA-fragmenten gescheiden door middel van agarose-gelelektroforese. Het DNA is tijdens de elektroforese met ethidiumbromide fluorescent gemaakt (zie hierboven) waardoor de fragmenten zichtbaar worden bij bestraling met UV-licht.

De gel wordt doordrenkt met een alkaline[283] (sterk basische) oplossing waardoor het DNA denatureert tot enkelstrengs DNA. De gel wordt vervolgens geneutraliseerd en de overtollige moleculen en fragmenten worden weggespoeld.

De elektroforesegel wordt geplaatst op een spons en afgedekt met een membraan[284]. Bovenop deze stapel wordt een pakket filtreerpapier gelegd. Uiteindelijk wordt dit hele pakket geplaatst in een bak met een bufferoplossing (Figuur 7.9). Er vindt een buffertransport plaats door de spons richting het filtreerpapier.

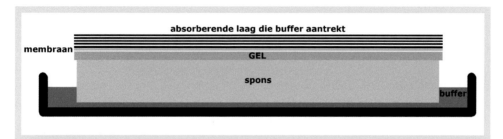

Figuur 7.9. *Blot* opstelling. De gel (grijs) met DNA of RNA fragmenten wordt doordrenkt met buffer (blauwpaars) die via een spons (geel) door de gel heen getrokken wordt als gevolg van de capillaire werking van absorberend materiaal boven op de membraan (groen). De membraan filtert zo de vloeistof uit de gel waarbij de DNA of RNA fragmenten op de 'blot' achterblijven op de plek waar ze in de gel zich bevonden.

Tijdens dit transport worden de fragmenten uit de gel opgenomen door de buffer en overgebracht naar de membraan. De fragmenten binden zich aan de membraan op basis van de chemische eigenschappen van de membraan. De membraan met daarop de verschillende DNA fragmenten (Figuur 7.10) wordt bewaard voor verder gebruik[285].

---

[283] Een base of loog in oplossing wordt een alkaline oplossing genoemd. Een alkaline oplossing heeft een erg hoge pH waardoor de waterstofbruggen tussen de strengen verdwijnen.

[284] Vaak wordt een nitrocellulose membraan gebruikt. Als alternatief voor het nitrocellulose wordt ook nylon gebruikt.

[285] De membraan kan later overgoten worden met een oplossing met gelabelde *probes* (ssDNA). De *probes* hybridiseren met elk complementair DNA-fragment tot ds DNA.

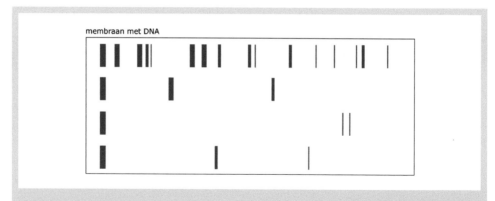

membraan met DNA

Figuur 7.10. *Blotting*-membraan. Het DNA of RNA kan gehecht aan de gel met een probe hybridiseren zodat specifieke fragmentgroottes en intensiteiten (blauw) zichtbaar worden. Dit leverde de eerste DNA-profielen (DNA *fingerprinting*). Blotten vergt relatief veel startmateriaal en wordt nu vaak vervangen door PCR. Bij voldoende DNA is blotten een goedkoop alternatief.

Deze techniek werd voor het eerst toegepast in 1975 door de Schotse onderzoeker **Southern** en uiteindelijk is de techniek ook naar hem vernoemd en staat sindsdien bekend als *Southern blotting*.

Southern blotting wordt onder andere gebruikt om de aanwezigheid of afwezigheid van een bepaalde nucleotiden-volgorde aan te tonen in het DNA van verschillende oorsprong. Het is veel gebruikt voor **DNA**-*fingerprinting* in het kader van forensisch onderzoek, toen er nog geen gevoeliger methoden waren. Nadat de fragmenten eenmaal op de membraan zijn overgebracht zijn ze gemakkelijk te hanteren. Ook is een membraan beter te bewaren dan op de (zachte) gel.

Later zijn er methoden ontwikkeld om hetzelfde te doen met fragmenten RNA. Verwijzend naar Southern werd deze methode bekend onder de naam *northern blotting*.

Als er gewerkt wordt met fragmenten van nucleïnezuren is het scheidingsmateriaal meestal een agarose gel. Dat geldt dus voor *Southern blotting* (DNA) en *northern blotting* (RNA). Bij *Southern blotting* worden de DNA fragmenten enkelstrengs gemaakt worden alvorens ze worden overgezet. Eenmaal op de membraan worden de fragmenten gehybridiseerd met gelabelde *probes*[286]. Deze hechten zich aan complementaire basenvolgorden.

Ten behoeve van deze hybridisatie wordt er gewerkt met ssDNA. Voor het blotten an sich hoeft er niet persé met ssDNA gewerkt te worden, want dsDNA kan ook goed geblot worden (en wordt dan na het blotten ss gemaakt met behulp van natronloog bijvoorbeeld).

---

[286] Een fragment nucleïnezuur waarvan de sequentie bekend is. *Probes* zijn eerder geïsoleerd, gezuiverd en vermenigvuldigd.

De *probes* waarmee gehybridiseerd wordt zijn vooraf gelabeld. Veelal met een radioactief isotoop (een ^{32}P- of ^{35}S-atoom[287] neemt dan de plaats in van een fosforatoom dat in de *probe* is ingebouwd), maar ook niet radio-actieve methoden zijn bruikbaar. Zoals bij de *western blotting* in Paragraaf 7.8.3.

7.1.7 Polymerase-kettingreactie (PCR)[288]

PCR is een afkorting voor *Polymerase Chain Reaction* (**polymerase-kettingreactie**). Het is een van de belangrijkste technieken bij genetische analyse en biedt een relatief snelle detectie[289]. Deze techniek maakt het mogelijk om op korte termijn (in een paar uren tijd) een enkel exemplaar van een gen te vermenigvuldigen tot een aantal van meer dan een miljard. We spreken van (*gene*) *amplification*.

Voor de methode zijn nodig:
- een *target* DNA-molecuul;
- een tweetal[290] *primers* (enkelstrengs sequenties DNA, die complementair zijn ten opzichte van de sequenties aan weerszijden van het te kopiëren DNA);
- een fikse hoeveelheid dNTP's[291] als bouwstenen; en
- een thermostabiel DNA-afhankelijke DNA-polymerase.

Het DNA-polymerase heeft de *primers* nodig[292] om te kunnen beginnen met DNA-replicatie. De procedure verloopt als volgt:
- Stap 1. Behandel het DNA met hitte (95 °C gedurende 1 minuut) om het fragment *single-stranded* te maken (Figuur 7.11). We spreken van **denaturatie**.

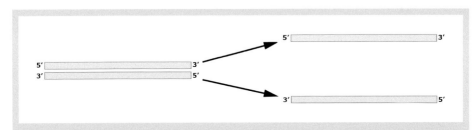

Figuur 7.11. Denaturatie van DNA. Bij een temperatuur van 95 °C zijn de waterstofbruggen tussen de basen niet langer in staat het DNA dubbelstrengs te houden. Zij laten los: er ontstaan twee enkele strengen.

---

[287] Radioactieve atomen 'vervallen' waarbij straling vrijkomt. De straling kan worden gevangen op een gevoelige film, zoals een X-Ray- of röntgenfoto.
[288] De grote man achter de ontwikkeling van deze methode is Kary Banks Mullis, die voor dit werk in 1993 de Nobelprijs in ontvangst mocht nemen.
[289] Toepassing onder andere in medische diagnostiek, voedselveiligheid en forensistiek (DNA profilering zoals gebruikt bij het oplossen van moordzaken).
[290] Een voor de 3'-streng en een voor de 5'-streng.
[291] dNTP is de afkorting van het Engelse *deoxynucleoside triphosfate* en staat voor een nucleotide met drie fofaatgroepen op 5'.
[292] Zie Tekstbox 3.3 – Primase.

- Stap 2. Voeg de benodigde *primers* toe en koel het DNA af tot op 55 à 65 °C[293] gedurende 1 minuut. De *primers* zullen zich kunnen binden (*annealing*) aan de bedoelde DNA-plaatsen aan de *primer site* van het te vermeerderen fragment (Figuur 7.12).

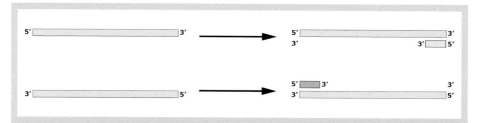

Figuur 7.12. *Primer annealing*. Korte enkelstrengs oligonucleotiden fungeren als *primers* voor de reactie. Zij hechten bij temperaturen rond 55 °C, en doen dat op een plek in het DNA (grijs) die complementair is aan de *primer* sequentie. In (blauw)grijs de *forward primer*, in (geel)grijs de *reverse primer*.

- Stap 3. Verwarm in de aanwezigheid van de benodigde (dNTP's) desoxyribonucleosidetri-fosfaten het geheel tot de **optimale temperatuur** voor het enzym **Taq DNA-polymerase**[294] (72 °C gedurende 1 minuut). De ds-structuur (Figuur 7.13) wordt nu weer snel opgebouwd (dit heet ook wel *extension*).

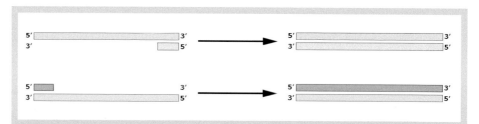

Figuur 7.13. *Extension*. 72 °C is de optimale temperatuur voor Taq-polymerase. Aan de hand van de enkele streng (de *template* of matrijs, grijs) wordt elke *primer* tot een nieuwe streng ((geel)grijs of (blauw)grijs) verlengd en dus dsDNA gevormd. De nieuwe nucleotiden hechten steeds aan de 3'-OH, vergelijk Figuur 1.60.

Na de voltooiing van de DNA synthese is de beginsituatie verdubbeld. Herhaal nu de procedure van denaturatie – *annealing* – *extension*. Tijdens elke cyclus (Figuur 7.14) wordt het aantal kopieën verdubbeld. Als deze cyclus n keer is doorlopen is een aantal van 2^n exemplaren van het gen gesynthetiseerd. Bij n=30 betekent dat meer dan 1 miljard exemplaren.

---

[293] De exacte temperatuur hangt af van de lengte en de samenstelling van de *primer*: veel G en C betekent meer waterstofbruggen dan veel A en T.
[294] De meeste thermostabiele polymerases zijn uit de bacterie *Thermus aquaticus* (Taq) geïsoleerd of daarvan afgeleid, maar er zijn ook andere bronnen van hittebestendige enzymen.

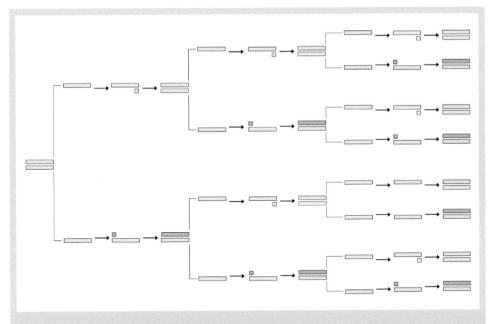

Figuur 7.14. PCR is een kettingreactie. Er wordt gestart met 1 dsDNA-molecuul (links, grijs). Drie cycli van denaturatie, *annealing* en *extension* levert 23 = 8 dsDNA-moleculen op (rechts, laatst gevormde strengen gekleurd).

De *primers* die gebruikt worden in de PCR moeten zeer zorgvuldig gekozen worden. Zij worden op maat gemaakt voor het *target*-DNA. Daarvoor bestaat handige software waarmee de juiste compositie en lengte[295] gekozen worden. De afstand tussen de *forward*- en de *reverse primer* bepaalt primair de lengte van het stuk target-DNA dat je kopieert en is daardoor van belang voor de benodigde *extension*-tijd (polymerase werkt gemiddeld met 1000 bp per minuut oftewel 15 bp per seconde). *Primers* worden meestal geleverd door gespecialiseerde laboratoria die op commerciële basis synthetische oligonucleotiden maken.

Voor de procedure is het essentieel dat het gebruikte DNA-afhankelijke DNA-polymerase (Taq-polymerase) **thermostabiel** (hittebestendig) is. Zo thermostabiel dat het de denaturatiestap van het DNA (95 °C) doorstaat zonder noemenswaardig activiteitsverlies. Met hetzelfde enzym uit *E. coli* (werkzaam bij een optimum van 37 °C in plaats van 72 °C) zou men elke ronde na het denatureren weer opnieuw enzym moeten toevoegen om te kunnen amplificeren omdat het de temperatuurstijging tot 95 °C niet overleeft.

---

[295] De *primer* (ssDNA) moet kort genoeg zijn om zich zelfstandig aan een ander complementair stuk te kunnen hechten en moet daarentegen weer lang genoeg zijn om specifiek te kunnen zijn.

7.1.8 Het maken van cDNA: *reverse* transcriptie (RT)

De volgende basistechniek zet de informatie van RNA om in DNA, en maakt het mogelijk dat intron-vrij DNA uit eukaryotisch functioneel mRNA geproduceerd kan worden. Dit gebeurt door een complementaire DNA (cDNA) streng te maken, die daarna bijvoorbeeld als dsDNA gekloneerd kan worden.

De procedure om cDNA te maken begint met het isoleren van mRNA (Figuur 7.15). Elk eukaryotisch mRNA-molecuul (zonder introns) beschikt aan de 3' kant over een **poly-A-staart**[296].

Figuur 7.15. *Reverse* transcriptie *in vitro* (1). Een mRNA-molecuul (bruin) met een *cap* op het 5'-einde en een poly-A-staart aan het 3'-einde.

Die poly-A-staart wordt gebruikt om via hybridisatie met een complementair **poly**-T-stuk eerst een stukje ds-structuur te maken (Figuur 7.16). Het **poly**-T is dus een *primer* die op de poly-A-staart *annealt*.

Figuur 7.16. *Reverse* transcriptie *in vitro* (2). *Annealing* van een oligo-T-*primer* aan de poly-A-staart.

Het enzym **reverse transcriptase**[297] of **RNA-afhankelijk DNA-polymerase** wordt nu gebruikt om een nieuw *single-stranded* DNA-molecuul te maken dat complementair is aan het mRNA. Het poly-T stuk dient daarbij als *primer* voor het enzym. Het product is dus een dubbelstreng DNA/RNA-fragment (Figuur 7.17).

---

[296] cDNA van prokaryotisch mRNA kan ook gemaakt worden, maar dan met random *primers* of met een genspecifieke *primer*.
[297] In Paragraaf 2.4 over Virussen, zagen we al dat (met behulp van reverse transcriptase) ssRNA uiteindelijk kon worden omgezet in dsDNA.

Figuur 7.17. *Reverse* transcriptie *in vitro* (3). Polymerisatie met behulp van reverse trans-criptase (RNA-afhankelijk DNA polymerase) levert een complementair DNA (cDNA)-molecuul (grijs).

Om hiervan een dsDNA te maken, moet de RNA-streng nog vervangen worden door een DNA-streng. Het **reverse transcriptase** kan de ribonucleotiden van het RNA vervangen[298] door de desoxyribonucleotiden van het DNA (Figuur 7.18).

Figuur 7.18. Dubbelstrengs maken van het cDNA. De ribonucleotiden van het enkelstrengs mRNA-molecuul zijn vervangen door desoxyribonucleotiden van het DNA.

Het verkregen cDNA noemt men *complementary* DNA of **complementair DNA**, maar cDNA wordt ook wel copy-DNA genoemd.

Nu is RNA (dat instabiel is en gevoelig voor alom aanwezige RNAses) omgezet in DNA (dat stabiel is, DNAses zijn bovendien hittegevoelig en door middel van een behandeling bij 65 °C uit te schakelen). Als DNA kan de RNA kopie nu gebruikt worden voor metingen (bijvoorbeeld van de mate van genexpressie), typering (bijvoorbeeld het determineren van een virus-, bacterie- of schimmelsoort) of voor klonering (om bijvoorbeeld het gecodeerde eiwit in een productievriendelijker gastheer tot expressie te brengen).

---

[298] Het reverse transcriptase (RTase) beschikt ook over een ribonuclease (RNAse) activiteit en hakt daarmee de RNA-streng in mootjes.

7.2 Afgeleide technieken: PCR varianten

De PCR methode kent zeer vele afwijkende protocollen of trucjes waarmee heel specifieke doelen bereikt kunnen worden. Het is goed er in ieder geval vijf te bespreken:

1. *realtime* PCR als veelgebruikte **qPCR** (*quantitative* PCR) methode;
2. *reverse* transcriptie in combinatie met *realtime* PCR (**RT-qPCR**);
3. *inverse* PCR;
4. *site-directed* mutagenese;
5. *bridge* PCR.

7.2.1 *Realtime* PCR als veelgebruikte qPCR (*quantitative* PCR)-methode

Zoals gezegd, is de theoretisch te bereiken hoeveelheid geamplificeerd DNA (het **amplicon**) na 30 cycli meer dan een miljard keer de hoeveelheid waarmee werd gestart. In de praktijk wordt dat echter niet gehaald, omdat de methode beperkt wordt door haar eigen succes[299]. Met andere woorden: PCR is een **kwalitatieve** methode wanneer uitsluitend naar de aanwezigheid van het eindproduct wordt gekeken. De methode toont dan aan dát iets erin zit, maar niet zozeer in welke mate. Wanneer na een PCR het eindproduct op een agarosegel wordt gebracht om het te bekijken (controle van fragmentgrootte bijvoorbeeld), heeft dat tevens als nadeel dat dit in een strikt gescheiden laboratoriumruimte moet gebeuren als waar de PCR is ingezet: de vermenigvuldigde hoeveelheid DNA kan bij een volgend experiment anders vals-positieve uitkomsten geven: een vervelend en soms hardnekkig probleem!

Voor veel onderzoek is echter een **kwantitatieve** methode gewenst. In dat kader zijn meerdere procedures ontwikkeld[300]. Daarvan is één methode behoorlijk goed geautomatiseerd en dat is daarmee de gouden standaard in qPCR geworden: *realtime* PCR. Anders gezegd: *realtime* PCR is de meest populaire qPCR-methode.

Het grote verschil tussen *realtime* PCR en de standaard PCR is de detectiemethode. De *realtime* PCR-methode onderscheidt zich van de standaard PCR-methode door het ter plekke meten van fluorescent signaal tijdens de PCR-cycli. Er wordt daarbij een direct verband gelegd tussen de fluorescentie en de amplificatie. De geregistreerde hoeveelheid fluorescentie is daarbij een maat voor de hoeveelheid PCR-product.

---

[299] Van de drie componenten (voorbeeldstreng, juiste *primers* en de dNTP's), die cruciaal zijn voor de PCR-methode, groeien de strengen exponentieel, terwijl de *primers* en de dNTP's in verhouding snel afnemen. Het is onvermijdelijk dat er ergens een tekort optreedt, waarna verdere vermeerdering stopt.
[300] We bespreken hier niet 'competitieve PCR' en andere minder gebruikte qPCR-methodes.

De bouwstenen van het leven

Het grote voordeel van *realtime* PCR is dat het snel en kwantitatief is, maar vooral ook dat er geen geamplificeerd materiaal in de analyseruimte meer vrijkomt: het is een gesloten systeem, omdat al tijdens de methode wordt gemeten hoeveel amplicon-DNA aanwezig is. Er hoeft na afloop dus niets meer op gel te worden gebracht (er is geen elektroforese meer nodig).

Registratie van deze fluorescentie detectie levert grafisch een beeld op zoals met de rode curve is aangegeven in Figuur 7.19. Aan de hand van de curve wordt een Ct-waarde (*treshold*[301] *cycle*) bepaald. Deze Ct-waarde (Figuur 7.19) is een maat voor het aantal cycli dat nodig is om de gemeten hoeveelheid fluorescentie op een 'start niveau' te brengen. De Ct-waarde markeert daarmee de start van de exponentiële fase. Tijdens de exponentiële fase (waarin nog niets beperkend is) wordt gemeten.

Omdat de mate van fluorescentie een maat is voor de hoeveelheid geproduceerd PCR-product kan de rode curve in Figuur 7.19 ook gelezen worden als de grafische weergave van de relatie tussen de toename van het PCR-product en het aantal doorlopen cycli.

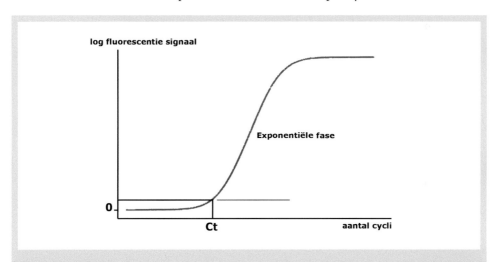

Figuur 7.19. *Realtime* PCR (1). Na een aanloopfase (waarin de fluorescentie te laag is om betrouwbaar te meten) zal een drempel (horizontale lijn boven nul op de y-as) overschreden worden waarmee de curve (rood) de exponentiele fase ingaat, die doorgaat tot er afvlakking ontstaat doordat er limitatie in de benodigde componenten optreedt. De cyclus waarbij die (arbitrair bepaalde) *treshold* wordt overschreden is de Ct.

Beneden de Ct waarde zijn de verschillen in de mate van fluorescentie tussen twee cycli zo miniem dat gedurende die aanloopfase de gemeten fluorescentie niet representatief geacht kan

---

[301] *Treshold* is een drempel (er moet wel een drempelwaarde worden overschreden).

worden voor de hoeveelheid aanwezig PCR-product. Boven de Ct waarde treedt de exponentiële fase[302] in en vanaf dat moment is een dergelijk omrekenmodel wel van toepassing.

De Ct-waarde is afhankelijk van de hoeveelheid startmateriaal dat als *template* of *target* fungeert: de aanvangshoeveelheid van het te amplificeren DNA-molecuul.

In Figuur 7.20 is zichtbaar gemaakt hoe de Ct-waarde beïnvloed wordt door de aanvangshoeveelheid materiaal. De groene curve ontstaat als er met meer *template* is begonnen, terwijl de blauwe curve aangeeft dat er juist minder *template* in het monster aanwezig was. Wanneer het verschil tussen rood en blauw precies één cyclus is, betekent het dat er in het blauwe monster bij aanvang precies de helft aan startmateriaal (*template*) aanwezig was.

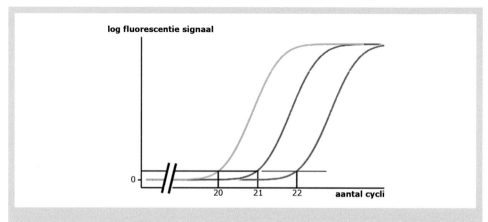

Figuur 7.20. *Realtime* PCR (2). De hoeveelheid *template* bij aanvang is bepalend voor het aantal cycli dat nodig is om de drempel te overschrijden. De groene curve is gestart met twee maal zoveel *template* als de rode en vier maal zoveel als de blauwe. Zolang binnen een experiment de drempel gelijk wordt gehouden kan van verschillende monsters de hoeveelheid *template* worden gekwantificeerd.

Er zijn meerdere fluorescentie detectie methoden in het kader van qPCR ontwikkeld.

7.2.1.1 Sybr Green qPCR

Sybr Green is een kleurstof die zich bindt (tussen de basen) aan dsDNA (Paragraaf 7.1.1.5) tijdens de *extension*. Op basis van de intensiteit van de fluorescentie berekent specifieke software de Ct-waarde (Figuur 7.19). Het meetmoment is vanaf deze Ct-waarde tijdens de exponentiële fase. De mate van fluorescentie is een maat voor het aantal aanwezige amplimeren (PCR-product).

---

[302] De efficientie van de PCR-reactie en daarmee de helling van de grafiek gedurende de exponentiële fase is afhankelijk van de secundaire structuur van de *primer*- én de *template*-sequentie; en die zal per reactie verschillen.

7.2.1.2 Moleculair baken (*beacon*)

Het principe van een moleculair baken is als volgt:

- Uitgangspunt is een ssDNA-molecuul met centraal daarin een bekende *probe* volgorde (18 tot 30 basen lang) die complementair is aan het *target*-molecuul.
- Het moleculair baken is op het eerste én op het laatste dNTP gelabeld:
  - aan de 5'-zijde met een **fluorochroommolecuul** en
  - aan de 3'-zijde met een zogenoemde *quencher*[303].
- (gelezen in de 5'→3' richting) bevindt zich direct na het fluorchroommolecuul een korte (5 tot 7) oligonucleotidestrook die complementair is met een even lange oligonucleotidestrook direct voor de *quencher*.

Normaal gesproken zullen deze twee oligonucleotidestroken hybridiseren tot een *stem*. Het moleculair baken (de *probe*) krijgt dan een gesloten lusvorm, waarbij het fluorochroommolecuul en de *quencher* zeer dicht bij elkaar liggen (Figuur 7.21 links).

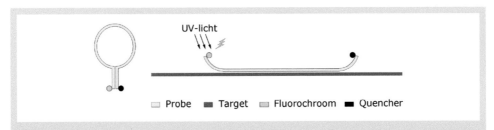

Figuur 7.21. Moleculair baken. Hiermee kan specifiek een amplificatie worden gemeten. Wanneer het *beacon* (links) niet hecht vormt het een gesloten *stem-loop*. Aan de uiteinden zal het fluorochroom (oranje) door de *quencher* (zwart) uitgedoofd worden: geen signaal. Zodra de *probe*-regio van het *beacon* hybridiseert met een *target* (donkergrijs) gaat de *stem* uiteen en is de *quencher* niet meer in staat de fluorescentie weg te vangen (rechts).

Bij bestraling met laserlicht zal het fluorochroom fluorescentie vertonen (oplichten). Deze fluorescentie wordt in de dichte nabijheid van de *quencher* (zoals het geval is bij de gesloten lusvorm) door diezelfde *quencher* gedempt. De *quencher* vangt als het ware de fluorescentie af. De gesloten (intacte) *probe* vertoont dus geen fluorescentie.

Als er een match is (*annealing* fase) tussen een te onderzoeken *target*-molecuul en de *probe* dan zal hybridisatie optreden. Er ontstaat daar ter plekke een ds-structuur ter lengte van 18 tot 30 basenparen. De bindingskracht van de 18-30 basenparen is groter dan die tussen de twee oligonucleotidenstroken van de *stem*.

---

[303] Te beschouwen als een dimmer.

Het fluorochroommolecuul en de *quencher* zijn nu van elkaar gescheiden: de fluorescentie wordt zichtbaar en dus meetbaar. Wederom is de mate van fluorescentie een maat voor het aantal aanwezige amplimeren.

7.2.1.3 Taqman

Bij deze methode wordt gebruikt gemaakt van een zogenoemde Taqman *probe*. De *probe* is vooraf zodanig geconstrueerd dat het zal hybridiseren met een deel van het DNA-molecuul dat geamplificeerd moet worden. De Taqman *probe* is aan de 5'-zijde gekoppeld aan een *reporter* (een fluorochroom net als bij het hiervoor besproken *beacon*) en aan de 3'-zijde aan een *quencher*. De vrije (ongebonden) *reporter* is fluorescent, maar als onderdeel van de Taqman *probe* wordt die straling weggenomen door de *quencher*.

Een geconstrueerde *forward primer* en de Taqman *probe* worden samengebracht met het ssDNA-molecuul (de *target*) dat geamplificeerd gaat worden (nummer 1 in Figuur 7.22). Na hybridisatie zullen de *forward primer* en de Taqman *probe* zich binden aan het *target*-molecuul (nummer 2 in Figuur 7.22). Deze situatie is vergelijkbaar met de *annealing* fase tijdens de PCR-methode.

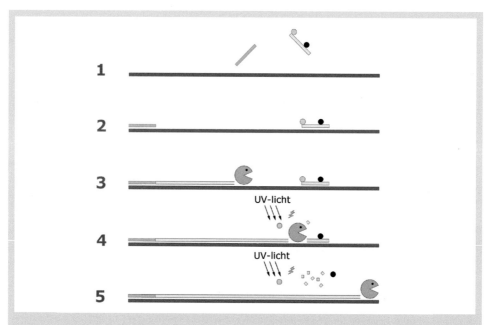

Figuur 7.22. Taqman PCR in vijf stappen. (1) De *primer* (blauwgrijs) en *probe* (grijs) met fluorochroom (oranje) en *quencher* (zwart) zijn toegevoegd aan een monster met *template* DNA (donkergrijs). (2) Tijdens de *annealing* hechten de *primer* en de *probe* aan hun *target* sequenties. (3) De extensie door Taq polymerase (groen) start. (4) Door de *proofreading* activiteit van het Taq polymerase wordt de *probe* weggegeten en komt het fluorochroom vrij. (5) Uiteindelijk wordt de gehele *probe* vervangen door nieuw DNA en verdwijnen fluorochroom en *quencher* in oplossing zodat fluorescentie ongestoord plaats kan vinden.

Tijdens de *extension* fase zal vanaf de 3'-zijde van de *forward primer* de replicatie van het *target*-molecuul opgang komen (nummer 3 in Figuur 7.22). Eenmaal aangekomen bij de *probe* zal het Taq polymerase (als symbool hiervoor is in Figuur 7.22 een groene pacman ingetekend) op basis van de nucleaseactiviteit de *probe* van de *target* verwijderen. De *reporter* komt vrij (nummer 4 in Figuur 7.22) en op dat moment stopt de dempende werking van de *quencher*. De fluorescentie wordt zichtbaar en dus meetbaar. De *extension* wordt voltooid (nummer 5 in Figuur 7.22).

7.2.2 *Reverse* transcriptie in combinatie met *realtime* PCR (RT-qPCR)

In Paragraaf 7.1 is uitgelegd dat met *reverse* transcriptie (synthese van complementair DNA aan de hand van RNA) per molecuul RNA een molecuul cDNA kan worden geproduceerd. De hoeveelheid van dit cDNA kan vervolgens gemeten worden met *realtime* PCR. RT-qPCR richt zich dus speciaal op het onderzoek van genen inclusief de activiteit ervan.

Door qPCR te combineren met *reverse* transcriptie (RT) is het dus mogelijk de mate van expressie van een gen te bepalen.

De hoeveelheid mRNA van een gen is afhankelijk van de mate van transciptie (in de celkern bij eukaryoten) en de mate van afbraak van het mRNA (in het cytosol) en geeft een goede maat voor de activiteit van een bepaald gen. Zo kunnen genen in verschillende monsters vergeleken worden en kan gekeken worden wanneer een bepaald gen is aangeschakeld of juist uitgeschakeld. Aanname is dat er op het moment van monstername een zogenaamde '*steady state*' van aanmaak (trancriptie) en afbraak van mRNA bestaat en er dus een evenwichtige hoeveelheid mRNA wordt gemeten.

Met RT-qPCR kan men heel precies **gen-voor-gen** bepalen hoe het zit met de expressie van genen onder bepaalde omstandigheden. De mate van genexpressie kan zeer informatief zijn. Zo is het mogelijk om bij bepaalde vormen van kanker te voorspellen welke medicijnen wel en welke niet zullen aanslaan, op basis van slechts een beperkte set genen waarnaar gekeken hoeft te worden.

RT-qPCR heeft wel een grote beperking: je kijkt gen-voor-gen. Om naar 30.000 genen tegelijk te kijken is (nog) niet te doen op deze manier. Daarvoor zijn andere methoden (*micro-arrays* of **DNA-chips**), die voor de kwaliteitscontrole vaak vergeleken worden met enkele bepalingen via de RT-qPCR.

7.2.3 *Inverse* PCR

Met deze methode is het mogelijk een onbekend stuk DNA te amplificeren voor nader onder-zoek. Op het moment dat er sprake is van een onbekend stukje DNA is het onmogelijk de juiste *primers* vooraf te construeren. Om dat probleem te omzeilen wordt er een bekend stukje DNA ingevoegd in het onbekende stuk (Tekstbox 7.1). Voor dit ingelaste stukje DNA zijn vooraf wél *primers* te construeren. Dat zijn geen *primers* voor een standaard PCR want *annealing* van die *primers* op dat bekende stukje DNA heeft amplificatie van alleen het bekende stukje DNA tot gevolg. Immers, de *primers* worden in een normale situatie geplaatst in een oriëntatie waarbij de 3'-einden naar elkaar toe zijn gericht.

Bij een normale PCR zou het 'tussenliggende gebied' worden gerepliceerd. De replicatie is als het ware naar binnen gericht: vanaf de ene *primer* richting de andere *primer* (Figuur 7.23).

Tekstbox 7.1. *Inverse* PCR.

Inverse PCR heeft grote waarde als je een stuk DNA met bekende volgorde naast een onbekend stuk DNA hebt verkregen. Experimenten waarbij dit het geval is zijn veelvuldig uitgevoerd in *functional genomics* programma's. Bij *functional genomics* wil men op genoom-schaal de functie van genen (en hun interacties) achterhalen. Een veelgebruikte methode daarbij is *random* insertie mutagenese (*random insertion mutagenesis*) ook wel *gene targeting* genoemd. Dit kan door middel van het introduceren van extern DNA, bijvoorbeeld met een plasmide het genoom van een eukaryoot 'bestoken' zodat *at random* genen van de eukaryoot uitgeschakeld raken. De organismen met een interessant fenotype hebben functieverlies van een gen (uitschakeling door middel van insertie), en het betreffende gen kan worden achterhaald middels het sequencen van het *inverse* PCR product. In plaats van het toedienen van extern DNA kan men ook genen van het organisme zelf laten 'springen'. Dergelijke 'springende genen' staan bekend als transposons en komen voor in zowel pro- als euka-ryoten. Nadat een transposon binnen het genoom gesprongen heeft kan een interessant fenotype wederom het verantwoordelijk gen daarvoor opleveren. Ook retrovirussen zijn hiervoor geschikt. Bij planten wordt daarnaast veel gebruik gemaakt van transformaties met de bacterie *Agrobacterium tumefaciens*. Hierbij wordt een deel van een *Agrobacterium* plasmide (het zogenaamde T-DNA) in het plantengenoom geïntroduceerd. De plek waar dat T-DNA terecht komt kan een gen zijn, dat daarmee haar functie verliest. Bij muizen, tot slot, zijn hele *functional genomics* programma's uitgevoerd met het *lacZ*-gen en andere reportergenen zoals *Green Fluorescent Protein* om te achterhalen waar zich in het genoom sterke promotoren bevinden. Wanneer een transgene muis in bepaalde weefsels of cellen het reportergen hoog tot expressie brengt ligt het reportergen dus achter een promotor, die na *inverse* PCR is te karakteriseren. Dit laatste voorbeeld is een speciale variant van *gene targeting*: *promoter trapping*.

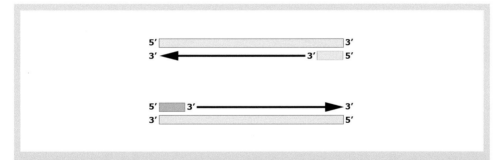

Figuur 7.23. Richting van de *primers* bij een gangbare PCR. Vooraf geconstrueerde *primers* hechten op de ssDNA strengen (grijs). De replicatie is 'naar binnen' gericht. In (blauw)grijs de *forward primer*, in (geel)grijs de *reverse primer*.

Tijdens *inverse* PCR echter worden de *primers* geplaatst in een oriëntatie waarbij juist de 5'-einden (de achterkanten van de *primers*) naar elkaar toe zijn gericht. Vandaar de naam '*inverse*'. De replicatierichting is nu vanaf de *primers* naar buiten gericht (Figuur 7.24).

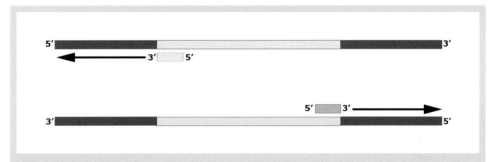

Figuur 7.24. Richting van de *primers* bij *inverse* PCR. Hier zijn de *primers* (de replicatie-richting) 'naar buiten' gericht. Het te amplificeren DNA (donkergrijs) heeft meestal een onbekende volgorde.

In bovenstaande illustratie is met lichtgrijs het vooraf bekende stukje DNA aangegeven. Het bekende stukje DNA is ingebouwd in het onbekende stuk DNA dat is aangegeven met een donkergrijze kleur. Het is ook duidelijk dat volledige replicatie van de donkergrijze gebieden alleen kan plaats vinden als beide stukken per streng in een cirkel met elkaar verbonden zijn (Figuur 7.25). Door toevoeging van **DNA ligase** kan elk lineair stuk DNA de uiteinden van zichzelf aan elkaar plakken en daarmee circulair worden.

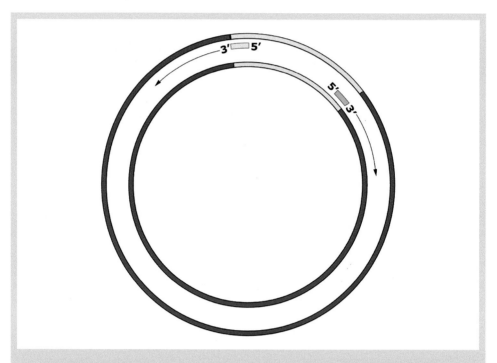

Figuur 7.25. *Inverse* PCR. Nadat met een ligase het te amplificeren DNA circulair is gemaakt kan de *inverse* PCR plaatsvinden als een reguliere PCR. Zeer bruikbaar om bijvoorbeeld met DNA-*tagging* te achterhalen waar een stukje DNA (de *tag*, lichtgrijs) is geland in een onbekend stuk chromosoom (donkergrijs) dat is uitgeknipt en circulair gemaakt.

7.2.4 *Site-directed* mutagenese

Onder *site-directed* mutagenese wordt verstaan het plaatsgericht aanbrengen van veranderingen in een DNA-sequentie. Daarvoor bestaan er veel verschillende *high-tech* methoden. We beperken ons in deze paragraaf tot het veranderen van *primers* waarmee plaatsgericht nieuwe knipplaatsen voor restrictie-enzymen in een amplicon geïntroduceerd kunnen worden. Nogmaals, andere methoden zijn vaak geavanceerder[304], maar voor menig kloneringsstrategie (het knippen en plakken van DNA om tot een gewenst 'gen-construct' te komen, zie volgende paragraaf) is deze PCR-variant relevant.

Het principe is simpel. *Primers* hebben een volgorde van minimaal 15, 16 of 17 basen nodig om (binnen een genoom) specifiek op een bepaalde plek te binden (*annealing*). De meeste *primers* zijn iets langer om zo tot een betere hechting te komen (18- tot 23-meren zijn gebruikelijk).

---

[304] Er zijn vele 'kits' commercieel beschikbaar om snel voor bepaalde doeleinden plaatsgericht mutaties aan te brengen, maar het voert te ver daar diep op in te gaan.

Aan de 5'-kant van de *primer* is dan de basenvolgorde iets minder kritisch voor het succes van *annealing*. Met andere woorden aan de 5'-kant mag de *primer* enigszins 'zwabberen' zolang aan de 3'-kant maar voldoende *annealing* bereikt wordt. Daarmee is het dus mogelijk aan de 5'-kant van de *primer* elke korte basensequentie te introduceren die men maar wil. Een knip-plaats van zes basen is zo te introduceren, zeker wanneer ook nog rekening wordt gehouden met de al aanwezige sequentie. De sequentie GATGTC is geen knipplek, maar kan door twee basen te veranderen worden omgeturnd in GAATTC (*site* voor het restrictie-enzym *Eco*RI).

Sterker nog, met één basenverandering kon al de knipplek GACGTC worden gecreëerd, of, idem dito, GAGCTC. Ook beide laatste sites worden door specifieke restrictie-enzymen herkend.

In het voorbeeld is de 5'GAATTC3' onderdeel van de *forward primer* die zich tijdens de annealingsfase zal hechten aan een *template* (Figuur 7.26 nummer 1). Na de *extension* vanuit de *forward primer* ontstaat de situatie zoals aangegeven in nummer 2 van Figuur 7.26. Er zijn twee strengen gevormd die door denaturatie van elkaar worden gescheiden. De denaturatie wordt gevolgd door de *annealing*. De bovenste streng anneelt dan (buiten beeld) met een *reverse-* of *backward primer*. *Extension* vanaf de *reverse primer* zal leiden tot de situatie zoals die wordt weergegeven in nummer 3 van Figuur 7.26.

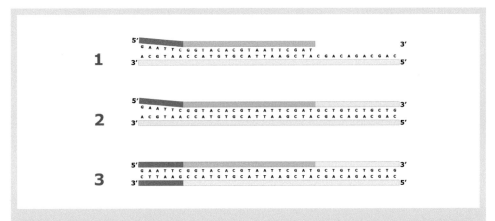

Figuur 7.26. Introduceren van een andere sequentie. (1) Door een restrictie-*site* (GAATTC) aan de 5'-kant aan te brengen in een *primer* (blauw) vindt aan de 3'-kant nog steeds de benodigde *annealing* plaats aan het *target* DNA (grijs). (2) Dit maakt polymerisatie in de extensiefase mogelijk. (3) De tweede PCR-cyclus levert dan een dsDNA-molecuul waarbij de nieuw geïntroduceerde sequentie dubbelstrengs voorkomt (donkerblauw, links).

Er is nu een gemodificeerde *template* ontstaan. Gelezen in de 3'→5' richting zijn de eerste zes basen anders dan in de oorspronkelijke *target*. Deze gemodificeerde *template* vervolgt het PCR proces zoals is aangegeven in Paragraaf 7.1.1.7 in Figuur 7.14. Doordat de gemo-dificeerde *template* nu elke PCR-cyclus wordt gekopieerd met de geconstrueerde *forward primer* 5'GAATTC3' zal het veranderde product exponentieel vermeerderd worden. Het met *site-directed* mutagenese verkregen dsDNA-fragment kan daarna aangeknipt worden met het enzym dat de nieuwe knipplek herkent[305]. *Site-directed* mutagenese levert dus de mogelijkheid knipplaatsen aan te brengen op plekken waar deze voorheen niet bestonden. Alternatieven zijn het uitschakelen (opheffen) of vervangen van knipplaatsen, en het binnen een *open reading frame* veranderen van codons voor specifieke aminozuren om zo onderzoek naar de functie van eiwitten (en naar de rol van belangrijke aminozuren binnen eiwitvolgordes) te vereenvoudigen.

7.2.5 *Bridge* PCR

Bridge PCR betreft een variant die 'het vastpinnen' van het *target*-molecuul op een drager mogelijk maakt. De DNA-fragmenten worden daartoe vermenigvuldigd met behulp van twee typen *primers* (een *forward*- en een *reverse primer*), die ieder voor zich covalent verbonden zijn met de vaste grondplaat van een drager, het preparaat (Figuur 7.27).

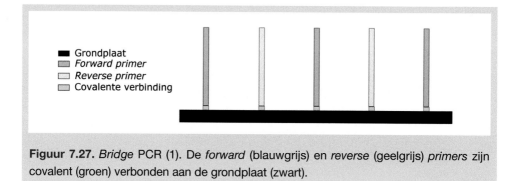

Figuur 7.27. *Bridge* PCR (1). De *forward* (blauwgrijs) en *reverse* (geelgrijs) *primers* zijn covalent (groen) verbonden aan de grondplaat (zwart).

Het *target*-fragment (het DNA-fragment dat geamplificeerd moet worden) wordt vooraf voorzien van een 'aanloop- en uitloopstuk' (Figuur 7.28), beide bestaande uit een oligonucleotide.

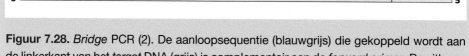

Figuur 7.28. *Bridge* PCR (2). De aanloopsequentie (blauwgrijs) die gekoppeld wordt aan de linkerkant van het *target* DNA (grijs) is complementair aan de *forward primer*. De uitloopsequentie rechts (geelgrijs) is dezelfde als die van de *reverse primer*.

---

[305] Het is gebruikelijk om de gegenereerde knipplek niet helemaal op het uiteinde van een fragment te laten ontstaan. Dit kan gedaan worden door de *forward primer* aan de 5'-kant te verlengen met circa vier *random* basen. Dit vergroot de efficiëntie van de digestie met het restrictie-enzym aanzienlijk.

Dit 'aanloop- en uitloopstuk' is ontworpen naar analogie van de nucleotidenvolgorde in de genoemde *forward-* en *reverse primer*. Het 'aanloopstuk' van het *target*-molecuul hybridiseert met een *forward primer*[306] ((blauw)grijs in Figuur 7.28) op de plaat: Stap I in Figuur 7.29.

Vervolgens vindt (startend bij het 3'-einde van de *forward primer* ((blauw)grijs) op de plaat) de synthese plaats van de complementaire streng van het *target* fragment[307]: Stap II in Figuur 7.29.

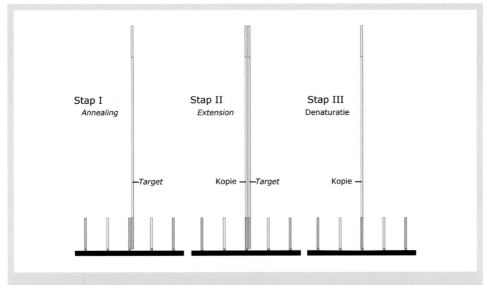

Figuur 7.29. *Bridge* PCR (3). Na de *extension* (Stap II) is een nieuw gevormde streng (kopie) covalent verbonden met de *forward primer* aan de grondplaat.

Na de *extension* vindt denaturatie (dehybridisatie) plaats. De nieuw gevormde streng DNA (ss) blijft covalent verbonden met de *forward primer* vastgehecht aan de grondplaat. Het oorspronkelijke *target*-molecuul wordt weggespoeld: Stap III in Figuur 7.29.

Het uiteinde van de nieuw gevormde streng ssDNA hybridiseert daarna met een *reverse primer* ((geel)grijs in Figuur 7.30) op de plaat[308]. Er wordt daarbij een brug gevormd: Stap IV in Figuur 7.30.

Deze brug wordt weer gerepliceerd (*extension*): Stap V in Figuur 7.30. Opnieuw vindt er dehybridisatie plaats. De twee strengen komen los van elkaar maar blijven ieder voor zich (en op gepaste afstand van elkaar om niet opnieuw te kunnen hybridiseren) covalent verbonden met de *primers* op de grondplaat: Stap VI in Figuur 7.30.

---

[306] Volledig vergelijkbaar met de *annealing* tijdens de PCR.
[307] Volledig vergelijkbaar met de *extension* tijdens de PCR.
[308] Volledig vergelijkbaar met de *annealing* tijdens de PCR.

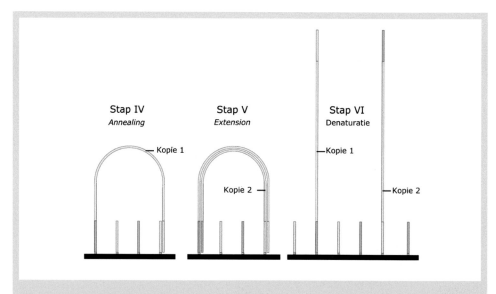

Figuur 7.30. *Bridge* PCR (4). Na denaturatie (stap VI) is een nieuw gevormde streng covalent gebonden met de *reverse primer* aan de grondplaat. Al bruggenvormend waaieren de strengen uit op een vast oppervlak en vormen een DNA-kolonie.

De procedure (stappen IV, V en VI) wordt nu herhaald. Er worden nieuwe bruggen gevormd met amplificatie van het DNA-fragment tot gevolg. Er ontstaan DNA-kolonies (in het geval van *Bridge* PCR) ook **DNA-clusters** genoemd. De cluster heeft als middelpunt de positie waar het eerste *target*-molecuul hybridiseerde (stap I) en de groei is vandaar (al bruggen bouwend) naar buiten gericht. De DNA-clusters bestaan uiteindelijk uit miljoenen *in vitro* gekloonde *target*-moleculen die ter beschikking zijn voor verder onderzoek, zoals sequentie-analyse (zie Paragraaf 7.7).

Later zijn er methodes ontwikkeld waarbij deze vorm van amplificatie op (micro)bolletjes (*beads*) plaatsvond: **bead PCR**. Er kunnen miljoenen (micro)bolletjes (met een diameter van slechts 5 μm) geproduceerd worden die uiteindelijk (na amplificatie) ieder voor zich weer bezet zijn ca. 100.000 *target*-moleculen. We spreken in het geval van *amplification on beads* van *DNA-colonies*. Een derde variant is de **emulsie-PCR**, waarbij *primers* en *template* gevangen worden in olie-druppels (liposomen), en waarbij op deze manier *in vitro* gekloneerd wordt. De termen DNA-clusters en DNA-kolonies worden ook vaak als synoniemen gebruikt.

7.3 Kloneren van genen

7.3.1 Inbouw genen in bacteriële plasmiden

Het zal duidelijk zijn dat men in het laboratorium kan beschikken over verschillende fragmenten polynucleotiden, van diverse herkomst (van virus RNA tot en met genoom DNA van zoogdieren). Voor een goed overzicht worden deze fragmenten bewaard in DNA databanken en zo kregen bijvoorbeeld de geïsoleerde humane genen hun plaats in het **humaan genoomproject**[309].

Genen die voor waardevolle eiwitten coderen kunnen gebruikt worden om ze in te bouwen in bacterie-DNA. De bacteriecel wordt dan een klein eiwitfabriekje. Kleine cellulaire fabriekjes die eiwitten (bijvoorbeeld humaan insuline als geneesmiddel, of hittebestendige bloedvlekafbrekende proteasen voor in waspoeders) produceren.

Daartoe zal het betreffende gen moeten worden ingebouwd in bacteriële plasmiden[310]. De bacteriële plasmiden worden daarmee de dragers van het fragment. We noemen zo'n dragermolecuul van een DNA-fragment een **vector**. Vervolgens worden bacteriën en plasmiden samengebracht (Figuur 7.31). Een deel van de bacteriën zal nu zo'n plasmide in zich opnemen, en onafhankelijk handhaven naast het eigen DNA. Het opnameproces heet **transformatie**.

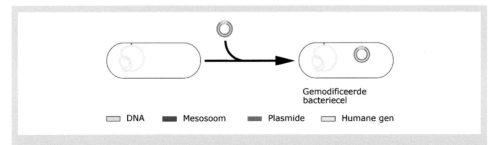

Figuur 7.31. Transformatie van een bacterie. In een plasmide (donkergrijs) is een gen (geel) geplaatst, zodanig dat een circulaire vector is ontstaan. De bacteriecel neemt de vector op. Het plasmide met gen handhaaft zich onafhankelijk van het chromosoom (grijs) dat met een mesosoom (rood) een stabiele plek in de gastheercel inneemt.

---

[309] Een wereldwijd gentechnologisch project waarin alle menselijke genen in kaart worden gebracht. Onderzocht wordt onder andere welke eigenschappen de verschillende genen vertegenwoordigen en op welke plaats van welk chromosoom deze eigenschappen zich bevinden.
[310] Cirkelvormige dsDNA-moleculen van slechts enkele duizenden basenparen lang (meestal zo'n 3 kb = 3000 bp) waarin stukken dsDNA van 0,1 tot 10 kb kunnen worden geplakt. De bacteriële plasmiden zijn de meest gebruikte vectoren, maar er zijn ook andere mogelijkheden, zoals bacteriofagen (virussen die zich vermenigvuldigen in bacteriën) en tussenvormen van plasmiden en bacteriofagen.

Door de transformatie ontstaat er een gemodificeerde bacteriecel. Deze gemodificeerde cel zal zich normaal delen (Figuur 7.32) waardoor het aantal cellen groeit.

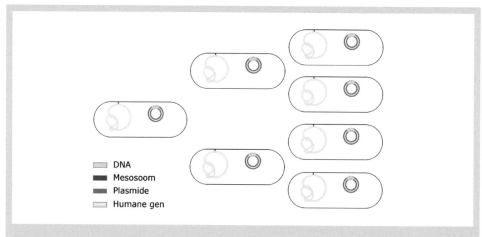

DNA
Mesosoom
Plasmide
Humane gen

Figuur 7.32. Groei van het aantal bacteriën. De gemodificeerde bacteriecel vermeerderd zich door deling, het aantal plasmiden is daarbij groot genoeg om met het delingsproces mee te gaan. Het gen is nu gekloneerd, de cellen zijn klonen van elkaar.

Vervolgens gaan vele cellen plasmiden bevatten die allemaal identiek zijn (door het kopiëren van de opgenomen plasmide). De bacteriën vormen een kolonie. De bacteriecellen van een kolonie zijn klonen van elkaar. De vermeerderde plasmiden die daar in zitten noemt men 'kloontjes'. Per cel kunnen soms wel 350 tot 500 kopieën van hetzelfde plasmide voorkomen.

7.3.2 Transformatie

Algemeen geldt dat als de toename van het aantal bacteriën wordt afgezet tegen de tijd de groei grafisch kan worden weergegeven met een grafiek, zoals in Figuur 7.33.

Om te transformeren gebruikt men in het laboratorium het liefst goed groeiende bacteriën. Dit zijn bacteriën die in de exponentiële fase (*log-phase*) van de groei zitten. Die *log-phase* is terug te vinden in Figuur 7.33 als het steile middenstuk. Deze *log-phase* wordt vooraf gegaan door een aanloopperiode (*lag-phase*) en eindigt op het moment dat er een tekort ontstaat (bijvoorbeeld aan zuurstof of aan voedingsstoffen). De groei stopt nu, maar de cellen zijn niet dood. De groei komt in de **plateaufase** of *stationary phase*.

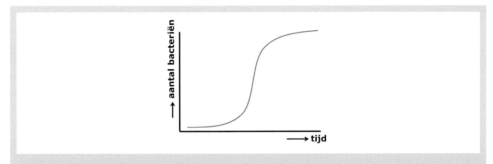

Figuur 7.33. Groeifasen van een bacteriekweek. Grafische voorstelling van de toename van het aantal bacteriën na verloop van tijd. Bij aanvang (links) geldt een aanloopperiode (*lag-phase*) die wordt gevolgd door een explosieve groei (*log-phase*) waarbij de delings-snelheid maximaal is. Dat gaat goed tot er iets beperkend wordt en de stationaire- of plateau fase aantreedt (rechts).

Wanneer men goed groeiende bacteriën een behandeling geeft met een ijskoude oplossing met calcium ionen (bijvoorbeeld opgelost $CaCl_3$) kan daarmee de celmembraan van de bacterie gedestabiliseerd (aangegeven door stippellijn in Figuur 7.34) worden, waardoor deze DNA goed naar binnen laat. Zulke cellen zijn dus heel goed in staat getransformeerd te raken, en heten om die reden wel 'competente cellen'.

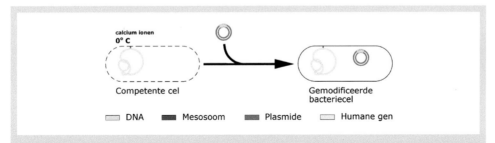

Figuur 7.34. Transformatie van competente cellen. Bacteriecellen in de *log-phase* kunnen competent gemaakt worden door met Ca^{2+}-ionen de celmembraan beter doorgankelijk te maken (stippellijn) voor een vector. Na deze behandeling moet de gemodificeerde cel even aansterken om daarna weer te kunnen gaan vermeerderen.

Overigens is **transformatie** niet de enige wijze waarop men bacteriën kan modificeren. Wanneer men bacteriën met zogenaamde F-pili gebruikt (kleine buisvormige structuren die kanaaltjes met andere bacteriën vormen) spreekt men van **conjugatie** (Tekstbox 4.2) als door de F-pili vector-DNA van de ene bacteriecel naar de andere verhuist. Wanneer men via bacteriofagen (Paragraaf 2.4) vreemd erfelijk materiaal een bacteriecel inbrengt heet het **transductie**.

7.3.3 Selectie gemodificeerde bacteriën

Er zijn twee veel gebruikte selectie-technieken om de bacteriën die het overgebrachte gen bevatten te kunnen 'oogsten':
- een **selectietechniek op basis van antibioticumresistentie**,
- vaak gecombineerd met de zogenoemde **blauw-wit screening**.

7.3.3.1 Selectie-techniek op basis van antibioticumresistentie

Bij deze kweektechniek wordt er gebruik gemaakt van plasmiden die een bepaald antibioticum-resistentiegen bevatten. De bacteriën die beschikken over een dergelijke plasmide zijn daardoor in staat te groeien op een groeimedium dat het bijbehorende antibioticum bevat. De bacteriën die niet over dat antibioticumresistentiegen beschikken hebben op dezelfde voedingsbodem geen overlevingskans. De selectie is meedogenloos en duidelijk. Ze is onmisbaar om onderscheid te kunnen maken tussen bacteriën mét en bacteriën zonder plasmide. Deze methode wordt vaak gecombineerd met een andere truc, de blauw-wit screening.

7.3.3.2 Blauw-wit *screening*

In deze methode wordt gebruik gemaakt van plasmiden die een *lacZ*-gen bevatten. Deze plasmiden zijn tevens voorzien van een antibioticumresistentiegen[311] (Figuur 7.35). De bacteriën worden geënt op een geprepareerde (toevoeging van X-gal[312]) voedingsplaat.

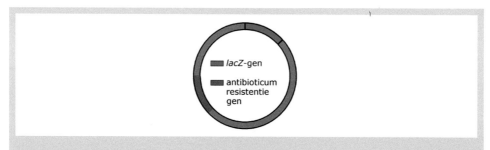

Figuur 7.35. Een kloneringsvector. Een plasmide met daarop aanwezig een *lacZ*-gen (blauw) en een antibioticumresistentiegen (bruinrood) is heel geschikt om DNA-fragmenten te kloneren.

---

[311] Blauw-wit *screening* werkt alleen samen met antibioticumselectie. Anders kweek je een petrischaaltje vol witte kolonies zonder plasmide.
[312] Afkorting voor 5-bromo-4-chloro-3-indolyl-β-D-galactopyranoside ook wel indoxyl-galactose genoemd.

Het *lacZ*-gen codeert voor een belangrijke subunit van het enzym β-**galactosidase**, dat lactose kan splitsen in galactose en glucose (zie Paragraaf 3.5.3). Wanneer een variant van lactose wordt aangeboden (X-gal) splitst het enzym dit in lactose en een blauwe kleurstof. Dat geeft blauwe kolonies. Bacteriën waarvan de aanwezige plasmiden geen β-galactosidase kunnen produceren groeien daarentegen als witte kolonies. De toevoeging van X-gal is daarmee een test op de aanwezigheid van een intact *lacZ*-gen.

Om een **insert** te kunnen plaatsen in een plasmide met een *lacZ*-gen zal op de eerste plaats het plasmide geopend moeten worden. Daarvoor wordt (zoals eerder aangegeven) een specifieke restrictienuclease gekozen. Een restrictienuclease waarvan (in het geval van de blauw-wit screening) 'de knip' gelegen is in het *lacZ*-gen (Figuur 7.36).

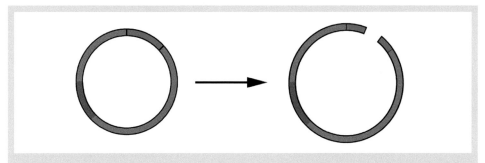

Figuur 7.36. Lineariseren van de vector. Een specifieke restrictienuclease opent de plasmide in het *lacZ*-gen.

Na de knip wordt het gewenste insert toegevoegd en wordt de plasmide gesloten met behulp van ligase. Na sluiting van de plasmide (Figuur 7.37) zijn er twee mogelijkheden:
1. het fragment zit wel ingebouwd in het *lacZ*-gen; of
2. het fragment zit niet ingebouwd in het *lacZ*-gen.

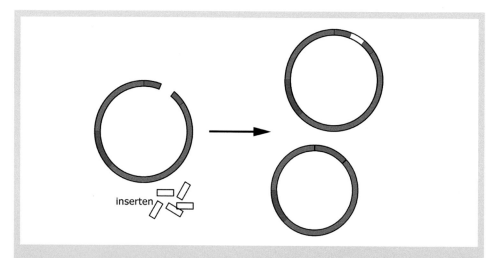

Figuur 7.37. Ligeren van DNA-inserten. Het te kloneren DNA (*inserts*) wordt aangeboden en DNA-ligase kan dit in de geopende vector (links) 'plakken'. Sommige plasmiden sluiten het geopende *lacZ*-gen inderdaad na opname van een insert (rechtsboven). Andere plasmiden sluiten het *lacZ*-gen zonder die opname (rechtsonder).

Mogelijkheid 1 levert per definitie een 'beschadigd' (want onderbroken) *lacZ*-gen op. Een *lacZ*-gen dat geen β-galactosidase meer produceert: de groeiende bacteriekolonie heeft een witte kleur.

In het tweede geval zullen de plasmiden zónder insertie weer 'terug' ligeren en zij beschikken dus over een intact *lacZ*-gen. De bacteriën die over deze plasmiden beschikken (en dus β-galactosidase produceren) verraden hun aanwezigheid door de blauwkleuring van de kolonie.

Het inbouwen van een gen gebeurt 'slechts' in ongeveer 10% van de gevallen. Dat impliceert dat er bij een kloneringsstap een van de tien plasmiden succesvol van een insert wordt voorzien. Er zullen dus per witte kolonie negen blauwe kolonies aanwezig zijn. De blauwe kolonies hoeven verder niet meer geanalyseerd te worden en dat scheelt heel veel werk!

In dit voorbeeld wordt *lacZ* als selectiemiddel ingezet omdat het de onderzoeker vertelt of het nog intact is of niet. Meestal wordt *lacZ* aangeduid met de term *reporter*-gen omdat het iets 'verklapt'. Zo zijn er meerdere reportergenen[313] die veel worden gebruikt, zoals **luciferase** (oorspronkelijk uit vuurvliegjes geïsoleerd) en *Green Fluorescent Protein* (uit een kwal).

Aan de *University of California* is in de 80-er jaren van de vorige eeuw reeds slim nagedacht hoe het *lacZ*-gen is aan te passen voor optimaal gebruik. Zo zijn de pUC-plasmiden geconstrueerd (de naam pUC refereert aan de betreffende universiteit). Bijvoorbeeld pUC18 en

---

[313] Dergelijke reportergenen verschillen van selectiegenen zoals de eerder genoemde antibioticumresistentie-genen, omdat de laatsten rechtstreeks op de groei ingrijpen.

pUC19 bevatten een hele serie herkenningsplekken[314] voor restrictie-enzymen dicht bijeen, en zodanig dat het *Open Reading Frame* (zie Paragraaf 3.3.2) van *lacZ* intact is gebleven[315]. Een dergelijke serie knipplaatsen bijeen wordt ook wel een *Multiple Cloning Site* (MCS) genoemd. De getoonde MCS (Figuur 7.38) is ingebouwd in pUC18 (Figuur 7.39).

Restrictie-enzymen		EcoRI		SacI		KpnI	SmaI		BamHI		XbaI		SalI		PstI		PaeI		HinDIII	
DNA sequentie	... ACG	AAT	TCG	AGC	TCG	GTA	CCC	GGG	GAT	CCT	CTA	GAG	TCG	ACC	TGC	AGG	CAT	GCA	AGC	TTG ...
Aminozuurvolgorde	... Thr	Asn	Ser	Ser	Ser	Val	Pro	Gly	Asp	Pro	Leu	Glu	Ser	Thr	Cys	Arg	His	Ala	Ser	Leu ...

Figuur 7.38. De *multiple cloning site* (MCS) van pUC18. Het plasmide pUC18 is veelgebruikt omdat het in het *lacZ*-gen een MCS bevat die de werking van *lacZ* niet verstoort. De restrictie-enzymen die de knipplaatsen herkennen staan aangegeven in de bovenste regel. De codons in het DNA (middelste regel) zorgen voor een *open reading frame*: een aaneengesloten volgorde van aminozuren (groen) die onderdeel zijn van het genproduct β-galactosidase.

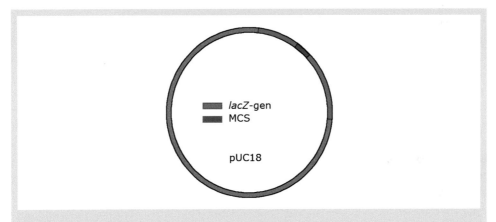

Figuur 7.39. De MCS in *lacZ* van pUC18. De constructie van het MCS is zodanig dat het gemodificeerde *lacZ*-gen goed werkend β-galactosidase blijft produceren. Op een juiste voedingsbodem zal dit blauwe kolonies opleveren. Pas als in de MCS een insert is geplakt zal *lacZ* geïnactiveerd zijn en witte kolonies opleveren.

Ze zijn er in vele varianten maar belangrijk is dat de knipplaatsen in dergelijke plasmiden uniek zijn. Dat heeft tot gevolg dat het gebruik van de gewenste restrictienuclease leidt tot het (op één specifieke plaats) openen van het circulaire DNA waardoor één **lineaire** plasmide ontstaat.

---

[314] In pUC19 bevindt zich hetzelfde MCS als in pUC18 maar dan in tegengestelde oriëntatie.
[315] Ondanks de aanwezigheid van de ingebouwde serie restrictieplaatsen (die soms tot aminozuursubstituties leiden) wordt er goed werkend β-galactosidase geproduceerd.

Gelelektroforese van een ongeknipt plasmide levert vaak twee banden op. De verst lopende band is van zeer compact gevouwen plasmiden. Deze vorm wordt ook wel *supercoiled* of *covalently closed circular* (ccc) DNA genoemd. Veel minder ver lopend zijn de circulaire dubbelstrengs DNA-moleculen waarbij in één van de strengen een breuk zit. Een dergelijke breuk wordt *nick* genoemd en deze vorm van DNA is dus *nicked circular* ofwel *relaxed*. Vergelijk beide vormen met elastiekjes die je ofwel als klein propje helemaal ineengewonden kunt beschouwen (ccc) of als 'relaxed' circulair elastiek. De laatste vorm ondervindt in de agarose gel meer weerstand en loopt daardoor minder snel.

Beide loopafstanden verschillen van die van de lineaire plasmide, zoals dat verkregen wordt als met een restrictienuclease op één plek een dubbelstrengse knip wordt aangebracht. Het ccc DNA loopt verder, en het relaxed circulair DNA iets minder ver dan lineair DNA. Dat heeft dus alles met de vorm (en dus met de weerstand) te maken, en niet met de grootte van de moleculen, want die is gelijk.

7.3.4 RNA-vorming in gemodificeerde bacteriën

Niet altijd is blauw-wit screening mogelijk. Wanneer het recombinante gen hoog tot expressie moet worden gebracht is het beter dit vlak achter een promotor te plaatsen in een zogenaamde expressievector. Voor efficiënte expressie zijn speciale promotoren ontwikkeld die in bacteriën optimale expressie geven. Soms zijn dit gewoon heel sterke promotoren die altijd (**constitutief**) 'aan' staan, maar vaak zijn dit **induceerbare promotoren** die met een hitteschok of chemische reactie zijn aan te schakelen op het juiste moment. Een dergelijk systeem voorkomt dat de gastheer erg veel last heeft van overproductie van een (soortvreemd) eiwit. Een fraai voorbeeld van een sterke én induceerbare promotor is de zogenaamde *tac*-promotor. Dit is een combinatie van de sterke promotor die in *E. coli* voor het *trp*-gen ligt (speelt een rol in het metabolisme van het aminozuur tryptofaan) en het *lac* operon dat door de *LacI*-repressor onderdrukt wordt (zie Paragraaf 3.5.3). Door 30 bp van de *trp* promotor te combineren met 30 bp van de *lac* promotor/operator is een 40 bp (er is overlap waardoor 30 + 30 bp in dit geval ruwweg 40 bp oplevert) tellende promotor ontstaan die én tot hoge expressie leidt, én aan en uit te schakelen is. Dat laatste gebeurt niet alleen door *LacI* in reactie op lactose, maar kan ook met een kunstgreep worden gedaan door een stofje met de afkorting IPTG[316] toe te voegen. IPTG heft de remming op de promotor op, waardoor er op het gewenste tijd moment expressie wordt aangeschakeld.

7.3.5 cDNA

Stel dat het waardevolle eiwit dat men tot expressie wil brengen van de mens afkomstig is. Dan is het dus zaak een humaan gen te kloneren in een expressievector. Om het probleem van het genstructuurverschil tussen eu- en prokaryoten te omzeilen moet aan het plasmide **intron-**

---

[316] De afkorting IPTG staat voor isopropyl-β-D-thiogalactopyranoside, een lactose-analoog.

vrij humaan DNA worden aangeboden, want alleen intron-vrij humaan DNA zal intron-vrij mRNA opleveren in de bacterie (bacteriën zijn van zichzelf niet in staat introns te verwijderen). Dat intron-vrij humaan DNA kan uit eukaryotisch functioneel mRNA geproduceerd worden aan de hand van de *reverse* transcriptietechniek zoals die beschreven is in Paragraaf 7.1.1.8.

7.3.6 Plaatsing in een vector

Het aldus verkregen cDNA kan nu worden ingebouwd in een plasmide van een bacterie. Daartoe moeten de volgende stappen doorlopen worden:
1. Kies een geschikt restrictie-enzym dat *sticky ends* maakt op de plaatsen die je als onderzoeker wenst. Gebruik eventueel PCR technieken (*site-directed* mutagenese) om de juiste knipplek op de juiste plaats te krijgen.
2. Knip zowel het **verkregen dsDNA** als de **bacteriële plasmide** met hetzelfde restrictie-enzym[317]. Dit zorgt ervoor dat alle fragmenten dezelfde *sticky ends* hebben en dus aan elkaar gekoppeld kunnen worden.
3. Voeg het geknipte menselijke cDNA en de bacteriële plasmide samen. De *sticky ends* van de plasmidemoleculen zullen zich met waterstofbruggen binden aan *sticky ends* van de fragmenten cDNA.
4. Gebruik DNA-ligase om alle bindingen te 'verzegelen'. Anders gezegd: om een covalente binding in de suiker-fosfaat *backbone* aan te leggen. DNA-ligase zal deze covalente bindingen maken tussen de uiteinden van het DNA. Het heeft daarvoor ATP nodig.
5. Bijeenbrengen van de gemodificeerde plasmiden en de bacteriën (Figuur 7.34). Een deel van de bacteriën zal een plasmide in zich opnemen zoals beschreven in Paragraaf 7.3.2 – **transformatie**.
6. Het is nu zaak om de gemodificeerde bacteriën te isoleren van de niet gemodificeerde bacteriën. Wanneer de vector de gemodificeerde bacterie resistent maakt tegen ampicilline (een penicilline achtig antibioticum) wordt dit bereikt door ampicilline toe te voegen aan het kweekmedium. Zo worden alleen bacteriekolonies zichtbaar die plasmiden bevatten.
7. Een aantal kolonies wordt in vloeibaar medium elk apart opgekweekt zodat plasmide DNA geïsoleerd kan worden. Dit kan na het knippen met verschillende restrictie-enzymen een analyse opleveren waarmee duidelijk wordt of het gewenste 'genconstruct' bereikt is (het cDNA kan er ook achterstevoren ten opzichte van de promotor ingeplakt geraakt zijn bijvoorbeeld).

De gemodificeerde bacteriën kunnen worden opgeslagen in een vrieskist zodat ze altijd weer opgekweekt kunnen worden voor nieuwe experimenten. Voor het invriezen wordt dan vaak glycerol toegevoegd (dat voorkomt ijsnaaldvorming en daarmee membraanschade).

---

[317] Dit is een eenvoudige strategie, het kan ook gerichter door juist met verschillende enzymen te werken.

7.4 Transgene planten en dieren

Genetische modificatie is niet alleen mogelijk met bacteriën (Figuur 7.1), virussen, gisten en schimmels, maar ook met planten en dieren. De toepassingen daarvan kunnen zowel economisch interessant zijn (zoals bij productiegewassen en in de sierbloemteelt), als puur om wetenschappelijke redenen de moeite waard zijn (bijvoorbeeld om bepaalde ziekten beter te begrijpen of therapieën te ontwikkelen). Ook kunnen transgene planten duurzame alternatieven bieden wanneer, met behulp van zonlicht en CO_2, producten kunnen worden gevormd die voorheen uit fossiele brandstoffen werden gewonnen. Zonder er diep op in te gaan willen we enkele ontwikkelingen op dit gebied bespreken.

7.4.1 Transgene planten

Net als bij bacteriën noemt men het proces waarmee planten genetisch kunnen worden veranderd door DNA te incorporeren: **transformeren**.

Agrobacterium tumefaciens is een bacterie, die planten van nature kan en zelfs wil transformeren met plasmiden waarop genen liggen die plantentumoren induceren. De gevormde tumoren maken namelijk speciale aminozuren aan die weer als voeding voor de bacterie dienen. *A. tumefaciens* kan in die situatie gezien worden als de pendel voor het inbrengen van vreemd DNA in de plantencel.

Tekstbox 7.2. *Transforming DNA.*

In de Paragrafen 7.1 en 7.3.1 zijn plasmiden en vectoren gedefinieerd als draagmoleculen van één of meerdere DNA-fragmenten. Het plasmide dat van nature voorkomt in *A. tumefaciens* is het Ti-plasmide (*tumor inducing*). Dit Ti-plasmide bevat *transforming DNA* ofwel **T-DNA**[1] (blauw in onderstaande figuur) en genen (lichtgrijs in figuur) die de toegang tot de plantencel mogelijk maken. Het T-DNA wordt geflankeerd door twee relatief korte *border*-sequenties (T_L en T_R).

De genen (lichtgrijs in de figuur) fungeren daarbij als 'de sleutels die het slot van de deur (van de plantencel) kunnen openen' en het T-DNA met de *border*-sequenties T_L en T_R vormen het pakket zoals dat uiteindelijk integreert in het plantengenoom. De genen op het T-DNA zetten de plantencel aan tot tumorgroei.

Anders gezegd: het binnengetreden pakket bestaat uit twee vleugels (T_L en T_R) met daartussen een romp (T-DNA). De vleugels faciliteren een goede landing in het gastheer-genoom en alleen de romp komt tot expressie.

>>>

---

[1] T-DNA wordt ook dikwijls *transfer* DNA genoemd. Het is het deel van het DNA dat wordt overgedragen.

Wetenschappers hebben dit T-DNA uitgekleed tot op de vleugels T_L en T_R en de romp daarbij vervangen door in het laboratorium geconstrueerde DNA-volgordes. Dit doet niets af aan de functie als integratie-*shuttle* maar de tumorgroei treedt, doordat deze genen niet meer in het T-DNA aanwezig zijn, niet meer op.

Wetenschappers hebben dit systeem verder ontwikkeld tot een zogenaamd twee-componenten systeem (zogenaamde binaire vectoren). Hierbij zijn de functies van het oorspronkelijke Ti-plasmide verdeeld over twee ervan afgeleide vectoren. Dit maakt de introductie van nieuwe genen in het T-DNA gemakkelijker.

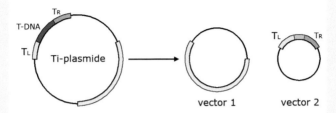

Het van nature in *A. tumefaciens* voorkomende Ti-plasmide (links) kan in planten tumoren induceren. Deze vector is voor recombinant-technologische doeleinden opgesplitst in een zogenaamd 'binair systeem' (twee vectoren, rechts). Vector 1 bevat de virulentiegenen (lichtgrijs) en is feitelijk het Ti-plasmide zonder T-DNA. Vector 2 kan in *E. coli* worden bewerkt en bevat van het oorspronkelijke T-DNA de *border*-sequenties T_L (geel) en T_R (oranje) met daartussen een *multiple cloning site* (mcs, lichtblauw). Door in die mcs de juiste DNA-volgordes te plaatsen kan men een T-DNA naar wens construeren dat in het plantengenoom is te integreren.

Vector 1 is het Ti-plasmide zonder T-DNA. Het bevat de genen (lichtgrijs) die de toegang tot de plantencel mogelijk maken: 'de sleutels die het slot op de deur kunnen openen'. Van deze vector 1 integreert niets in het genoom van de *host*-(gastheer-)plantencel.

Vector 2 is een kleine vector met daarin 'gestript' T-DNA. Daarbij zijn de oorspronkelijke T-DNA sequenties (donkerblauw in de figuur) gereduceerd tot de twee (geel en oranje in de figuur) flankerende (relatief korte) *border*-sequenties (T_L en T_R) met daartussen een *multiple cloning site* (lichtblauw in de figuur). Een voorbeeld van zo'n *multiple cloning site* (mcs) vind je in Figuur 7.38.

Op het moment dat de T_L en T_R *borders* en alles wat daar tussen is gekloneerd (lichtblauw in de figuur) integreren in het genoom van de gastheer-plantencel wordt die ontvangende plantencel transgeen (of, wanneer het DNA van binnen de eigen soort betreft: cisgeen, zie Paragraaf 7.1). De T_L en T_R *borders* en alles wat daar tussen is gekloneerd (lichtblauw in de figuur) wordt bij de mitose doorgegeven aan de dochtercellen.

Deze shuttledienst werkt niet bij alle planten even makkelijk. De tweezaadlobbigen (**dicotylen**) zoals aardappel, tomaat en petunia zijn doorgaans makkelijker te modificeren dan de eenzaadlobbigen (**monocotylen**) zoals granen en maïs. Die laatsten worden om die reden ook wel 'recalcitrant' genoemd.

Inmiddels zijn er vele andere manieren ontwikkeld om (soort-)vreemd DNA in plantencellen te krijgen. Daarbij zijn twee principes mogelijk:

- Of men laat de plant grotendeels intact en gaat met fysiek geweld enkele cellen penetreren (*cell bombardment* met een '*gene gun*'[318] of injectie met een fijne naald).
- Of men ontdoet losse cellen van hun celwand. De van hun celwand ontdane cellen worden **protoplasten** genoemd.
  - De protoplast kan nu getransformeerd worden door een injectie met het in te voeren DNA.
  - Ook kan er voor gekozen worden om het membraan van de protoplast tijdelijk te destabiliseren:
    - ▷ met membraan-destabiliserende middelen[319] of
    - ▷ met **electroporatie**[320].

Uiteindelijk wordt er voor gezorgd dat in beide gevallen van membraan-destabilisatie het in te voeren DNA in overmaat rondom de cel aanwezig is.

In eerste instantie is niet de gehele plant getransformeerd: slechts die cellen die zijn geïnfecteerd én de nakomelingen van die cellen. Pas als die cellen weer hele planten opleveren die via kruisen de eigenschap doorgeven spreekt men feitelijk van **transgene planten**. Elke cel van de getransformeerde plant bevat dan een **transgen**: een extra gen dat afkomstig is van een ander soort organisme.

7.4.1.1 Positie-effect als gevolg van *random* integratie

De mate van expressie van het transgen[321] zal (los van de sterkte van de eigen promotor) mede afhangen van de plek in het genoom waar het is terechtgekomen: het zogenaamde **positie-effect**. Is het transgen in een deel van een chromosoom terechtgekomen dat niet openstaat voor hoge expressie dan kan dat de RNA-polymerases zodanig hinderen dat het weinig genproduct oplevert. Andersom kan ook: wanneer het bij toeval onder invloed van sterke *enhancers*[322] is komen te liggen kan de expressie hoger zijn dan verwacht. De plek waar het transgen is geland kan tevens een functionerend gen zijn geweest. In dat geval is onbedoeld een allel van een **endogeen gen** (reeds in de ontvangende plant aanwezig gen) uitgeschakeld. De integratie van het transgen vindt *random* plaats: idealiter op een enkele (door toeval bepaalde) plek in het genoom die de rest van de celfuncties niet beïnvloedt.

---

[318] Met een '*gene gun*' kunnen met DNA beklede bolletjes van inert metaal, zoals goud of wolfraam, in de cellen worden geschoten.
[319] Soms transfectie- of lipofectie-middelen genoemd.
[320] Met een stroomstootje wordt de celmembraan tijdelijk gedestabiliseerd.
[321] De mate van expressie van het transgen kan niet verhoogd worden door meerdere kopieën te integreren in het DNA van de plantencel omdat allerlei verdedigingsmechanismen de plant behoeden voor overproductie van één bepaald genproduct.
[322] Zie Paragraaf 3.5.4.1 en Tekstbox 3.16.

Naast bovengenoemde stabiele transformaties, waarbij het T-DNA in het genoom integreert, is het voor snellere wetenschappelijke studies soms voldoende om gelijk na de introductie van een gen de expressie ervan te meten. In dat geval hoeven geen hele planten te worden geregenereerd en kan men in losse celpopulaties de metingen verrichten. Het geïntroduceerde gen wordt niet in het genoom geplaatst en hoeft slechts enkele dagen lang tot expressie te komen[323]: men spreekt dan van **transiënte expressie**[324]. Na afloop van de studie worden de cellen vernietigd. Dergelijke studies kunnen een beeld geven over hoe goed een gen functioneert (het vertelt iets over de promotorsterkte van het gen bijvoorbeeld). Vergelijkbare analyses kunnen worden gedaan met dierlijke cellen. Ook daarmee kan men transiënte expressiestudies doen (in cellijnen bijvoorbeeld) maar we richten ons nu verder op gehele organismen.

7.4.2 Transgene dieren

In principe kunnen DNA-modificaties bij elke diersoort worden uitgevoerd (van rondwormpjes en insecten zoals fruitvliegjes tot ratten en mensen), maar we beperken ons hier tot het voor modelstudies meest gebruikte zoogdier: de muis.

In het spraakgebruik spreekt men van transgene muizen wanneer men muizen bedoelt die een toegevoegd gen hebben. Natuurlijk zijn andere modificatievarianten (waarbij een gen is verwijderd of vervangen) ook transgeen, maar deze worden doorgaans anders genoemd (zie hierna). Ook is het goed te weten dat bij het transgeen maken van dieren men niet kan spreken van transformeren[325]. Dit omdat transformeren van dierlijke cellen in de medische wereld al eerder een heel andere betekenis[326] had.

Uiteindelijk kan men dus een functie toevoegen (*gain of function*) of uitschakelen (*loss of function*). Daarnaast kan men functies vervangen (door genen met vergelijkbare functies). Van al deze drie mogelijkheden gaan we voorbeelden bespreken.

Een transgene muis (met een extra gen) wordt doorgaans verkregen door een bevruchte eicel onder de microscoop te injecteren met donor-DNA. De bevruchte eicel wordt gefixeerd met een speciale pipethouder (zie Figuur 7.40) waarna de DNA-injectie kan geschieden. Met een heel dunne naald (meestal van glas getrokken) kan men tot in de kern van de bevruchte cel komen om aldaar het DNA af te leveren. De integratie vindt *random* plaats.

---

[323] Het gen komt to expressie vanaf het geïntroduceerde construct, dat wel de kern heeft bereikt, maar niet in een chromosoom is geïntegreerd.

[324] Transiënt betekent: van voorbijgaande aard.

[325] Sommigen gebruiken hiervoor dan de term transfectie. Verwarrend is daarbij dat anderen de term transfectie juist koppelen aan een virale overdracht. Er bestaat derhalve geen eenduidigheid over deze term.

[326] In de hematologie (leer van bloedcellen) wordt de term transformatie voor natuurlijke veranderingen gebruikt. Zo transformeren megakaryoblasten in megakaryocyten bij de vorming van bloedplaatjes en is er bij verschillende leukemieën en andere oncologische processen sprake van (maligne) transformatie.

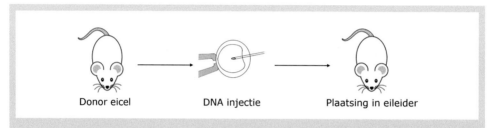

Donor eicel   DNA injectie   Plaatsing in eileider

Figuur 7.40. Transgene muizen worden verkregen door van een donormuis (links) gelijk na de bevruchting eicellen te oogsten. De eicel kan m.b.v. een zuigpipet (midden, grijs) onder een microscoop worden vastgehouden. In de celkern wordt met een dun glazen naaldje het donor-DNA geïnjecteerd (midden) waarna de eicel in een draagmoeder (rechts) tot wasdom kan komen.

Indien dit DNA in het genoom integreert zal de gehele muis, die zich uit die eicel ontwikkelt transgeen zijn. De muis is nu '**solide**' (alle cellen zijn genetisch identiek) voor de extra eigenschap, en het transgen zit idealiter op een enkele (door toeval bepaalde) plek in het genoom.

Ook nu zal (net als bij de transgene planten) de mate van expressie van het transgen afhangen van de plek in het genoom waar het is en kan onbedoeld een allel van een endogeen (reeds in de muis aanwezig) gen zijn uitgeschakeld.

De aanvankelijk hemizygote[327] muis kan in een kruisingsprogramma worden ingezet om zo een muizenkolonie aan te leggen waarin de eigenschap homozygoot wordt verkregen. Alle muizen zullen dan het extra gen in vergelijkbare mate tot expressie brengen.

Transgene muizen kunnen relatief snel proefdieren opleveren die wetenschappers iets kunnen 'vertellen' over de fysiologische functie van een genproduct. Of ze kunnen een verandering betekenen waardoor de muis beter lijkt op de mens (om zo voor bepaalde studies een beter model op te leveren dan gewone muizen). In het laatste geval spreekt men van 'gehumaniseerde muizen'.

7.4.2.1 *Knock-out* muizen

Wanneer men gericht een gen uitschakelt spreekt men van een *gene knock-out*. Muizen waarbij dat is gedaan noemen we *knock-out* **muizen** ofwel **KO-muizen**. Dit zijn weliswaar transgene muizen maar zo worden ze niet genoemd. In de vorige paragraaf is al gezegd dat de term transgene muizen min of meer is gereserveerd[328] voor de muizen met een extra, een toegevoegd gen.

---

[327] Zie Paragraaf 4.3.2.2.

[328] In het spraakgebruik is het zo in zwang geraakt. Er bestaan op dit punt geen definitieve afspraken. In dit boek volgen we de trend om de term transgene muis te beperken tot de muizen met een toegevoegd gen.

Het verkrijgen van KO-muizen is een stuk lastiger dan het verkrijgen van transgene muizen (met een extra gen). Men moet namelijk plaatsgericht (*site-directed*) het DNA in de zoogdiercel veranderen. Dat vereist een verandering op basis van alléén homologe recombinatie (HR). Alleen homologe recombinatie garandeert een daadwerkelijke *knock-out* van een bepaald gen.

Dit plaatsgericht (*site-directed*) veranderen van het DNA wordt ook wel **targeted disruption** of **targeted replacement** genoemd. Om dit voor elkaar te krijgen is enige voorbereiding in het laboratorium nodig. Daar moet eerst een DNA-construct worden gemaakt van een bij voorbaat uitgeschakeld gen van de muis. Eigenlijk maakt men een recessief allel (bijvoorbeeld via voorbewerkingen in *E. coli* of geheel synthetisch). Dat allel moet de plek innemen van het endogene (dat wil zeggen reeds in de muis aanwezige) allel.

Als uitgangspunt worden embryonale stamcellen (ES-cellen) gebruikt. Deze stamcellen moeten niet alleen ongedifferentieerd[329] zijn maar moeten tijdens de *knock-out* procedure ongedifferentieerd blijven.

Tekstbox 7.3. Homologe recombinatie.

Het principe waarop **targeted replacement** (gerichte vervanging van een gen) berust heet ook wel **homologe recombinatie**. Net als bij crossing-over tijdens de Meiose I (zie Paragraaf 4.2.5) kunnen dubbele strengen DNA-uitwisseling ondergaan wanneer homologe dubbele strengen zich aandienen. De machinerie waarmee dat gebeurt is ingewikkeld, we beperken ons tot de toepassing. De plek waar een **homologe recombinatie** plaatsvindt wordt in figuren aangeduid met een kruis. Voor *targeted replacement* zijn twee van dergelijke homologe recombinatie gebeurtenissen noodzakelijk. Het stuk DNA dat zich tussen de twee kruisen bevindt wordt uitgewisseld.

In werkelijkheid zijn de homologe dubbele strengen (geel en oranje in de figuur) circa 600 bp tot 1 kb lang.

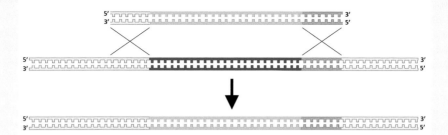

Gerichte vervanging van stukken DNA kan m.b.v. twee homologe recombinatie gebeurtenissen (elk aangegeven met een kruis) worden bereikt. De linker arm (geel) en rechter arm (oranje) zijn elk identiek aan het ontvangende DNA. Het tussengelegen lichtblauwe gedeelte kan daarmee het endogene DNA (donkerblauw) vervangen. Het resultaat (onder de pijl) is een *targeted replacement*.

---

[329] Niet tot bepaalde weefselspecifieke cellen uitgegroeid.

Er is een muizenlijn[330] waarbij het heel goed lukt om de embryonale stamcellen (ES) te verkrijgen en die ook goed in kweek kunnen worden gehouden zonder dat ze hun vermogen om te differentiëren verliezen: **Sv129**[331]. Deze Sv129-muizen hebben een agouti[332] vachtkleur ('hazenkleur').

De embryonale ongedifferentieerde stamcellen worden geoogst in de blastula[333] fase (A in Figuur 7.41) tijdens de embryogenese[334]. Nog voor het moment dat de er differentiërende cellen ontstaan.

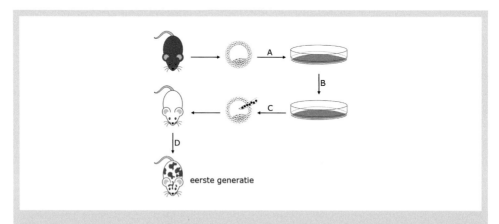

Figuur 7.41. *Knock-out* muizen kunnen worden verkregen m.b.v. embryonale stamcellen (ES-cellen) uit een blastula of blastocyst (A) van een agouti muis (bruin, linksboven). In de ES-cellen wordt het DNA gemodificeerd zoals in de figuur in Tekstbox 7.3 weergegeven, waarbij de stamcellen ongedifferentieerd blijven (B). De gemodificeerde ES-cellen worden (na een PCR-check) in een ontvangende blastocyst geïnjecteerd (C). In dit voorbeeld is die blastocyst afkomstig van een witte muis. Ook de draagmoeder in dit voorbeeld is wit, maar feitelijk doet de vachtkleur van de draagmoeder er niet toe. De pups die geboren worden zijn chimaera's en bestaan uit een mix (mozaïek) van cellen van de ontvangende blastocyst en agouti ES-cellen (D). Wanneer in zo'n chimaera de voortplantingscellen uit agouti *knock-out* cellen bestaan kan de *knock-out* eigenschap aan volgende muizengeneraties worden meegegeven.

---

[330] Muizenras.
[331] Dit is eigenlijk een vereenvoudiging, de formele afkorting is: 129S1/SvlmJ.
[332] Een agouti is een dier met een gemêleerde vacht. Dit effect ontstaat door *ticking*. *Ticking* houdt in dat bijvoorbeeld bruine (of een andere kleur) haren een zwarte punt hebben. Veel dieren uit de vrije natuur hebben zo'n gemêleerde vacht. Denk maar aan het konijn, de haas en diverse ratten- en muizensoorten.
[333] Wanneer de celdelingen vanuit de bevruchte eicel een embryo van circa 100 cellen hebben opgeleverd vormen die cellen een blaasvormige embryo. Dit stadium komt na de morula-fase van 16 cellen. In de natuur gaat de blastula over in de gastrula-fase waarin zich drie kiemlagen gaan vormen (ectoderm, mesoderm, endoderm), waarna er differentiërende cellen ontstaan waarmee de eerste organen aangelegd worden.
[334] Embryovorming.

Wanneer met het in stand houden van de ongedifferentieerde status van de ES-cel een juiste kloon[335] is verkregen (B in Figuur 7.41) kunnen deze *knock-out* cellen worden ingebracht in een blastula (C) van een ontvangermuis. De favoriete ontvangermuis is albino (wit) of zwart.

De *knock-out* cellen zijn heterozygoot. Slechts één allel (van de twee) is KO. De *knock-out* cellen kunnen in dit stadium integreren in de blastula van de ontvangermuis. De blastula van de ontvangermuis bevat vanaf dat moment een mix van originele 'moedercellen' en ingebrachte *knock-out* cellen: een mengvorm als was het ontstaan uit vier ouders. Men noemt dit een **chimaera**[336].

Uit die blastula ontwikkelt zich een individu (D in Figuur 7.41). Die muis is dus ook een chimaera. Die chimaera muis wordt vanwege de verschijningsvorm (het fenotype) ook vaak aangeduid als mozaïekmuis[337].

Voor het doorgeven van het KO allel is het essentieel dat de eerste generatie mozaïekmuizen geslachtscellen produceren die van de gemodificeerde ES-cellen afkomstig zijn. Uit de eicelbevruchting die daarmee plaats vindt ontwikkelt zich een muis met allemaal genetisch identieke cellen. Deze muis is nu niet meer een chimaera maar '**solide**'. Dat wil zeggen: alle cellen van dit individu van de tweede generatie zijn genetisch identiek.

Dat gegeven laat onverlet dat de allelen verschillend zijn. In de tweede generatie kunnen derhalve individuen geboren worden, die solide zijn (alle cellen zijn identiek) en heterozygoot (ten aanzien van KO zijn beide allelen verschillend).

Wanneer het missen van het gen met het leven verenigbaar is kan men vervolgens, door inkruising in de derde generatie, **homozygote KO-muizen** verkrijgen. Nu zijn ten aanzien van KO beide allelen gelijk. De beschreven homozygote KO-muis is een voorbeeld van een '**klassieke KO-strategie**'.

Omdat dikwijls genen worden uitgeschakeld die essentieel zijn voor het levend ter wereld komen van muizenpups is het vaak voorgekomen dat homozygotie NIET met het leven verenigbaar is. In dat geval eindigt men letterlijk met een dode muis[338]. Om die reden zijn er vele variaties ontwikkeld waarmee men in staat is om de KO pas in werking te laten treden op het door de onderzoekers gewenste moment (bijvoorbeeld pas na de geboorte) of in het te onderzoeken orgaan (bijvoorbeeld alleen in de lever).

---

[335] Dat is heel eenvoudig met PCR te bevestigen.
[336] Een blastula en uiteindelijk een individu, dat ontstaan is door een samenvoeging van ES-cellen van twee verschillende stamcellijnen. De twee verschillende stamcellijnen kunnen van twee soortgenoten zijn, maar dat hoeft niet. Zo bestaan er bijvoorbeeld chimaera's van schaap en geit.
[337] De redenering is niet omkeerbaar. Een mozaïek-patroon kan ook op andere manieren ontstaan. De mozaïekmuis (uit vier ouders) is geen 'lapjeskat' (uit twee ouders).
[338] Voor embryologische studies kan het nog interessant zijn om te kijken in welk stadium de embryogenese stokt, want dat geeft aan in welke fase van de ontwikkeling het genproduct onmisbaar is voor een levensvatbare muis.

Dergelijke muizenmodellen heten '**conditionele** *knock-outs*' waarmee men zogenaamde spatio-temporale (plaats en tijd) controle over het in werking treden van de uitschakeling van het gen heeft. Het voert te ver daar in dit bestek over uit te wijden.

DNA-construct voor selectie op homologe recombinatie.

Men maakt voor het gericht veranderen van het muizengenoom ('uitknocken' van een gen) een construct met twee 'armen' van muizen-DNA (liefst van Sv129 zodat de homologie 100% is) van het gen dat men wil uitschakelen. Deze armen (naar analogie met wat hierover geschreven staat in Tekstbox 7.2), 'de vleugels' (geel en oranje in Figuur 7.42) zijn doorgaans rond de 1 kb groot en flankeren 'de romp' (zie wat hierover geschreven staat in Tekstbox 7.2) die gewenst wordt te integreren in het genoom. In die romp wordt een positieve selectiemarker opgenomen. Een selectiemarker zoals het neomycine fosfotransferase gen (lichtblauw in Figuur A). Dat gen levert resistentie op tegen het antibioticum neomycine. Met behulp van deze selectiemarker kan geverifieerd worden in welke cellen het construct is geïntegreerd in het genoom en in welke cellen dat niet is gebeurd: de cel is neomycine resistent óf niet (zie Paragraaf 7.3.3.1).

De embryostamcellen die men wil selecteren (bijvoorbeeld na electroporatie) moeten neomycine-resistent zijn én de integratie moet op basis van homologe recombinatie (zie Figuur 7.42) hebben plaatsgevonden. Integratie als gevolg van homologe recombinatie staat immers garant voor het feit dat het doel-gen (donkerblauw in Figuur 7.42) is 'uitgeknockt'.

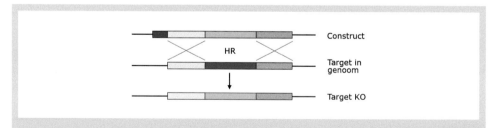

Figuur 7.42. Homologe recombinatie (HR) zoals in de figuur in Tekstbox 7.3, waarbij het rode deel links van de linkerarm niet meegenomen wordt tijdens de integratie. Dit is gewenst: men wil gerichte i.p.v. *random* integratie.

Om achteraf te bepalen of dat doel (homologe recombinatie) is bereikt of niet (integratie kan ook *random* hebben plaatsgevonden) wordt het construct voorzien van een negatieve selectie-marker. De negatieve selectiemarker (rood in Figuur 7.42 en 7.43) ligt echter buiten de vleugels. Buiten het gebied waarvan je wilt dat het integreert. Plaatsing buiten de vleugels heeft als doel om de *random* integraties (waarin de negatieve selectiemarker vaak met het geheel meegaat, omdat de *random* integratie niet door homologie wordt beperkt) te kunnen onderscheiden van integraties op basis van homologe recombinatie.

Het gen dat codeert voor de aanmaak van thymidine kinase (TK) geldt als een voorbeeld van een negatieve selectiemarker (rood in Figuur 7.43). Thymidine kinase is een enzym dat de stof gancyclovir omzet in een product dat dodelijk is voor muizencellen. Het gen voor TK komt van nature niet voor in muizen. Door het plaatsen van de negatieve selectiemarker wordt voorkomen dat te veel vals positieven[339] worden doorgekweekt.

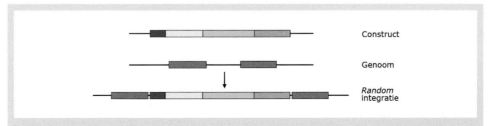

Figuur 7.43. Bij *random* integratie wordt meestal het gehele construct in het genoom opgenomen. Het rode deel links van de linkerarm wordt nu dus WEL meegenomen tijdens de integratie. Dit is niet gewenst: men wil gerichte integratie op basis van homologie (HR) i.p.v. *random* integratie.

Uiteindelijk zijn er drie uitkomsten mogelijk:
- cellen zonder *insert*. Er heeft geen integratie plaatsgevonden. Deze cellen groeien niet door wanneer er neomycine in het groeimedium aanwezig is.
- cellen met *insert*:
  - op basis van *random* integratie. De meeste van deze cellen worden gedood door gancyclovir.
  - op basis van HR (homologe recombinatie). Alleen deze cellen wil men selecteren.

De embryostamcellen die men wil selecteren moeten dus neomycine-resistent zijn als gevolg van homologe recombinatie op precies de plek waar de muizenarmen homoloog mee zijn. Dat is een gebeurtenis die bij circa 1 op de 10.000 cellen plaatsvindt. Bij pak 'm beet 100 van die 10.000 cellen zal *random* integratie plaatsvinden: integratie die niet door homologie is gestuurd maar waarbij het *insert* (net als bij transgene muizen) *random* in het genoom 'landt'. In dat geval zal ook het TK-gen (rood in Figuur 7.43) mee integreren en de muizencel gevoelig zijn voor gancyclovir. Selectie met neomycine én gancyclovir zorgt er dus voor dat die ene cel uit 10.000 wordt geselecteerd, terwijl de 100 cellen waarin ook TK is meegekomen niet doorgroeien.

---

[339] Vals positief betekent in dit verband wél resistent voor neomycine maar géén homologe recombinatie.

7.4.2.2 *Knock-in* muizen

Waar we eerder al het 'humaniseren' van muizen hebben genoemd in Paragraaf 7.4.2.1 is er nog een overtreffende trap mogelijk. Namelijk wanneer men op de plek van het endogene gen van de muis een humaan gen plaatst. In dat geval is het endogene gen niet meer actief en wordt de functie geheel vervangen door het gen van de mens. Dergelijke muizen worden *knock-in muizen* genoemd. Ze hoeven daarvoor niet eerst knock-out te worden gemaakt: het kan in 1× zonder KO te gaan. De procedure is vergelijkbaar met de KO-procedure (zie Tekstbox 7.3).

De mens is geen muis, en niet alle fysiologische processen kunnen optimaal bestudeerd worden als men specifiek humane problematiek wil onderzoeken. Gehumaniseerde muizen die een *pathway* van de mens nabootsen en op dat specifieke onderdeel meer mens dan muis zijn, zijn om die reden waardevol. Denk aan cholesterol onderzoek: het cholesterol metabolisme van de muis wijkt af van dat van de mens. Met enkele modificaties zijn die verschillen fors verkleind. Dat levert uiteraard een grote winst op voor het onderzoek. Een ander voorbeeld is de bevattelijkheid voor virussen zoals het Covid-19 veroorzakende coronavirus. De ACE2-receptor waarop het virus aangrijpt verschilt erg tussen mens en muis, dus een muis met een humane ACE2-receptor in plaats van de muizenreceptor is een waardevol studiemodel.

7.5 CRISPR-Cas

Elk virus is voor de reproductie afhankelijk van (de 'machinerie' van) een gastheercel. De gastheercel moet de kaping door het virus vaak met de dood bekopen. Voor de cel is het daarom van cruciaal belang om te beschikken over mechanismen om die steeds aanwezige doodsbedreigingen te kunnen weerstaan.

Bacteriën zijn al vanaf het begin van de wedloop tussen bacteriofaag en bacterie in het bezit van genetisch materiaal en dus van eiwitten die de bacterie in staat stellen vreemd DNA te herkennen en te vernietigen. De restrictie-enzymen zijn zo'n groep eiwitten. Zij herkennen vreemd DNA op basis van een specifieke sequentie en knippen dat DNA vervolgens in stukken en sommige restrictie-enzymen tonen daarbij te beschikken over een eigen knippatroon. Zie Paragraaf 7.1.1.2.

In de loop van de evolutie zijn er afweersystemen ontstaan met de mogelijkheid om een stuk van het 'gevangen' vreemde DNA op te slaan in het DNA van de bacterie. Een dergelijke DNA-archivering is inmiddels gevonden bij het merendeel van de Archaea en een groot deel van de bacteriën en wordt *CRISPR* genoemd.

7.5.1 *CRISPR*

CRISPR, ontdekt in *Escherichia coli*, is een afkorting voor ***Clustered Regularly Interspaced Short Palindromic Repeats***[340]. Een mondvol ter beschrijving van een deel van het prokaryotisch[341] DNA dat wordt gekenmerkt door een bij elkaar liggende groep (*Clustered*) herhalingen (*Repeats*) die palindromisch (*Palindromic*) zijn en van elkaar worden gescheiden door een tussengebied (*Regularly Interspaced*). De palindromische herhalingen zijn identiek en kort. In het geval van *CRISPR* slechts 21 tot 48 basen lang en daarom spreken we van *Short Palindromic Repeats*.

7.5.1.1 *spacer*DNA

Deze identieke *Short Palindromic Repeats* zijn *Regularly Interspaced*. Dat wil zeggen dat zij (de *repeats*) van elkaar worden gescheiden door stukjes dsDNA met een vaste lengte maar met een wisselende samenstelling: de *spacers*. De *spacers* in *CRISPR* worden ook wel *spacer*DNA genoemd. De *spacer*DNA's zijn uniek en blijken stukken dsDNA, die afkomstig zijn van plasmiden en bacteriofagen waarmee de bacterie en haar voorouders eerder mee in aanraking

---

[340] Voor deze ontdekking en voor der verdere uitwerking van het CRISPR-Cas systeem ontvingen de Amerikaanse Jennifer Doudna en de Francaise Emmanuella Charpentier in Oktover 2020 de Nobelprijs voor Scheikunde.
[341] Archaea en bacteriën.

zijn gekomen. Elk specifiek stukje *spacer*DNA is dus dubbelstrengs en heeft (geflankeerd door *repeats*) zijn eigen plaats in *CRISPR*.

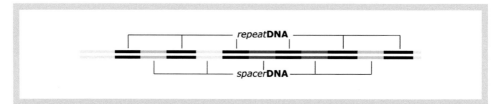

Figuur 7.44. *Clustered Regularly Interspaced Short Palindromic Repeats (CRISPR).* Dubbel-strengs DNA (grijs) met daarin aangegeven de *repeats* (zwart) die verschillende sequenties (diverse kleuren) *spacer* DNA flankeren. De *spacers* zijn kopieën van DNA van eerdere indringers zoals virussen en plasmiden.

Deze verzameling ds-*spacer*DNA's is als een archief van eerdere infecties. Een geheugen met de mogelijkheid om een herinfectie te herkennen. Het gaat dus om een **overerfbaar** (in DNA vastgelegd) **archief**. Elk *CRISPR*-domein bestaat dus uit een verzameling ds-*spacer*DNA's die gescheiden worden door ds-*repeats*.

De *repeats* zijn te vergelijken met de hangmappen in een archiefkast, de *spacers* met de papieren informatie die in elke hangmap vertelt hoe een vroegere vijand eruitzag. Elke hangmap is identiek gelijk aan elke andere hangmap, maar het velletje met info verschilt per hangmap.

7.5.1.2 *Short Palindromic Repeats*

Taalkundig staat een palindroom voor een woord dat zowel van links naar rechts als van rechts naar links gelezen kan worden. De leesrichting heeft geen invloed op wat je leest. Bijvoorbeeld:

PARTERRETRAP

Voor het DNA is dat iets lastiger vanwege de dubbelstrengs structuur. Lezen van het DNA is gekoppeld aan een bepaalde leesrichting en wel van 5'→3'. Gedwongen door die leesrichting wordt de bovenste streng van links naar rechts gelezen en de onderste streng juist van rechts naar links.

Omkering van de (links-rechts) leesrichting impliceert dus een streng-wissel: het lezen van de complementaire streng. Bekijk het volgende voorbeeld:

```
5' G C A C C G A G T C G G T G C 3'
3' C G T G G C T C A G C C A C G 5'
```

Figuur 7.45. Palindroom. Bij een perfecte palindroom leest men van 5' naar 3' voor zowel de bovenste als de onderste streng dezelfde lettervolgorde. De symmetrieas (midden) is in rood weergegeven.

In de bovenste streng lees je (gelezen van links naar rechts) exact hetzelfde als wat je leest in de onderste streng (gelezen van rechts naar links). Het gaat dus om een palindroom. Het midden van het palindroom is hierboven aangegeven met een rode verticale spiegellijn.

Eigenlijk is in het voorbeeld sprake van een *inverted repeat*. En dat is juist wat er bedoeld wordt met 'palindromisch DNA'. In de praktijk blijkt dit 'palindromisch DNA' in *CRISPR* echter niet in alle gevallen perfect palindromisch zijn.

7.5.1.3 crRNA

Het *CRISPR*-archief bestaat dus uit een verzameling *spacer*DNA's die van elkaar gescheiden zijn door korte en identieke palindromische *repeats*. Door transcriptie van *CRISPR* wordt door RNA-Polymerase RNA gevormd. De lengte van dat RNA-molecuul is daarbij gelijk aan de lengte van het *CRISPR*-archief[342]. Het betreft in eerste instantie dus een aaneengesloten RNA-molecuul. Dit wordt het pre-*CRISPR*-RNA of **pre-crRNA** genoemd:

Figuur 7.46. Lineaire weergave van pre-*CRISPR*-RNA (pre-cRNA). Enkelstrengs RNA dat ontstaat na transcriptie van *CRISPR* DNA (Figuur 7.44).

Dit pre-crRNA-molecuul wordt vervolgens in stukjes geknipt door specifieke endoribonucleasen. De resulterende kleinere RNA-moleculen met als format 5'*spacer*RNA-*repeat*RNA3' worden *CRISPR*-RNA of (*mature*) **crRNA** genoemd:

---

[342] Men spreekt ook wel van *CRISPR* locus.

Figuur 7.47. Rijpe crRNA-moleculen. Het pre-cRNA is zodanig geknipt dat elk rijp molecuul aan de 5'-kant een *spacer* sequentie (kleur) bevat en aan de 3'-kant de *repeat* sequentie (zwart).

We pikken er een willekeurig crRNA-molecuul uit (Figuur 7.47) om dat nader en in een ander perspectief te bekijken.

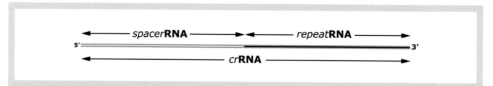

Figuur 7.48. Rijp crRNA. Een uitvergroting van een van de moleculen van Figuur 7.47 met *spacer* (geel) en *repeat* (zwart).

Op het einde van het crRNA-molecuul (gelezen van 5' naar 3') bevindt zich het *repeat*RNA. Omdat deze *repeats* uit bijna perfecte palindromen bestaan zal dit deel van het crRNA een *hairpin* vormen. Dit geeft het betreffende *repeat*RNA en daarmee het volledige crRNA een eigen secundaire structuur:

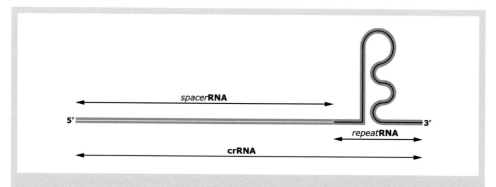

Figuur 7.49. crRNA met *hairpin*. Het *repeat*RNA neemt een ruimtelijke structuur aan die *hairpin* wordt genoemd (de palindroom is meestal niet perfect, er ontstaat daarom een gedeeltelijk dubbelstrengs structuur die lijkt op een haarspeld).

Genoemde *hairpins/stem-loops* in het *repeat*RNA zijn al zichtbaar in het pre-crRNA-molecuul. Zij zijn dus al gevormd voordat het pre-crRNA in stukjes wordt geknipt.

7.5.1.4 *spacer*RNA

Voorop (5'-kant) in het crRNA-molecuul bevindt zich het **5'***spacer***RNA3'**: een transcript van het 3'*spacer*DNA5'. Een transcript dus van een stuk plasmide- of virus-DNA, zoals dat ligt opgeslagen in het *CRISPR*-archief. Dit 5'*spacer*RNA3' zal een herinfectie met een complementair plasmide- of viraal DNA onmiddellijk herkennen. Om het plasmide- of virus-DNA vervolgens te elimineren heeft het crRNA de hulp nodig van een aantal enzymen. Deze enzymen zullen we leren kennen als de **Cas-eiwitten.**

7.5.2 *CRISPR-Cas* systeem

7.5.2.1 *Cas*-genen

Er is een aantal genen dat nauw samenwerkt met het *CRISPR*-archief. Deze genen worden aangeduid als *CRISPR associated systems*. Afgekort: **Cas-genen.** De Cas-genen vormen samen met *CRISPR* één werkzaam complex. Dit complex wordt het *CRISPR-Cas* **systeem** genoemd.

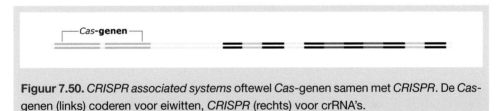

Figuur 7.50. *CRISPR associated systems* oftewel *Cas*-genen samen met *CRISPR*. De *Cas*-genen (links) coderen voor eiwitten, *CRISPR* (rechts) voor crRNA's.

In bovenstaande figuur zijn de *Cas*-genen en het *CRISPR*-archief om puur praktische redenen samengebracht in één figuur. In werkelijkheid is dat ook vaak zo dicht bij het *CRISPR*-archief, maar dat hoeft niet per se. De *Cas*-genen kunnen ook op verschillende plaatsen in het DNA zijn gesitueerd. Belangrijk is dat zij samen de basis vormen voor een volwaardig immuunsysteem waarmee de prokaryote cel zich kan beschermen tegen vreemd DNA zoals plasmiden en virussen.

7.5.2.2 *Cas*-eiwitten

De *Cas*-genen coderen voor *Cas*-eiwitten (ook wel **Cas-effectoren** genoemd). De *Cas*-eiwitten beschikken over *endonuclease domains* en zijn in staat ongewenst DNA in stukken te knippen en zo te vernietigen. Het zijn dus **DNA endonucleasen**[343]. Binnen *Escherichia coli* spelen twee *Cas*-eiwitten een belangrijke rol: het *Cas1*-eiwit en het *Cas2*-eiwit.

Cas1-eiwit

CRISPR-associated protein 1 (*Cas1*) is een specifiek endonuclease. Het herkent vreemd DNA, hecht er zich aan en knipt er een stuk uit voor opslag in *CRISPR*.

Cas2-eiwit

Het *Cas2*-eiwit onderscheidt zich van het *Cas1*-eiwit doordat het zich kan binden aan een crRNA-molecuul. Er ontstaat daardoor een **eiwit-RNA complex** (Figuur 7.51).

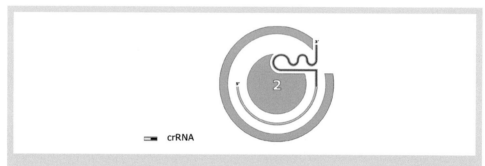

crRNA

Figuur 7.51. *Cas2*-eiwit met crRNA. Het *Cas2*-eiwit (groen; de buitenste en binnenste groene cirkel behoren tot één eiwit) met daarin een crRNA-molecuul (geel en zwart) dat als speurneus fungeert.

Dit eiwit-RNA complex vormt (binnen *Escherichia coli*) een brug tussen twee *Cas1*-eiwitten waardoor er een zogenaamde *multi-subunit* **groep** (zie Figuur 7.52) ontstaat. Het gaat hierbij om een structurele en functionele samenwerking. Het aanwezige crRNA stuurt de *multi subunit* groep richting het vreemde DNA. Zodra het crRNA het vreemde plasmide- of virale DNA herkent zal het 5'*spacer*RNA3' (als onderdeel van het crRNA) hybridiseren met dat vreemde DNA.

---

[343] Zij verenigen in zich de werking van een **helicase** en van een **nuclease** en zijn dus in staat om dsDNA te 'ontrollen' en te openen (door de verbindende waterstofbruggen te verbreken) om vervolgens nucleotiden uit de keten los te knippen. Het is echter nog niet voor alle Cas-eiwitten bekend of zij inderdaad endonucleasen zijn.

De bouwstenen van het leven

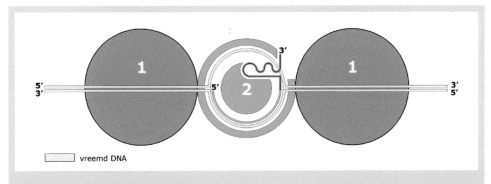

Figuur 7.52. Multi subunit complex met crRNA en DNA. Vreemd DNA (grijs) wordt plaat-selijk enkelstrengs gemaakt en daarbij gescand door het *Cas2*-crRNA complex. Wanneer een eerder ontmoete sequentie wordt herkend (complementair aan de gele *spacer*) wordt het DNA afgebroken door de nucleasedomeinen van de *Cas2*- en *Cas1*-eiwitten (groen).

Vervolgens wordt het DNA geknipt door de endonuclease domeinen van het trio *Cas*-effectoren.

Met als doel:
- om het ongewenste DNA te elimineren en
- om opnieuw een stuk van dat ongewenste DNA op te nemen in *CRISPR* voor de uitbreiding en verfijning van het geheugen.

Eenmaal opgenomen in *CRISPR* heet het insert *spacer*DNA. Meerdere *spacer*DNA's vormen zo samen een geheugen van opgelopen infecties.

7.5.2.3 Archivering *spacer*DNA

De nieuwe *spacers* worden na uitname uit het vreemde DNA toegevoegd aan het *CRISPR*-archief. Meestal aan de voorkant (5'kant) ervan maar dat hoeft niet per se. Het *CRISPR*-DNA wordt allereerst doorgeknipt ter plaatse van de (voorste) *repeat* op een manier dat er *sticky ends* ontstaan (Figuur 7.53). Er ontstaan twee 3'-overhangen die nog het best te beschrijven zijn als stukken ss-*repeat*. Daartussen vindt de insertie van de nieuwe *spacer* plaats, waarna, met de ss-*repeats* als sjabloon en de vrije uiteinden van de *spacer* als *primer*, door middel van *annealing* en DNA synthese, de ds-structuur van de beide *repeats* weer wordt hersteld.

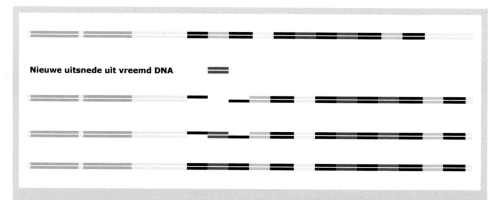

Figuur 7.53. Uitbreiding van *CRISPR* met nieuw *spacer*DNA. Een enkele *spacer* (rood) wordt ingevoegd waarbij zich netto een palindroom (zwart) verdubbelt door de vorming van *sticky ends* (enkele strengen, zwart) en de opvulling daarvan. *Cas*-genen (linksboven, grijs) en *CRISPR* vormen zo samen een afweersysteem waarbij eiwit/RNA machinerie werkt op basis van een DNA geheugen.

In de opbouw van het *CRISPR*-archief wordt dus de nieuwe *spacer* tussengevoegd terwijl de extra *repeat*-stukken worden gekopieerd. Deze werkwijze verklaart waarom alle *repeats* identiek zijn.

Samenvattend

▸ Het *CRISPR*-archief en de bijbehorende *Cas*-genen worden (als DNA elementen) bij elke celdeling doorgegeven aan de volgende generatie. Het gaat hier dus om een **verworven en toch overerf-baar** prokaryoot immuunsysteem met een verfijnd geheugen voor alle virale DNA's waaraan voorgaande generaties van de bacterie ooit zijn blootgesteld.

▸ Het systeem kent drie stappen:
  – insertie van een stuk van het ongewenste DNA als een *space-rDNA* in het *CRISPR*-archief.
  – vorming van pre-crRNA en (na rijping) van individuele crRNA's.
  – crRNA gestuurde herkenning en vernietiging van (het DNA van) de binnendringer.

▸ Dit *CRISPR-Cas* systeem (**acquisitie, herkenning én eliminatie** van ongewenst DNA) is in verschillende varianten gevonden.

7.5.3 Moleculaire wedloop

Een bacteriofaag is specifiek in de keuze voor een bacteriesoort. Het betreft vaak een één-op-één relatie. De faag infecteert de bacterie met de bedoeling de bacterie te dwingen direct of op termijn nieuwe virusdeeltjes te maken. Zie wat hierover vermeld wordt in Paragraaf 2.4.6.1.

De productie van nieuwe virusdeeltjes door de geïnfecteerde bacterie leidt veelal tot het open-barsten (lysis) van de bacteriecel. De aanwezigheid van de faag is daardoor bedreigend voor het voortbestaan van de bacterie. De bacterie wapent zich hiertegen, onder andere met behulp van het beschreven *CRISPR-Cas* systeem.

Immuniteit van de bacteriesoort vormt weer een bedreiging voor het voortbestaan van de bacteriofaag. Om te overleven zal de bacteriofaag de (door het *CRISPR-Cas* systeem) opgebouwde immuniteit moeten zien te omzeilen.

De meest voor de hand liggende methode om die immuniteit te omzeilen is het koesteren van toevallige veranderingen in het virus-DNA, zodat het niet meer herkend wordt door de bacterie.

Een tweede methode om de opgebouwde immuniteit te omzeilen is de productie van **anti-*Cas*-eiwitten**[344]. Eenmaal binnengedrongen in een bacterie blijkt het virale DNA in sommige gevallen inderdaad in staat de bacterie tot die productie van anti-*Cas*-eiwitten aan te zetten. Deze eiwitten blokkeren het *CRISPR-Cas* systeem.

Bacteriofaagvarianten die met iets nieuws komen maken kans de bacterie te snel af te zijn. En de bacterie zal op al die veranderingen telkens weer moeten reageren met aanpassingen in het *CRISPR*-archief. Waarna de bacteriofagen weer aan zet zijn. Het is een moleculaire wedloop.

7.5.4 *CRISPR-Cas9* systeem

Een speciaal *CRISPR-Cas* systeem is gevonden in de bacterie *Streptococcus pyogenes*. Dit systeem werkt niet op basis van een *multi-subunit* groep DNA-endonucleasen. Het draait in dit systeem om een *single protein nuclease*, dat voor de sturing gekoppeld is aan crRNA. Het *Cas9*-eiwit is dus een **RNA gestuurde** *single protein nuclease*.

De werkwijze van dit *CRISPR-Cas9* systeem wijkt op twee plaatsen af van het eerder beschreven *CRISPR-Cas* systeem:
1. het **begeleidend RNA** is anders;
2. het *Cas9*-eiwit beschikt over een **DNA-bindingsplaats**.

---

[344] Deze mogelijkheid is inmiddels bij een aantal bacteriesoorten aangetoond. Gezien het evolutionaire voordeel dat dit de bacteriofaag oplevert, zou het niet verbazen als deze optie ook bij andere virussen gevonden wordt.

7.5.4.1 Het begeleidend RNA

In het *CRISPR-Cas9* systeem treffen we (in afwijking op het eerder beschreven *CRISPR-Cas* systeem) in het **begeleidend RNA** ook *trans-activating* RNA (**tracrRNA**) aan. Het *tracr*RNA is een transcript van een *Cas*-gen.

In het transcript onderscheiden we twee delen. Een voorste deel (5'-kant) van dit transcript heeft een sequentie die complementair is aan de nucleotidenvolgorde in het *repeat*RNA[345]. Het achterste deel (3'-kant) van het transcript (het *tracr*RNA) heeft een afwijkende sequentie.

Met als gevolg dat:
- elke *repeat* in het pre-crRNA wordt bezet door (is gehybridiseerd met) het voorste (5'-kant) deel van het *tracr*RNA;
- elk *tracr*RNA ook nog beschikt over een ongebonden vrij, niet gehybridiseerd stuk.

Symbolisch weergegeven in onderstaande figuur:

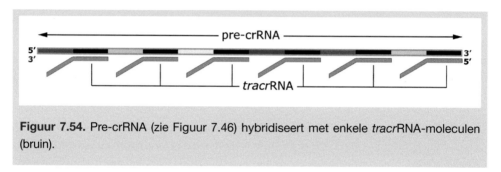

Figuur 7.54. Pre-crRNA (zie Figuur 7.46) hybridiseert met enkele *tracr*RNA-moleculen (bruin).

Die hybridisatie (tussen het *repeat*RNA en het gebonden *tracr*RNA) activeert het **Ribonuclease III** dat vervolgens het pre-crRNA in losse (*mature*) crRNA-moleculen knipt.

---

[345] Het gaat dus om een stukje *repeat*DNA buiten het CRISPR.

Als we dat losse crRNA-molecuul nader bekijken, blijkt dat het ongebonden (vrije) deel van het *tracr*RNA een *hairpin* bevat en dat het *tracr*RNA groter/langer is dan het crRNA:

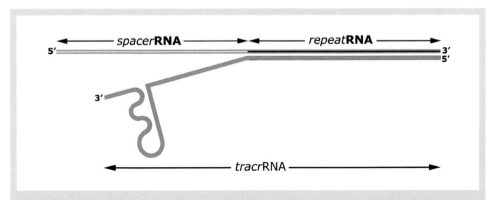

Figuur 7.55. Een crRNA met *spacer*-deel (links, in dit geval geel) en een palindroom-*repeat* (rechts, zwart) met daartegen een *tracr*RNA (onder, bruin) met van 5' naar 3' een *repeat*-deel en een *tracr hairpin*.

Uiteindelijke is er nu sprake van een **crRNA/tracrRNA combi** die bestaat uit:
1. een *ds-repeat*-deel;
2. een (vrij deel) *tracr hairpin*; en
3. een *ss-spacer*-deel.

Het *ds-repeat*-deel heeft gediend om het **Ribonuclease III** te activeren zodat het pre-crRNA in losse (*mature*) crRNA-moleculen werd geknipt. De *tracr hairpin* in het ongebonden (vrije) deel van het *tracr*RNA bindt zich aan het *Cas9*-eiwit. En het *ss-spacer*-deel zorgt voor de identificatie van het ongewenste DNA. Uiteindelijk activeert het *tracr*RNA (naar later zal blijken) ook nog eens de enzymatische werking van het *Cas9*-eiwit.

7.5.4.2 *Cas9*-eiwit

Opvallend aan het *single Cas9*-eiwit is de aanwezigheid van een **DNA-bindingsplaats**: een actieve zijde die in staat is om zelfstandig, via eiwit-DNA binding, een bepaalde, korte DNA-sequentie te herkennen om er zich (via een eiwit-DNA verbinding) aan te binden. Verderop zullen we die korte DNA-sequentie leren kennen als **PAM**. Voor hier en nu is het belangrijk te beseffen dat de **DNA-bindingsplaats** van het *Cas9*-eiwit wordt getriggerd door **PAM**.

Ook opvallend is de aanwezigheid van twéé *endonuclease domains* (biologische scharen): A en B in Figuur 7.56. A is bekend als het **RuvC-domein** en B is het **HNH-domein**.

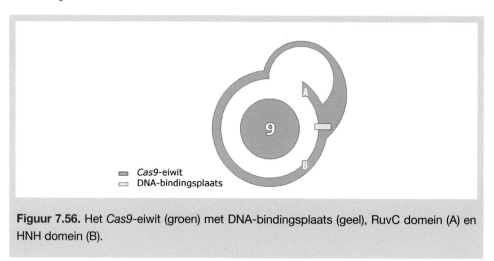

Figuur 7.56. Het *Cas9*-eiwit (groen) met DNA-bindingsplaats (geel), RuvC domein (A) en HNH domein (B).

Zoals gezegd bindt de **crRNA/tracRNA-combi** zich met behulp van de *tracr hairpin* aan het *Cas9*-eiwit. Op die manier vormt zich een **eiwit-RNA-complex**:

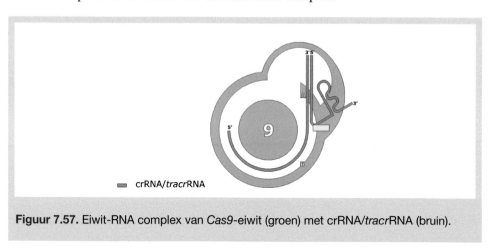

Figuur 7.57. Eiwit-RNA complex van *Cas9*-eiwit (groen) met crRNA/*tracr*RNA (bruin).

Het *Cas9*-eiwit wordt op geleide van de **crRNA/tracRNA-combi** een doelgericht wapen in de bestrijding van ongewenst DNA. Dit **eiwit-RNA-complex** is in staat het ongewenste DNA efficiënt te vinden en te openen. Dat werkt als volgt.

7.5.4.3 Ongewenst DNA

Het **eiwit-RNA-complex** bindt zich aan het ongewenste DNA (zie Figuur 7.58). Het *Cas9*-eiwit verplaatst zich vervolgens over het dsDNA. De verplaatsing van het *Cas9*-eiwit over het dsDNA stopt onmiddellijk op het moment dat de **DNA-bindingsplaats** van het *Cas9*-eiwit PAM herkent. Direct wordt nu het dsDNA geopend. De PAM-herkenning in combinatie met het openen van het dsDNA gebeurt gelijktijdig. Het dsDNA wordt dus heel beperkt geopend. Alleen maar op de plaatsen waar PAM wordt herkend. Dat gegeven versnelt in sterke mate de (RNA-gestuurde) zoektocht naar de doelsequentie.

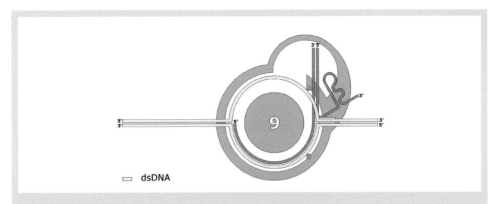

Figuur 7.58. Het eiwit-RNA complex scant een dsDNA (lichtgrijs) molecuul door het plaatselijk enkelstrengs te maken (vergelijk Figuur 7.52) en stopt wanneer op de DNA-bindingsplaats zich een PAM (*Protospacer adjacent motif*) aandient (zie Figuur 7.59).

7.5.4.4 PAM (*Protospacer adjacent motif*)

PAM is (zoals eerder gezegd) een bepaalde, korte DNA-sequentie in het ongewenste DNA. PAM is ter duiding van de plaats waar de 5'*protospacer*3' en dus de 3'doelsequentie5' (voor de hybridisatie) gezocht moeten worden.

In onderstaande figuur wordt de locatie van PAM (rood) in het ongewenste DNA aangegeven. In relatie tot de locatie van het bijbehorende 5'*protospacer*3' (blauw) en de locatie van de 3'doelsequentie5' (donkergrijs):

Figuur 7.59. Een dsDNA-molecuul (lichtgrijs) met daarin een *protospacer* (blauw) die complementair is aan de *target sequence* (doelsequentie, donkergrijs). Achter de *protospacer* zit de PAM oftewel *Protospacer adjacent motif* (rood).

De 5'*protospacer*3' ligt direct stroomopwaarts (in de richting van 5'-uiteinde) van **PAM**. Daarmee duidt de locatie van **PAM** rechtstreeks de locatie van het naburige 5'*protospacer*3' en als een logisch gevolg daarvan indirect de locatie van de (daar tegenoverliggende) 3'doelsequentie5'.

De positie van **PAM** in de **DNA-bindingsplaats** van het *Cas9*-eiwit is bepalend voor de opening van het dsDNA. Vergelijk het met het snel doorbladeren van een boek om het pas te openen als je bij de juiste bladzijde bent aangekomen. PAM staat in deze metafoor voor de juiste bladzijde.

In dit hoofdstuk bespreken we het *CRISPR-Cas9* systeem van de bacterie *Streptococcus pyogenes*. **PAM** heeft in dit specifieke *CRISPR-Cas9* systeem het format **5'NGG3'**. Maar elk ander *CRISPR-Cas9* systeem (er zijn er meerdere) kent een eigen PAM-sequentie[346]. Er zijn dus meerdere varianten.

7.5.4.5 Werkwijze

Na opening van het dsDNA wordt afgetast of het 5'*spacer*RNA3' van de **crRNA/*tracr*RNA-combi** complementair is met de 3'doelsequentie5'. Alleen als dat het geval is zal het 5'*spacer*RNA3' volledig hybridiseren met (zich volledig binden aan) die 3'doelsequentie5' (zie Figuur 7.60).

Genoemde volledige hybridisatie heeft een configuratieverandering van het eiwit tot gevolg. De configuratieverandering activeert, op initiatie van het *tracr*RNA, de *endonuclease domains* RuvC (A) en HNH (B). Het RuvC-domein (A) knipt specifiek de 5'*protospacer*3' en het HNH-domein (B) maakt de knip in de 3'doelsequentie5'.

Omdat de *endonuclease domains* van het *Cas9*-eiwit een vaste positie hebben ten opzichte van de **DNA-bindingsplaats** van hetzelfde *Cas9*-eiwit, ligt de plek van de knip exact vast. Het eindresultaat is een *Double Strand Break* (**DSB**) met *blunt ends* op een voorspelbare plaats.

---

[346] Zo is bijvoorbeeld de PAM sequentie van de *Streptococcus thermophilis* 5'NNAGAA3' en 5'NGGNG3', en voor de *Neisseria meningiditis* 5'NNNNGATT3'. Ook hier staat de N in genoemde PAM's voor willekeurig elk van de vier stikstofbasen in het DNA.

Brengen we nu alle puzzelstukjes inclusief de hybridisatie (tussen 5'*spacerRNA*3' en de 3'doel-sequentie5') over naar het **eiwit-RNA-complex** dan levert dat het volgende beeld op:

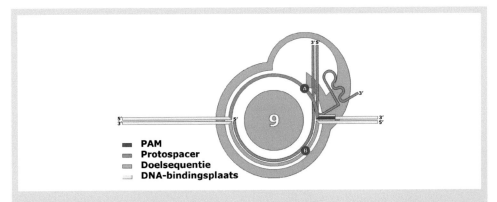

PAM
Protospacer
Doelsequentie
DNA-bindingsplaats

Figuur 7.60. Het gehele complex in actie. De PAM (rood) in de DNA-bindingsplaats (geel) van het *Cas9*-eiwit (groen) met stroomopwaarts van PAM de 5'*protospacer*3' (blauw) terwijl het 5'*spacer*RNA3' (bruin) hybridiseert met de 3'doelsequentie5' (donkergrijs). De paarse cirkels geven de plek waar het RuvC-domein (A) de 5'*protospacer*3' en het HNH-domein (B) de 3'doelsequentie5' doorknippen.

Bovenstaande figuur maakt het volgende duidelijk:
- **PAM** (rood) bevindt zich tijdens de volledige hybridisatie in de **DNA-bindingsplaats** (geel) van het *Cas9*-eiwit.
- De 5'*protospacer*3' (blauw) ligt stroomopwaarts (richting 5') direct naast **PAM**.
- Het 5'*spacer*RNA3' (ss-deel van de **crRNA-tracrRNA-combi**) is volledig gehybridiseerd met de 3'doelsequentie5' (donkergrijs).
- Beide *endonuclease domains* maken een knip (RuvC-domein (A) in de 5'*protospacer*3' en HNH-domein (B) in de 3'doelsequentie5') ter plaatse van de paarse cirkeltjes. Met als resultaat een *Double Strand Break* (DSB) van het DNA met *blunt ends*.

7.5.4.6 *sg*RNA voor gebruik in eukaryoten[347]

Het *Cas9*-eiwit is dus **een RNA-gestuurde** *single protein DNA-nuclease*. Wetenschappers hebben hun zinnen erop gezet om de RNA besturing van dit *Cas9*-eiwit te kunnen overnemen, om op die manier veranderingen te kunnen aanbrengen in bestaand DNA van een organisme. Het 'hacken' of 'kapen' van het systeem impliceert dat de **crRNA/tracrRNA-combi** vervangen zou moeten worden door een laboratorium construct, dat een specifieke plek in een genoom kan herkennen.

---

[347] In Hoofdstuk 7.1 is de recombinant-DNA-technologie besproken. Duidelijk is dat bij prokaryoten het allemaal niet nodig is zo ingewikkeld te doen met CRISPR, daar kan men met lange stukken synthetisch DNA het genoom vrij eenvoudig veranderen.

Dit is inmiddels gelukt. Onderzoekers hebben de **crRNA/*tracr*RNA-combi** weten te vervangen door een zogenoemd *single guide* RNA (*sgRNA*)[348]. Dit *sgRNA*[349] wordt in het laboratorium samengesteld, als navigatiemiddel voor het *Cas9*-eiwit.

Opvallend aan het *sgRNA* is dat de oorspronkelijke lokale ds-structuur is gesloten met een lus.

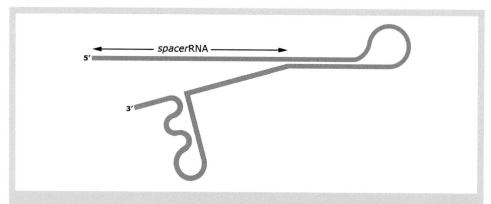

Figuur 7.61. Een enkel molecuul *single guide* RNA oftewel *sgRNA* combineert crRNA met *tracr*RNA doordat het met een lus (rechts) beide functionele eenheden verbindt (vergelijk Figuur 7.55).

Door die lusvorming ontstaat er één RNA-molecuul. Het gehele molecuul vervangt in opbouw en functionaliteit de oorspronkelijke **crRNA-*tracr*RNA-combi**. Met de komst van het *sgRNA* is vanuit het laboratorium de besturing van het *Cas9*-eiwit overgenomen. Het is een ontworpen molecuul *sgRNA* dat is geïnspireerd op het **crRNA-*tracr*RNA-combi** van de bacterie *S. pyogenes*.

---

[348] In de literatuur vind je ook *chimeric single guide*RNA verwijzend naar het begrip chimaera: een mengsel van verschillende biologische bronmaterialen.
[349] In het Nederlandse taalgebied wordt vaak de term gidsRNA of **gRNA** gebruikt. In dit boek conformeren we ons echter aan de Engelse benaming en afkorting.

Vervangen we nu in het **eiwit-RNA-complex** de **crRNA/tracrRNA-combi** door een *sgRNA* dan levert dat het volgende beeld op (de extra lus wordt door *Cas9* getolereerd):

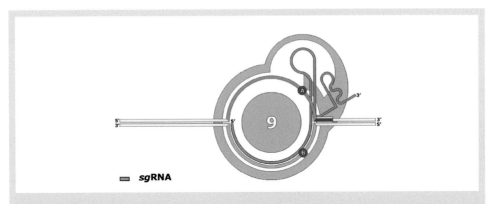

Figuur 7.62. Net als in Figuur 7.60 zal *Cas9*-eiwit het DNA knippen op specifieke plekken (A en B) maar dan nu geleid door *sg*RNA (bruin) in plaats van aparte moleculen crRNA en *tracr*RNA. Dit heeft als voordeel dat in een laboratorium een enkele sequentie *sg*RNA kan worden ontworpen om *Cas9* op de juiste plek aan het werk te zetten.

7.5.4.7 *Genome engineering*

Al met al is er nu een eenvoudig twee-componenten systeem ontwikkeld dat door aanpassing van het *spacer*RNA van het *sg*RNA gebruikt kan worden om het *Cas9*-eiwit te dirigeren naar elke gewenste DNA-sequentie. Uiteraard rekening houdend met de aanwezigheid van de aangrenzende **PAM**-sequentie. Op geleide van het *sg*RNA kan nu (vanuit het laboratorium ontwikkeld) op een exacte locatie in bestaand eukaryoot DNA een dubbele strengbreuk (DSB) worden gemaakt. Dit krijgt pas zin als vanuit het laboratorium ook het herstel van de DSB gestuurd kan worden. Bijvoorbeeld met de bedoeling om genetisch materiaal tussen te voegen. We spreken op dat moment van: *genome engineering, genome editing* of *gene editing. Genome engineering* omvat alle ontwikkelde technieken om specifieke modificaties door te voeren in het genoom van levende organismen. Bijvoorbeeld met als doel een defect gen te verwijderen en/of te vervangen[350]. In het vorige hoofdstuk over transgene planten en dieren hebben we daar al voorbeelden van gezien. De *CRISPR-Cas*-technologie maakt het mogelijk snel en gericht een gen uit te schakelen of (iets minder snel) gericht en gecontroleerd wijzigingen aan te brengen.

---

[350] De wetenschap begeeft zich hiermee op glad ijs. Nu 'alles lijkt te kunnen' lijkt er een ethisch kader nodig dat bepaalt wat eigenlijk zou mogen op dit gebied. Wat ethisch nog verantwoord is. Maar de geest lijkt al uit de fles. In China hebben al modificaties plaatsgevonden aan het genoom van embryo's en zijn er kinderen geboren met genetisch geredigeerde genen.

7.5.4.8 Herstel van de dubbele strengbreuk (DSB)

Zoals in Paragraaf 3.2.2.5 al is ingeleid zijn er twee manieren om een DSB te repareren. Bij afwezigheid van een reparatiesjabloon[351] (*repair template*) moet de reparatie van een DSB gebeuren op basis van *non-homologous end joining* (NHEJ). Is er echter een bruikbare template dan vindt reparatie veelal via *homology directed repair* of **homologie-gestuurde reparatie (HDR)** plaats.

Non-homologous end joining (NHEJ)

Nadat de DSB is herkend zullen **Ku-eiwitten**[352] zich binden aan de uiteinden van de DSB. Eenmaal verbonden met de DNA-uiteinden trekken de Ku-eiwitten een kinase en DNA ligase aan. Dit complex (samen met enkele bijbehorende reparatiefactoren) houdt de DNA-uiteinden bij elkaar. Vervolgens worden passende DNA-uiteinden geligeerd. De breuk is hiermee gerepareerd.

Reparatie op basis van **NHEJ** leidt doorgaans tot tussenvoeging (**insertie**, zie Figuur 7.63) of juist verwijdering (**deletie**) van enkele nucleotiden.

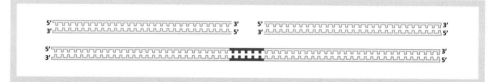

Figuur 7.63. Reparatie op basis van van *non-homologous end joining* verloopt snel maar onnauwkeurig. DNA wordt in dit proces blunt gemaakt ('afgeknot') door het enigszins af te knabbelen of door het op te vullen zodat *blunt ends* geligeerd kunnen worden. Het resultaat is enigszins onvoorspelbaar: soms een kleine deletie of soms (rood) een kleine insertie.

Dit maakt het eindresultaat (het rode gebied in Figuur 7.63)[353] van de NHEJ reparatie methode enigszins onvoorspelbaar (de plaats van de reparatie is te voorspellen, maar de 'grootte van het litteken' niet). Als deze verstoring van het DNA (het rode gebied in Figuur 7.63) zich bevindt in een coderend- of ander belangrijk deel van een gen dan is hiermee het betreffende gen ontregeld en in de meeste gevallen geïnactiveerd. Met NHEJ kan dus op een 'quick and dirty' manier gen-uitschakeling worden bewerkstelligd.

---

[351] DNA-polymerase faciliteert de DNA synthese alleen op basis van de aanwezigheid van een homoloog stuk DNA.
[352] Het Ku-eiwit in prokaryoten is een homodimeer (twee kopieën van hetzelfde eiwit met elkaar verbonden). In het geval van eukaryoten gaat het om een heterodimeer (twee verschillende eiwitten verbonden tot één) Ku70/Ku80. De toevoegingen 70 en 80 zijn verwijzingen naar het moleculaire gewicht (in kDa) van de humane Ku-eiwitten.
[353] In werkelijkheid gaat het om een tiental nucleotiden.

Homology directed repair (HDR)

Homology directed repair is een speciale vorm van **homologe recombinatie** met vergelijkbare toepassingen: men kan in het genoom op een specifieke plek stuk DNA toevoegen met gebruik van **donor DNA**. Het **donor DNA** bestaat uit het genetisch materiaal (blauw in Figuur 7.64) waar het bij de toevoeging om gaat, alsmede uit twee specifieke uiteinden (geel en oranje in Figuur 7.64). Beide uiteinden zijn zo geconstrueerd dat zij homoloog zijn aan de nucleotiden-volgorden die de DSB flankeren.

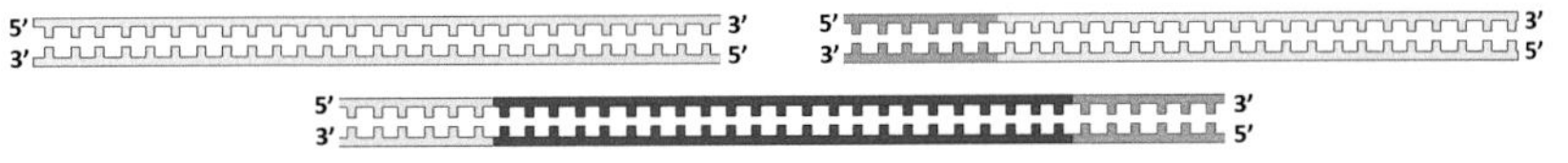

Figuur 7.64. *Homology directed repair* is nauwkeurig maar neemt meer tijd omdat op basis van homologie een reparatie van het DNA wordt uitgevoerd. Door tussen de homologe delen (geel en oranje) een insert (blauw) aan te bieden (vergelijk homologe recombinatie bij *knock-out* muizen, Tekstbox 7.3) kan gericht en gecontroleerd een verandering worden aangebracht.

De aanwezigheid van twee uiteinden die homoloog zijn aan de twee uiteinden die de DSB flankeren, maken het donor DNA tot een 'passend' DNA-sjabloon om de breuk te herstellen. Het herstel begint met het creëren van enkelstrengs 3' overhang: aan de 5' uiteinden vallen nucleotiden af onder invloed van exonucleasen[354]. Er ontstaat lokaal een **3'ssDNA**:

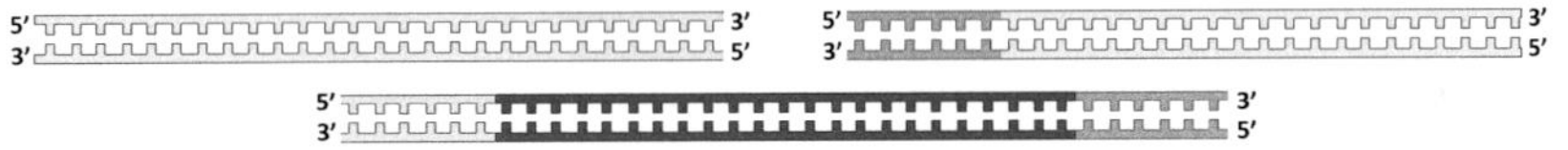

Figuur 7.65. Door stukken homoloog DNA (geel is homoloog met geel en oranje met oranje) enkelstrengs te maken ontstaan lange *sticky ends* die met elkaar een efficiënte ligatie mogelijk maken (eerst vormt zich via waterstofbruggen dsDNA, daarna kan de suiker-fosfaat-ruggengraat covalent gesloten worden).

---

[354] Enzymen die nucleotiden aan de uiteinden van een DNA-keten 'wegknabbelen'. Zowel in 5'→3' als in de 3'→5' richting. Zij zijn onschadelijk voor gesloten dsDNA, maar daar is na de DSB geen sprake meer van.

De complementaire stukken in het homologe DNA vinden elkaar (het zijn in feite *sticky ends*) met als resultaat een homologe recombinatie met het donor-DNA zoals aangegeven in de volgende figuur:

Figuur 7.66. Het resultaat is niet te onderscheiden van homologe recombinatie (HR, Figuur in Tekstbox 7.3), echter is er bij *homology directed repair* (HDR) sprake van een reparatie van een voorafgaande dubbelstrengs breuk (DSB).

Het rendement van de inbouw van het donor-DNA (of de kans dat de gewenste inbouw van het donor-DNA plaatsvindt) wordt bepaald door de concentratie van het donor-DNA op het moment van de reparatie, van de lengte van de homologe armen van het donor-DNA, van de celcyclus en van de activiteit van de endogene reparatie systemen. Er zal dus op het moment van de reparatie een **hoge concentratie donor-DNA**[355] aanwezig moeten zijn.

De DSB is hersteld en de gewenste genetische informatie is toegevoegd aan het genoom. Homologe recombinatie levert beter voorspelbare resultaten dan NHEJ, maar de kans op succes is veel kleiner.

7.5.4.9 *sg*RNA voor gebruik in diploïden

In 2015 kreeg de *CRISPR*-modificatie techniek een extra impuls door in diploïde organismen[356] het tussen te voegen gen (blauw in Figuur 7.67) te combineren met extra stukken DNA die coderen voor het *Cas9*-eiwit en een bijbehorend *sg*RNA. Deze combinatie wordt de **Cas9-sgRNA-cassette** genoemd. Inclusief de twee homologe uiteinden ziet dat insert(pakket) er als volgt uit:

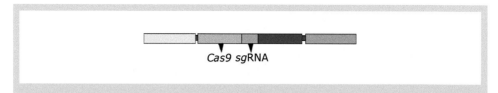

Cas9 sgRNA

Figuur 7.67. Het DNA-construct dat de *Cas9*-sgRNA cassette genoemd wordt. Twee armen (geel en oranje) zijn homoloog met doel-DNA, daartussen bevindt zich een gen voor *Cas9*-eiwit (grijs), voor sgRNA (bruingrijs) en eventueel nog een andere functionaliteit (blauw).

---

[355] De hoeveelheid donorDNA wordt opgekrikt (bijvoorbeeld met behulp van PCR) om een overmaat aan donorDNA te kunnen aanbieden. Ook dat opkrikken heeft zijn grenzen omdat een extreem hoog concentraat ook mismatches kan veroorzaken. En dat is niet wat je wil.
[356] Geldt voor alle multiploïde organismen, maar toepassing is tot nu toe in diploïden.

Het insert (donor DNA) wordt aangeboden in de vorm van een plasmide:

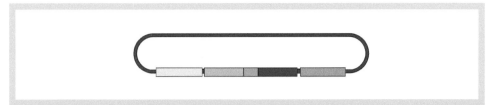

Figuur 7.68. De *Cas9*-sgRNA cassette in een vector geplaatst maakt het mogelijk om makkelijk in bijv. *E. coli* grote hoeveelheden van dit construct te maken.

Expressie van de ***Cas9-sg*RNA-cassette** (in de plasmide) leidt tot de vorming van een **eiwit-RNA-complex**, zoals we dat binnen het *CRISPR-Cas* systeem hebben leren kennen. De samenstelling van het gen dat codeert voor het *sg*RNA is zo gekozen dat de ***Cas9-sg*RNA-cassette** uiteindelijk codeert voor het **eiwit-RNA-complex** dat het genoom op de juiste plaats 'knipt'.

Er ontstaat een **DSB** in het genoom. Op een dusdanige plaats in het genoom dat de **DSB** geflankeerd wordt door DNA stukken die homoloog zijn aan de uiteinden van het insert:

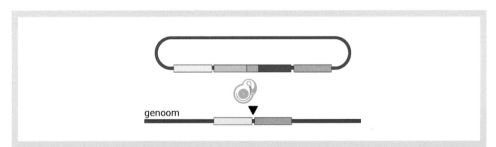

genoom

Figuur 7.69. Het *Cas9*-eiwit en het *sg*RNA worden gevormd (aanvankelijk d.m.v. transiënte expressie). Zoals aangegeven in Figuur 7.62 zal het *Cas9*-eiwit op geleide van het *sg*RNA twee knipjes aanbrengen die resulteren in een DSB (dubbelstrengs breuk). Het *sg*RNA is zo ontworpen dat de DSB tussen de homologe armen (geel en oranje) valt.

In Paragraaf 7.5.4.8 is aangegeven dat de reparatie van de **DSB** (onder deze condities) kan plaatsvinden op basis de *Homology Directed Repair*. Het insert wordt ingebouwd in het genoom:

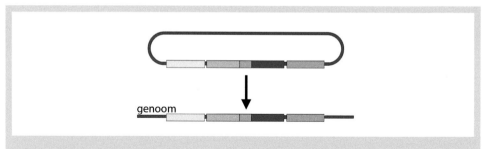

Figuur 7.70. Het resultaat is een gerichte insertie van de *Cas9*-sgRNA-cassette zodat deze zich nu in het genoom van de gastheercel bevindt en van daaruit tot expressie kan komen.

En nu blijkt het nut van de ingebouwde *Cas9-sg*RNA-cassette. Expressie van de *Cas9-sg*RNA-cassette (in het genoom) leidt opnieuw tot de vorming van een **eiwit-RNA-complex**. En wel hetzelfde **eiwit-RNA-complex** als het complex dat verantwoordelijk was voor de 'eerste knip' in het inmiddels gemodificeerde chromosoom. Als gevolg van de insertie in het genoom zal dit **eiwit-RNA-complex** geen 'vat' meer hebben op het inmiddels gemodificeerde chromosoom, maar juist wel op het niet gemodificeerde zusterchromosoom. Het gevolg is een **DSB** in het zusterchromosoom:

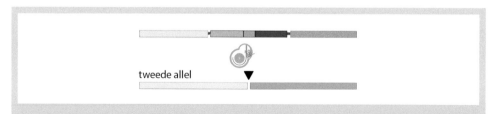

Figuur 7.71. Weer wordt *Cas9*-eiwit en *sg*RNA gevormd, echter nu niet transiënt maar structureel, zodat ook het andere allel in het genoom efficiënt veranderd kan worden.

Door de aanwezigheid van zoveel homoloog materiaal in het gemodificeerde chromosoom én aan beide zijden van de te genereren **DSB** in het zusterchromosoom, zal de reparatie van de **DSB** opnieuw kunnen plaatsvinden op basis van *Homology Directed Repair*. Het insert wordt nu ook ingebouwd in het zusterchromosoom:

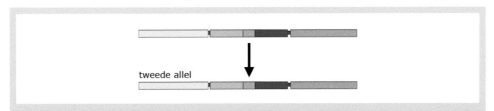

Figuur 7.72. In plaats van een hemizygote situatie zoals in Figuur 7.71 ontstaat als snel een homozygote situatie waarbij in beide allelen van het genoom zich het insert bevindt.

De toegevoegde waarde van de *Cas9-sg*RNA-cassette is dus dat het tussen te voegen gen (blauw), dat zich in eerste instantie slechts op één van beide chromosomen bevond, zichzelf na de insertie automatisch kopieert naar de overeenkomende plek in het zusterchromosoom[357]. Deze modificatie in het DNA leidt dus tot een erfelijke kopieerdrang van het ene naar het tweede, overeenkomstige chromosoom. We spreken van een **mutagene kettingreactie** (*mutagenic chain reaction*). Ook bekend als *gene drive*.

7.5.4.10 *CRISPR-MCR*-techniek

De methode, waarbij een tussen te voegen gen samen met de *Cas9-sg*RNA-cassette wordt ingebracht, wordt de *CRISPR-MCR* (*mutagenic chain reaction*)-**techniek** genoemd. De gevolgen zijn verstrekkend omdat via deze methode alle heterozygoten[358] worden omgezet naar homozygoten.

De methode is op dit moment enigszins omstreden, omdat het een zichzelf in stand houdend, onomkeerbaar proces is en niet meer in de hand te houden is bij introductie in het milieu. Onvoorspelbare bijeffecten en verspreiding van de CRISPR/mutagenese in een *gene drive* zijn niet te voorspellen. Daarom is men erg terughoudend in de toepassing ervan.

---

[357] Dit gebeurt natuurlijk ook met de *Cas9-sg*RNA-cassette. Nadat beide chromosomen aldus zijn gemodificeerd is het eiwit-RNA complex functieloos geworden.

[358] Feitelijk gaat het voor dit specifieke gen om hemizygoten want er is geen tegenhanger van het toegevoegde gen.

Tekstbox 7.4. Overerving van mét CRISPR-MCR techniek aangebrachte modificatie.

Als nu een MCR-dier (homozygoot ten aanzien van het vreemde gen V door de aanwezigheid van de *Cas9-sgRNA*-cassette in het insert) zich voortplant in een natuurlijke populatie (die allemaal nog normale genen NN hebben), gebeurt er iets radicaal anders. Een VN-exemplaar verandert namelijk spontaan in VV. Dus als een VV paart met een NN, zijn alle nakomelingen eerst VN, maar veranderen spontaan in VV.

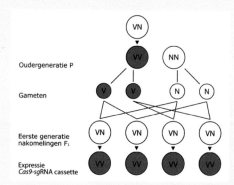

Met *CRISPR-MCR* (mutagenic chain reaction) worden veel sneller homozygote nakomelingen verkregen dan met klassieke kruisingsprogramma's. Niet alleen heeft dat toepassing in de vrije natuur (controversieel, zie tekst wat betreft malaria) maar ook kan zo het aantal proefdieren (bijvoorbeeld *knock-out* muizen) dat nodig is voor medisch onderzoek worden beperkt. Het vreemde gen V wordt doorgegeven (rood) vanuit homozygote ouders (P-generatie) en zorgen zo snel voor aanvankelijk heterozygote (feitelijk hemizygote) nakomelingen die reeds in de F1 generatie allemaal homozygoot worden.

Bovenstaande kruising (VV × NN → 100% VV) blijft zich herhalen tot het moment dat alle NN-individuen zijn uitgestorven. Eén mutant is in staat om uiteindelijk (na een aantal generaties) een hele populatie te modificeren.

Dit opent grootse perspectieven op de bestrijding van ziektes en plagen. Het is bijvoorbeeld al gelukt een genetisch gemodificeerde mug te maken die resistent is voor besmetting met de malariaparasiet. Als die modificatie als *CRISPR-MCR*-techniek in een mug wordt ingebouwd is die ene mug in principe voldoende om in een stuk of twintig generaties alle muggen in een populatie te besmetten met het resistentie-gen. Als alle muggen resistent zijn, sterft de malariaparasiet uit, want die kan niet zonder tussenkomst van de mug van mens op mens overspringen. En twintig generaties mug, dat duurt maar twee regenseizoenen.

7.5.5 Vervolgonderzoek naar *Cas*-effectoren

Met de komst van het **sgRNA** is vanuit het laboratorium de besturing van het *Cas9*-eiwit overgenomen. Wetenschappers hebben hiermee een krachtige *tool* in handen gekregen. Het enthousiasme hierover is goed voor te stellen. Gedreven door dit enthousiasme is men op zoek gegaan naar vergelijkbare *tools*. Men is op zoek naar andere *CRISPR-Cas* systemen en met name naar andere *Cas*-effectoren[359].

---

[359] *Cas* effectoren zijn RNA gestuurde DNA-nucleasen.

De bouwstenen van het leven

In dit hoofdstuk wordt een overzicht gepresenteerd van de resultaten tot nu toe. Nadrukkelijk onder de toevoeging 'tot nu toe', want in de overtuiging dat er nog het nodige te ontdekken valt wordt intensief verder gezocht. In het overzicht beperken we ons tot de meest gebruikte en best bruikbare systemen.

7.5.5.1 Indeling in klassen en typen

'Tot nu toe' zijn er al zoveel nieuwe *CRISPR-Cas* systemen en dus zoveel nieuwe *Cas-effectoren* gevonden dat een indeling is gemaakt. Een systematische indeling in klassen en typen.

Allereerst is daarbij gekeken naar de bouw/samenstelling van de *Cas-effector*. Dit heeft geleid tot een opsplitsing in *Class1-* en *Class2*-sytemen/eiwitten:
*   *Cas-effectoren* die behoren tot de *Class1*-systemen zijn samengesteld uit grote *multi-subunit-groepen* DNA-endonucleasen.
*   *Class2* eiwitten functioneren als *single protein endonuclease*.

Het *Cas9*-eiwit hebben we al leren kennen als een *single protein endonuclease*. Het *Cas9*-eiwit behoort dus tot *Class2* en daarmee behoort het *CRISPR-Cas9* systeem tot de *Class2* systemen.

De voorkeur voor de wetenschappers gaat uit naar *Class2* eiwitten omdat in het laboratorium het werken met *single protein nucleases* nu eenmaal eenvoudiger is dan het werken met *multi-subunit*-groepen. In de verdere uitleg volgen we die voorkeur.

7.5.5.2 Type indeling

Binnen de *Class2*-systemen vindt een verdere morfologische indeling in typen plaats. Nu fungeert de aan- of afwezigheid van de *endonuclease domains* RuvC[360] en HNH[361] in het *Cas*-eiwit als uitgangspunt. Dit leidt tot de volgende indeling:
*   *Class2* Type II beschikt over beide *endonuclease domains*: RuvC en HNH.
*   *Class2* Type V beschikt alleen over het RuvC domein en niet over het HNH domein.
*   *Class2* Type VI beschikt niet over het RuvC domein en niet over het HNH domein.

In de gegeven indeling loopt de nummering der typen niet aaneengesloten op van I naar VI. Hier en nu is gekozen voor de bovenstaande, meest gangbare indeling in typen.

Het *Cas9*-eiwit hebben we al leren kennen als een *single protein endonuclease* en als zodanig geduid als *Class2*-eiwit. Ook is bekend dat het *Cas9*-eiwit beschikt over beide *endonuclease domains* RuvC en HNH. Dat maakt het *CRISPR-Cas9* systeem tot de *Class2* Type II-systeem.

---

[360] RuvC is de benaming van een endonuclease uit *E. coli* dat schade na uv-straling repareert. Het RuvC-domein in *Cas*-eiwitten veroorzaakt de knip in de 5'*protospacer*3' (*non-target* DNA).
[361] HNH staat voor histidine-arginine-histidine, een kenmerkende aminozuursequentie in endonucleasen met dit domein. Het HNH-domein veroorzaakt de breuk in de 3'doelsequentie5'.

7.5.5.3 *Class2* Type II *Cas9*

Het *CRISPR-Cas9*-systeem is (als eerst ontdekte systeem) het meest bestudeerd en het best gedocumenteerd. Het **Class2 Type II** *Cas9*-systeem is als gevolg daarvan verheven tot de standaard waarmee later ontdekte systemen worden vergeleken.

Zoals aangegeven in Paragraaf 7.5.4 kan het *Cas9*-eiwit op geleide van de **crRNA-*tracr*RNA-combi** vreemd dsDNA vinden, er zich aan binden en het knippen. Dat proces verloopt als volgt:

1. herkenning van de **PAM** (5'NGG3' sequentie[362] stroomafwaarts (richting 3'-einde) van de 5'*protospacer*3') in de **DNA-bindingsplaats** van het *Cas9*-eiwit
2. wanneer deze herkenning leidt tot een match tussen het 5'*spacer*RNA3' en de 3'doelse-quentie5' wordt de matching gevolgd door
3. een volledige hybridisatie van het 5'*spacer*RNA3' met de 3'doelsequentie5'. Op zijn beurt weer gevolgd door
4. een configuratieverandering van het *Cas9*-eiwit, waardoor de twéé *endonuclease domains* (RuvC en HNH) worden geactiveerd met
5. de 'knip' als gevolg. Het resultaat van de knip is een DSB met *blunt ends*.

Vergelijken we nieuw ontdekte systemen met het *CRISPR-Cas9* systeem dan zal de vergelij-king plaatsvinden op basis van de aan- of afwezigheid van *tracr*RNA, de positie van de **DNA-bindingsplaats** en op basis van de vijf hierboven benoemde proceskarakteristieken.

Voor een dergelijke vergelijking is in dit boek een keuze gemaakt voor de volgende *Cas*-effectoren: *Cas12* en *Cas13*.

7.5.5.4 *Class2* Type V *Cas12*

Cas12 staat voor een groep *Class2* **Type V-eiwitten**. De groep bestaat uit vijf **Cas-effectoren** (12a tot en met 12e).

Cas12a wordt ook aangeduid als Cpf1, *Cas12b* vind je terug als C2c1 en *Cas12e* wordt steeds vaker opgevoerd als *CasX*. In dit boek gebruiken we de volgende nomenclatuur: **Cas12a**, **Cas12b** en **CasX**.

---

[362] Zoals gevonden bij *Streptococcus pyogenes*.

Het begeleidend RNA

Ten aanzien van het **begeleidend RNA** is er sprake van een verschil tussen de *Cas12*-eiwitten onderling:

- het *Cas12b*- en het *CasX*-eiwit worden (evenals het *Cas9*) geleid door de **crRNA-*tracr*RNA-combi**:

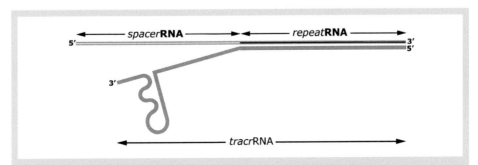

Figuur 7.73. Deze figuur is gelijk aan Figuur 7.55. De crRNA-tracrRNA combinatie heeft niet alleen een gidsfunctie voor *Cas9*-eiwit (Figuur 7.60), maar ook voor *Cas12b* en *CasX*.

- het *Cas12a*-eiwit daarentegen navigeert op een enkel crRNA-molecuul:

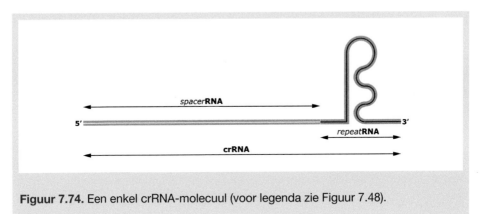

Figuur 7.74. Een enkel crRNA-molecuul (voor legenda zie Figuur 7.48).

PAM

Ook ten aanzien van **PAM** als trigger voor de **DNA-bindingsplaats** zijn er verschillen tussen de *Cas12*-eiwitten onderling:

- *Cas12a*- en *Cas12b*-eiwitten zijn gefocust op een 5'TTN3'-sequentie en
- *CasX*-eiwit reageert op een 5'TA3'-sequentie.

DNA-bindingsplaats

De *Cas12*-eiwitten onderscheiden zich als groep van het *Cas9*-eiwit door de locatie van de **DNA-bindingsplaats** binnen het eiwit. De **DNA-bindingsplaats** van de *Cas12*-eiwitten bevindt zich **stroomafwaarts** (richting 3'-einde) van het *5'protospacer3'*. In vergelijk met het *Cas9*-eiwit dus juist aan de andere kant van het eiwit. Zoals aangegeven in onderstaande figuur:

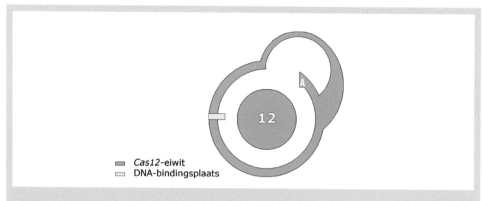

Figuur 7.75. *Cas12*-eiwitten hebben de DNA-bindingsplaats op een andere plek in het complex dan het *Cas9*-eiwit. De DNA bindingsplaats (geel) bevindt zich diagonaal tegenover een enkele nuclease (A) terwijl dat in *Cas9* (Figuur 7.60) dichter bij elkaar is gepositioneerd.

Endonuclease domains

In Figuur 7.75 is ook te zien dat de *Cas12*-eiwitten alléén over het RuvC domein (A) beschikken. Van *Cas12b* en *CasX* is bekend dat zij géén vervanging hebben voor het ontbrekende HNH-domein. Mogelijk dat in het geval van *Cas12a* de afwezigheid van het HNH-domein wordt gecompenseerd door een nog onbekend Nuc(lease) domein. Zeker is dat niet. Dus is er nog alle kans dat het RuvC-domein ook in *Cas12a* een solist is.

Als dat zo is, is het aannemelijk dat binnen het *Class2* Type V-systeem het RuvC-domein beide strengen knipt. Vermoedelijk als gevolg van een verdere configuratieverandering van het eiwit. Veel onderzoek op dit punt is nog nodig.

De knip

De verplaatsing van het RuvC-domein als gevolg van die verdergaande vormverandering is in de volgende figuur aangeduid met een tweede positie 'A'. Het resultaat van een knip met een *Cas12 endonuclease* is een **DSB** met *sticky ends* met een 5'-overhang. De manier waarop het *CasX*-eiwit knipt is vooralsnog niet bekend.

De bouwstenen van het leven

Ter illustratie

In Figuur 7.76 is voor het *Cas12b*-eiwit (zoals aangegeven begeleid door de **crRNA**-*tracr*RNA-**combi**) alles samengevoegd:

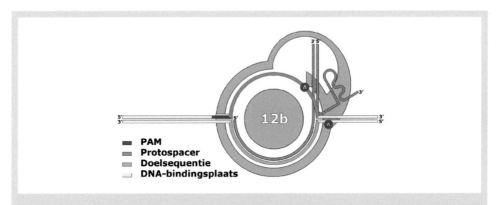

Figuur 7.76. Het *Cas12b*-eiwit (groen) met links de DNA-bindingsplaats (geel) met de PAM (rood). Stroomafwaarts van PAM ligt nu de 5'*protospacer*3' (blauw) terwijl het 5'*spacer*RNA3' (bruin) hybridiseert met de 3'doelsequentie5' (donkergrijs). De paarse cirkels (A) geven aan waar het nucleasedomein de 3'doelsequentie5' doorknippen.

In de Figuur 7.77 zijn de verschillen tussen het Cas12b-eiwit en het Cas9-eiwit nog eens naast elkaar gezet:

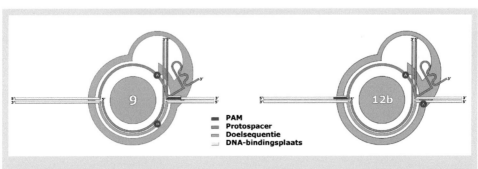

Figuur 7.77. *Cas9*-eiwit-RNA-DNA (Figuur 7.60; links) vergeleken met *Cas12b*-RNA-DNA (Figuur 7.76; rechts).

CasX-eiwit

Het *CasX*-eiwit is vooral een klein eiwit. Het wordt daarom ook wel het kleine broertje van het *Cas9*-eiwit genoemd. Dit lijkt een opmerking die er niet zo toe doet. Maar dat kleine formaat maakt het *CasX*-eiwit beter 'handelbaar' en dus interessant voor wetenschappers die zich bezig-houden met *genome egineering*. Echter, zo lang de manier waarop het eiwit knipt onbekend blijft, is het nog niet inzetbaar. Het blijft voorlopig een grote belofte!

7.5.5.5 *Class2* Type VI *Cas13*

Cas13 staat voor een groep *Class2* **Type VI-eiwitten**. De groep bestaat uit drie *Cas*-**effectoren** (13a tot en met 13c). Van die drie is *Cas13a* het meest bekend.

Endonuclease domains

Cas13-eiwitten missen alle drie zowel het RuvC-domein als het HNH domein. Van het Cas13a-eiwit is bekend dat het beschikt over twee **HEPN-domeinen**[363,364].

Cas13a-eiwit

Het *Cas13a*-eiwit (ook bekend als C2c2) is een vreemde eend in de bijt. Althans afwijkend van wat we tot nu toe gezien hebben. Het wordt ten eerste gestuurd door een enkelvoudig crRNA-molecuul en ten tweede is de doelsequentie geen DNA maar ssRNA[365].

Collateral cleavage

De hybridisatie van crRNA aan ssRNA activeert de HEPN-domeinen. Opvallend is dat de beide HEPN-domeinen geen dsRNA knippen. Zij knippen dus niet binnen de hybridisatie. Maar alle ssRNA buiten de hybridisatie wordt rücksichtslos aan flarden geknipt. Dit wordt beschreven als *collateral cleavage*[366].

De HEPN-domeinen zijn, op initiatie van de hybridisatie, actief in elke enkelstrengs U-rijke sequentie die zij tegenkomen.

---

[363] Afkorting van: *higher eukaryotic and prokaryotic nucleotide-binding domains*.
[364] De twee HEPN-domeinen heeft het Cas13a-eiwit gemeen met de *Class1* Type III systemen (hier verder niet besproken).
[365] Die voorkeur voor RNA is uitzonderlijk, maar niet uniek. We zien een dergelijke RNA-schaar ook in *Class1* Type III systemen.
[366] De term is een woordspeling als variant van *collateral damage*.

ssRNA als doelmateriaal

Het *Cas13*-eiwit lijkt dus een stofzuigertje in de cel/bacterie op zoek naar enkelstrengs doel-RNA. Dit maakt dit *Class2* Type VI *Cas13* direct inzetbaar om een ongewenste genexpressie te temperen door het mRNA direct na de transcriptie, nog voordat de translatie plaatsvindt, te detecteren[367] en te elimineren. Dit kan van grote waarde zijn voor medische therapieën bijvoorbeeld (wanneer ziekmakende genen plaatselijk moeten worden onderdrukt).

---

[367] Vooral voor de detectie van RNA virussen zoals Zika en Dengue. En nu ook Covid-19. Hiervoor zijn commerciële kits in de handel.

7.6 Genenonderzoek en -detectie

DNA-analyse speelt zich niet alleen af op het niveau van de nucleotiden. Veel onderzoek wordt gedaan naar specifieke DNA-sequenties op chromosomen, de DNA-sequenties van genen als geheel, alsmede naar de mate van genexpressie. Hieronder volgt de bespreking van een aantal methoden.

7.6.1 FISH op DNA

FISH staat voor **fluorescente** *in situ* **hybridisatie**. Het betreft een methode, die is ontwikkeld om de aanwezigheid of juist de afwezigheid van een bepaalde DNA-sequentie op een chromosoom aan te tonen. Hierbij wordt gewerkt met fluorescerende *probes* die een hybridisatie aangaan met die delen van het DNA die er complementair aan zijn. Met behulp van fluorescentie (Figuur 7.78) wordt dan zichtbaar gemaakt of hybridisatie plaatsvindt of niet.

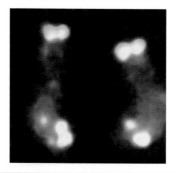

Figuur 7.78. Fluorescente *in situ* hybridisatie (FISH) op DNA. Hybridisatie van *probes* aan delen van beide humane chromosomen 22. De chromosomen zijn ongeveer 1 micrometer groot en zijn met propidiumjodide rood fluorescent gemaakt. Een geel fluorescente *probe* hecht aan het centromeer vlak onder de korte p-arm (boven) en een groen fluorescente *probe* hecht aan een gen bij het uiteinde (telomeer) van de q-arm (onder). De chromosomen bestaan uit twee chromatiden (vergelijk Figuren 3.3 en 4.4) en geven twee signalen per arm.

Zichtbare hybridisatie bewijst de aanwezigheid van de bedoelde DNA-sequentie. En omgekeerd: er vindt geen hybridisatie plaats als de gezochte DNA-sequentie er niet is (mits uitgevoerd met adequate contrôles).

De *probes* zijn stukken DNA (of RNA) met bekende sequenties, die worden gelabeld voor gebruik. Die labeling hoeft niet beslist op basis van fluorescentie te zijn, maar kan ook op

De bouwstenen van het leven

basis van radioactiviteit bijvoorbeeld. In het algemeen wordt dan gesproken over ISH (*in situ* hybridisatie).

De toevoeging '*in situ*' geeft aan dat de test ter plekke in cellen of weefsel gedaan wordt (er wordt dus niet 'geblot'). Chromosomen worden zichtbaar in de metafase van de mitose en de rest gebeurt dus in een zich delende cel. Op deze manier toegepast is FISH een methode om genlocaties op de chromosomen te bepalen.

7.6.1.1 *Chromosome painting*

De hierboven beschreven methode kan ook gebruikt worden om met een uitgekiend mengsel van *probes* een volledig chromosoom te karakteriseren. De gelabelde *probes* hybridiseren in dat geval over de volle lengte van het chromosoom. Met behulp van fluorescentie zal het volledige chromosoom oplichten. We spreken dan van *chromosome painting*.

Chromosome painting wordt onder andere toegepast om van een specifiek chromosoom het aantal te bepalen en om grote wijzigingen in chromosoomstructuur (zoals translocaties van chromosoomarmen, deleties of inversies) zichtbaar te maken.

7.6.2 FISH op RNA

Toegepast op RNA kan FISH gen-aktiviteit van cellen bepalen in weefselpreparaten. Er kan worden vastgesteld in welke cellen precies het gezochte RNA aanwezig is. Met andere woorden: ter plekke wordt per celtype duidelijk of een gen aan staat en mRNA maakt of niet.

Een andere toepassing is snelle detectie en determinatie. Hierbij wordt rRNA vaak als *target* gebruikt omdat rRNA in de cel veel voorkomt (meer dan 95% van alle RNA is rRNA) en omdat het sequenties bevat die meer of minder zijn geconserveerd (over de jaren gelijk gebleven). Met andere woorden: in rRNA-moleculen zit een gebied dat in groepen van soorten identiek is en een deel dat specifiek voor elke soort een eigen sequentie bevat. De volgende opname (Figuur 7.79) illustreert FISH met een *probe* die hecht aan alle rRNA van eubacteriën. Daarbij is gebruik gemaakt van een DNA-*probe*, waarbij het ontwerp van de *probe sequence* zo is gekozen, dat de in eubacteriën universeel voorkomende rRNA-sequentie door de *probe* herkend wordt. De eubacteriën blijken tsjokvol rRNA te zitten, dat is duidelijk.

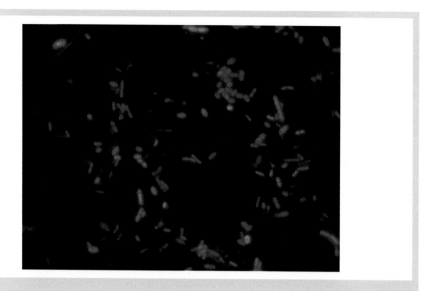

Figuur 7.79. Fluorescente *in situ* hybridisatie (FISH) op RNA. De rood fluorescerende *probe* hecht aan alle rRNA van eubacteriën. De lengte van de bacteriën is ongeveer 10 micrometer.

FISH wordt daarnaast in de snelle detectie van micro-organismen vooral gebruikt voor de typering van schimmels, gisten en bacteriën.

7.6.3 *Short Tandem Repeat* analyse

Het deel van het DNA dat direct codeert voor aminozuren en dus voor de eiwitsynthese noemen we het coderend (*coding*) DNA. Daarmee wordt het overige deel van het DNA automatisch als niet coderend (*noncoding*) gekwalificeerd. Dat klinkt niet bijster interessant. Sterker nog, die kwalificatie wekt het vermoeden dat het overbodig (*junk* DNA) zou kunnen zijn.

Niets is minder waar. Het niet coderend DNA bevat onder andere alle informatie (genen) voor de productie van tRNA, rRNA en alle andere RNA's die genoemd staan in Paragraaf 3.3.1.3. Het niet coderend DNA bevat dus de informatie voor de productie van alle RNA's met uitzondering van de *messenger*-variant. Het bevat dus wel degelijk genen. Maar ook belangrijke structuren zoals promotoren[368], *enhancers* en *silencers*[369], *origins of replication*[370], centromeren[371] en telomeren[372]. Structuren en gebieden die wel degelijk van belang zijn voor een goede expressie van de genen, een goede celdeling, etc.

---

[368] Zie Paragraaf 3.3.11.
[369] Zie Paragraaf 3.5.4.1.
[370] Zie Paragraaf 3.2.
[371] Zie Paragraaf 3.1.2.
[372] Zie Paragraaf 3.1.1.

Over de functie van het niet-coderend DNA is nog veel te ontdekken. Ook zijn in het niet-coderend DNA, structuren te herkennen, die zich prima lenen voor forensisch onderzoek en ter identificatie van soorten. Als voorbeeld wordt de *internal transcribed spacer* of ITS genoemd. Het ITS is het niet-coderend DNA dat gelegen is tussen twee genen die ieder voor een ander rRNA coderen. Die ITS-structuur is in bacteriën en archaea anders georganiseerd dan in eukaryoten. Van dit verschil wordt gebruik gemaakt om onder andere schimmels en bacteriën van elkaar te onderscheiden. Zelfs binnen een soort kan de ITS zeer specifiek zijn en wordt de ITS op grond daarvan zelfs beschouwd als een 'barcode' voor schimmels.

Ongeveer 10% van het totale DNA wordt gekenmerkt door bepaalde nucleotidenvolgorden die keer op keer en zonder onderbreking weer herhaald worden. De gebieden waarin zij veelvuldig voorkomen worden *repeat regions* genoemd.

Als een bepaald sequentiemotief kop-aan-staart herhaald wordt[373] spreken we van *tandem repeats*. Ook de genen die coderen voor rRNA en de bijbehorende ITS-en vinden we vaak terug in dergelijke *tandem repeats*.

In deze steeds weer herhaalde sequentiemotieven worden (op basis van de lengte van het motief) drie categorieën onderscheiden:
* *satellite* DNA;
* *minisatellite* DNA; en
* *microsatellite* DNA.

Satellite DNA bestaat uit vrij lange (tot 200 basenparen) kop-aan-staart herhaalde (*tandemly repeated*) sequentiemotieven in niet coderend DNA. *Satellite* DNA bevindt zich voornamelijk in de telomeren en de centromeren. Dit *satellite DNA* behoort tot het heterochromatine en heeft een functie in de structuurvorming van het chromosoom.

Minisatellite DNA bestaat uit series van 10 tot soms 60 basenparen. Zij komen voor op meer dan 1000 plaatsen in het humane genoom en spelen wellicht een rol als regulator bij de genexpressie. Dit *minisatellite DNA* wordt ook wel aangeduid als **VNTR** (*variable number of tandem repeats*).

Microsatellite DNA bestaat uit series van hooguit 6 basenparen. We spreken ook wel van Short Tandem Repeat of STR wanneer het een herhaling van korte sequenties betreft (2 tot 5 bp) die kop-aan-staart gekoppeld zijn. Ook zij komen erg veel voor in elk genoom.

---

[373] Voorbeeld sequentiemotief GAT levert op basis van kop-aan-staart herhalingen (*tandem repeat*) het volgende patroon …GATGATGATGATGATGATGATGAT… etc.

Het aantal herhalingen van de STR is individueel bepaald. Elk individu erft een variant van de vader en een variant van de moeder. Dat maakt het beeld per individu zeer specifiek. Iedere variant hierin gedraagt zich als een overerfbaar allel en de STR's lenen zich daardoor uitstekend voor forensisch onderzoek. Zo zijn er voor het maken van een forensisch **DNA-profiel**[374] dertien loci aangewezen die her en der over het menselijk genoom verspreid liggen. Middels PCR wordt het DNA op deze loci geamplificeerd en kan via capillaire electroforese de lengte van de *repeats* worden bepaald. Wanneer van dertien loci betrouwbare gegevens kunnen worden uitgelezen (per locus twee allelen met een variabel aantal herhalingen van de *repeat*) is de waarschijnlijkheid dat twee individuen exact hetzelfde profiel hebben erg klein en kan er met voldoende zekerheid een persoon getypeerd worden (eeneiige tweelingen uitgezonderd).

7.6.4 DNA-*microarray*

Uitgangspunt is een plaatje (glas of kunststof) met daarop zeer veel kleine hoeveelheden DNA-fragmenten van bekende samenstelling. Bijvoorbeeld plaatjes met oligonucleotiden die elk uniek en specifiek zijn voor elk gen van de mens. Of plaatjes met het genoom keurig opgesplitst in chromosoomgebieden inclusief die delen die tussen de genen in liggen (het overgrote deel van het genoom bestaat niet uit genen die voor eiwitten coderen maar dient als drager, als het 'gebouw waarin de genen wonen').

De plaatjes zijn zo ontworpen dat ze kleine hoeveelheden vloeistof kunnen bevatten. Plaatjes, vaak niet groter dan enkel vierkante centimeters, zijn voorzien van rijen en kolommen bijzonder kleine putjes ter grootte van één tot enkele honderden micrometers. Een dergelijke structuur wordt wel een *spot* genoemd.

Op zo'n enkel plaatje (ook wel drager genoemd) kunnen wel 50.000 *spots* voorkomen. Een dergelijk drager met *spots* wordt een **microfluïdische chip** genoemd. Aan de bodem van elke *spot* kan telkens een ander gen vastgehecht worden. Een dergelijke stukje DNA (waarvan voor elke *spot* de sequentie bekend is) noemen we een *probe*. Een microfluïdische chip die gevuld of 'geladen' is met DNA-*probes* wordt een **DNA-*microarray*** of **DNA-chip** genoemd.

Er zijn heel veel toepassingsgebieden voor het gebruik van dergelijke DNA-chips. We beperken ons hier tot de volgende twee toepassingen:
1. determinatie van de expressie van genen;
2. detectie van deleties en/of duplicaties in chromosoomgebieden bij de patiëntendiagnostiek.

---

[374] Profielen van dader en verdachten (en zelfs niet-verdachte vrijwilligers) kunnen via een 'match' de juiste verdachte aan een misdaad koppelen. Denk aan de 'Puttense moordzaak' en de 'zaak Marianne Vaatstra'.

De bouwstenen van het leven

7.6.4.1 Kankeronderzoek

Genen die bij kanker veranderd zijn worden **oncogenen**[375] en **tumorsuppressorgenen**[376] genoemd. Met behulp van een DNA-chip kan er gezocht worden naar dergelijke genen, en vooral naar de effecten[377] daarvan op andere genen, want die andere genen vertellen wat voor type kanker het is. We vergelijken daartoe het tumorweefsel met gezond weefsel van hetzelfde type.

Uit cellen van beide weefsels wordt het mRNA geïsoleerd. Het verkregen mRNA wordt met behulp van het enzym **reverse transcriptase** omgezet in twee cDNA producten (zie Paragraaf 7.1.1.8).

Het cDNA wordt fluorescent gelabeld. Het cDNA van het tumorweefsel afkomstig, krijgt daarbij een andere 'kleur' (bijvoorbeeld rood) dan het cDNA afkomstig van het gezonde weefsel van hetzelfde type (bijvoorbeeld groen). De beide cDNA-producten worden nu gemengd in een vloeistof en over de DNA-chip uitgegoten.

Na verloop van tijd zullen de verschillende cDNA's op basis van complementariteit hybridiseren met een of meerdere *probes*. De niet gehybridiseerde cDNA-moleculen worden vervolgens weggespoeld. De *microarray* vertoont uiteindelijk een 'kleurenpatroon' (Figuur 7.80) als gevolg van de kleur van elke *spot*.

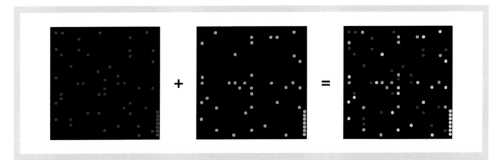

Figuur 7.80. Fluorescente hybridisatie op een *microarray*. Deze DNA-chips vertonen een fluorescentiepatroon als gevolg van de hybridisatie van twee verschillend gelabelde monsters op een *array* van ongelabelde *probes* (de *spots*). Expressie van een gen dat correspondeert met een *probe* levert fluorescentie. Groen in het geval van cDNA van normale cellen en rood in het geval van cDNA van bijvoorbeeld kankercellen. Als beide cellen een gen tot expressie brengen wordt het signaal geel; zwart duidt op geen expressie in beide typen cellen.

---

[375] Een oncogen is een ontaard proto-oncogen: een proto-oncogen, waarin mutaties zijn opgetreden. De proto-oncogenen zijn normaal voorkomende genen, die onder andere een rol spelen bij de celdeling en de celdifferentiatie. Door mutaties in deze genen worden er te veel cellen aangemaakt wat kan ontaarden in een tumor.
[376] Normaal produceren deze genen een eiwit dat de celdeling remt. Door mutaties in deze genen kan de regulering op de celdeling verdwijnen.
[377] Oncogenen zetten heel veel reacties in gang en die reacties worden in kaart gebracht met een chip.

De kleur per *spot* zal rood, groen of een mengkleur (in het voorbeeld geel) zijn. Rood wijst op een hoge gen-activiteit van het gen in de tumorcellen, terwijl groen duidt op een hoge genexpressie van hetzelfde gen in het gezonde weefsel. Indien een *spot* een gele kleur vertoont zal de genexpressie van het betreffende gen in beide weefsels gelijk zijn. Geen signaal (zwart) duidt op geen expressie in beide situaties.

De expressiegegevens van een DNA-chip van patiëntencelmateriaal kan waardevolle gegevens opleveren die voorspellen op welke medicijnen de patiënt wel en niet goed zal reageren. Dat kan veel onnodig medicijngebruik voorkomen en sneller tot een gerichte behandeling leiden.

7.6.4.2 Patientendiagnostiek

In plaats van cDNA op de *probes* los te laten kan ook met chromosomaal DNA belangrijke informatie worden verkregen over het genoom van een patiënt. Wanneer een deletie of andere vrij grote mutatie aanleiding geeft tot een (erfelijke) ziekte kan dit met chips in kaart worden gebracht. Bij duplicaties van een bepaald chromosoomdeel (zoals het ontstaan van een spontane *repeat* van een stuk DNA) zullen van dat deel van het genoom de *spots* twee keer zoveel signaal geven dan de contrôles, en bij deleties zal dit minder (heterozygoot) of geheel afwezig (homozygoot) kunnen zijn.

7.7 Base sequencing

Base sequencing is de technologie om de nucleotidenvolgorde in een DNA-streng te bepalen. Hiermee kunnen bijvoorbeeld:

1. complete (of delen van) **genomen** worden ontcijferd;
2. de volgorde van genen op een chromosoom worden opgespoord;
3. vergelijkingen worden gemaakt tussen **homologe genen** van verschillende organismen;
4. vergelijkingen worden gemaakt tussen de **allelen** van een gen; en
5. **mutaties** worden geïdentificeerd.

7.7.1 *Sequencing* volgens Sanger

Deze technologie is gebaseerd op het gebruik van **di-desoxynucleotiden** in plaats van desoxy-nucleotiden (Figuur 7.81). De centrale suiker in de di-desoxynucleotiden (ddNTP) heeft op 3' geen OH-groep. Omdat deze OH-groep vereist is voor de ketenverlenging, stopt de DNA-polymerase na een aangehechte ddNTP. Deze is daarmee de laatst 'aangekoppelde' nucleotide: de *terminator nucleotide*.

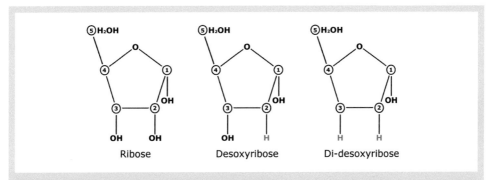

Figuur 7.81. Didesoxyribose heeft geen 3'-OH. De aan- of afwezigheid van een hydroxyl-groep op 2' en 3' van ribose bepaalt het type nucleotide. Ribose zit in RNA, desoxyribose zit in DNA. Didesoxyribose (rechts) komt van nature weinig voor maar kan synthetisch gemaakt worden. Na inbouw van een nucleotide met didesoxyribose kan de DNA-keten niet verlengd worden (*chain termination*) omdat er daarna geen 3'-OH beschikbaar is.

Voor de bepaling van de nucleotidenvolgorde wordt maar één van de twee ssDNA's onderzocht. Om de andere streng (ter controle) te sequencen is een tweede run nodig. Alvorens de nucleotidenvolgorde van het DNA te analyseren, wordt dus het dsDNA geopend met behulp van warmte. Er ontstaan twee ssDNA's (Figuur 7.82).

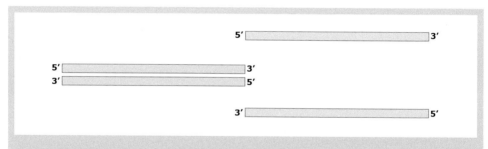

Figuur 7.82. Denaturatie van het dsDNA. Voor sequencen is ssDNA nodig. Van het DNA wordt één streng gesequenced. Ook de ander kan worden gesequenced (ter controle) maar dan in een apart experiment (niet tegelijk).

Er wordt een *primer* ((blauw)grijs) verbonden aan het ssDNA (Figuur 7.83). Deze *primer* is zo geconstrueerd dat het 3'-einde vlak vóór de DNA-sequentie ligt die doel is van de analyse en als *target* dient: de *primer* duidt de *target*, die onderzocht moet worden.

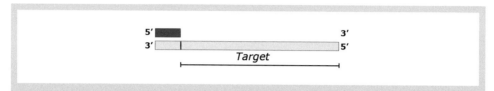

Figuur 7.83. *Annealing* van de *primer*. De *primer* (blauwgrijs) is zo ontworpen dat de stroomafwaarts gelegen informatie gelezen kan worden.

Vanuit de *primer* wordt nu de complementaire streng gesynthetiseerd. Daartoe wordt het met een *primer* bezette ssDNA samengevoegd met een mengsel van de vier (gewone) desoxy-nucleotiden: dATP, dCTP, dGTP en dTTP[378]. Aan dat mengsel wordt echter één (radioactief of fluorescerend) gelabeld ddNTP toegevoegd. Bijvoorbeeld het ddGTP.

De DNA-synthese zal beginnen vanaf de *primer*, en stoppen op het moment dat er bij toeval een ddGTP (groen[379]) wordt ingebouwd (Figuur 7.84).

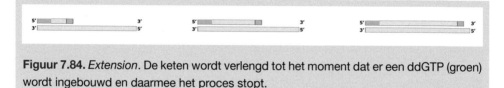

Figuur 7.84. *Extension*. De keten wordt verlengd tot het moment dat er een ddGTP (groen) wordt ingebouwd en daarmee het proces stopt.

---

[378] Eigenlijk TTP, want TTP is per definitie al desoxy. De oxy-variant bestaat niet, vandaar dat er in RNA UTP wordt ingebouwd.
[379] In alle figuren zijn de kleuren voor de stikstofbasen, zoals die zijn geïntroduceerd in Paragraaf 1.4.3, toegepast.

De strengen worden vervolgens door denaturatie weer van elkaar gescheiden. Omdat er vele *primer*moleculen zijn toegevoegd, worden er vele ssDNA-fragmenten gesynthetiseerd, met wisselende lengtes, maar allemaal met een ddGTP op het einde (Figuur 7.85).

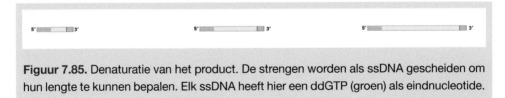

Figuur 7.85. Denaturatie van het product. De strengen worden als ssDNA gescheiden om hun lengte te kunnen bepalen. Elk ssDNA heeft hier een ddGTP (groen) als eindnucleotide.

Omdat er een ruime overmaat aan *primer*moleculen is toegevoegd, zullen er evenveel verschillende lengtes ontstaan als er dCTP nucleotiden zijn op de target. De verschillende lengtes worden gescheiden met behulp van gelelektroforese. Men weet nu op welke afstanden vanaf het begin er een guanine in het gesynthetiseerde ssDNA zit.

Deze procedure wordt in totaal viermaal uitgevoerd met telkens een andere (en met een andere kleur gelabelde) ddNTP. Uiteindelijk ontstaan er vier 'uitdraaien' van de gelelektroforese. Door die naast elkaar te leggen en de gegevens te combineren zie je de totale DNA-sequentie van het gesynthetiseerde ssDNA (Figuur 7.86).

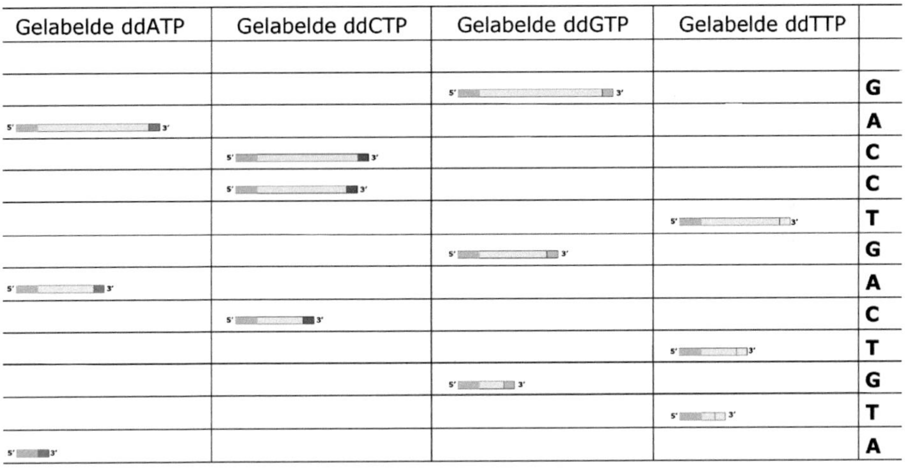

Gelabelde ddATP	Gelabelde ddCTP	Gelabelde ddGTP	Gelabelde ddTTP	
		5'▭3'		G
5'▭3'				A
	5'▭3'			C
	5'▭3'			C
			5'▭3'	T
		5'▭3'		G
5'▭3'				A
	5'▭3'			C
			5'▭3'	T
		5'▭3'		G
			5'▭3'	T
5'▭3'				A

Figuur 7.86. Lezen van de letters. Door de vier gel-elektroforese uitdraaien naast elkaar te leggen en de gegevens te combineren wordt de nucleotidevolgorde van het DNA fragment bekend. De gevormde sequentie leest van klein naar groot: 5'ATGTCAGTCCAG3'. De verschillende basen zijn herkenbaar aan de kleur (A = blauw, C = rood, G = groen en T = geel).

In de eerste 'Sanger'-jaren werden de ddNTP's radioactief gelabeld en waren 4 reacties nodig, één voor elke te onderzoeken ddNTP. De verschillende ddNTP's kregen later ieder een eigen kleurtje. Deze kleurstoffen fluoresceren bij verschillende golflengtes en worden door een detector (als deel) van een capillaire electroforesemachine gelezen en meer moderne machines konden al snel de 4 ddNTP van elkaar onderscheiden in één reactie. Hierdoor nam de hoeveelheid data die in een sessie gegenereerd kon worden al flink toe.

Het proces van het bepalen van de nucleotidenvolgorde in het DNA is daarmee volledig geautomatiseerd. Dat levert een uitdraai op zoals in Figuur 7.87 getoond:

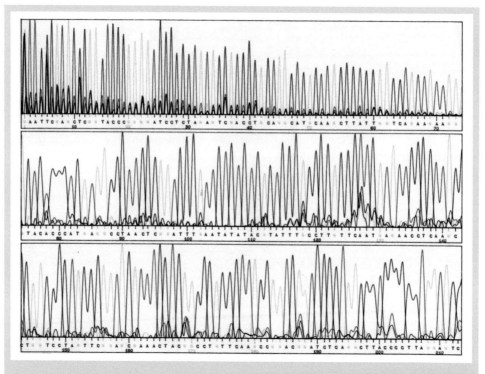

Figuur 7.87. Automatisch lezen van de DNA-volgorde. Electroforese van de strengen met vier fluorescente labels (voor elke letter een kleur) geeft de mogelijkheid het uitlezen (door een capillair langs een detector) te automatiseren. Duidelijk is te zien dat hoe verder men leest hoe slechter de scheiding wordt (scherpe pieken linksboven en bredere pieken rechtsonder).

De dideoxy-methode wordt ook wel **methode van Sanger** genoemd: de bedenker ervan, Fred Sanger, heeft er een Nobelprijs voor gekregen (zijn tweede, nadat hij eerder al eens een manier had bedacht om eiwitten te sequencen). Tegenwoordig wordt deze *DNA sequencing* gecombineerd met de opwarm-en-afkoelcycli van PCR[380]. Men spreekt dan van *cycle sequencing*. Dit gebeurt weliswaar met één *primer* en betreft dan geen amplificatie in de exponentiële zin zoals bij PCR maar een lineaire amplificatie van het materiaal omdat met weinig DNA al genoeg informatie wordt verkregen.

De aanvankelijke methodes uit de jaren '70 van de vorige eeuw (Sanger en anderen) worden geschaard onder de groep *first generation sequencing*. Deze methodes zijn arbeidsintensief en daardoor kostbaar[381].

Met betrekking tot de later ontwikkelde methodes spreken we dan naar analogie daarvan over *next-generation sequencing*. Deze methodes werden ontwikkeld in de race naar het 'duizend dollar genoom' (de wens om voor een relatief klein bedrag een geheel genoom te kunnen 'lezen').

7.7.2 *Next generation sequencing*

Doorontwikkeling van de bestaande DNA-sequencing technieken[382] heeft geleid tot wat men ook wel aanduidt met de term *high-throughput sequencing*. *High-throughput sequencing* is te beschouwen als een verzamelnaam voor meerdere technieken die allen gemeenschappelijk hebben dat zij in een razend tempo onvoorstelbaar veel data genereren. Soms zelfs zoveel[383] dat de enorme hoeveelheid data, die in korte tijd wordt verkregen, direct de grootste beperking van de methode vormt. De dataopslag is een probleem, de software is nog volop in ontwikkeling en soms is het gewoon moeilijk om de enorme hoeveelheid data te managen.

De term *next-generation sequencing* verwijst naar alle methodes, die na de Sanger methode zijn ontwikkeld en zijn geïntroduceerd. De eerste nieuwe methodes zijn ontwikkeld in de tweede helft van de 90-er jaren van de vorige eeuw. In 1996 is *pyrosequencing* als methode gepubliceerd, in 2000 kwam *Massively Parallel Signature Sequencing* (MPSS) en in 2010 kwam *Ion Semiconductor Sequencing* op de markt. Genoemde methodes hebben met elkaar gemeen dat er voordeel is te halen, qua snelheid, wanneer een genoom reeds bekend is. Daarmee loont het al wanneer slechts korte stukjes sequentie per keer worden opgehelderd (een puzzel die vroeger onoplosbaar zou zijn geweest). Het sequencen van korte stukjes wordt gecompenseerd door het feit dat vele korte stukjes heel vaak gesequenced worden, en bovendien vergeleken kunnen worden met een bekende sequentie (de *reference sequence*).

---

[380] Zie Paragraaf 7.1.1.7.
[381] Het humane genoom is met deze methode gesequenced. Dit heeft 15 jaar gekost. Uiteindelijke kosten 1 dollar per base. Het humane genoom heeft 3,2 miljard basen.
[382] De Sanger methode gold gedurende een periode van ruim 30 jaar als de standaard.
[383] Een dagproductie van een terabyte aan data is geen uitzondering.

De meeste methodes zijn gebaseerd op synthese door polymerase (*sequencing by synthesis*). Met *probes* kan men echter ook tot *sequencing by hybridisation* en **sequencing by ligation** komen. Elegante methodes die echter niet veel gebruikt worden.

Om DNA goed te kunnen sequencen moet je vaak vooraf de doelsequentie vermeerderen. Dat kan met *bridge* PCR, *bead* PCR en emulsie PCR[384]. Dit is nodig om voldoende signaal te genereren voor detectie van het te sequencen DNA.

Nog nieuwere sequencing methoden kunnen nu ook 1 molecuul DNA detecteren en sequencen, zoals **Single Molecule sequencing** en **Nanopore sequencing**.

7.7.2.1 *Pyrosequencing*

De basenvolgorde in een bestaande ssDNA-streng bepaalt tijdens de DNA-synthese welke desoxyribonucleotide als eerstvolgend bouwelement zal worden gekoppeld. Elke koppeling van een nieuwe desoxyribonucleotide ontleent de benodigde energie aan de afsplitsing van het pyrofosfaat[385] dat vervolgens gesplitst wordt (door middel van hydrolyse) in twee moleculen anorganisch fosfaat. *Pyrosequencing* is gebaseerd op de detectie van de afgifte van dat pyrofosfaat. De vorming van het pyrofosfaat kan zichtbaar gemaakt worden door toevoeging van een **chemiluminescent enzym**[386]. Chemiluminescentie[387] is het verschijnsel waarbij vrijgekomen chemische energie (door de afsplitsing van het pyrofosfaat) wordt omgezet in lichtenergie.

Er wordt telkens maar één van de vier desoxyribonucleotiden toegevoegd aan de ssDNA-streng in zogenaamde *flow-chambers* (de ruimte waar het DNA omspoeld wordt met steeds wisselende mixen met dNTP) en nucleotide-inbouw vindt alleen plaats op de plaats van de eerste ongepaarde base. Alleen bij een match kan er licht worden geregistreerd.

De registratie van het signaal (Figuur 7.88) wordt uiteraard gekoppeld aan 'de nucleotide-van-dienst'. De intensiteit van het gemeten licht geeft aan of er één of meer dan één nucleotide in de keten werd aangekoppeld. Dit proces wordt telkens weer herhaald met één van de vier desoxyribonucleotiden tot het moment dat de DNA-sequentie van de gehele ssDNA-streng is bepaald. Deze technologie maakte van 2004-2013 opgang (Roche 454 machines) maar wordt eigenlijk niet meer gebruikt. *Pyrosequencing* legt het namelijk qua kosten af tegen de volgende methodes.

---

[384] Zie Paragraaf 7.2.5.
[385] Pyrofosfaat is een difosfaat.
[386] Luciferase, waarvan het gen ooit is gekloneerd uit een vuurvliegje, is een dergelijk enzym: het zet een substraat om in een product waarbij zichtbaar licht vrijkomt. Het enzym zelf is dus niet chemiluminescent.
[387] Ook vaak geschreven als chemoluminiscent, wat ook correct is.

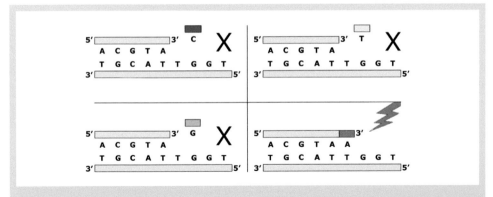

Figuur 7.88. *Pyrosequencing.* Alleen wanneer een desoxyribonucleotide wordt ingebouwd (in dit geval een A, rechtsonder, blauw) zal een signaal gegenereerd worden. De vier basen (A = blauw, C = rood, G = groen en T = geel) worden steeds na elkaar aangeboden en weer weggewassen. In de volgende ronde zal een C worden ingebouwd (*template* biedt G).

7.7.2.2 MPSS: *massively parallel signature sequencing*

Omdat deze methode onder de naam van de firma Illumina groot is geworden staat deze ook wel bekend als *Illumina next-generation sequencing*. Hier wordt eveneens gewerkt met gelabelde 'terminator nucleotiden'. De aanwezigheid van een bepaalde gelabelde nucleotide kan daarna middels fluorescentie worden uitgelezen. Het DNA kan elke keer maar verlengd worden met één *dideoxy*-nucleotide. Er wordt een opname gemaakt van die situatie, waarna de 'terminator nucleotide' chemisch van fluorescentie wordt ontdaan en van een 3'-OH wordt voorzien. Hierna start een nieuwe cyclus.

De sequencing apparatuur en protocollen van Illumina zijn gebaseerd op de *bead* PCR-technologie. *Target*-sequenties worden van elkaar onderscheiden door middel van het inbouwen van herkennings sequenties (8-10 nucleotiden) in de *primers*.

De methode wordt ook gebruikt om genexpressie te bepalen. Aan de hand van mRNA wordt cDNA gevormd. Van dit cDNA wordt dan de basenvolgorde bepaald. Deze laatste techniek wordt ook wel *deep sequencing* genoemd (simpelweg alle cDNA-moleculen van een monster worden na PCR gesequenced).

7.7.2.3 *Ion semiconductor sequencing*

Een niet-optische methode (er komt geen licht aan te pas). De bekendste firma hierachter is Ion Torrent. Er wordt eerst emulsie PCR uitgevoerd en de amplicons worden verdeeld over een *semiconductor* (een chip). Vervolgens kan gesequenced worden. Tijdens de polymerisatie koppelt de fosfaatgroep op 5' zich aan de hydroxylgroep op 3' van de pentose: er ontstaat een fosfodiësterbinding. Daarbij komen per koppeling een proton (H^+) en pyrofosfaat vrij. Zie Paragraaf 1.4.2.1.

De snelheid van de DNA-synthese bedraagt ongeveer 1000 bp/s (Paragraaf 3.2.1.3)[388]. Tijdens de synthese van DNA ontstaat er derhalve een spervuur (*torrent*) aan protonen. Het proton is een positief geladen waterstofion en de afgifte ervan is detecteerbaar en dus meetbaar aan de hand van een bijbehorend elektrisch signaal.

Aan het *target* DNA wordt per cyclus een bepaald type dNTP toegevoegd. Of de betreffende dNTP wordt ingebouwd in de te vormen streng DNA wordt bepaald door de eerstvolgende nucleotide op de *template*. Alleen bij een match zal het elektrisch signaal waarneembaar zijn. En op het moment dat er meerdere dNTP's (van hetzelfde type) polymeriseren (omdat er meer nucleotiden met een match naast elkaar liggen in de *template*) zal er een naar verhouding hoger elektrisch signaal worden gemeten. De cyclus[389] eindigt met het wegwassen van de niet-gebruikte dNTP's 'van dienst', waarna een nieuwe cyclus start met een andere soort dNTP.

Deze methode heeft als voordeel dat er geen probes of gemodificeerde nucleotiden nodig zijn. *Sequencing* verloopt in een hoog tempo (een cyclus kost 4 seconden en een volledige run waarbij 100-200 nucleotiden worden bepaald duurt ongeveer een uur). En dat in een proces waarbij minstens 100 DNA fragmenten tegelijk (*massively parallel*) worden gesequenced.

De *semiconductor* is daarnaast een product van de computerindustrie. Omdat chiptechnologie in het algemeen steeds tot snellere systemen leidt[390] is hier nog voortgang te verwachten.

7.7.2.4 SMS: *single molecule sequencing*

Waar Illumina nog een *bead* PCR-stap nodig heeft, heeft Helicos een methode ontwikkeld om op een vergelijkbare manier van een enkele DNA-streng (en dan ook nog eens miljoenen verschillende tegelijk) de volgorde te bepalen. Het levert nog steeds korte stukjes informatie op maar de prestatie is opmerkelijk, en een gevolg van steeds beter wordende camera's en *flow-chambers*. In de *flow-chamber* zijn poly-T oligo's verspreid over een oppervlak (aan de 5'-kant covalent bevestigd net als de *primers* bij *bridge* PCR). Aan de te sequencen brokstukken enkelstrengs DNA worden poly-A staarten gemaakt, zodat op elke poly-T oligo een DNA streng kan hybridiseren. Vanaf dat punt kan gesequenced worden met fluorescente ddNTP's die na elke ronde van fluorescentie worden ontdaan en van een 3'-OH worden voorzien.

---

[388] De synthese snelheid bedraagt in prokaryoten ongeveer 1000 bp/s en in eukaryoten ongeveer 100 bp/s.
[389] Dit is geen PCR-cyclus maar een polymerisatieronde met steeds één enkel type dNTP. De vier nucleotiden volgen elkaar elke ronde op.
[390] Dit staat bekend als de wet van Moore. Niet toevallig is het genoom van de heer Moore als eerste volgens deze methode gesequenced.

Een groot nadeel van de meeste systemen is, dat er slechts beperkte stukjes sequentie van circa 100 nucleotiden gelezen worden. Met computersoftware kunnen deze, elkaar overlappende, mini-sequenties aan elkaar geplakt worden om een volledige genoomsequentie te construeren. Daarbij helpt het als er van een bepaald organisme al een referentie genoomsequentie voorhanden is. Indien dat niet het geval is, dan is het opbouwen van een betrouwbare consensus genoomsequentie een moeizaam karwei en zijn fouten in de volgorde van de brokstukken snel gemaakt.

De toekomst zou wat dat betreft wel eens kunnen liggen bij SMS-technieken waarbij die beperking niet meer geldt. Het lezen van een enkele streng van 20.000 bp is al mogelijk op die manier. Er zijn een paar apparaten commercieel verkrijgbaar en de verwachting is dat door de nanotechnologische ontwikkelingen sequenties van praktisch onbeperkte lengte in korte tijd gelezen kunnen worden, met alle voordelen van dien. Zonder al te diep op de technische kant in te gaan vormt het principe van één van deze methoden het vastzetten van de polymerase in plaats van het DNA. Daarmee wordt ter plaatse (in de *flow-chamber* met honderdduizenden nano-compartimentjes, elk met één polymerasemolecuul en één streng DNA) het dubbelstrengs maken van een enkele streng niet meer aan lengte gebonden. Er kan eindeloos gepolymeriseerd worden ('zolang de *template* strekt'). Als substraat voor de polymerisatie worden gemodificeerde dNTP's gebruikt die een specifieke fluorescente groep verliezen wanneer ze worden ingebouwd. Per inbouwstap komt dus een fluorescente groep vrij die alleen tijdens het inbouwen van de nucleotide 'in beeld' is. De truc daarachter is dat met rasters bepaalde golflengten tegengehouden worden en het spotlicht gericht staat op het actieve centrum van de polymerase. Alle fluorescente nucleotiden die nog niet zijn ingebouwd maar wel vlak bij de polymerase liggen blijven onopgemerkt (vergelijk dit met een deur van een magnetronoven die met fijnrastering de microgolven binnen de oven houdt maar het zichtbare licht wel doorlaat). Deze methode staat bekend als *Single Molecule Realtime Sequencing*. De snelheid waarmee fluorescentie vrijkomt en gemeten wordt is gelijk aan de snelheid van polymeriseren.

7.7.3 *Third generation: Nanopore Sequencing*

De ontwikkeling van *Single Molecule Realtime Sequencing* gaat maar door. Inmiddels zijn er varianten ontwikkeld, die gebruik maken van nanoporiën (tunneltjes die slechts een enkel molecuul doorlaten).

Deze methode is snel (400 basen per seconden), goedkoop en eenvoudig. En met de mogelijkheid tot het uitlezen van lange nucleotidenvolgorden, in de orde van 50 tot 100 kb. Helaas blijft de nauwkeurigheid van de methode steken op zo'n 93%. Opschaling naar 100% is mogelijk door het molecuul vaker (minstens tienmaal) te sequencen om vervolgens de verkregen uitdraaien te vergelijken en de consensus te bepalen.

Het principe werkt als volgt. Stel je een doosje voor zo groot als een smartphone of zelfs kleiner dan dat. Het doosje heeft een bovenkant (deksel) en een onderkant (bodemplaat). Daartussen bevindt zich een plaat die geen geleidend contact heeft met de boven- en/of onderplaat. In die 'tussenplaat' bevinden zich op nano-schaal vele openingen: *nanopores* genoemd. De grootte van een *pore* is dusdanig dat er slechts een ssDNA-molecuul tegelijk in de lengterichting doorheen kan.

Solid state model

De 'tussenplaat' kan bestaan uit een vast materiaal waarin de *pores* zijn gemaakt. We spreken dan van het **solid state** model. De *pores* zijn gemaakt met behulp van een elektronenbombardement op die plaats.

Over de boven- en de onderplaat wordt een elektrische spanning geplaatst: de bovenplaat wordt negatief en de bodemplaat positief geladen. Vervolgens wordt door de 'tussenplaat' een elektrisch stroompje geleid. De tussenplaat is daarbij een onderdeel van een elektrisch circuit. In dat circuit is meetapparatuur opgenomen om de elektrische stroom door de tussenplaat zichtbaar te maken.

Het te analyseren ssDNA-monster wordt tussen de bovenplaat en de tussenplaat gebracht. Door de elektrische spanning tussen de bovenplaat en de onderplaat, zullen de aanwezige ssDNA-moleculen gedwongen worden zich te verplaatsen richting de positief geladen bodemplaat. Die reis kent maar één optie en dat is een passage door de *nanopore*.

Het ssDNA-molecuul wordt base voor base, door de *nanopore* getrokken. Die passage beïnvloedt het elektrisch stroompje door de tussenplaat. Elk type base heeft zijn karakteristieke invloed op die stroom. Elk type base creëert dus zijn eigen karakteristieke stroomverandering. Die stroomverandering per base is meetbaar en dus uitleesbaar binnen het circuit. Tevens heeft elk type base zijn eigen passagetijd door de *nanopore*. Ook deze passagetijd per base is meetbaar en daarmee uitleesbaar.

De combinatie van deze gegevens (stroomverandering in combinatie met passagetijd) maken een *realtime sequencing* mogelijk zodat de sequentie direct uitleesbaar is.

De bouwstenen van het leven

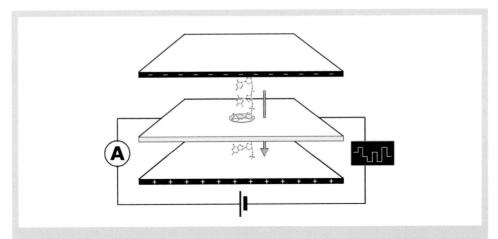

Figuur 7.89. Tussen twee platen (zwart) bevindt zich een tussenplaat (geel) met een kleine porie (*nanopore*). Door DNA (getekend als molecuul) op te brengen op de tussenplaat kan men dit door de porie laten trekken (groene pijl) wanneer de elektrisch geladen platen (negatief boven; positief onder) worden aangeschakeld. Het passeren van elke base van het DNA-molecuul door de *nanopore* is base-specifiek te registreren (aangegeven met een apart stroomcircuit met recorder).

Het biologische model

De 'tussenplaat' kan ook bestaan uit een elektrisch resistent membraan dat is gemaakt van synthetische polymeren. De *pores* worden hier gevormd door de aanwezigheid van transmembrane eiwitten in het membraan: *porins* genoemd. Centraal in het eiwit (*porin*) bevindt zich een opening (*pore*). Dit soort eiwitten met een centrale tunnel (*pore*) is vrij algemeen in de biologie. Zie Paragraaf 6.1.1.1.

De *porins* kunnen gekoppeld worden aan verschillende andere eiwitten. Onder andere om de passage snelheid van het te sequencen molecuul te kunnen vertragen. Ook is een koppeling aan het DNA-polymerase mogelijk.

Dit **biologisch model** kan gevoed worden met dsDNA-moleculen. De dsDNA-moleculen worden door *motor proteins* richting het DNA-polymerase getransporteerd. Het DNA-polymerase ontrolt de dsDNA-moleculen en splitst ze in twee ssDNA-moleculen. Een streng verdwijnt in de tunnel door het eiwit en passeert daarmee de tussenplaat. De andere streng blijft boven op de tussenplaat achter.

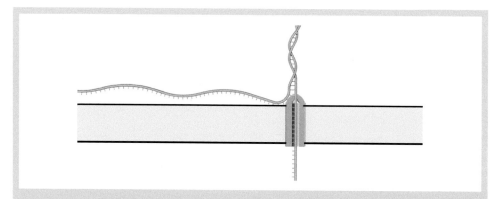

Figuur 7.90. Een biologische nanopore in een tussenplaat van synthetische polymeren (geel) kan worden bekleed met een porine of een ander membraaneiwit (groen) die het DNA (grijs) in enkelstrengs vorm door de nanopore trekken, al of niet met behulp van andere eiwitten zoals polymerases (niet getoond).

Dit biologische model vinden we terug in de **MinION**: een apparaat in pocketformaat dat in te staat is te sequencen volgens de *nanopore* methode. Om verwarring met de gebrilde helden uit de gelijknamige animatiefilms te voorkomen, vind je hieronder een illustratie van de bedoelde MinION:

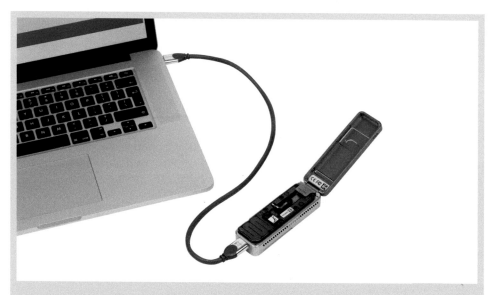

Figuur 7.91. De MinIon is een voorbeeld van een *high-tech sequence*-apparaat op zakformaat dat aan een laptop gekoppeld uitgelezen kan worden. Bron: https://phys.org/news/2014-12-revolutionize-genomic-sequencing-drug-resistant-bacteria.html.

7.7.4 Tot slot wat betreft *sequencing*

Het belang van snel veel kunnen sequencen tegen een betaalbare prijs is onder andere gelegen in het feit dat veel sneller individuele analyses kunnen worden uitgevoerd. Voorbeelden zijn *personalized nutrition*, waarmee je de voedselkeuze kunt aanpassen op wat je genoom voorspelt (uit DNA kun je afleiden waar iemand overgevoelig voor is). Een voorbeeld van *nutrigenomics*.

Next-generation sequencing heeft de moleculair genetische horizon spectaculair veranderd. Naast het al genoemde *deep sequencing* om de expressie in bijvoorbeeld een bepaald weefsel te onderzoeken, heeft *next-generation sequencing* het ook mogelijk gemaakt om in zeer korte tijd alle genen van een bepaalde *pathway* te analyseren om aldus relevante mutaties op te sporen. Ook een analyse van de samenstelling van iemands totale darmflora[391] (en daarmee een mogelijk verband met iemands gezondheid) is mogelijk geworden. De dagelijkse praktijk van veel grootschalige researchprojecten verandert. Zo zijn er diverse medische toepassingen, die wellicht de DNA-expressie-*arrays* gaan inhalen, zoals het voorspellen voor welke chemotherapie een patiënt wel of niet gevoelig zal zijn (daarmee kan veel leed worden beperkt). Dit heet *personalized therapeutics*. Door niet het hele genoom maar het totaal aan exonen te sequencen (*exomics*) beperkt men zich tot de essentiële informatie. Men kan zich ook beperken tot reeds bekende informatieve SNP's welke informatie opleveren waarmee de patiënt sneller geholpen kan worden.

Uiteraard zitten er ook ethische aspecten aan de steeds groter wordende mogelijkheden. Willen we altijd wel weten hoe ons DNA eruitziet? Wanneer wel en wanneer niet? Het zijn vragen waar we in dit boek geen verhandeling over kunnen geven, maar het is wel belangrijk je te realiseren dat toenemende kennis maatschappelijke consequenties heeft.

---

[391] *Sequencing* van bijvoorbeeld de darmflora brengt ons op het terrein van de *metagenomics*. *Metagenomics* is een onderzoeksrichting die zich bezighoudt met de bestudering van het genetisch materiaal in een monster uit een bepaalde omgeving. De bestudering van meerdere genomen tegelijk.

7.8 Eiwitonderzoek

Uiteraard zijn er ook methodes ontwikkeld om eiwitten te analyseren. Het achterhalen van de aanwezigheid van een eiwit in bepaalde monsters, de concentratie en de functionele betekenis daarvan is daarbij veelal het uitgangspunt. Om de functie van een eiwit te achterhalen wordt er onder andere onderzoek naar de structuur (configuratie) van het eiwit gedaan. Voor een goed begrip van de cellulaire processen is kennis omtrent de functie van een eiwit erg belangrijk. Het belang wordt nog eens extra onderstreept als we beseffen dat de verkregen kennis ook kan worden aangewend voor het ontwikkelen van zeer specifiek gerichte medicijnen. Tot slot bespreken we onder andere de *proteomics* (analyse van het totaal aan eiwitten in een te onderzoeken monster) en de plaats daarvan in de biomedische wetenschappen.

7.8.1 Samenstellende aminozuren

Soms heeft de aminozuurvolgorde en de driedimensionale structuur niet de eerste prioriteit en is men op zoek naar de onderliggende verhoudingen der samenstellende aminozuren van het te onderzoeken eiwit. In dat geval kan tijdens het onderzoek volstaan worden met een hydrolyse van het eiwit waardoor het eiwit uiteenvalt in de samenstellende aminozuren. Het is vervolgens zaak om deze aminozuren te scheiden. Tot slot vindt er een kwalitatieve én kwantitatieve analyse plaats van de aminozuursamenstelling. Hiermee wordt duidelijk uit welke aminozuren en in welke onderlinge verhoudingen het eiwit was gevormd.

Een veelgebruikte methode in (bio)chemische laboratoria is HPLC (*high performance liquid chromatography*). De methode maakt gebruik van kolommen (cilinders) met materiaal dat moleculen op basis van hun eigenschappen meer of minder tegenhoudt. Scheiding van de moleculen kan in combinatie met de juiste oplosmiddelen zeer nauwgezette gegevens opleveren. De moleculen worden in oplossing door de kolom geleid en vervolgens met detectiesystemen 'uitgelezen': door een recorder worden piekjes geregistreerd, het oppervlak onder elke piek is een maat voor de hoeveelheid aminozuur die op dat tijdstip werd doorgelaten.

HPLC bestaat in allerlei varianten en kan worden gekoppeld aan vervolgsystemen zoals massaspectrometrie (MS), (*single, tandem* en *triple*) al of niet met *electrospray* ionisatie (ESI, Nobelprijs 2002 in de chemie voor de ontcijfering van biologische macromoleculen), *surface plasmon resonance* (SPR), *diode array detection* (DAD), fluorescentie (FLD) of *matrix-assisted laser desorption/ionization* (MALDI) met *time of flight* (TOF).

Momenteel is bijvoorbeeld HPLC-MS/MS, zowel als MS MALDI-TOF een gangbare techniek in analyselaboratoria. Bespreking daarvan brengt ons op het terrein van de puur analytische chemie en daarmee buiten het kader van dit boek.

7.8.2 Aminozuurvolgorde

Om de volgorde van de aminozuren te kunnen bepalen zijn er in het verleden verschillende methodes ontwikkeld. Met wisselend succes. Het meest succesvol was de Edman-degradatie waarmee korte stukjes eiwitvolgorde kunnen worden opgehelderd. Het is de methode waarmee Fred Sanger de aminozuurvolgorde van insuline bepaalde. Een prestatie waarvoor hij zijn eerste Nobelprijs won.

De volledige aminozuurvolgorde wordt tegenwoordig eigenlijk altijd afgeleid van het DNA of mRNA. Hierbij kan DNA van prokaryoten gebruikt worden, bij DNA van eukaryoten moet men rekening houden met introns (die zijn niet altijd makkelijk aan te wijzen zonder experimenteel bewijs). Men is pas zeker welke eiwitten (qua aminozuurvolgorde) in de cel gevormd worden als men de sequentie van het mRNA (prokaryoot dan wel eukaryoot) kent. Het mRNA zal voor het onderzoek eerst omgezet moeten worden in cDNA. De procedure daarvoor staat vermeld in Paragraaf 7.1.1.8. Bij prokaryoten gebruikt men *random primers* omdat een oligo-T niet werkt: prokaryoten hebben geen poly-A staart aan het mRNA.

Om uit DNA of mRNA de aminozuurvolgorde van een eiwit te kunnen afleiden zal de basenvolgorde nauwkeurig moeten zijn bepaald. In Hoofdstuk 7.7 staat daarover het nodige vermeld.

7.8.3 Eiwit als antigeen

Een gezuiverd eiwit (bijvoorbeeld een vaccin) dat bij een proefdier wordt ingespoten om een immuunreactie op te wekken wordt een **antigeen** genoemd. Het immuunsysteem van het proefdier (bijvoorbeeld een muis) zal het ingespoten eiwit/antigeen als soortvreemd herkennen. Die herkenning heeft een immuunrespons tot gevolg: de afweercellen van het proefdier worden geactiveerd tot het maken van **antilichamen** (*antibodies*). Elk antilichaam heeft een **variabele actieve zijde** (het gevorkte deel in Figuur 7.92) en een **onveranderlijk deel** (het heft van de vork in Figuur 7.92) dat specifiek is voor het gebruikte proefdier:

Figuur 7.92. Een antilichaam bestaat uit vier eiwitketens die samen een vorkstructuur vormen. Twee *heavy chains* zijn de lange ketens en twee *light chains* binden aan de bovenste delen daarvan. Zij vormen daarmee een variabel deel (boven) terwijl het constante deel (onder) uitsluitend door de *heavy chains* wordt gevormd.

Het antilichaam is in staat het antigeen te herkennen. Na de herkenning hecht de variabele actieve zijde van het antilichaam zich aan het antigeen op de herkenningsplaatsen van het eiwit/ antigeen: de **epitopen**[392]. Door die binding is het antigeen onschadelijk gemaakt.

7.8.3.1 Primaire antilichamen

Een antilichaam als directe immuunrespons op de aanwezigheid van een antigeen is een **primair antilichaam**. Zoals gezegd bindt het primaire antilichaam (rood in Figuur 7.93) zich aan het epitoop van het antigeen (groen in Figuur 7.93) tot een **antigeen-antilichaam-complex**:

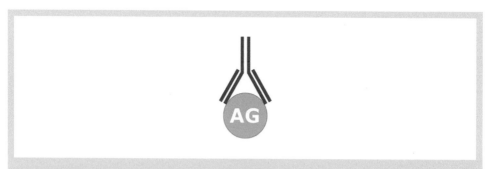

Figuur 7.93. Een antigeen-antilichaam-complex met onder het antigeen (AG; groen) dat wordt herkend door een antilichaam (boven; rood). Het antilichaam bindt met het variabele deel aan het epitoop van het antigeen.

Deze binding is zo specifiek dat een primair antilichaam kan worden ingezet om een antigeen te detecteren. Een veel gebruikte methode in het eiwitonderzoek. Indien een antigeen over meerdere epitopen beschikt kunnen er (door meerdere typen afweercellen) meerdere varianten primair antilichaam worden geproduceerd tegen hetzelfde antigeen.

7.8.3.2 Secundaire antilichamen

In het kader van het eiwitonderzoek heeft soms detectie van antigeen-antilichaam complexen de voorkeur. Deze manier van werken leidt tot een hogere gevoeligheid van meting als gevolg van een signaalversterkend effect dat uitgaat van deze methode.

Detectie van antigeen-antilichaam complexen is mogelijk door gebruik te maken van secundaire antilichamen. Secundaire antilichamen worden verkregen door een primair antilichaam opnieuw te injecteren. Maar nu bij een andere (proef)diersoort. De injectie leidt in de afweercellen van dat andere proefdier (bijvoorbeeld een konijn) tot een vergelijkbare immuunrespons. Er ontstaan weer antilichamen.

---

[392] Het epitoop is het deel van een eiwit dat herkend kan worden door een antilichaam en bepaalde cellen van het immuunsysteem.

De bouwstenen van het leven

Een antilichaam dat ontstaat als een directe immuunrespons op de aanwezigheid van een primair antilichaam is een **secundair antilichaam**. Deze secundaire antilichamen worden door de afweercellen van het proefdier van dienst (in dit voorbeeld het konijn) ontwikkeld **tegen** het **onveranderlijke deel** van het primair antilichaam.

In het gegeven voorbeeld wordt het antigeen ingespoten bij een muis. De afweercellen van de muis produceren primaire antilichamen tegen het antigeen. Die primaire antilichamen worden ingespoten bij een konijn. De afweercellen van het konijn produceren secundaire antilichamen die gericht zijn tegen het onveranderlijke deel van het primaire antilichaam (specifiek in dit geval voor de muis). De secundaire antilichamen gedragen zich als anti-muizenantilichaam. Zij worden aangeduid als konijn-anti-muis.

Zoals gezegd zal een secundair antilichaam zich binden aan het onveranderlijk deel van het primaire antilichaam. Meerdere secundaire antilichamen (blauw in Figuur 7.94) kunnen zich binden aan een primair antilichaam.

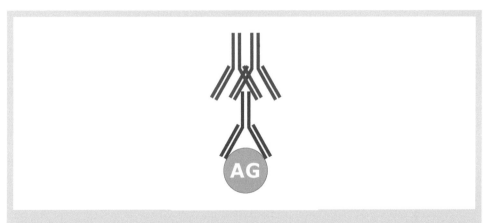

Figuur 7.94. Bij indirecte detectiemethoden wordt een drietrapscomplex gevormd (antigeen AG-antilichaam1-antilichaam2). Het rode antilichaam is het primaire antilichaam, de blauwe secundaire antilichamen herkennen het rode. Het onveranderlijke deel van het rode antilichaam is hier dus een epitoop dat door de blauwe secundaire antilichamen wordt gebonden. Het rode primaire antilichaam bindt aan AG (groen) maar is dus tegelijk zelf ook een antigeen.

Door deze bindingsdrang/affiniteit zijn de primaire- en secundaire antilichamen te gebruiken ter detectie van respectievelijk het antigeen en van het antigeen-antilichaam-complex. Zowel de aanwezigheid van het antigeen als de aanwezigheid van het antigeen-antilichaam complex wijzen op de aanwezigheid van het te onderzoeken eiwit (dat oorspronkelijk als antigeen was ingezet).

7.8.3.3 Polyklonaal en monoklonaal antilichaam

Er zijn twee technieken om grotere hoeveelheden van een primair antilichaam te produceren. Dat leidt tot twee typen primair antilichaam:
• een **polyklonaal antilichaam**, en
• een **monoklonaal antilichaam**.

Polyklonale antilichamen worden verkregen uit een bredere *range* van afweercellen van een proefdier (in het voorbeeld de muis, respectievelijk het konijn). Deze polyklonale antilichamen zijn alle een respons op een en hetzelfde antigeen. Maar ieder voor zich zijn ze (afhankelijk van welke afweercel ze afkomstig zijn) mogelijk gericht op een ander epitoop van het antigeen. Wanneer dat verschillende epitopen zijn kunnen meerdere antilichamen tegelijkertijd aan het antigeen binden.

De antilichamen worden 'geoogst' in de vorm van bloedserum van het proefdier. Als gevolg van de aanwezigheid van meerdere variaties (en mogelijk eerdere immuunresponsen van het proefdier) zijn polyklonale antilichamen divers van aard. Zo kunnen er **kruisreacties** optreden tegen andere eiwitten.

Het **monoklonale antilichaam** wordt geproduceerd door een specifieke cellijn die ontstaat door de (in het laboratorium bewerkstelligde/geforceerde) fusie van een afweercel met een tumorcel van het proefdier. De afweercellen worden verkregen uit de thymus van het proefdier. Het proefdier overleeft deze donatie niet.

Door in het laboratorium de afweercellen één voor één te laten fuseren met een tumorcel, kan een cellijn verkregen worden die twee eigenschappen combineert:
• de productie van een specifiek primair antilichaam (immers van één cel-kloon) met
• een zich eindeloos delende cellijn (immers de tumorcellijn is onsterfelijk: er staat geen rem op de groei). De cellijn 'raakt nooit op'. Een groot voordeel ten opzichte van de techniek waarbij uit een beperkte voorraad bloedserum polyklonale antilichamen worden geproduceerd.

Het monoklonale primaire antilichaam bindt zich aan een specifiek epitoop van het antigeen. De cellijn kan na productie worden ingevroren. Zo is een heel zuivere bron van antilichamen verkregen, die in principe nooit uitgeput raakt (als de antilichamen op zijn wordt de cellijn weer uit de vriezer gehaald en geactiveerd om nieuwe afweercellen[393] te produceren).

---

[393] Hybridomacellen is een beter woord. Het zijn cellen die voortkomen uit een fusie van een immuuncel en een tumorcel.

7.8.4 Immunoblotting

Dit is een methode om in een eiwithoudend sample (bijvoorbeeld bloedserum) één specifiek eiwit aan te tonen. Met name wordt het gebruikt om te testen of een persoon antistoffen tegen een bepaalde ziekte in zijn bloed heeft. Deze methode staat ook bekend als *western blotting*[394]. Het werkt als volgt.

Het monster (het te onderzoeken mengsel) wordt 'onderworpen' aan een PAGE (polyacrylamide gelelektroforese, zie Paragraaf 7.1.1.3) of aan de variant SDS-PAGE.

In het kader van deze variant wordt natriumdodecylsulfaat (of *sodium dodecyl sulphate*, SDS) gebonden aan de eiwitten.

SDS is een soort superzeep die:
- de eiwitten erg negatief laadt, en
- de eiwitten denatureert (het eiwit 'ontrolt zich' tot een lange keten) waarna scheiding op basis van eiwitlengte kan plaatsvinden. Stap I van Figuur 7.95.

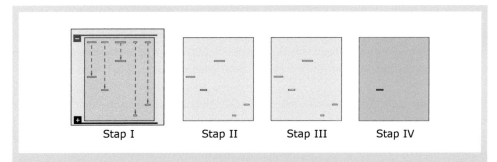

Stap I   Stap II   Stap III   Stap IV

Figuur 7.95. *Western blotting* van eiwitten. Vier stappen ter herkenning van een te onderzoeken eiwit. Door SDS-polyacrylamide gelelektroforese (SDS-PAGE; Stap I) kan een eiwitmengsel worden gescheiden op grootte: de door SDS negatief geladen eiwitten lopen van de negatieve (rood, boven) naar de positieve (zwart, onder) pool. De eiwitten worden daarna geblot naar een membraan (Stap II, vergelijk Figuur 7.16). Van alle eiwitten (groen) wordt alleen een specifiek eiwit (geel) herkend door een antilichaam dat daartegen gericht is (Stap III) en dat door herkenning door een gelabeld tweede antilichaam een signaal oplevert welke op een foto gezien kan worden (Stap IV).

---

[394] De naam van de methode is te beschouwen als een knipoog richting de Southern Blotting, zoals die is beschreven in Paragraaf 7.1.1.6. Een methode om te onderzoeken DNA-moleculen gescheiden te fixeren op een vaste drager zoals een membraan.

Het resultaat (de afgelegde afstand van de gescheiden eiwitten in de gel) wordt overgebracht naar een nitrocellulose- of een PVDF-membraan[395], waar ze vervolgens aan hechten. *Blotting* dus. Stap II van Figuur 7.95.

Op de aldus gescheiden eiwitten wordt een zogenoemde '**antilichaam herkenning**' toegepast. Om het filtermateriaal te behoeden voor aspecifieke binding door de nog te gebruiken antilichamen (dat zijn ook eiwitten), wordt het filter behandeld. Het filter wordt daartoe vooraf (maar ná de *blotting*) in een bad met vetvrije melk gelegd. De caseïne in de melk dekt alle plaatsen af die niet door gescheiden eiwitten zijn bezet. Dit is te beschouwen als een opvulling van alle eiwitbindende plekjes van de vaste drager, het filter.

Vervolgens wordt het filter ondergedompeld in een bad waarin een bekend primair antilichaam aanwezig is. Na een bepaalde inwerktijd (nodig voor de vorming van antigeen-antilichaam complexen) wordt het filter gewassen en van zoveel mogelijk water ontdaan. Opnieuw wordt het filter ondergedompeld in een tweede bad. Nu met een secundair antilichaam dat zich zal binden aan het antigeen-antilichaam complex en met name aan het primaire antilichaam. Stap III van Figuur 7.95.

Het secundaire antilichaam is enzym-gelabeld. Dat kan zijn met *Horse Radish Peroxidase* (HRP), een enzym dat substraten oxideert tot kleurstoffen, of, wanneer luminol als substraat wordt gebruikt, een product vormt waarbij zichtbaar licht vrijkomt (**chemiluminescentie**). Op een lichtgevoelige film (een foto) wordt het gezochte eiwit zichtbaar. Stap IV van Figuur 7.95.

Het secundaire (gelabelde) antilichaam is specifiek gericht op het primaire antilichaam. Deze indirecte manier van werken (alleen het secundaire antilichaam is gelabeld) heeft als voordeel dat het labelen slechts op een beperkte set antilichamen hoeft te gebeuren, met als bijkomend voordeel dat er meer signaal gegenereerd kan worden omdat (in aantal) meerdere secundaire antilichamen kunnen hechten aan het antigeen-antilichaam complex.

7.8.5 ELISA

Elisa is een methode waarbij ook één specifiek eiwit aangetoond wordt, maar nu (1) in veel samples tegelijk, en (2) niet alleen kwalitatief, maar ook kwantitatief. ELISA wordt daarom veel gebruikt als een diagnostisch hulpmiddel in de geneeskunde (Is een bepaald eiwit in het bloed aanwezig? Of: Is een concentratie in het bloed hoger of juist lager dan verwacht?) en in de pathologie van planten. Ook vindt ELISA veel toepassingen op het gebied van de kwaliteitscontrole bij verschillende industriële processen. Bij deze methode wordt niet geblot maar wordt in kleine reactievaatjes (*wells*) de aanwezigheid van een eiwit bepaald. Ook hier is het antilichaam gelabeld, bijvoorbeeld met een bepaald enzym. Het specifiek antilichaam is daarmee *enzyme-linked*. Vandaar de naam *enzyme-linked immuno-sorbent assay*. Afgekort **ELISA**.

---

[395] Polyvinylideenfluoride-membranen fixeren de positie van de eiwitten door hun specifieke affiniteit voor aminozuren.

De bouwstenen van het leven

De test wordt uitgevoerd op een *array*-achtige plaat van polystyreen ook wel een *96-well* microtiterplaat genoemd: zesennegentig putjes in één werkblad/plaat (zie Figuur 7.96 links, met rechts een uitvergroting van een zijaanzicht van een enkele *well*):

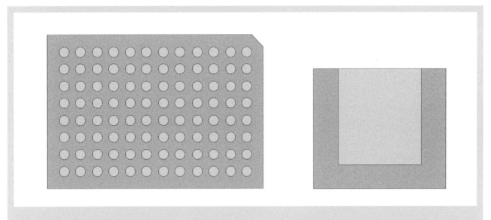

Figuur 7.96. Een microtiterplaat. Links een plaat met 96 *wells* van boven gezien, met een hoek die lijkt te zijn afgesneden. Dat is om over de oriëntatie geen verwarring te laten ontstaan: hij past maar op één manier in de uitleesapparatuur. Rechts een enkele *well* (reactievaatje) uitvergroot als dwarsdoorsnede van de zijkant bekeken.

ELISA procedures worden doorgaans in vier categorieën ingedeeld:
- directe ELISA;
- indirecte ELISA;
- sandwich ELISA (zowel direct als indirect);
- competitieve ELISA.

7.8.5.1 De directe methode

Antigenen (AG) uit het monster worden covalent gebonden aan de bodem van de *wells* (zie Figuur 7.97 links) van de microtiterplaat. Alle *wells* van de microtiterplaat worden daarna voorzien van een oplossing met een specifiek primair antilichaam. Aan dit primaire antilichaam is een molecuul *Horse Radish Peroxidase* (HRP) gekoppeld. Het specifiek primaire antilichaam zal zich binden aan het gezochte antigeen.

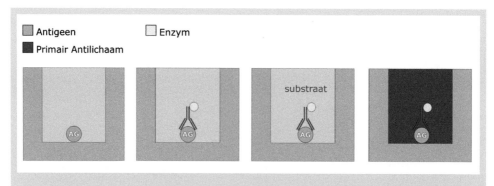

Figuur 7.97. Directe immunokleuring. De vier stappen tonen *wells* met eiwitmengsel waarin links alleen het antigeen AG (groene bol) is getoond, covalent gebonden aan de bodem. In de tweede well herkent het vorkachtige antilichaam dit AG. Aan het antilichaam is een enzym (geel bolletje) gekoppeld. Wanneer substraat voor het enzym wordt toegevoegd (vaatje 3) kan dit omgezet worden in een product met een donkere, detecteerbare kleur (rechts).

Nadat het enzymgebonden primaire antilichaam zich gekoppeld heeft aan het antigeen en daarbij een antigeen-antilichaam-complex heeft gevormd, kan het enzym (in dit voorbeeld HRP) worden voorzien van een substraat (bijvoorbeeld DAB, diaminobenzidine). Tijdens deze laatste stap zet het enzym (HRP) het substraat (DAB) om in een donkere kleurstof (zie Figuur 7.97 rechts[396]). Het detectiesysteem berust op een colorimetrische bepaling. Hoe meer te detecteren AG, des te donkerder de kleur in de *well*. De donkerte van het welletje wordt met behulp van een camera/computer uitgelezen en is dan een maat voor de hoeveelheid AG die in dat welletje aanwezig is.

Tijdens het onderzoek wordt bepaald of genoemde reactie daadwerkelijk tot stand komt en in welke mate. Het kwantificeren is mogelijk wanneer een ijklijn van verdunningen wordt meegenomen met bekende hoeveelheden AG (zie linker twee kolommen in Figuur 7.98).

---

[396] Tegenwoordig wordt ook veel gebruik gemaakt van TMB (tetramethylbenzidine) dat een donkerblauw tussen-product geeft dat omgezet wordt naar een geel eindproduct, eveneens colorimetrisch te bepalen.

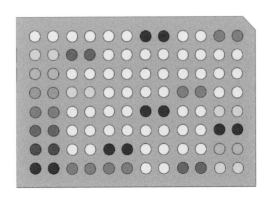

Figuur 7.98. ELISA voltooid. De 8×12 *wells* zijn in duplo gepipetteerd met een ijklijn (de twee linker kolommen bevatten van boven naar beneden een toenemende hoeveelheid antigen). Daarnaast kunnen dan 40 monsters in duplo het getoonde beeld opleveren. Duplo bepalingen horen onderling vergelijkbare uitslagen te geven, anders duidt het erop dat er iets mis is gegaan.

7.8.5.2 De indirecte methode

Naast de directe methode (HRP gebonden aan het primaire antilichaam) is er ook, net als bij de western methode, een indirecte kleuring mogelijk. Bij deze indirecte methode wordt het secundaire antilichaam enzym-gelabeld en ingezet om zich te binden aan het in de *wells* aanwezige antigeen-antilichaam complex. Ook nu reageert het enzym uiteindelijk met het toegevoegde substraat om een zichtbaar en meetbaar signaal te produceren.

Deze indirecte manier van werken (HRP gebonden aan het secundaire antilichaam) heeft ook in dit geval (volledig vergelijkbaar met wat hierover gezegd is bij de immunoblotting) als voordeel dat het labelen slechts op een beperkte set antilichamen (namelijk de secundaire) hoeft te gebeuren. Ook nu met als bijkomend voordeel dat er meer signaal gegenereerd kan worden omdat meerdere secundaire antilichamen kunnen hechten aan het antigeen-antilichaam-complex.

7.8.5.3. De Sandwich methode

Waar bij de directe- en de indirecte methode het antigeen covalent verbonden is met het polystyreen van de *wells* is bij de Sandwich methode een *capture* **antilichaam** gebonden aan de polystyreenplaat. Het *capture* antilichaam is een primair antilichaam gericht tegen het te onderzoeken antigeen. Het 'vangt' het te onderzoeken antigeen uit het monster en vormt samen met dat antigeen een antigeen-antilichaam complex.

Vervolgens wordt er gespoeld met een ander primair antilichaam gericht tegen het (inmiddels gebonden) antigeen[397]. Dit primaire antilichaam herkent het antigeen. Er ontstaat dus opnieuw een antigeen-antilichaam complex. Voorwaarde vooraf is wel dat het antigeen ten minste twee antilichaam bindingsplaatsen (epitopen) bevat. De methode werkt het best wanneer die epitopen per molecuul ruimtelijk van elkaar gescheiden liggen (bijv. aan weerszijden van het antigeen) zodat de bindende antilichamen elkaar niet in de weg zitten.

Er kan nu weer gekozen worden voor een directe (Paragraaf 7.8.5.1) of indirecte (Paragraaf 7.8.5.2) detectiemethode, dus kennen we twee varianten:
- de **directe Sandwich-methode**;
- de **indirecte Sandwich-methode**.

De Sandwich-methode wordt ook wel de *capture*-**methode** genoemd. Deze methode is nagenoeg 2-5 maal gevoeliger dan de eerder beschreven directe- en indirecte methode.

Een overzicht tot nu toe:

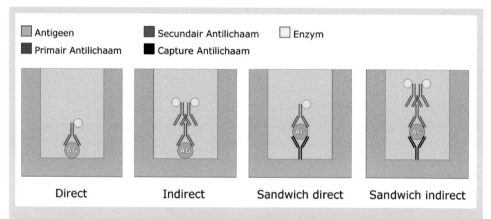

Figuur 7.99. Vier methodes in één oogopslag. Bij de directe methode (vgl. Figuur 7.97) is het enzym aan het primaire antilichaam gekoppeld (links). Bij de indirecte methode (tweede well) is het enzym aan de secundaire antilichamen gekoppeld. De directe Sandwich-methode (derde well) bindt het antigeen op basis van een op de bodem van de well gekoppeld antilichaam (zwart), waarna een directe kleuring volgt zoals in de eerste well. In de vierde well (rechts) vindt dat laatste plaats volgens de indirecte methode.

---

[397] Het 'andere' primaire antilichaam is een van de variaties op hetzelfde thema. Zie wat hierover is gezegd bij het polyklonaal antilichaam.

De bouwstenen van het leven

7.8.5.4 De competitieve (blocking) methode

Een bekende hoeveelheid[398] primaire antilichamen wordt toegevoegd aan een te onderzoeken monster waarvan men wil weten hoeveel antigeen er inzit. Er ontstaan vrije antigeen-antilichaam complexen in het mengsel. Het mengsel met deze antigeen-antilichaam complexen én de nog ongebonden primaire antilichamen wordt toegevoegd aan de 96-well microtiterplaat.

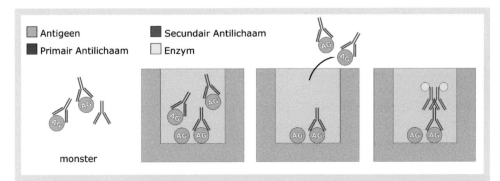

Figuur 7.100. De *blocking* methode. Eerst wordt aan het monster (links) een gecontroleerde hoeveelheid antilichaam (rood) toegevoegd. De in het monster aanwezige AG-moleculen (groen) blokkeren daarmee een aantal antilichamen. Het aantal antilichamen dat dan overblijft vertelt hoeveel AG in het monster zat. Dat meet men via ELISA door hetzelfde antigeen ditmaal covalent gebonden in de *well* aan te bieden en het monster toe te voegen. De in het monster nog beschikbare antilichamen binden daaraan. De rest wordt weggewassen (middelste *well*) en de hoeveelheid antilichamen kan worden bepaald met secundaire antilichamen met enzym (indirecte methode; rechts).

De *wells* in deze polystyreenplaat zijn bekleed (*pre-coated*) met hetzelfde antigeen als dat waar het primaire antilichaam tegen gericht is. De nog ongebonden primaire antilichamen in het mengsel zullen met het antigeen uit de *wells* nieuwe antigeen-antilichaam complexen vormen. Deze antigeen-antilichaam complexen zijn en blijven gebonden aan de plaat. De eerder gevormde vrije antigeen-antilichaam complexen uit het mengsel worden weggespoeld. Het welletje wordt 'gewassen'.

De enzym-gelabelde secundaire antilichamen[399] worden toegevoegd en binden zich aan de primaire antilichamen in de (plaat)gebonden antigeen-antilichaam complexen, waarna het enzym met het toegevoegde substraat een zichtbaar en meetbaar signaal zal produceren. De signaalsterkte is een maat voor de aanvankelijke concentratie antigeen in het monster: hoe lager de signaalsterkte hoe hoger de oorspronkelijke concentratie antigeen in het monster is

---

[398] De hoeveelheid wordt van tevoren berekend. Zodanig dat een kleine overmaat aan primair antilichaam wordt gebruikt.
[399] Er is in dit voorbeeld gekozen voor de indirecte methode om geen dure gelabelde primaire antilichamen te hoeven gebruiken.

geweest. Anders gezegd: hoe meer vrij antigeen in het monster hoe minder (plaat)gebonden antigeen-antilichaam complexen in de *well*. Bovenstaande is een complexe methode om een hoeveelheid antigeen in een ruw monster te kunnen bepalen.

7.8.5.5 Antilichaam-titerbepaling

In bovengenoemde voorbeelden werd steeds antigeen aangetoond, maar ELISA kan ook worden ingezet om antilichamen in (patiënten-)materiaal te bepalen. Een veelgebruikte variant van competitieve ELISA is het bepalen van de **antilichamen-titer**[400,401] van een individu (een persoon of een huisdier bijvoorbeeld). In dit geval wordt een antigeen gebruikt om de antilichamen in het serum van het individu mee te laten binden. Van vele individuen (met zeer diverse serumsamenstellingen) kan zo worden vastgesteld of men wel of niet immuniteit heeft opgebouwd. De *wells* worden na incubatie met de sera gewassen en de hoeveelheid nog vrij gebleven antigenen kan worden vastgesteld met een (eveneens tegen het antigeen gericht) primair antilichaam van een andere diersoort. Deze kan weer gelabeld zijn met HRP (directe bepaling) of door een gelabeld secundair antilichaam worden herkend (indirecte bepaling).

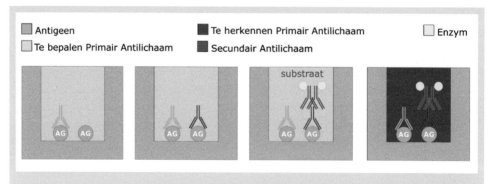

Figuur 7.101. Titerbepaling van antilichamen. Een bloedmonster wordt toegevoegd aan een *well* met antigeen. De in het bloed aanwezige antilichamen (lichtgroen) die het antigeen herkennen binden daaraan (links). De primaire antilichamen (rood) voor de detectie zijn afkomstig van een andere diersoort en kunnen slechts binden aan de plaatsen die nog beschikbaar zijn. Het constante deel van de rode primaire antilichamen wordt herkend door de secundaire antilichamen (die herkennen de lichtgroene antilichamen NIET; derde *well*). In de vierde *well* volgt dan de kleurdetectie. Hoe minder lichtgroene antilichamen hoe donkerder.

---

[400] De titer is een maat voor de verdunning van het serum waarbij nog juist het antilichaam aantoonbaar is. Hoe hoger de verdunning, hoe hoger de titer.
[401] De mogelijk aanwezige primaire antilichamen kunnen aanwijzingen geven of er wel of niet een infectie is doorgemaakt waartegen immuniteit is opgebouwd. Daarmee kan de noodzaak voor een mogelijk nog te volgen vaccinatie worden vastgesteld.

De bouwstenen van het leven

Slotopmerking over ELISA

ELISA is in zekere zin het jongere zusje van **RIA**: *radio immuno assay* waarmee eerder al met radioactiviteit hetzelfde werd bereikt als met de niet-radioactieve varianten die bij ELISA worden gebruikt. ELISA is voor de onderzoeker doorgaans eenvoudiger uit te voeren dan RIA, want ELISA hoeft niet in een isotopenlaboratorium te worden gedaan.

7.8.6 3D-structuren van eiwitten

De driedimensionale structuur van eiwitten kan worden bepaald met verschillende methoden, waarvan een diepgaande uitleg de bedoeling van dit boek overstijgt. Met *X-ray* diffractie op eiwitkristallen of met NMR-spectroscopie (magnetische kernspinresonantie technieken) en ook elektronenmicroscopie kunnen structuren van eiwitten (met of zonder substraten, remmers of andere stoffen die de vorm beïnvloeden) worden onderzocht. De resultaten komen in 3D-eiwit-databanken en de structuren kunnen met eenvoudige programmaatjes via internet voor iedereen helder worden gemaakt.

Voorbeelden van dergelijke programmaatjes zijn CN3D (een viewer die via de NCBI[402]-site kan worden gedownload) en RASMOL dat van de *Protein Databank* (PDB) kan worden gedownload om eiwitten in de *Worldwide Protein Databank* (wwPDB) te kunnen bekijken. Deze structuren zijn door onderzoekers in de databank gezet om de uiterlijke kenmerken ervan voor buiten-staanders toegankelijk te maken.

De eiwitten hebben structuren zoals in Hoofdstuk 3.4 besproken. Je kunt ze van alle kanten bekijken en rond laten draaien om de vorm ervan te zien. Zichtbaar gemaakt op www.ncbi.nlm.nih.gov; www.proteopedia.org of www.rcsb.org/pdb.

7.8.7 Tot slot

Door de jaren heen zijn er meerdere 'omics' benaderingen ontstaan die ieder op zich deel uitmaken van een volwaardige wetenschap: de systeembiologie (*systems biology*)[403]. In Para-graaf 7.7.4 is al **metagenomics** en nutrigenomics genoemd. Door naar alle moleculen van een bepaald type (DNA, RNA, eiwit of metabolieten) onderzoek te doen krijgt men inzichten die anders niet mogelijk zouden zijn. Over het algemeen kent men hierin vier niveaus van aandacht:

---

[402] NCBI staat voor *National Center for Biotechnology Information*, een centrale plaats waar veel databanken worden onderhouden ten behoeve van biotechnologisch onderzoek.
[403] De -omics en de systeembiologie zijn voor de verwerking en analyse van de grote datasets erg afhankelijk van de (bio-)informatica.

1. *Genomics*: genoom-analyse. Dit gaat veelal over chromosomaal DNA (een enkel viraal RNA-genoom daargelaten) en organel DNA. Hierbij wordt het genoom gedefinieerd als het totaal aan genen van een organisme, inclusief alle tussenliggende informatie. Ook de niet-coderende gedeelten van het DNA zijn onderwerp van studie binnen *genomics*.
2. *Transcriptomics*: transcriptoom-analyse. De studie van RNA (transcripten). Het transcriptoom is de volledige set aan RNA-moleculen binnen een enkele cel of binnen een populatie van cellen. Tot deze set behoren naast mRNA in principe ook tRNA, rRNA en al het andere niet-coderend RNA. In de praktijk concentreert het meeste onderzoek zich op mRNA (expressiepatronen[404]).
3. *Proteomics*: proteoom-analyse. De studie van alle eiwitten (proteinen) in een celtype of andere relevante monsters (celkweekmedium bijvoorbeeld). De eiwitsamenstelling van een monster kan een totaalindruk geven van welke eiwitten wel en niet een rol spelen. Per eiwit is ook de samenstelling (aminozuurvolgorde), de structuur en de functie belangrijk, maar juist het samenspel van eiwitten en hun eigenschappen staat voorop. Ook subsets van eiwitten kunnen onderwerp van studie zijn: alle geglycosyleerde eiwitten (eiwitten met suikergroepen), of alle eiwitten die oplosbaar zijn bij pH 7.8 bijvoorbeeld.
4. *Metabolomics*: metaboloom-analyse. Het metaboloom omvat de volledige collectie metabolieten in een biologische cel, in weefsel, in organen of in organismen en die beschouwd kunnen worden als (tussen)producten van een cellulair proces. Met metabolomics op patiëntmateriaal kan bijvoorbeeld een onderliggende ziekte ontdekt worden[405].

Het schema in Figuur 7.102 verduidelijkt het beschreven overzicht:

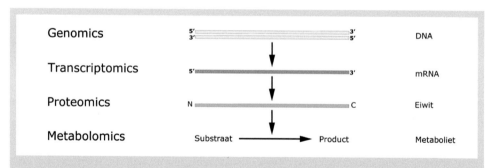

Figuur 7.102. Vier 'omics' benaderingen. Op het niveau van DNA (grijs), RNA (bruin), eiwit (groen) en metabolieten (substraat en product, onder) zijn krachtige totaalbepalingen mogelijk. Deze disciplines staan bekend als genomics, transcriptomics, proteomics en metabolomics (respectievelijk van boven naar beneden).

---

[404] In het dagelijks spraakgebruik wordt *transcriptomics* vaak onder de noemer *genomics* geschoven. Dan is *genomics* te beschouwen als de studie van alle nucleinezuren.
[405] Voor de analyse wordt vaak gebruik gemaakt van massaspectrometrie (MS), en wel zodanig dat twee van dergelijke apparaten achter elkaar functioneren (tandem-MS). Nadat op een reproduceerbare manier eiwitfragmenten zijn verkregen is de tandem-MS in staat een soort dwarsdoorsnede en langsdoorsnede van het hele monster te maken. Dit patroon wordt vergeleken met een databank waarin alle eiwitten met bekende signaturen zijn verzameld. Op een dergelijke manier is genexpressie te volgen door te kijken naar veranderingen in de eiwitsamenstelling.

Het is een uitdaging voor de systeembiologie om deze verschillende disciplines met elkaar te combineren om op die manier organismen en hun interacties in ecosystemen beter te begrijpen. Het totale plaatje werpt dan weer licht op welke mechanismen belangrijk zijn. Zo is de bevinding dat tweederde van de genen van de mens (en andere zoogdieren) codeert voor transcriptiefactoren een indicatie dat het gros van ons genoom zich bezighoudt met de expressie van zichzelf, en met de controle daarop.

Bronnen en index

Geraadpleegde / aanbevolen boeken

Index

Geraadpleegde / aanbevolen boeken

Alberts B, Johnson A, Lewis J, Raff M, Roberts K, Walter P (2007). Molecular Biology of the Cell, 5th edition. Garland Science, New York, NY, USA. ISBN 978-0815341116.

Ampe C, Devreese B (2012). Algemene Biochemie, 2e herziene druk. Acco, Leuven, Belgie. ISBN 978-9033489884.

Berg JM, Tymoczko JL, Stryer L (2012). Biochemistry, 7th edition, W.H. Freeman and Company, New York, NY, USA. ISBN 978-1429276351.

Biemans ALBM, Jochems AAF, Sprangers JAP (2007). DNA een blauwdruk, 2e druk. Syntax Media, Utrecht, Nederland. ISBN: 978-9077423080.

Butler JM (2005). Forensic DNA typing, 2nd edition. Academic Press, Waltham, MA, USA. ISBN: 978-0121479527.

Engbersen JFJ, De Groot AE (2011). Inleiding in de bio-organische chemie, 10e druk. Wageningen Academic Publishers, Wageningen, Nederland. ISBN: 978-9074134958.

Gardner EJ, Simmons M, Snustad DP (20). Principles of Genetics, 8th edition. John Wiley & Sons, Hoboken, NY, USA. ISBN: 978-8126510436

Groenink JA (2007). Pathofysiologie. Een inleiding tot de interne geneeskunde, 10e druk. Bohn Stafleu van Lochem, Houten, Nederland. ISBN: 978-9031346370.

Kratz RF (2009). Molecular & Cell Biology for Dummies, 1st edition. Wiley Publishing, Hoboken, NY, USA. ISBN: 978-0470430668.

Lane N (2011). [in het Nederlands vertaald door Van Uijen A] Levenswerk: de tien sterkste staaltjes van de evolutie, Veen Magazines, Utrecht, Nederland. ISBN: 978-9085714040.

Lehninger A, Nelson DL, Cox MM (2008). Lehninger Principles of Biochemistry, 5th edition. W.H. Freeman, New York, NY, USA. ISBN: 978-1429224161.

Lewin B (1994). Genes V, 5th edition. Oxford University Press, Oxford, UK. ISBN 978-0198542879.

Lodish H, Berk A, Kaiser CA, Krieger M, Scott MP, Bretscher A, Ploegh H, Matsudaira P (2007). Molecular Cell Biology, 6th edition. W.H. Freeman, New York, NY, USA. ISBN: 978-0716776017.

Reece JB, Urry LA, Cain ML, Wasserman SA, Minorsky PV, Jackson RB (2010). Campbell Biology, 9th edition. Pearson, Upper Saddle River, NJ, USA. ISBN: 978-0321558237.

Schuit FC (2010). Metabolisme, 10e druk. Bohn Stafleu van Lochem, Houten, Nederland. ISBN 978-9031382248.

Watson JD, Myers RM, Caudy AA, Witkowski JA (2007). Recombinant DNA, 3rd edition. W.H. Freeman, new York, NY, USA. ISBN: 978-0716728665.

Weaver RF, Hedrick PW (1997). Genetics, 2nd edition. McGraw-Hill College, New York, NY, USA. ISBN: 978-0697148575.

Index

De bouwstenen van het leven

De bouwstenen van het leven

De bouwstenen van het leven

M

N

O

P

        De bouwstenen van het leven

Printed in the United States
by Baker & Taylor Publisher Services